清华大学建筑 规划 景观设计教学丛书

从公园城市到国家公园

成都“全域保护利用”规划研究

刘海龙 庄优波 赵智聪 编著

中国建筑工业出版社

图书在版编目（CIP）数据

从公园城市到国家公园 ： 成都“全域保护利用”规划研究 / 刘海龙，庄优波，赵智聪编著. -- 北京 ： 中国建筑工业出版社，2024. 8. --（清华大学建筑规划景观设计教学丛书）. -- ISBN 978-7-112-30337-3

Ⅰ. TU984.271.1

中国国家版本馆CIP数据核字第202443S0T9号

责任编辑：杜　洁　李玲洁
责任校对：王　烨

本书是2021年清华大学区域景观规划课程的教学与研究成果，具体针对成都公园城市与自然保护地体系建设，从“人与自然和谐相处”的目标出发，以大熊猫国家公园为代表的国家公园与自然保护地体系的构建，在成都公园城市建设中的定位以及对公园城市建设的影响展开研究，具体探讨成都公园城市建设中的“全域保护利用”与“五态协同”（生-形-文-业-活）问题，以及在“城-郊-野”不同层次和市域战略规划、片区景观规划到场地景观设计的不同尺度上的实现方式。

清华大学建筑 规划 景观设计教学丛书
从公园城市到国家公园
成都“全域保护利用”规划研究
刘海龙　庄优波　赵智聪　编著
*
中国建筑工业出版社出版、发行（北京海淀三里河路9号）
各地新华书店、建筑书店经销
天津裕同印刷有限公司印刷
*
开本：889毫米×1194毫米　1/20　印张：$11\frac{2}{5}$　字数：597千字
2024年12月第一版　2024年12月第一次印刷
定价：99.00元
ISBN 978-7-112-30337-3
(42787)

本书编委会

编著： 刘海龙　庄优波　赵智聪

编委： 李傲雪　李可心　杨　滢　杨子齐　戴明辉
赵逸龙　陈步可　范博俊　刘嘉祺　戚晓慧
宋　洋　陈雪纯　周绮文　蒋晓玥　俄子鹤
岳　超　王建鹏　林松栩　胡昳伶　王　茜
黄靖雅　庞瑞瑞　陈路遥　安吉星　王争艳
吴泽瑜

序

“区域景观规划”是清华大学建筑学院景观学系的研究生核心课程，是三个系列 Studio 课程（场地规划 - 城市景观设计 - 景观规划）中的第三个，也是尺度最大的一个。其主要目的是基于“整体、系统”的观念来理解各种因素综合作用下的大尺度区域景观的形成与塑造方式，培养大尺度景观分析的方法，了解国内外景观规划理论发展动向，学习景观规划程序和方法，并培养独立思考与合作研讨等方面的能力。

这门课程从 2005 年开始，已经持续 16 年时间，共培养了 300 多名研究生。研究地段包括北京三山五园、周口店、首钢后工业场地、黑龙江五大连池、福州江北城区水系、北京历史水系、清华校园、崇礼冬奥区域、白洋淀等，涵盖世界遗产、棕地更新、城市水系、湿地修复等多个风景园林学的重要实践领域。课程强调打通规划与设计，大约三分之二的时间用于规划教学，三分之一的时间用于设计教学。要求学生在规划阶段考虑设计的可实施性，在设计阶段以规划为前提条件。同时引入英国 AA 建筑联盟学院和日本千叶大学的师生参与教学过程。

“区域景观规划”教学成果的陆续结集出版，一方面可以将清华大学景观学系在此方面的多年探索向社会进行汇报展示，另一方面也为推动该领域的教学与学术研究发展做出积极贡献。本课程的教学成果也被纳入“清华大学建筑 规划 景观设计教学丛书”，将为人居环境学科教育事业的发展发挥积极作用。

借此机会，向支持清华景观教育的前辈、同事、同学们致以衷心感谢！

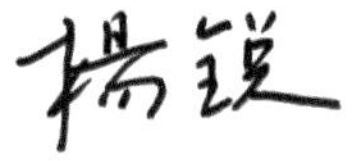

2021 年 12 月 18 日

前　言

公园城市是近年中国始于成都的一种城市发展新理念，基于“生态优先、绿色发展”导向，更进一步把“公园”与“城市”以往各自相对独立的理论与建设模式推向生态文明整体观下的系统化、一体化模式，通过绿色空间体系与生产生活生态的渗透融合，使城市实现更高质量的发展。公园城市从理论、方法到实践包含着丰富的内容，包括“以产业生态圈创新生态链为核心的经济组织方式”“从行政区向经济区转变的区域协同发展模式”“生态价值转化实现的路径机制”，以及“以场景营城创新生态价值转化”“以城市品质价值提升平衡建设投入”“以消费场景营造平衡管护费用的开发模式”“以生态价值创造性转化推动可持续发展”等原则。

“建立国家公园体制”以及“建立以国家公园为主体的自然保护地体系”，是我国生态文明建设的重要内容，对于推进自然资源科学保护和合理利用，促进人与自然和谐共生，推进美丽中国建设，具有极其重要的意义。成都市域内不仅包含部分大熊猫国家公园的范围，还有数量众多的自然保护区、风景名胜区、地质公园、森林公园、湿地公园等保护地类型，而且成都是全国生物多样性最丰富的城市之一。因此，在成都开展建立以国家公园为主体的自然保护地体系建设，在特大和超大城市中具有独特优势。基于成都在“公园城市”领域已开展的多项研究成果，目前需要从“建立和完善以国家公园为主体的自然保护地体系”的全新角度出发，以及从生物多样性保护的目标出发，探讨成都公园城市建设中的“全域保护利用”课题。

风景园林（Landscape Architecture）作为人居环境科学的支撑学科之一，城市绿地系统与开放空间规划一直是其专业研究与实践的核心内容。区域景观规划①作为清华大学景观学系系列 Studio 的核心课程②，2005~2020 年先后选择北京三山五园区域、首钢后工业场地、黑龙江五大连池风景名胜区、周口店世界遗产地、福州江北城区水系、北京城市历史水系、清华绿色校园、崇礼冬奥区域、白洋淀、北京温榆河流域等区域案例为题展开教学与研究。2021 年，区域景观规划课程将结合国家战略与行业热点，针对成都公园城市开展教学与研究。本课程教学与研究将重点回答如下三个问题：

1. 成都公园城市理念已走向涵盖“城－郊－野”的全域保护与利用。从“人与自然和谐相处”的目标出发，以大熊猫国家公园为代表的国家公园与自然保护地体系的构建，在公园城市建设中应如何定位，对公园城市建设将产生什么影响？

2. 成都公园城市提出“四态协同”（即生态、文态、业态、活态）原则，在“全域保护与利用”中，在从最严格保护到最集约利用的不同梯度区域中分别如何体现，在“城－郊－野”不同层次上究竟应该分别“保护什么”和“如何利用”，以及“如何协调保护与利用”？

3.“全域保护与利用”的目标，在市域尺度战略规划、片区尺度景观规划到场地尺度景观设计的宏观－中观－微观不同尺度上，分别如何体现及如何指导具体的规划设计？如何具体落实在“西控”“东进”的城市不同方向发展战略中，在不同方向发展战略中有哪些一致性与差异化内容？

---

① 风景园林规划设计（三）、（四）。

② 以往是按场地规划、城市景观设计、区域景观规划的层次与阶段划分。目前区域景观规划课程整体包括风景园林规划设计（三）、（四）两门课。

基本概念 /Basic Concepts

公园城市
Park City

公园城市定义

“公园城市作为全面体现新发展理念的城市发展高级形态，坚持以人民为中心、以生态文明为引领，是将公园形态与城市空间有机融合，生产生活生态空间相宜、自然经济社会人文相融的复合系统，是人城境业高度和谐统一的现代化城市，是新时代可持续发展城市建设的新模式。”

——《公园城市——城市建设新模式的理论探索》

公园城市内涵本质

“公园城市的内涵本质可以概括为‘一公三生’，即公共底板上的生态、生活和生产，奉‘公’服务人民、联‘园’涵养生态、塑‘城’美化生活、兴‘市’绿色低碳高质量生产。”

——《成都市美丽宜居公园城市规划（2018—2035 年）》

公园城市建设思路转变

1. 从“产 - 城 - 人”到“人 - 城 - 产”，建设核心为人人共享的城市；
2. 从“城市中建公园”到“公园中建城市”，将公园形态和城市空间有机融合，以大尺度生态隔离区分隔城市组群，以高标准生态绿道串联城市公园；
3. 从“空间建造”到“场景营造”，坚持以人民为中心推进城市建设，全面营建城市体验场景、消费场景、休闲场景。

成都建设公园城市的优势
The Advantages of Building Chengdu into a Park City

1 首提地先发优势

成都为我国公园城市的首提地，并成立了全国首个公园城市研究院和公园城市建设管理局，举办系列公园城市论坛等，践行新发展理念。

2 自然生态优势

成都拥有优越的山水林田自然环境资源。现状山地主要由龙门山、龙泉山组成；地处长江支流岷江及沱江流域，有大小河流约 180 条，总长约 2300km；“田”主要分布在市域中部的广阔平原地区；“林”主要依托山地分布于市域东西两侧，是国家公园、自然保护区、森林公园、风景名胜区等分布区域。

3 生物多样性优势

成都是中国海拔高差最大的特大城市（相对高差 5005m），孕育了大熊猫、珙桐等世界著名的旗舰物种，境内有野生维管束植物 3139 种，陆生野生脊椎动物 753 种，国家重点保护动物 178 种，位于全球 34 个生物多样性热点地区之一。

4 城市宜居优势

成都气候温润，冬无严寒夏无酷暑，城市更新加快推进、社区治理成效显著，连续 10 年荣登“中国最具幸福感城市”榜首。

5 历史文化底蕴优势

成都是国家级历史文化名城，拥有 4500 余年城市文明史和 2300 余年建城史，是中国古蜀文明发祥地，拥有都江堰 - 青城山、大熊猫栖息地等世界自然文化遗产，具有丰富的城市文化名片和多元文化资源。

国家公园
National Park

中国对“国家公园”的定义

“国家公园是指国家批准设立并主导管理，边界清晰，以保护具有国家代表性的大面积自然生态系统为主要目的，实现自然资源科学保护和合理利用的特定陆地或海洋区域。”

——《建立国家公园体制总体方案》

世界自然保护联盟（IUCN）对“国家公园”的定义

“大面积自然或近自然区域，用以保护大尺度生态过程以及这一区域的物种和生态系统特征，同时提供与其环境和文化相容的精神的、科学的、教育的、休闲的和游憩的机会。”

中国国家公园的保护目标及特征辨析

国家公园的保护目标主要强调三个方面：（1）强调保护对象是生态系统和大尺度生态过程；（2）强调保护对象应具有国家代表性；（3）强调所要保护的对象应具有原真性、完整性的特点。

中国国家公园体制建设的三大理念为“生态保护第一、国家代表性及全民公益性”。从目前各种已出台的文件来看，中国的国家公园可能是世界上在生态保护方面“最严格”的国家公园，但同时应注意“生态保护第一”并非“生态保护唯一”。

不同学者对“国家公园 – 公园城市”的理解
Different Scholars' Understanding of “National Park - Park City”

“人居环境有人，也有荒野。从人类密集城市到完全自然的环境，是一个完整的体系。这个在‘天府’这个地方非常有典型性。”

——中国科学院和中国工程院两院院士 吴良镛

“国家公园和公园城市，两件事情同时出现，只有成都才能这样做。把大熊猫国家公园、公园城市放在一起研究，从城市一直做到荒野，包括自然保护怎么做，人居怎么做，发展怎么做，不仅是理论创新，也是实践创新，也是中央特别关心的新型城镇化、国家公园建设等重大战略的结合。”

——清华大学建筑学院景观学系系主任 杨锐

“公园城市，是一个广义的概念，如果把国家公园的概念和公园城市的概念能统一起来，在学术上是有意义的。原来的‘天府’是农业社会下的概念，现在的‘新天府’，是城市生活与自然野趣在这样一个不大的尺度上的结合，是高强度开发和高强度保护兼容并存的模式。这些工作的影响是世界级的，关系着几千年的遗产，关系着国家的宝物，也关系着人类生存的栖息地。”

——清华大学建筑学院城乡规划系系主任 武廷海

目 录

课程简介
Course Introduction

课程目的 / Objectives

景观规划 Studio 是景观学系三个系列 Studio 课程的第三个 ，主要关注大尺度区域景观的认知、研究、规划与设计。该课程的主要目的是：

- **建立大尺度景观分析、评价的整体思路与系统方法**

针对成都市域范围及更大尺度，学习对大尺度自然文化综合景观系统的分析方法，包括其自然与人文因素综合作用下的景观形成过程与“结构－功能－动态”特征，掌握从多角度识别问题和分析驱动性因子演变的能力。

- **了解国内外景观规划理论发展动向，掌握大尺度景观规划方法**

了解研究国内外景观规划理论前沿，学习“调查 / 分析—评价 / 研究—规划 / 设计（概念－目标－战略－结构－规划－设计等）—公共参与—管理 / 实施”的多步骤景观规划方法，并通过多情景方法进行多方案比较。

- **通过本课程将风景园林多方面理论知识融会贯通**

结合本学期的景观地学、景观生态学、景观水文、植物景观规划设计等专业理论课，将多方面知识应用于本课程中，研究风景园林在生物多样性保护、文化景观、国家公园与保护地体系、流域规划、城市绿地系统规划、乡村景观规划及旅游游憩规划等方面的理论方法。

- **基于实际选题，锻炼发现、分析与解决问题的专业能力**

围绕规划选题，通过实地调研、访谈、文献等多样化方式，深入现实环境、社会、经济的核心，锻炼发现、分析、解决问题的能力，使理论与实践相结合；训练规划设计师的批判性思维与创新思维；鼓励自由探索，提出新的见解和方法，推动专业发展。

刘海龙

清华大学建筑学院景观学系副教授，博士生导师，特别研究员

主要研究方向为景观水文学、区域景观规划、流域治理与生态修复、自然与风景河流保护、遗产地体系规划与生态网络。开设研究生课程："景观水文""风景园林规划设计（三）、（四）"；本科生课程："区域与景观规划原理""景观水文学""风景园林设计（4）湿地 / 河道景观设计"。主持 3 项国家自然科学基金项目，参与多项国家与行业标准编制，包括《城市绿地规划标准》GB/T 51346—2019、《绿色小城镇评价标准》CSUS/GBC 06—2015、《绿色建筑应用技术图示》15J 904 等，发表论文 50 多篇。任住房和城乡建设部海绵城市建设技术指导专家委员会委员、国际景观生态学会会员（IALE）、美国风景园林师协会国际会员（ASLA）、美国河流管理学会会员（RMS）、中国风景园林学会会员（CHSLA）、中国水利学会城市水利专业委员会委员（CHES）等。

庄优波

清华大学建筑学院景观学系副教授、博士生导师、特别研究员
清华大学国家公园研究院副院长

主要研究方向为国家公园与自然保护地、遗产保护与规划、景观生态学原理应用于规划设计。开设研究生课程"景观生态学""风景名胜区规划与设计"。作为第二主编完成我国第一部国家级规划教材《国家公园规划》。作为项目负责人和主要参与人在一系列国家公园、自然保护地和世界遗产地中开展保护管理规划实践探索，并深度参与我国世界自然遗产申报咨询、培训和保护管理规划评审工作。任国家林业和草原局世界遗产专家委员会副秘书长、中国联合国教科文组织全委会咨询专家、住房和城乡建设部风景园林标准化技术委员会委员、国际景观生态学会中国分会理事、中国风景园林学会理论与历史专业委员会秘书组成员、《中国园林》和《风景园林》特约编辑。

赵智聪

清华大学建筑学院景观学系副教授
清华大学国家公园研究院院长助理

主要研究方向包括国家公园与自然保护地研究、风景园林遗产保护、景观规划、文化景观。开设本科生课程"风景园林遗产保护""风景园林设计（6）自然保护地规划""走进风景和园林"，研究生课程"风景园林规划设计（三）（四）"。主持国家自然科学基金、中国博士后科学基金、北京市自然科学基金等多项国家及省部级课题，参与国家社科基金重大项目、国家发展改革委委托课题、国家林业和草原局委托课题多项。参与撰写的专著与教材包括《国家公园规划》《中国国家公园规划编制指南研究》等，发表论文 40 余篇。担任中国风景园林学会理论与历史委员会青年委员，《风景园林》特约编辑。

课程组织 /Organization

本课程共 16 周，教学以周为单位可分为三个阶段，具体周时比例为 5:3:8。具体组织安排适时作相应灵活调整。

（1）第一阶段，1 ~ 5 周，景观分析评价

完成区域景观分析与评价，包括现状研究（表述模型、过程模型）、问题识别与空缺分析（评价模型）等内容；分成 4 个大组，每组 6 人，再按问题与专题细分为研究小组；学习方式为文献阅读、案例研究、数据分析、专题制图等；并在此阶段完成场地调研。

（2）第二阶段，6 ~ 8 周，战略规划

根据前面分析与评价研究结论，完成战略规划，包括提出全域保护利用的目标、宏观格局、战略建议（改变模型），确定景观规划与设计的场地；分成 6 个组，每组 4 人。

（3）第三阶段，9 ~ 16 周，片区景观规划、规划环境影响分析、节点设计

基于前面分析和评价研究与战略规划的结论，完成片区景观规划与节点设计（改变模型），包括规划结构、用地规划、专项规划等景观规划各个环节，以及根据研究识别出的重点地段的节点设计，中间包含规划环境影响分析（影响模型）。

注：

1. 研究范围

根据研究内容需要分为如下层次：（1）专题研究与战略规划范围：成都全市域尺度，共约 14335km^2，需在所有图上标出成都全市域作为基本研究边界；（2）规划片区与节点设计范围：各组根据自身规划目标和结构选择确定。

2. 上课方式

以线下授课为主，采用“线下 + 线上”、腾讯会议等在线远程教学方式辅助完成课程组织，在 16 周内完成专题讲座授课、分组讨论和课程汇报；各阶段的讲座和汇报内容全体师生需参加。

教学大事记 / Chronology

主要阶段	课程内容	课程任务
景观分析评价 【表述模型、过程模型、评价模型】	**讲座 1：景观规划导论** （1）景观规划理论与方法、课程简介，刘海龙； （2）国家公园和自然保护地体系规划，赵智聪； （3）都江堰灌区与成都公园城市研究，袁琳。 **讲座 2：国土宏观研究** （1）国土荒野制图，曹越； （2）国土保护冲突热点与风险区域识别，彭钦一； （3）国土河流干扰度评估与河流制图，张益章； （4）国土自然保护区影响强度，张书杰； （5）国土保护地连通性评估，王沛。 **讲座 3：景观规划评价（庄优波）** **分析评价研究阶段汇报：以小组为单位**	（1）各专题扼要介绍研究目的、原理方法与成果结论；并提取成都市域尺度空间制图与数据定量结论成果，得到各专题研究中成都市域在全国的定位与特征；各专题提供各研究代表性发表文章成果，供各组阅读。 （2）“生态 - 文态 - 业态 - 活态”各组需基于全域保护利用目标，对上述各国土宏观专题研究在成都市域的空间制图与数据定量结论进行评价； 此次课程将 Steinitz 可辩护规划模型中的评价模型前置，即以上述各专题研究成果作为工作基础，返回表述模型、过程模型进行评价、验证与深化研究，完成“提出问题”“分析问题”，作为全域保护与利用研究的基础。 （3）各组的验证与深化研究成果，立足“五态协同”中的“生态”因子，与“文态 - 业态 - 活态 - 形态”进行交叉叠加分析，识别保护与利用的冲突区域及干扰度、影响度、连通度等指标，从全域保护利用目标出发，为下一步“解决问题”（战略规划及片区景观规划设计）奠定基础。
战略规划 【改变模型】	分组辅导 （1）场地调研，了解研究区各方面信息，人员访谈，收集资料；获得第一印象与第一手信息。 （2）深入分析规划目标、定位；提出战略规划层面的全市域规划框架和战略性空间结构。 （3）深化提炼专题研究、案例研究结论，以支持战略规划。 **战略规划阶段汇报：以 6 组为单位**	（4）战略规划任务：基于“专题研究 + 五态协同”的交叉分析，面向全域保护利用目标，针对已有成都市域保护与发展空间格局进行评估，发现新问题，建立新视角，提出战略性、概念性新思路、新想法，弥补以往研究和实践的空缺、薄弱及不足之处，提出战略建议与优化方案，进入“改变模型”学习阶段。 （5）战略规划成果：全域保护利用战略规划图、相关支撑性研究与规划，选择确定片区景观规划范围。

主要阶段	课程内容	课程任务
片区景观规划 【改变模型】	分组辅导	（6）基于战略规划总图及评价成果，锁定一个保护利用冲突区域，可能包括：国家公园周边地区、乡村社区、山麓带、生物廊道、河流廊道、潜在新增保护地位置等；通过与公园城市“五态协同”策略叠加，重点研究怎样实现保护和利用双赢，指导下一步重点设计地段。
规划环境影响分析 【影响模型】	各组完成规划环境影响分析 分组辅导	（7）不同规划方案各自有什么优势与劣势？各自会带来什么样的影响？包括环境、社会和经济等方面。 为什么要在多方案中进行优选？如何基于规划环境影响分析来指导多方案的优选，或者为之提供依据，来获得最可接受的方案？如何实现兼顾保护目标和发展目标的发展模式？
节点设计 【改变模型、决策模型】	分组辅导 最终成果制作	（8）规划最初提出的问题及分析，是否通过最终的设计方案或其他形式得到清晰地表达，使规划战略更可操作？ 如何通过设计来推动决策，并使规划目标的实现更具体化，使规划理念更形象化，更具说服力？ 哪种设计表达方式，便于被各方理解、接受并且推动实施？

课程综合成果汇报：
含分析评价、专题研究，战略规划；片区景观规划；规划环境影响分析；节点设计。

前期调研及终期答辩照片
Photos of Preliminary Investigation and Final Report

成都城市公园调研

调研访谈

大熊猫国家公园龙溪－虹口区域调研

白水河国家级自然保护区调研

青城山调研

龙泉山调研

沱江调研

熊猫谷调研

都江堰灌区支渠、斗渠调研

古镇调研

西岭雪山风景名胜区调研

都江堰调研

龙泉山丹景台调研

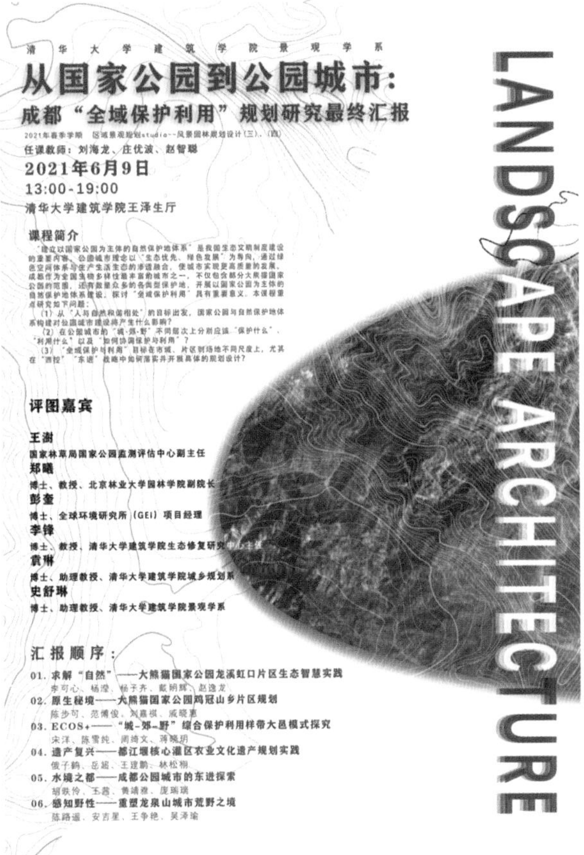
清 华 大 学 建 筑 学 院 景 观 学 系
从国家公园到公园城市：
成都“全域保护利用”规划研究最终汇报
2021年春季学期 区域景观规划studio--风景园林规划设计（三）、（四）
任课教师：刘海龙、庄优波、赵智聪
2021年6月9日
13:00-19:00
清华大学建筑学院王泽生厅
课程简介
“建立以国家公园为主体的自然保护地体系”是我国生态文明制度建设的重要内容。公园城市理念以“生态优先、绿色发展”为导向，通过绿色空间体系与生产生活生态的渗透融合，使城市实现更高质量的发展。成都作为全国生物多样性最丰富的城市之一，不仅包含部分大熊猫国家公园的范围，还有数量众多的各类型保护地，开展以国家公园为主体的自然保护地体系建设，探讨“全域保护利用”具有重要意义。本课程重点研究如下问题：
（1）从“人与自然和谐相处”的目标出发，国家公园与自然保护地体系构建对公园城市建设将产生什么影响？
（2）在公园城市的“城-郊-野”不同层次上分别应该“保护什么”、“利用什么”以及“如何协调保护与利用”？
（3）“全域保护与利用”目标在市域、片区到场地不同尺度上，尤其在“西控”“东进”战略中如何落实并开展具体的规划设计？
评图嘉宾
王澍
国家林草局国家公园监测评估中心副主任
郑曦
博士、教授、北京林业大学园林学院副院长
彭奎
博士、全球环境研究所（GEI）项目经理
李锋
博士、教授、清华大学建筑学院生态修复研究
黄琳
博士、助理教授、清华大学建筑学院城乡规划系
史舒琳
博士、助理教授、清华大学建筑学院景观学系
汇报顺序：
01. 求解“自然”——大熊猫国家公园龙溪虹口片区生态智慧实践
李可心、杨澄、杨子齐、戴明辉、赵逸龙
02. 原生秘境——大熊猫国家公园鸡冠山乡片区规划
陈步可、范博俊、刘嘉祺、戚晓惠
03. ECOS+——“城-郊-野”综合保护利用样带大邑模式探究
宋洋、陈雪纯、周绮文、蒋晓玥
04. 遗产复兴——都江堰核心灌区农业文化遗产规划实践
俄子鹤、岳韬、王逵鹏、林松翀
05. 水境之都——成都公园城市的东进探索
胡轶伶、王蕾、黄靖雅、庞瑞瑛
06. 感知野性——重塑龙泉山城市荒野之境
陈路遥、安吉星、王争艳、吴泽瑜
LANDSCAPE ARCHITECTURE

终期答辩合影

专题研究
Monographic Study

生态
Ecology

研究目标
Research Object

围绕非生物（气候、地质、水文）、生物多样性、现状自然保护地分类、分级及分区、保护空缺分析等内容，开展以下研究：

- 对成都市生态系统进行综合分析研究；
- 探寻全域生态保护的空间布局优化方向和策略；
- 提出关于成都市保护价值与利用冲突的可能性问题。

通过研究，得到在生态研究中成都市域在全国的定位与特征，为成都市域生态系统的保护与利用提供思路。

研究范围：成都市域。

研究框架
Research Framework

本次研究主要通过表述模型、过程与评价模型对成都全域的生态现状进行收集、识别、空间制图与数据定量结论的评价研究，提出问题并分析问题，作为后续全域保护利用研究的基础。

在表述模型阶段，围绕非生物因子、生物因子以及保护与利用现状三方面，对成都市域生态本底的现状及规划情况进行基础调研，提出关于成都市保护价值与利用冲突的可能性问题。在过程与评价模型阶段，研究成都现有生态过程的基本情况、发展趋势和保护特征。综合上述结果，总结成都最突出的生态价值，明确潜在变化，并结合现有规划提出现状保护利用的问题与空缺。

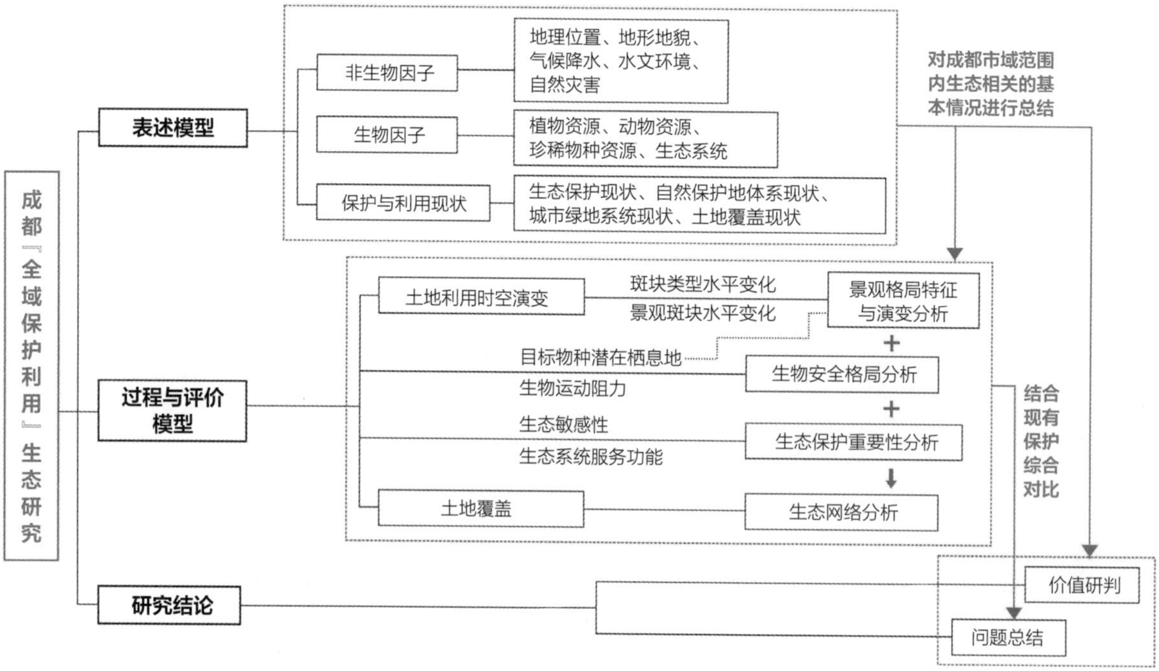

研究框架图

非生物因子
Abiotic Factors

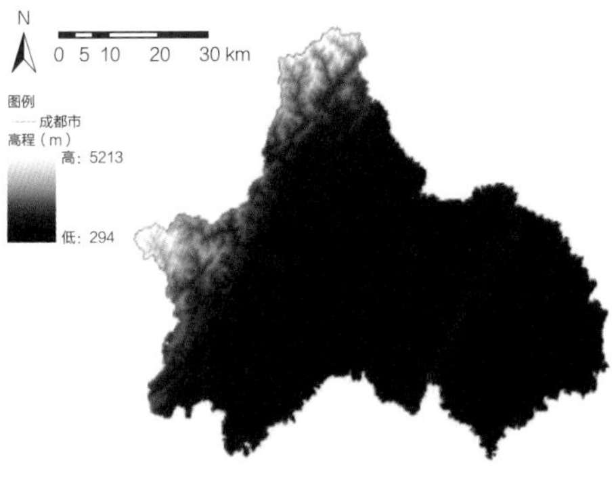

图 1：成都市高程分析图

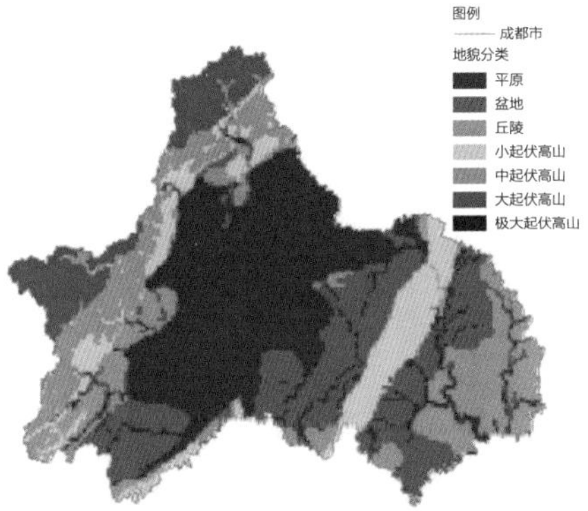

图 2：成都市地貌分析图

四川省地貌东西差异大，地形复杂多样，位于中国大陆地势三大阶梯中的第一级青藏高原和第三级长江中下游平原的过渡地带。成都平原西缘被横断山脉包围，形成了成都市复杂多样的地貌和气候条件。

图 1：总体地势特征为：西北高、东南低，呈阶梯状下降，类型复杂多样。

图 2：成都市形成了三分之一平原、三分之一丘陵、三分之一高山的独特地貌类型。

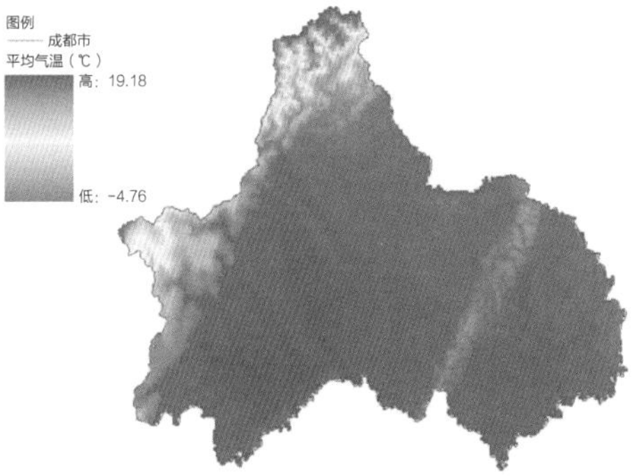

图 3：成都市气候分析图

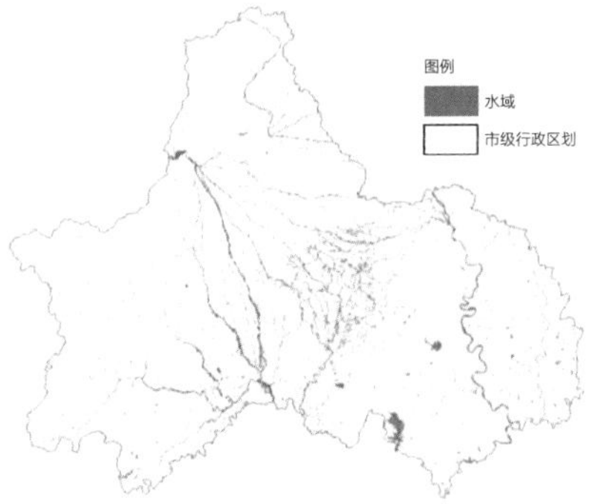

图 4：成都市水域分布图

图 3：区域性小气候丰富，呈现平原、山区、高山区不同的气候分布。

图 4：河网稠密，岷江、沱江河流水系丰富，但开发强度大，分布不均。

图 5：成都市地震带分布图

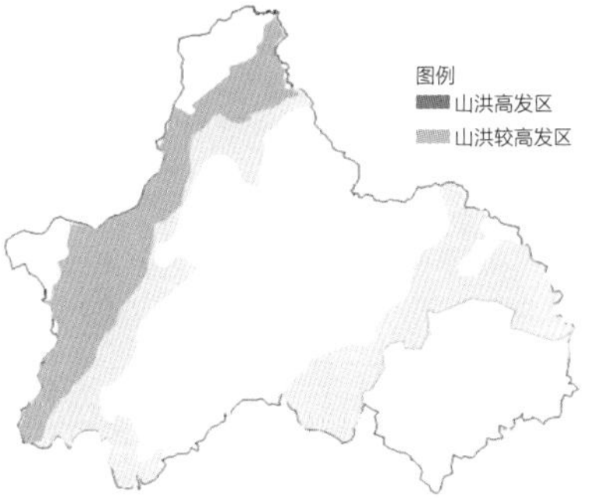

图 6：成都市水土流失分布图

图 5：成都的发育特征明显受活动断裂控制，有 6 条断裂带，分别是洛水 - 都江堰断裂带、大邑断裂带、彭州断裂带、蒲江 - 新津断裂带、龙泉山西坡断裂带和大塘断裂带。

图 6：成都北部及西部中高山区是山洪泥石流的高发、易发区，南部及东南部低山丘陵属于山洪滑坡及病险水库重点防治分区。

资料来源：
[1] 刘大局．成都盆地活动断裂及其活动性分析 [D]. 成都：成都理工大学，2018.
[2] 中华人民共和国水利部．土壤侵蚀分类分级标准 SL190 2007[S]. 北京：中国水利水电出版社，2008.
[3] 胡桂胜，陈宁生，杨成林．成都市灾害性山洪泥石流临界降雨量特征 [J]. 重庆交通大学学报（自然科学版），2011，30（1）：95-101.
[4] 全国地理信息资源目录服务系统 [EB/OL]. [2021-03-18]. https://www.webmap.cn/main.do?method=index.
[5] 四川省人民政府．四川概况 [EB/OL]. [2021-03-18]. https://www.sc.gov.cn/10462/c106773/zjsc.shtml.

生物因子

Biological Factor

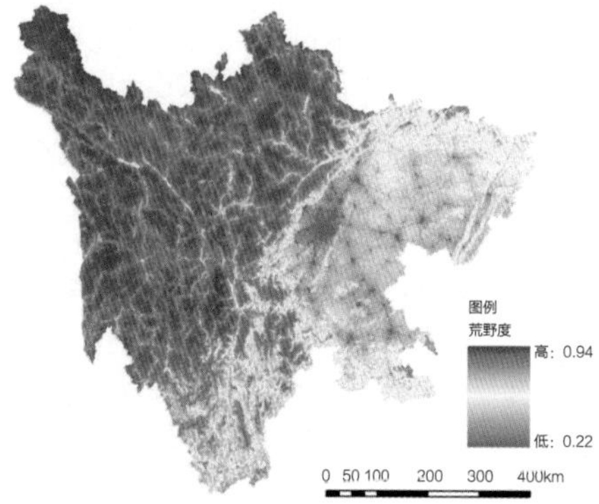

图 1：四川省荒野度分析图（图源：曹越）

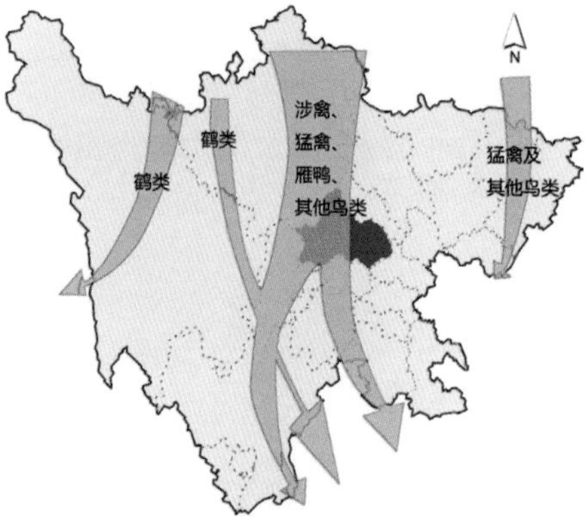

图 2：候鸟路线迁徙图
（改绘自《鸟类迁徙》. 底图来源：规划云网站）

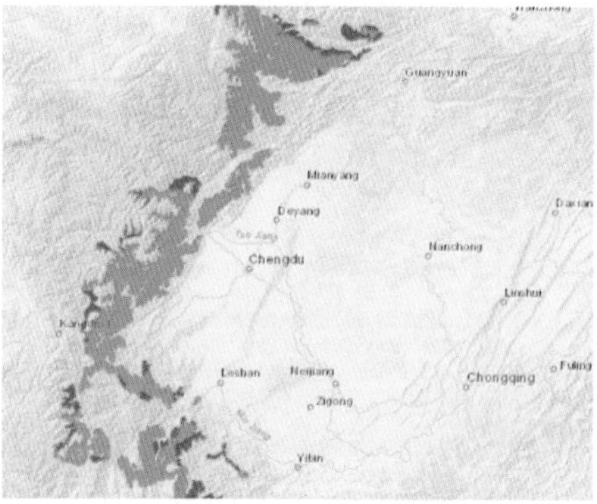

图 3：大熊猫栖息地分布图（图源：IUCN）

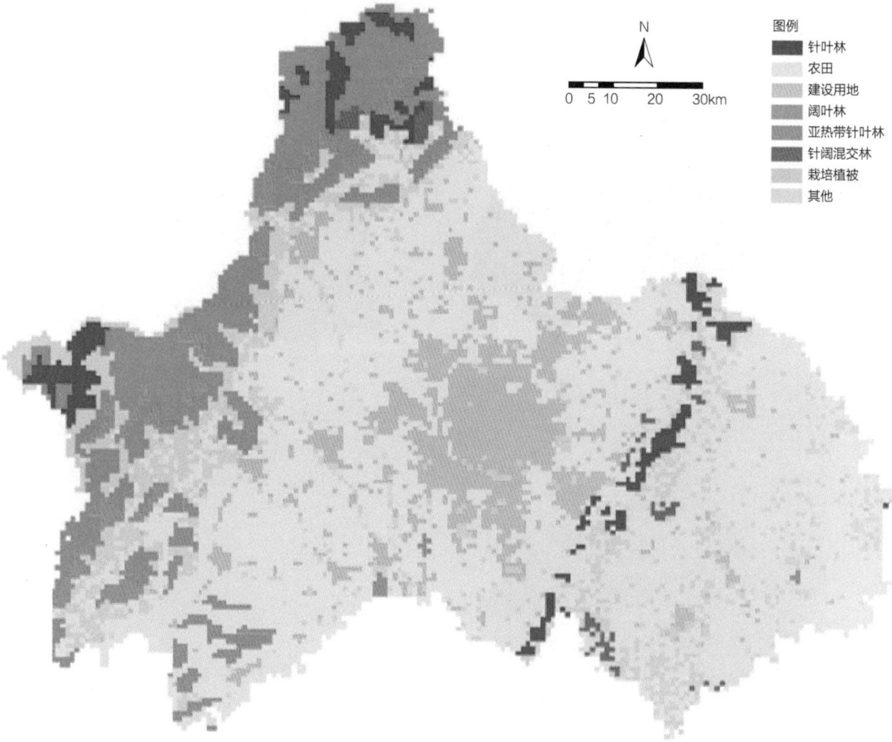

图 4：成都市植被类型图（图源：自绘）

图1：四川省可大致划分为西部生态高原与东部绿色盆地，东西两侧在生物多样性冲突风险、荒野度等方面存在较大差异。成都市域包括此东西分区交界的一部分。

图2：全球有8条主要的候鸟迁徙路线。与成都密切相关的是中亚-印度半岛迁徙路线。据四川省林业和草原局监测，近十年来能够监测到的过境候鸟主要有雁鸭类、猛禽类、雀形类等五大类，记录在册的鸟类多达700余种。

图3：成都市动植物资源丰富，常见植物有银杏、慈竹等，珍稀植物有红豆杉、珙桐等；一级保护动物有大熊猫、云豹、青头潜鸭、大鲵、贝氏高原鳅等，中国特有物种有大熊猫、金丝猴、赤麻鸭、大鲵等。

图4：成都市龙门山区域以阔叶林为主，龙泉山以针叶林和人工栽培的经济林、用材林为主，平原和丘陵地区具有大面积的农田用地。

保护与利用现状
Status of Protect and Utilize

相关保护规划

成都市西部属全国生态功能区中的岷山－邛崃山－凉山生物多样性保护与水源涵养重要区，拥有我国乃至世界顶尖的生物多样性价值；东部属成都重点城镇群，是人居环境提升与水土流失防治的重点区域。《成都市公园城市绿地系统规划（2019—2035年）》提出构建“龙门山和龙泉山——城市间隔带和市级河道及两侧绿化控制带——高快速路及两侧控制带”的三级生态廊道网络。

绿地系统现状

规划市域绿地系统结构为“两山”即龙门山、龙泉山；“两网”岷江水系、沱江水系；“两环”环城生态区、第二绕城高速路两侧生态带；“六片”防止城镇粘连发展的、功能明确的生态隔离区。以区域级绿道为骨架，城市级绿道和社区级绿道相互衔接，形成串联城乡公共开敞空间、丰富居民健康绿色活动的天府绿道体系。

自然保护地现状

主要分布在西部龙门山和东部龙泉山等山地丘陵区域。包括1个国家公园、2个国家级自然保护区、4个地方级自然保护区、7个国家级自然公园、4个国家级风景名胜区、3个地方级风景名胜区、1个世界自然遗产地。

小结

1. 自然保护地体系以保护生物多样性和生态系统为主，级别较高的保护地较多；
2. 以大熊猫为代表的国家公园创建初见成效；
3. 成都公园城市和绿地体系建设完善，绿道系统建设国内领先。

注：
1. 由于国家公园的整合工作正在进行，涉及的最新变化数据暂未统计。
2. 自然公园、风景名胜区、部分自然保护区的矢量范围，国家公园整合优化的范围等相关资料存在缺失。

资料来源：
[1]《全国生态功能区划（修编版）》。
[2]《四川省市级国土空间生态修复规划编制指南（试行）》。
[3]《四川省生物多样性保护战略与行动计划（2011—2020年）》。
[4]《成都市公园城市绿地系统规划（2019—2035年）》。
[5]《成都市美丽宜居公园城市规划（2019—2035年）》。
[6]《天府绿道一期项目设计方案》。
[7] 隆廷伦，杨若莉，邓杰，等．龙泉山脉猛禽南迁的初步观察[J]. 四川动物，1998(4): 15-16.

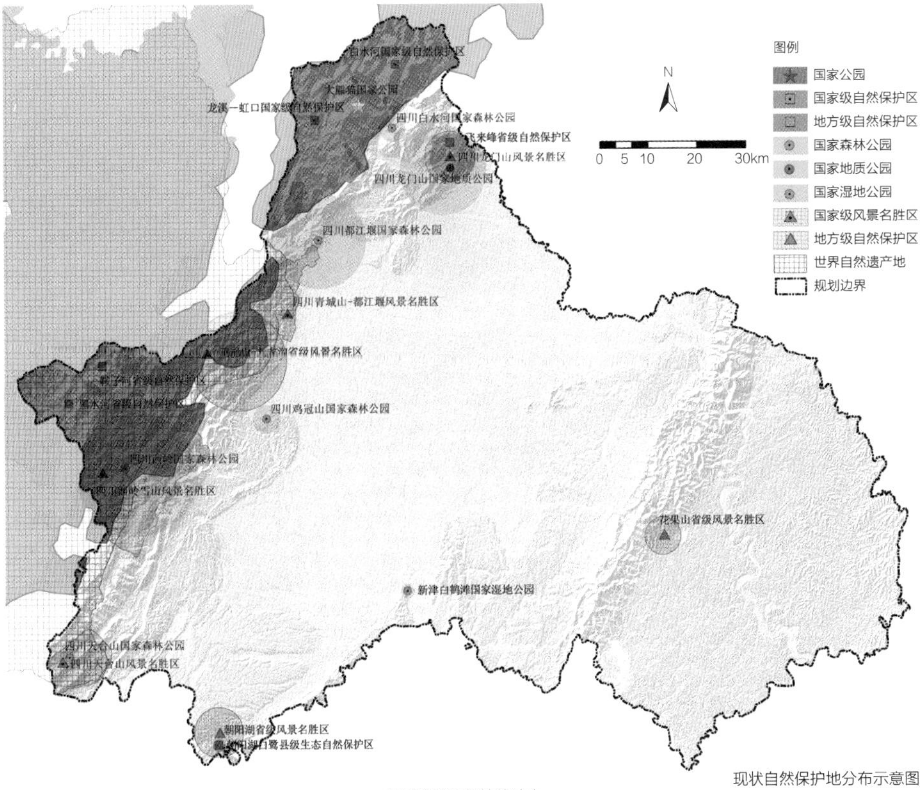

现状自然保护地分布示意图

现状自然保护地统计表

分类	分级	名称	总面积（km^2）	与大熊猫国家公园的关系
国家公园	国家级	大熊猫国家公园	1464.28	—
自然保护区	国家级	龙溪－虹口国家级自然保护区	298.53	完全纳入国家公园
		白水河国家级自然保护区	302.13	完全纳入国家公园
	地方级	鞍子河省级自然保护区	73.60	完全纳入国家公园
		黑水河省级自然保护区	161.09	完全纳入国家公园
		飞来峰县级自然保护区	70.40	未纳入国家公园
		朝阳湖白鹭县级生态自然保护区	5.00	未纳入国家公园
自然公园	国家级	白水河国家森林公园	22.72	暂未确定待核实
		都江堰国家森林公园	295.48	暂未确定待核实
		鸡冠山国家森林公园	26.02	暂未确定待核实
		天台山国家森林公园	13.28	未纳入国家公园
		西岭国家森林公园	486.50	暂未确定待核实
		龙门山国家地质公园	251.00	暂未确定待核实
		新津白鹤滩国家湿地公园	8.51	未纳入国家公园
风景名胜区	国家级	龙门山国家级风景名胜区	81.00	未纳入国家公园
		青城山－都江堰国家风景名胜区	150.00	未纳入国家公园
		西岭雪山国家级风景名胜区	482.80	未纳入国家公园
		天台山国家级风景名胜区	100.30	未纳入国家公园
	地方级	朝阳湖省级风景名胜区	79.09	未纳入国家公园
		花果山省级风景名胜区	43.00	未纳入国家公园
		鸡冠山－九龙沟省级风景名胜区	305.00	未纳入国家公园
世界自然遗产地	世界级	四川大熊猫栖息地世界自然遗产	1169.30	部分范围重叠

景观格局特征与演变

Characteristics and Evolution of Landscape Pattern

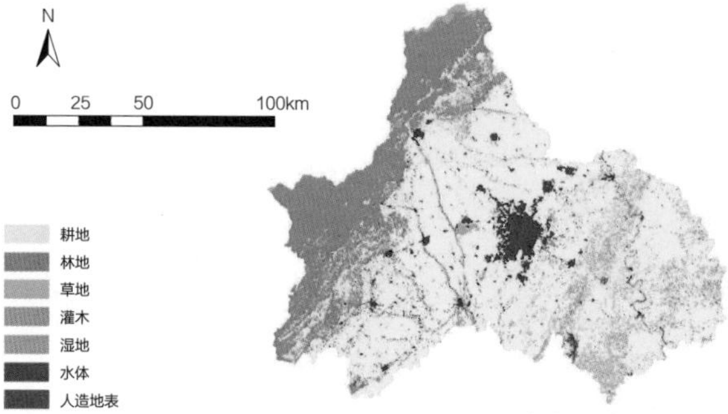

2000 年成都土地覆被分布图

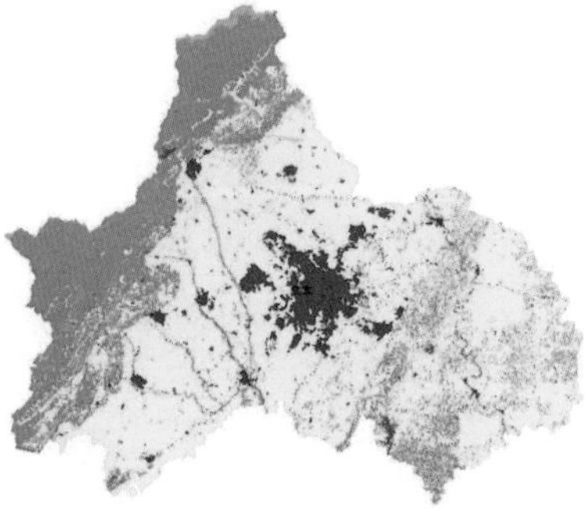

2010 年成都土地覆被分布图

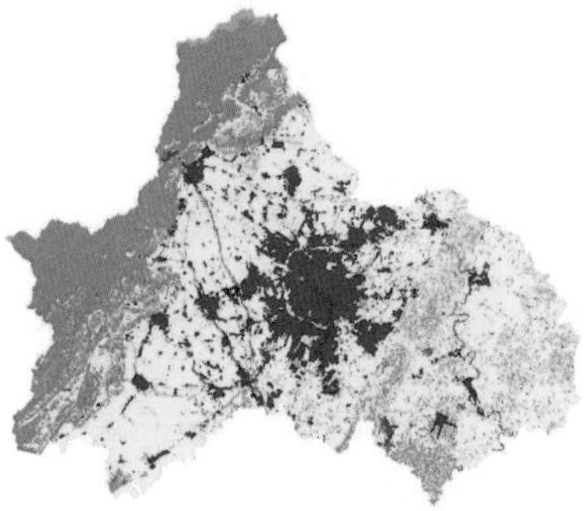

2020 年成都土地覆被分布图

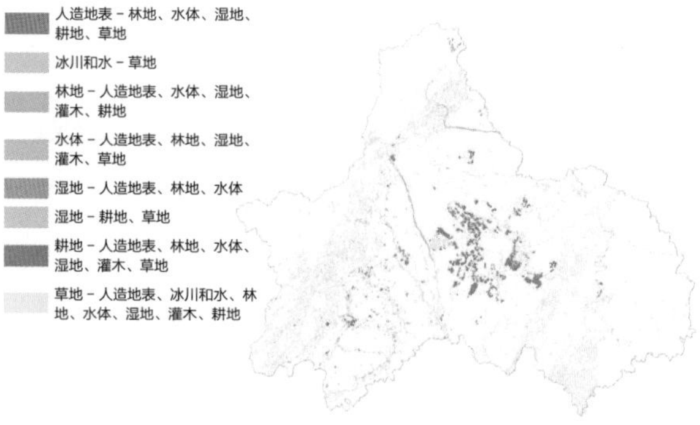

2000—2010 年成都土地覆被转移图

2010—2020 年成都土地覆被转移图

2000—2020 年成都土地覆被转移图

通过对成都市域土地覆被变化分析和景观指数趋势分析，找出影响景观格局的因子及潜在问题；辅助制定生态网络的优化策略。以成都市域 2000 年、2010 年、2020 年的 GlobeLand30 全球地表覆盖数据为基础，利用 ArcGIS 和 FRAGSTATS 软件，分别计算类型和景观层级指数，定量对比分析景观格局特征。

分析得出，成都近十年城乡一体化速度加快，生态空间受到干扰（以耕地为主）；城市大幅度向乡、野地区蔓延，构成新的格局骨架。公园城市建设成效显著，景观类型逐渐归并、整合，景观格局连接性增强。景观异质性增强，各景观类型的空间关系趋于复杂，不确定性增强。斑块形状不规则，可能拥有物种较为丰富的生态交错带。

资料来源：

GONG P, LIU H, ZHANG M, et al. Stable classification with limited sample: transferring a 30-m resolution sample set collected in 2015 to mapping 10-m resolution global land cover in 2017[J]. Science Bulletin, 2019, 64: 370-373.

建成区：面积急剧增加，中心城区扩张，城乡融合蔓延，破碎度较高；相邻景观类型单一（耕地）。应通过生态网络优化，控制城乡蔓延趋势；通过丰富类型，提升综合生态系统服务效益。

耕地：是优势类型；耕地大幅减少，被显著切割，形状变化较大，破碎度增加。应重视川西林盘的保护与利用问题，作为重点“源”，需处理好与周边景观类型的关系。

林地：斑块面积差异较大，从龙门山向城市延伸、散布于龙泉山（桃园）和东拓区域。应以自然保护地体系为核心，加强林地的连通性，优化林地系统网络。

草地：斑块数最多，破碎度较高，但整体呈连接趋势。未来需要提升草地系统质量，降低人为干扰，平衡保护与利用关系。

湿地：湿地斑块大小较为均匀，受人为活动影响大，并呈破碎化趋势。未来需要提升湿地系统质量，降低人为干扰，平衡保护与利用关系。

生态交错带分析
Ecological Ecotone Analysis

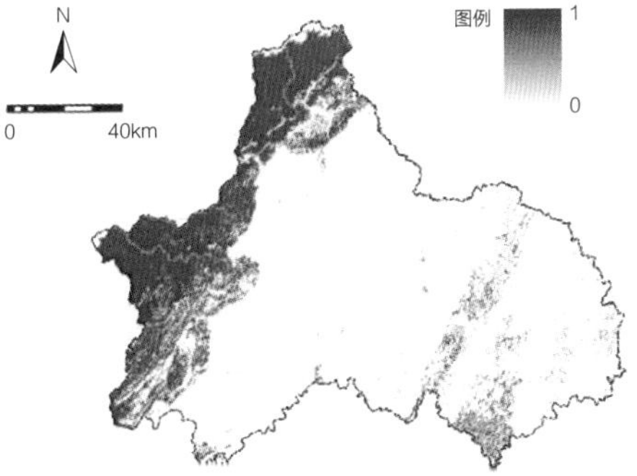

林地单元格网面积比例分析图

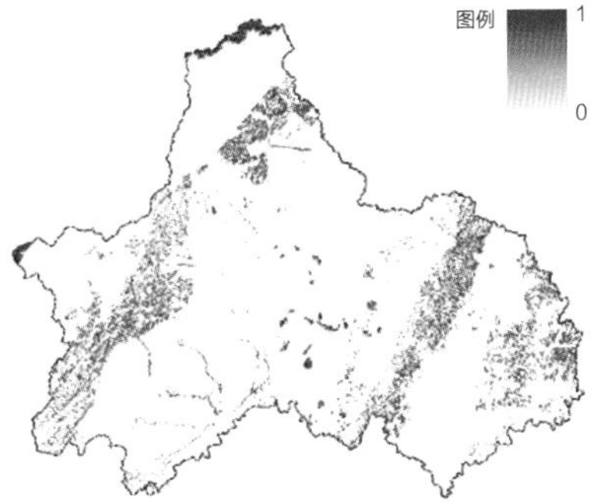

草地单元格网面积比例分析图

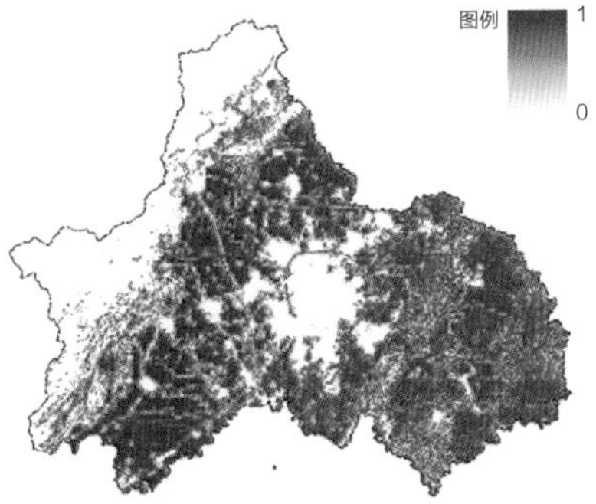

耕地单元格网面积比例分析图

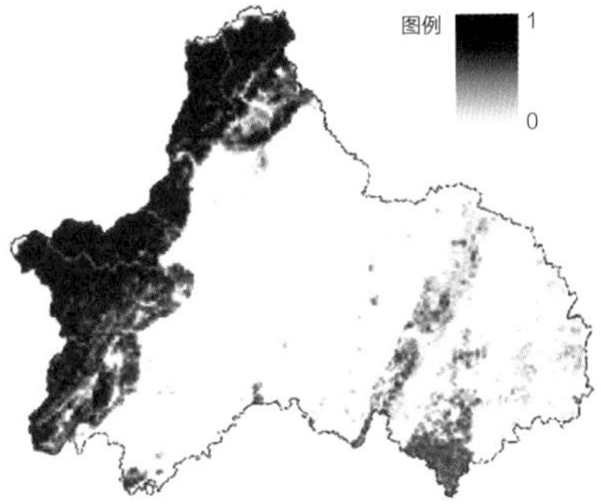

林地单元格网面积比例均值分析图

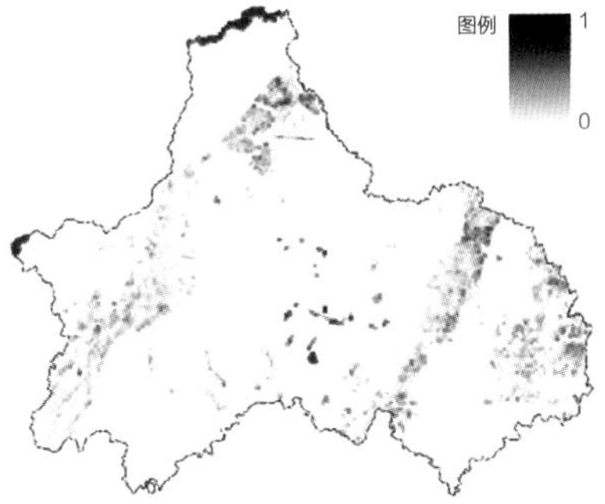

草地单元格网面积比例均值分析图

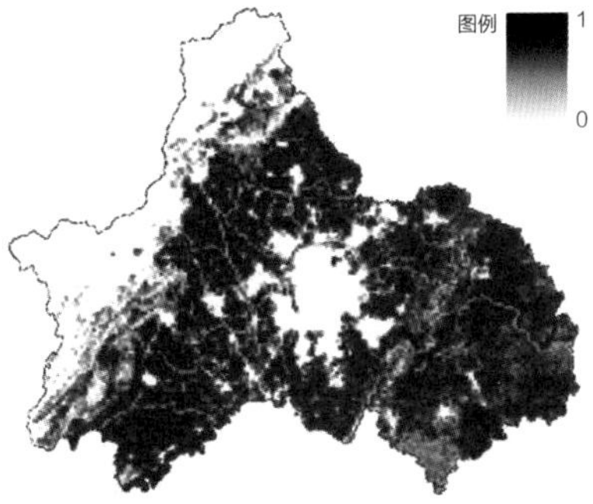

耕地单元格网面积比例均值分析图

基于成都2020年土地覆被数据，采用滑动窗口自动识别法，获取生态交错带的类型和空间分布范围，为生物安全格局的问题识别提供参考依据。

根据分析结果，生态交错带主要分布于龙门山山麓、龙泉山及龙泉驿东部，生态系统较为不稳定，且具备生态过渡地带的边际效应、空间异质性等特征。

农林交错带：745km^2，大量分布于龙泉山、龙门山南部浅山丘陵。

农林草交错带：727km^2，大量分布于龙门山浅山丘陵区域、龙泉山。

农草交错带：283km^2，主要分布于龙泉山麓、龙泉驿东部，部分散布于林盘中。

林草交错带：15km^2，极少量分布在龙门山浅山丘陵区域。

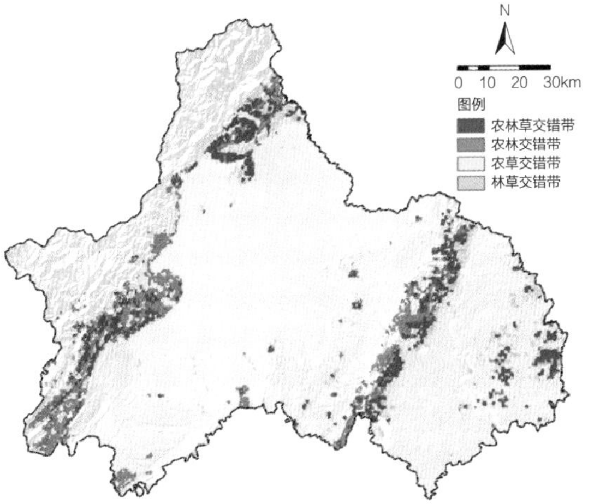

生态交错带分析图

资料来源：
GONG P, LIU H, ZHANG M, et al. Stable classification with limited sample: transferring a 30-m resolution sample set collected in 2015 to mapping 10-m resolution global land cover in 2017[J]. Science Bulletin, 2019, 64: 370-373.

生物安全格局
Biosafety Pattern

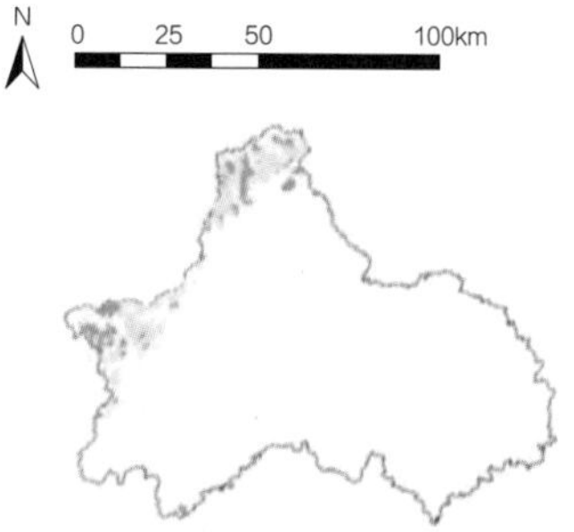

云豹源性生物安全格局

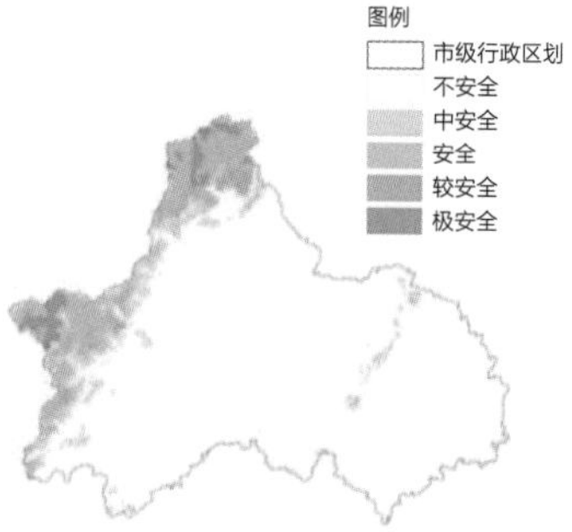

金雕源性生物安全格局

青头潜鸭源性生物安全格局

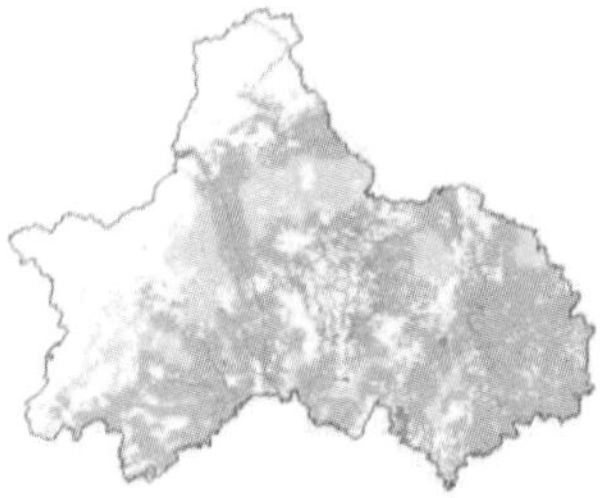

赤麻鸭源性生物安全格局

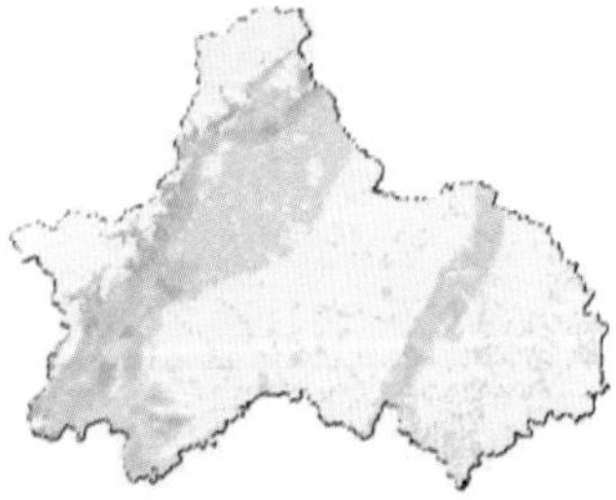

毛冠鹿源性生物安全格局评价

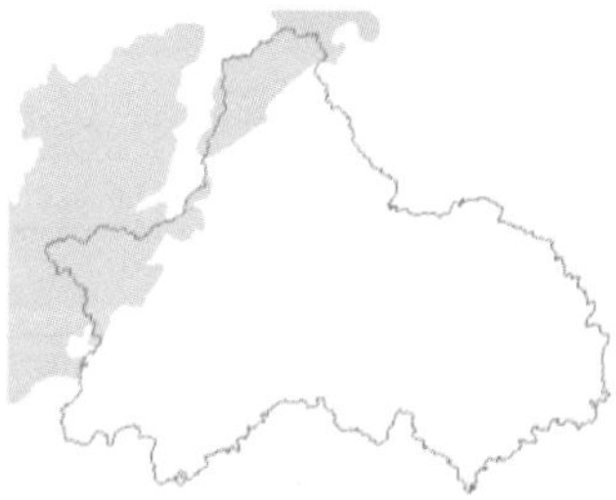

熊猫栖息地适宜性评价

大鲵源性生物安全格局评价

贝氏高原鳅源性生物安全格局评价

确定单物种的适宜栖息地；模拟动物运动，确定阻力面，模拟植物扩散；确定阻力值，得到单物种生物安全格局；叠加得到综合生物安全格局。

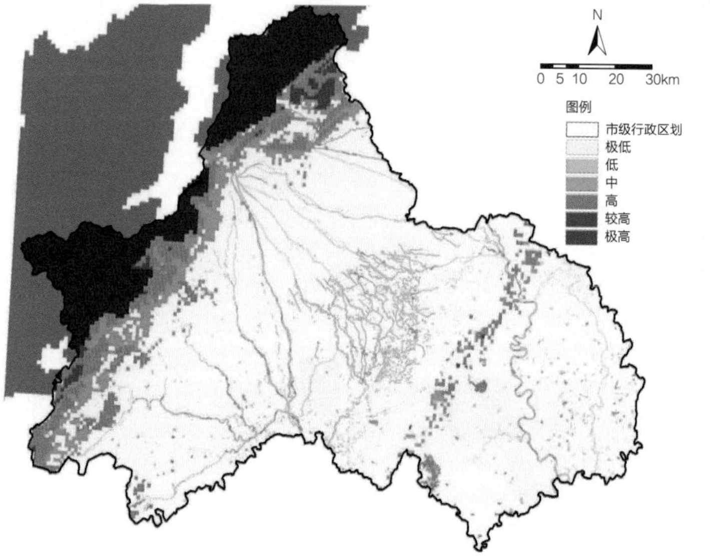

生物重要空间分布评价

低安全区域位于大熊猫国家公园内及重要湿地水系，低、中安全区域位于城市及农田生态系统内，高安全区域主要位于龙泉山、龙门山区域。

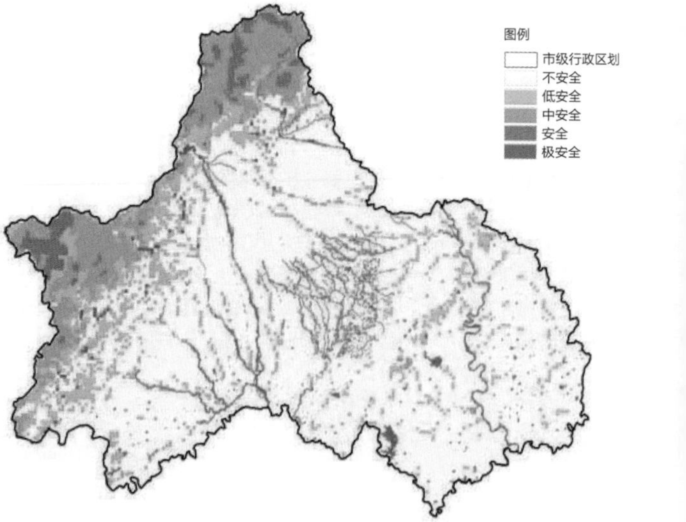

生物安全格局评价

生态保护重要性分析

Importance of Ecological Protection Analysis

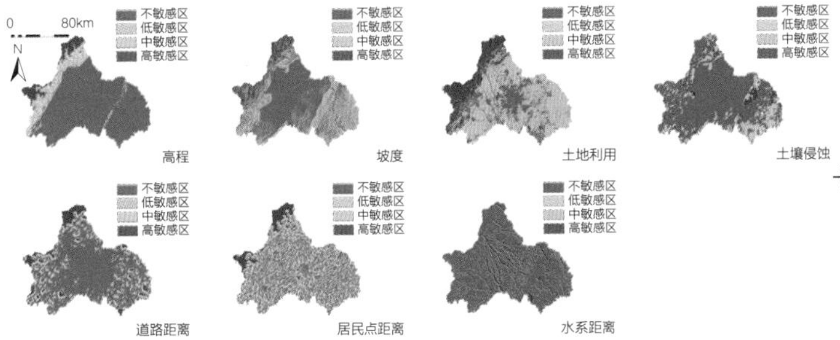

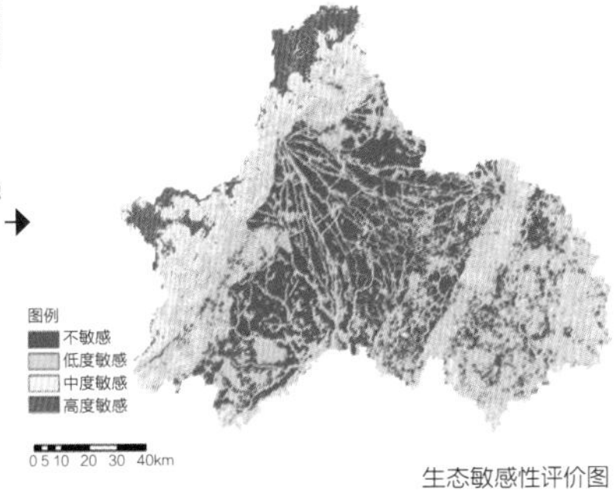

生态敏感性评价图

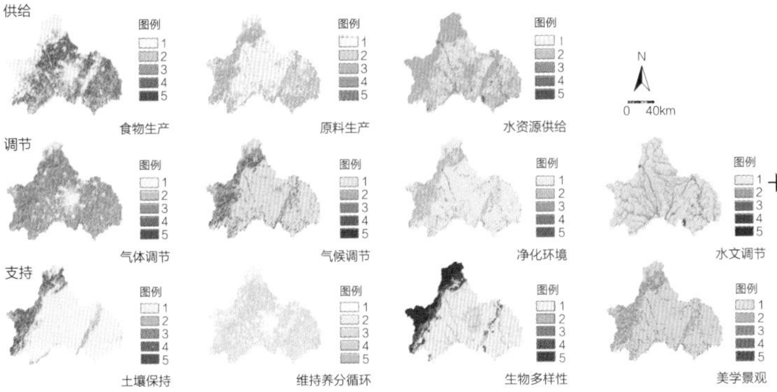

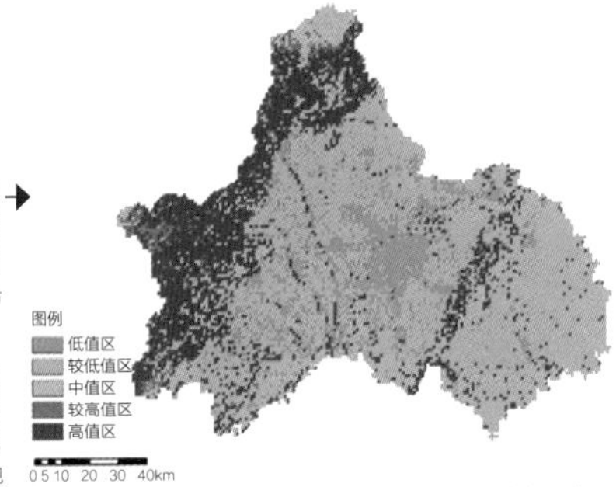

生态系统服务功能价值评价图

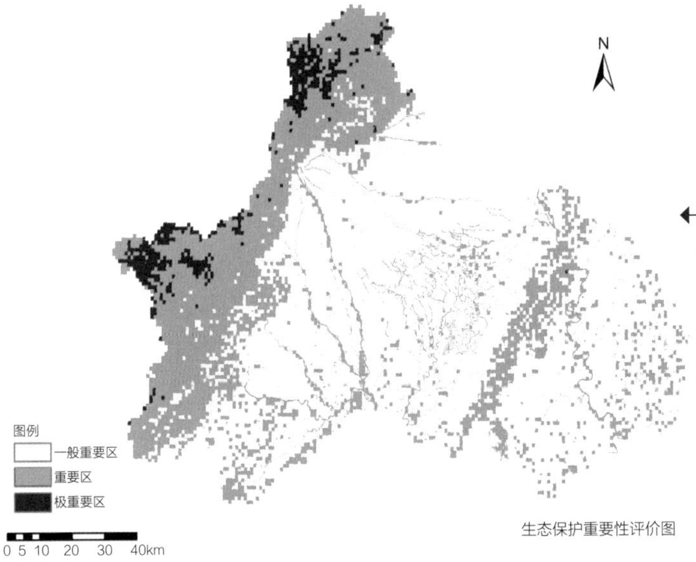

生态保护重要性评价图

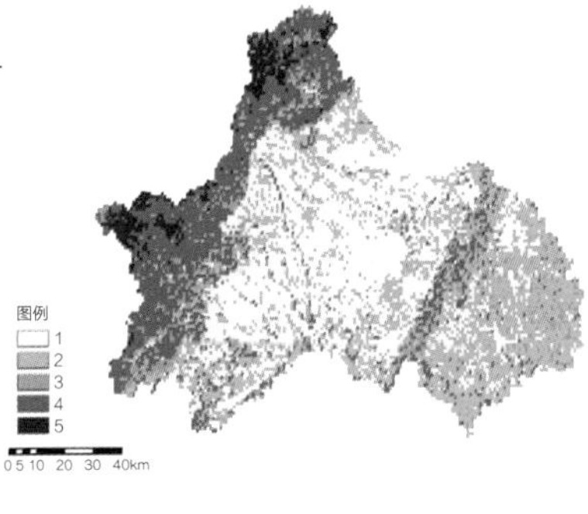

生态保护重要性初步评价图

成都市生态敏感性以低敏感与不敏感区域为主，占比超过80%，主要分布在成都市的平原区域。中、高敏感区域占比极少（仅约18%）。中、高敏感区主要分布于西北侧山地区域。

生态敏感区统计表

分级	面积（km^2）	面积比
高敏感区	730	5.1%
中敏感区	1905	13.3%
低敏感区	7228	50.4%
不敏感区	4471	31.2%

山地林区以及水系的生态系统服务价值最高，城镇建设用地生态系统服务价值最低。

生态系统服务功能价值区统计表

分级	参数层	面积（km^2）	面积比
低值区	0~0.005	1965	13.7%
较低值区	0.005~0.02	7887	55.1%
中值区	0.02~0.04	702	4.9%
较高值区	0.04~0.06	509	3.5%
高值区	0.06~1	3262	22.8%

对生态系统服务功能评价和生态敏感性评价分别赋予0.4和0.6的权重，进行叠加分析，得到生态保护重要性评价的初步结果。

叠加重要廊道图调整图斑，依据地理环境、地貌特点和生态系统界限，对生态保护极重要区和重要区进行边界修正。

将生态保护重要性评价结果分为生态保护极重要区、重要区和一般重要区，其中极重要区主要分布在龙门山区域。

生态网络分析
Ecological Network Analysis

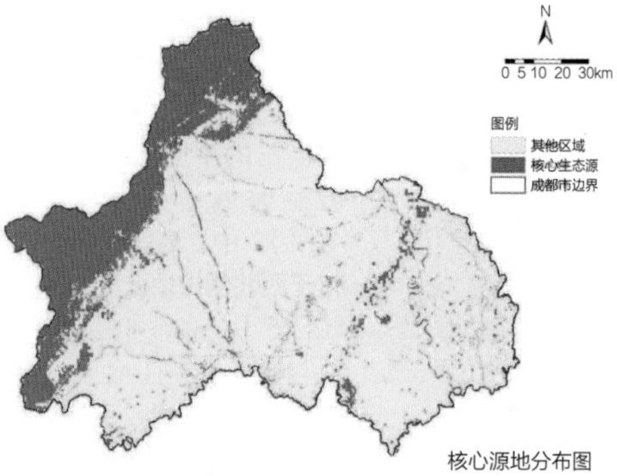

核心源地分布图

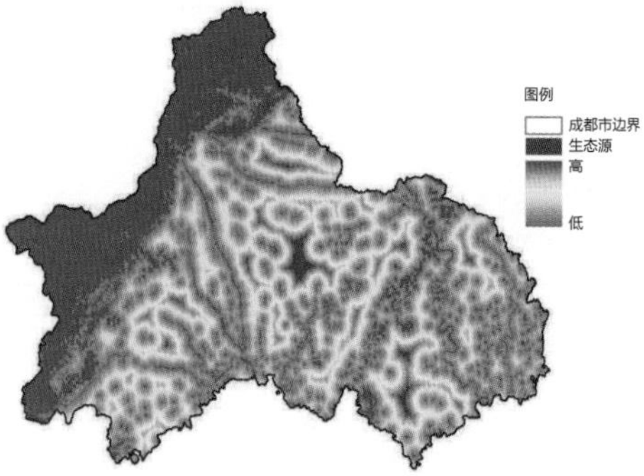

生态阻力分析图

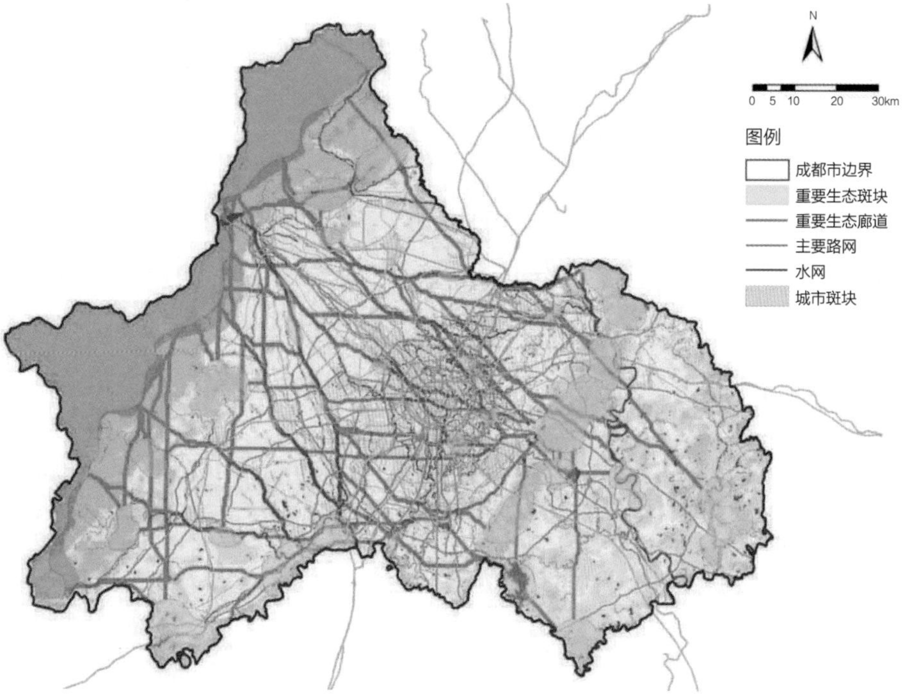

生态网络分析图

基于生态保护重要性，确定核心生态斑块，进行生态网络模拟，指导制定生态空间优化策略。分析方法为：遴选生态保护重要区域，确定核心生态源地；建立阻力评价体系并进行扩散分析；通过成本路径分析得到成都市域生态网络的最小成本路径，作为潜在生态廊道。

将生态保护重要性评价结果进行阈值划分，将面积大于 10km^2 的斑块确立为具有高生态保护价值与连通性价值的“核心生态源”。建立景观过程阻力赋值体系，得到综合阻力基面。成都市域整体呈现东西高、中间散布交错的阻力分布，影响着区域物种迁移和物质能量流动。针对核心生态源地进行成本路径分析，叠合河流与道路，经校正、处理与叠合，初步生成成都潜在生态廊道。

斑块集中分布于龙门山及龙泉山区域；少量分布于龙泉驿新区及南部湿地公园；在山麓、林盘内、城市中间存在少量跳板。

廊道整体呈现西北－东南走向；少量南北走向连接市域边界斑块。

分析因子体系表

阻力赋值	生态阻力因子				社会阻力因子			
	地形	坡度（°）	景观类型	距水域距离（m）	距道路距离（m）			
					铁路	高速路	主要道路	次要道路
1	中低山	0~3	水域、冰川	0~300	>2000	>1200	>1200	>600
2	高丘陵	3~8	林地、灌木地	300~600	1500~2000	900~1200	900~1200	450~600
3	低丘陵	8~15	耕地、草地	600~900	1000~1500	600~900	600~900	300~450
4	台地	15~25	裸地	900~1200	500~1000	300~600	300~600	150~300
5	平原	>25	人工地表	>1200	0~500	0~300	0~300	0~150
权重	0.2	0.1	0.3	0.2	0.2			

价值研判与问题总结

Value Analysis and Summary of Issues

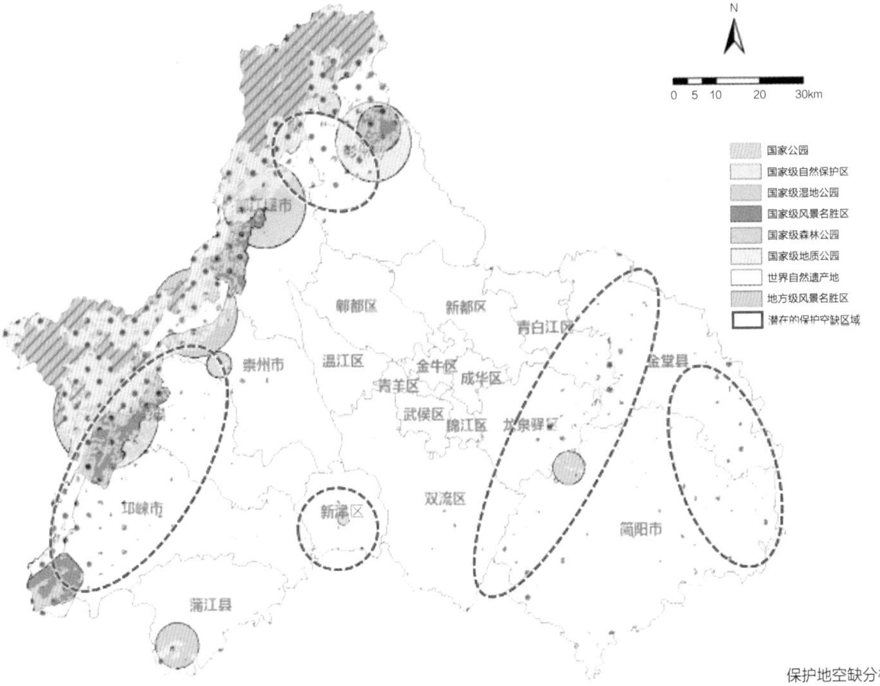

保护地空缺分析图

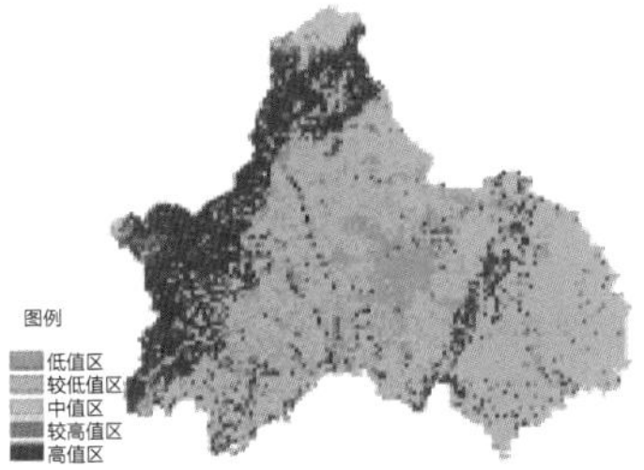

生态系统服务价值评价图

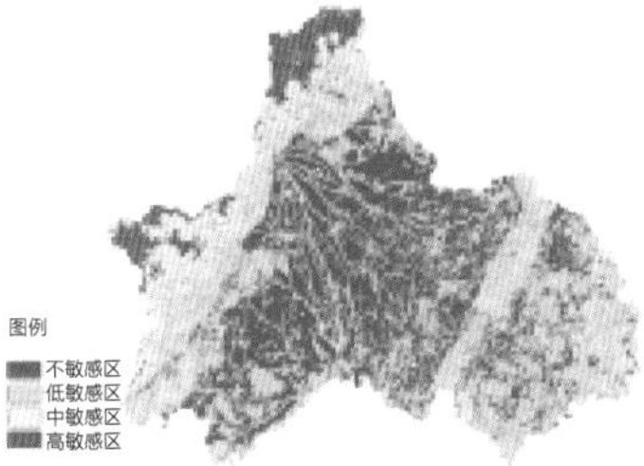

生态敏感性评价图

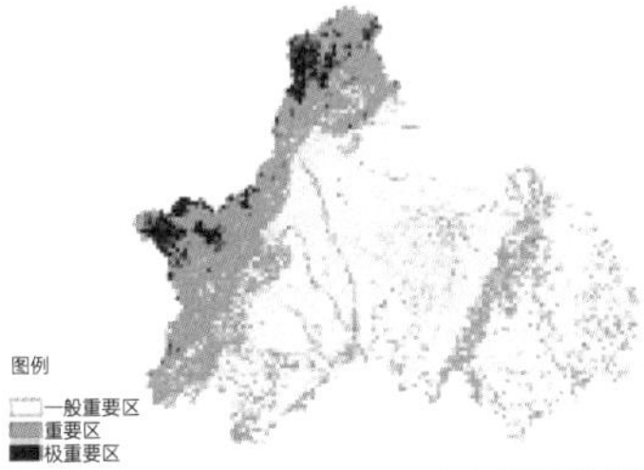

生态保护重要性评价图

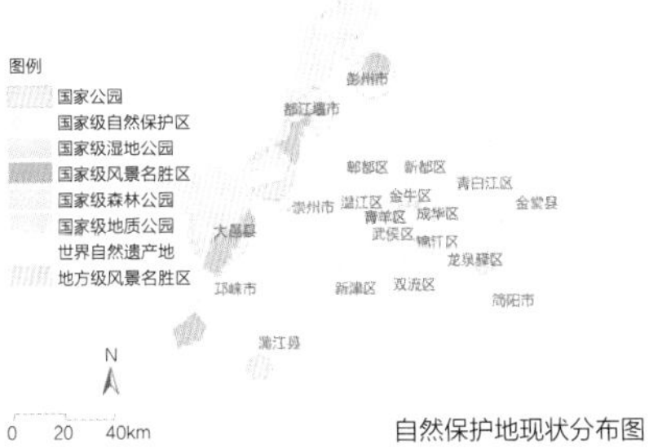

自然保护地现状分布图

生态价值

独特的自然地理条件：成都地处四川盆地，是我国自西向东三个阶梯的第一阶梯向第二阶梯过渡地带，同时具有高山、丘陵与平原地貌，相对高差 5005m，是海拔高差最大的超大城市（海拔为 359~5364m），同时也是长江上游流经的第一个超大城市，是长江上游重要的生态资源富集区。

生物多样性热点地区：成都是全球 34 个生物多样性热点地区之一，拥有大熊猫、珙桐等世界著名的旗舰物种，境内有植物 3390 种、野生动物 3000 余种、国家一级重点保护野生动物 15 种，以及中国特有物种大熊猫、金丝猴、赤麻鸭、大鲵等。

现有的保护与利用体系建设较好：成都拥有都江堰 - 青城山、大熊猫栖息地等世界知名的自然文化遗产，是自然保护区、森林公园、风景名胜区面积最大的省会城市，所拥有的高等级自然保护地较多，市内公园城市和绿地体系建设完善，绿道系统建设属国内领先。

问题 1：现有保护地存在保护空缺

结合成都市域生态系统服务价值、生态敏感性评价、生态保护重要性评价与自然保护地现状分布的对比可以发现，目前成都的大熊猫国家公园涵盖了全部的生态保护极重要区域、高生态敏感性区域和大部分高生态系统服务价值区域，而主要的保护空缺位于龙门山北部、南部以及龙泉山、成都东部的绝大部分区域。

资料来源：

张红霞．全国首个“公园城市与风景园林论坛”揭密 成都用什么来支撑建设“公园城市”？ [EB/OL]. [2021-04-02].https://cbgc.scol.com.cn/news/87856.

价值研判与问题总结

Value Analysis and Summary of Issues

问题 2：生物多样性保护存在空缺

与成都市近年来的土地利用变化对比判断，威胁生物多样性的主要驱动力来自集约化的农田与城市扩张。

典型物种的保护情况：

对于主要生境是高山针叶林、针阔混交林的生物，现状保护较好；

对于主要生境是高山溪流、沼泽、阔叶林、龙泉山区域的生物，极缺乏保护。

典型物种保护情况统计表

物种名称	适宜栖息地面积（km^2）	已保护面积（km^2）	新增保护面积（km^2）	未保护面积占比（%）
大熊猫	1556.2	1556.2	1556.2	0
云豹	1802.0	1456.0	346.0	80.8
金雕	875.0	455.0	420.0	48.0
青头潜鸭	372.0	—	—	仅湿地公园内保护极高
大鲵	137.0	2.0	135.0	98.5
贝式高原鳅	128.0	15.0	113.0	88.3

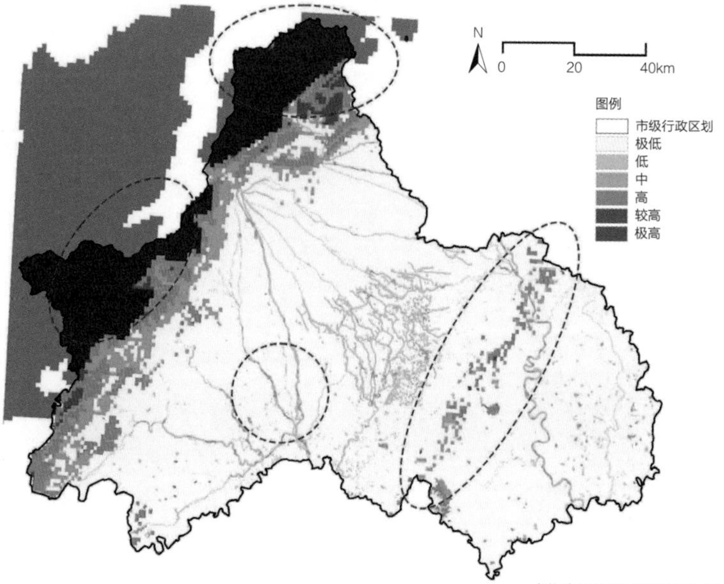

生物多样性保护空缺分析图

问题 3：生态连通性不足

目前成都市生态网络的低阻力区域主要分布于龙门山、岷江、城市中环、龙泉山及龙泉驿东部区域，是天然的生态廊道与生态屏障。高阻力区域主要受到城市扩张、蔓延及部分道路影响，在建设区外环以及耕地部分区域，生境连通受阻。

基于成都生态网络与保护利用现状的对比可以发现，目前成都市中心城区将龙门 - 龙泉廊道割裂，未来需要做好以下几个方面：

1. 进一步重点建设多条中心城区向西辐射的廊道、少量增加龙泉山向东辐射的廊道，发挥两山的生态效益辐射功能；

2. 进一步考虑南部重点生态板块的连通，增加南北向的连接廊道；

3. 现状自然保护地基本覆盖核心生态斑块，需要进一步加大龙泉山生态保护力度，考虑提升朝阳湖保护地等级；

4. 进一步增加耕地中重要节点的保护，使之成为农田生态系统内部以及农林生态系统之间的重要节点；

5. 进一步考虑龙泉驿新区的核心绿地建设与功能保护。

生态网络保护空缺分析图

专题研究
Monographic Study

文态
Culture

研究目的
Research Objective

历史文化【特征】梳理
+
明确【保护】对象
+
关联【空间】分析

研究问题
Research issues

目前尝试解决的几个问题	对应的研究板块
问题1 成都地域历史文化演进历程是怎样的?	板块1 历史文化脉络
问题2 成都市域现状文化遗存与分布特征?	板块2 现状文化遗存
问题3 如何用定量的方法评价成都市域"文态"?	板块3 评价模型研究
问题4 成都"文态"的保护现状与保护空缺?	板块4 保护空缺分析
问题5 成都"文态"的未来活化潜力如何?	板块5 活化潜力分析

研究框架
Research Framework

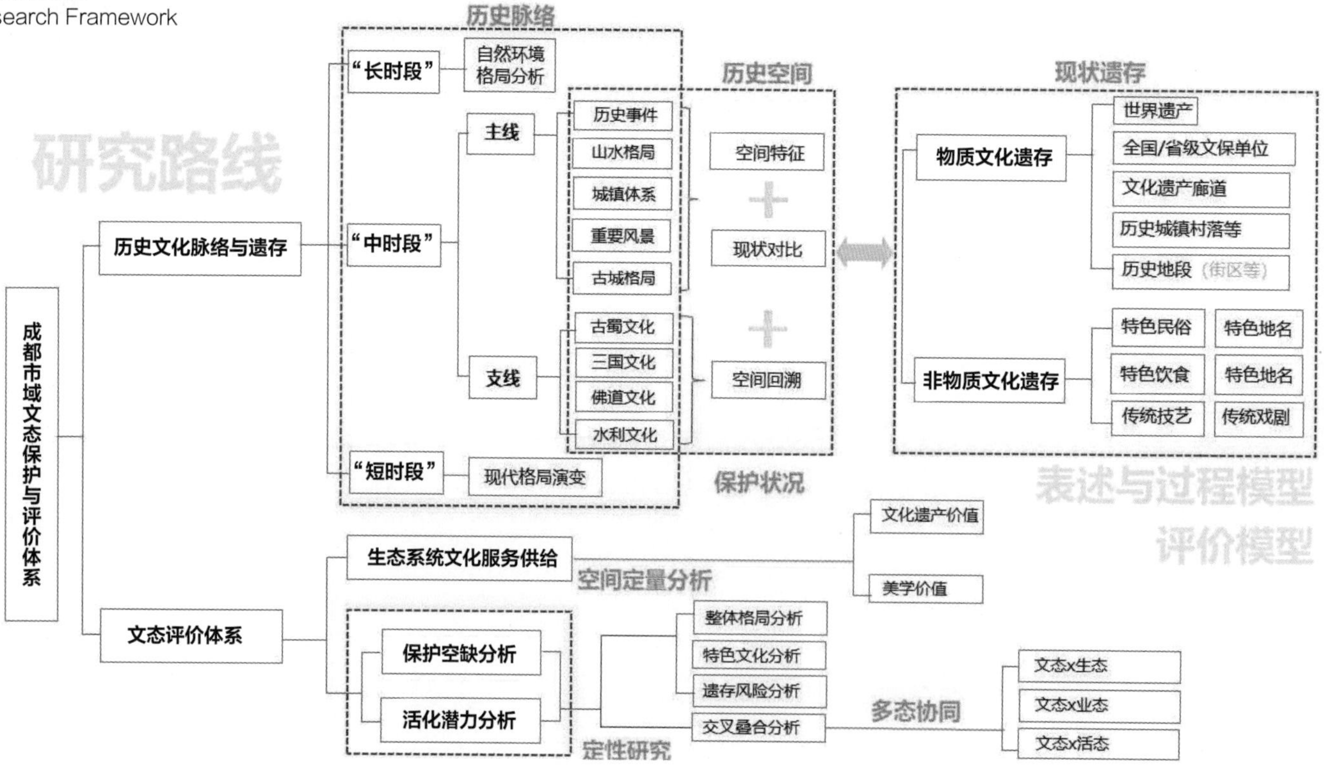

研究框架图

板块 1——历史文化脉络

Historical and Cultural Context

长时段：山川围合孕育文化摇篮

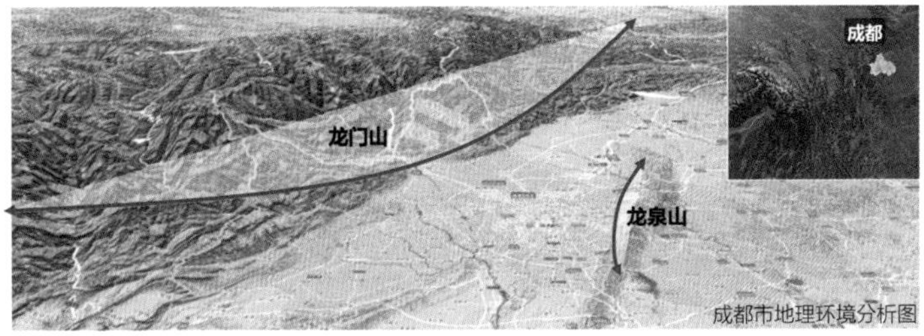

成都市地理环境分析图

从宏观地理环境来看，成都位于四川盆地西部，深居亚欧大陆腹地。

从微观地理环境来看，成都三面环山，西北高，东南低，因龙门山和龙泉山的抬升，在接收周围河流所带来的大量冲积物基础上形成一系列山前冲积扇，继而连成一片地势广阔、土肥植丰的大平原，并构成位于岷江与沱江两大水系的分水岭。成都城所在地势稍高于周边河道，状如鱼背，有利于解决城市供水，又能减少水灾侵害。

长时段：水系蜿蜒涵养一方水土

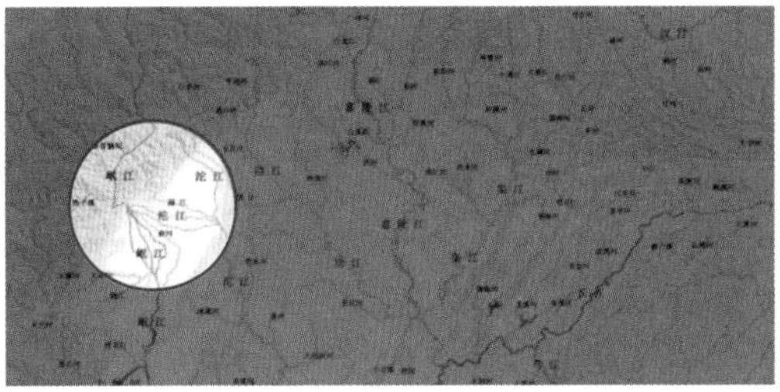

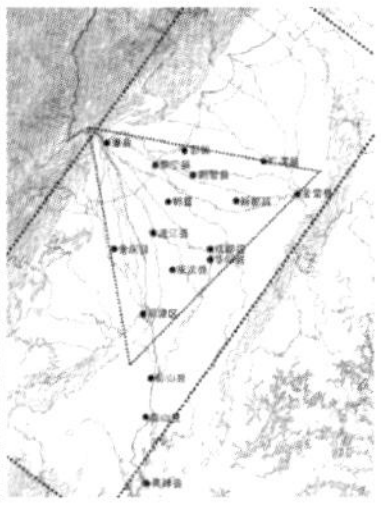

发源于青藏高原的岷江等河流是成都平原的母亲河。其中岷江是成都平原形成的主要力量，自灌口不断分流，形成数十条大小不等的河流，河网密布。成都平原土壤层堆积了丰富的松散沉积物，可以最大限度储存水分，丰沛的地表水和地下水为有效利用肥沃的土地发展农业创造了优越条件。

中时段：山水格局 – 城镇体系 – 重要风景 – 古城格局 – 非物质文化

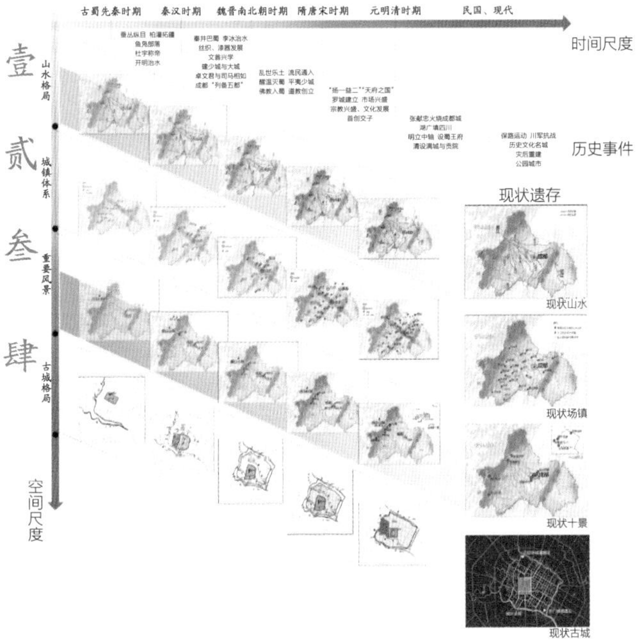

横轴：时间尺度、反映历史事件

纵轴：空间尺度、呈现历史空间

斜轴：同一尺度要素的历史演变脉络

最外列：现状遗存

五个分析层次

山水格局 – 城镇体系 – 重要风景 – 古城格局 – 非物质文化

成都市历史文化脉络分析图

文态
Culture

主线演变体系

山水格局：演变特征——以都江堰为原动力、网络化发展

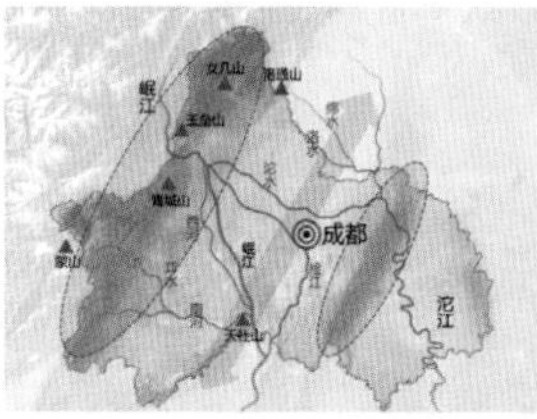

古蜀先秦：原始山水平原

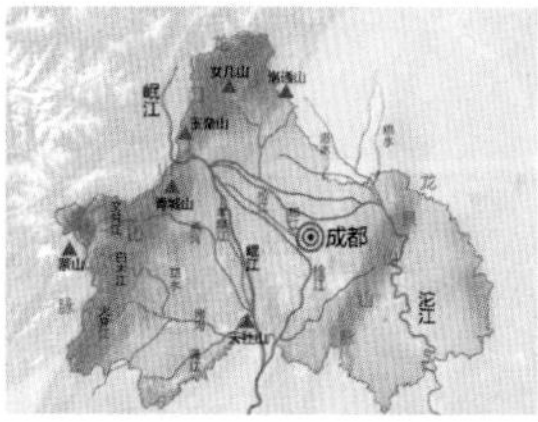

秦汉：水网格局初显

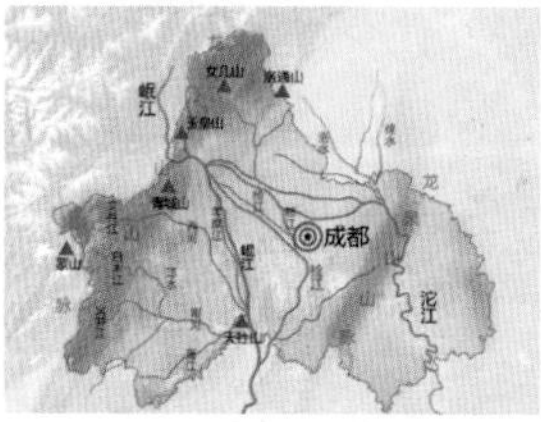

魏晋：基本延续秦汉时期

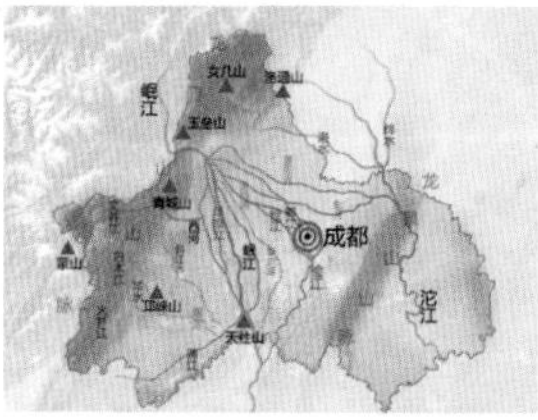

唐宋：水网格局逐渐完善

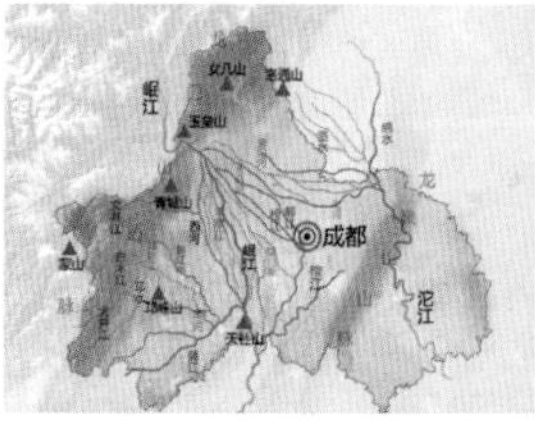

明清：水网格局臻于成熟

城镇体系：城水共荣、特色场镇体系的不断完善

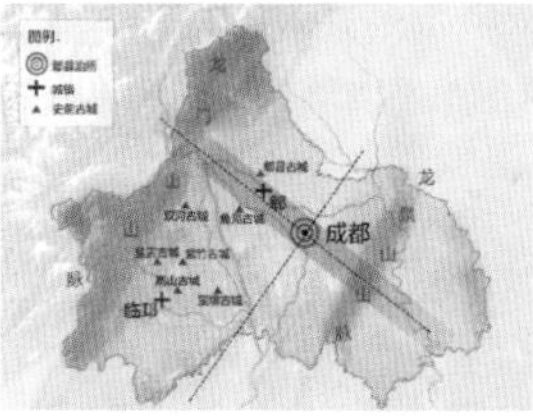

古蜀先秦：围绕平原台地中心形成聚落

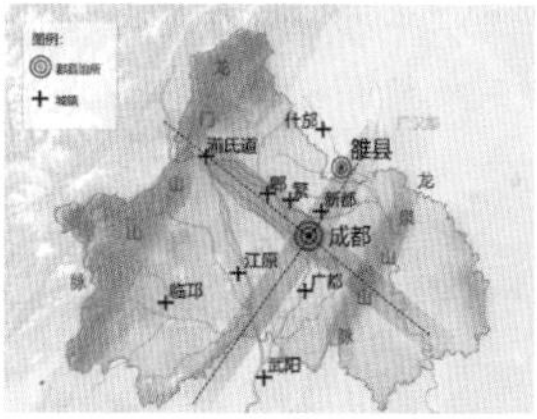

秦汉：一中心、多支撑城镇体系

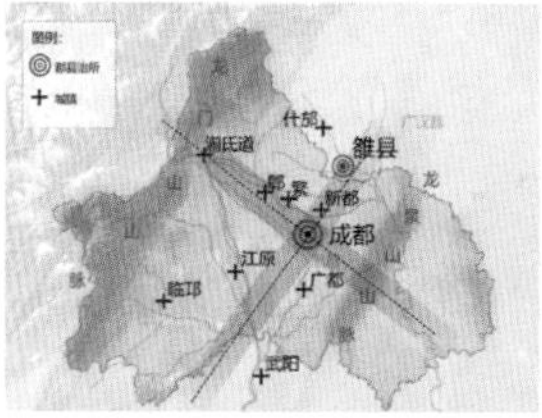

魏晋：基本延续秦汉时期

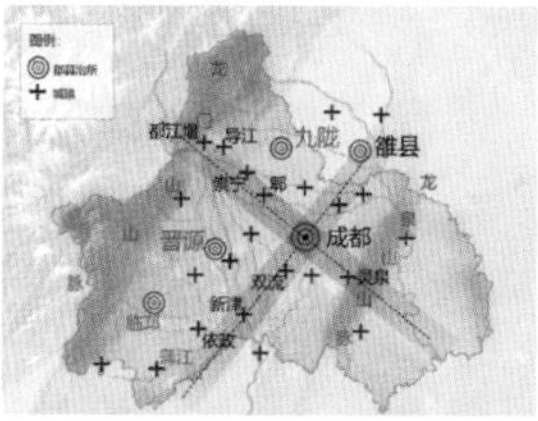

唐宋：场镇形成、城镇格局初具

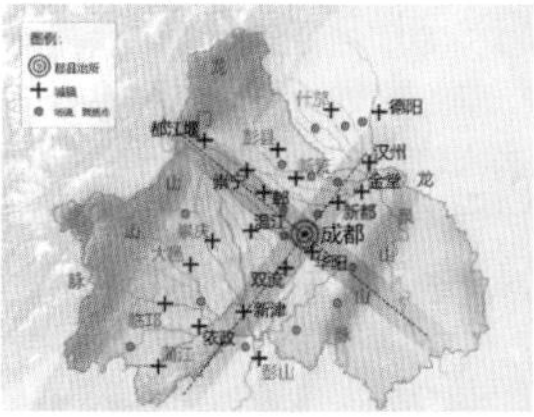

明清：四级城镇体系正式形成

重要风景：城-郊-野风景体系逐步成熟

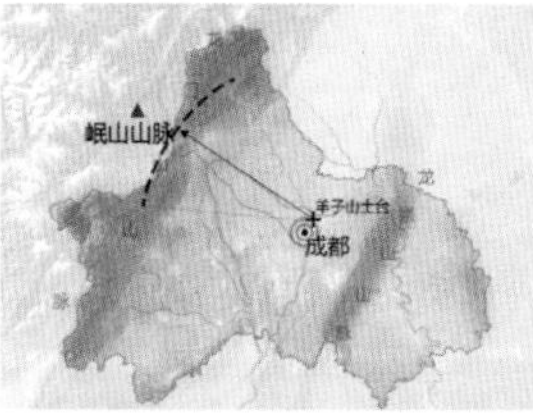

古蜀先秦：以岷山为代表的山川崇拜

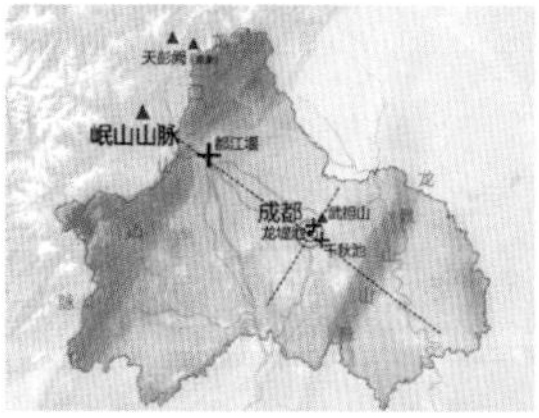

秦汉："天阙"意象与城市园林景观初显

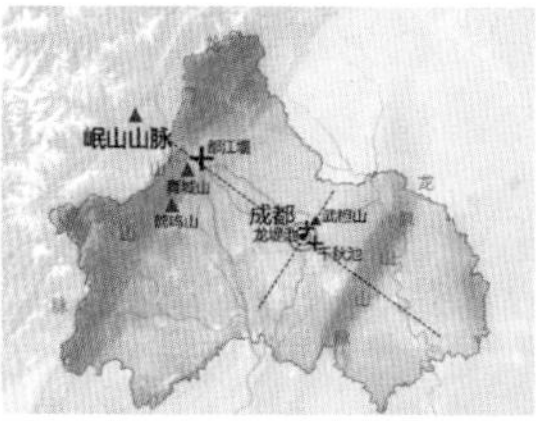

魏晋：道家圣山与佛寺林立

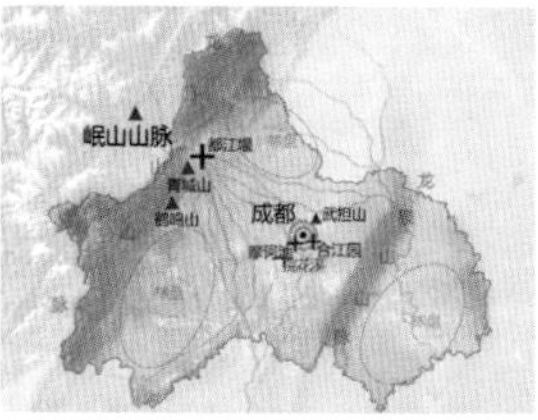

唐宋：城镇景观空前兴盛

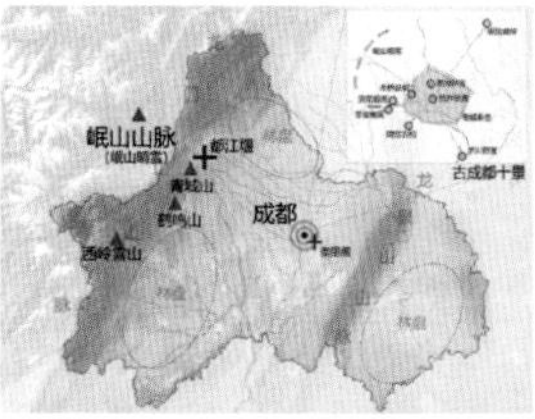

明清："古成都十景"提出

古城格局：从山水崇拜到皇权至上、多重体系不断叠加

古蜀先秦：都城选址顺应山水格局

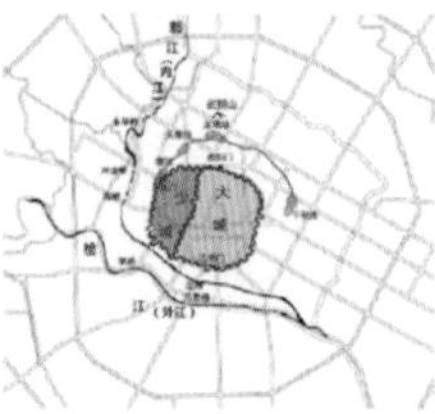

秦汉：两城相并、双江南流

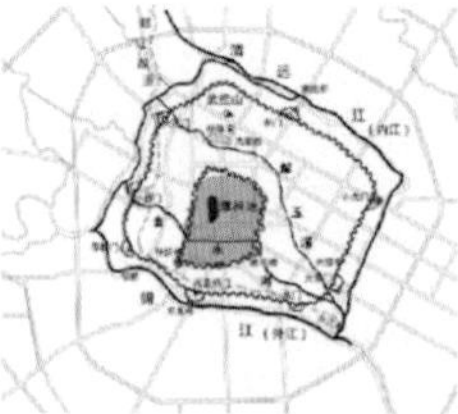

魏晋：双城相并格局消失

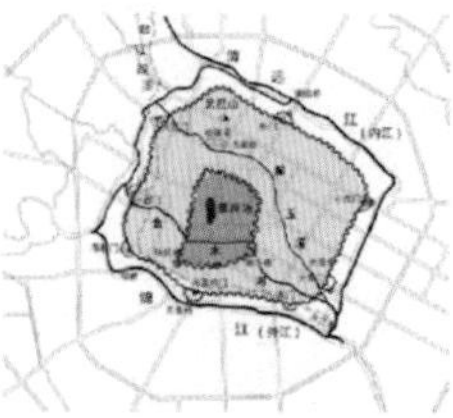

唐宋：双重城墙、双江抱城

明清：中轴重城、双江抱城

主线演变体系总结

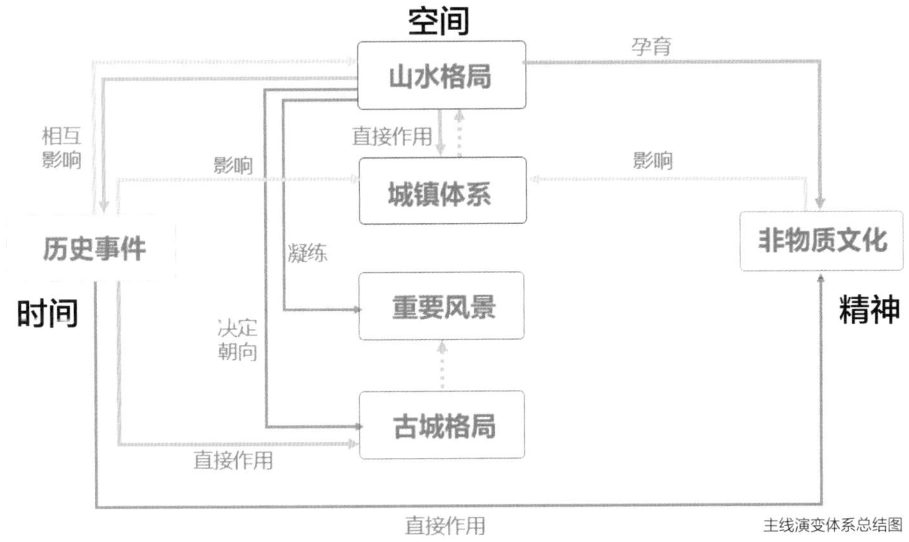

主线演变体系总结图

通过分析成都从古蜀先秦时期到明清时期的山水格局、城镇体系、重要风景、古城格局四个方面的“文化发展主线”，可以看到其空间维度要素，与时间维度的历史事件、精神维度的非物质文化之间存在着复杂的影响与作用关系。

支线文化类型总结

通过对成都文化的进一步挖掘梳理，将其归纳为以下 7 个基本类型，并梳理了其起始时间及繁盛时间。

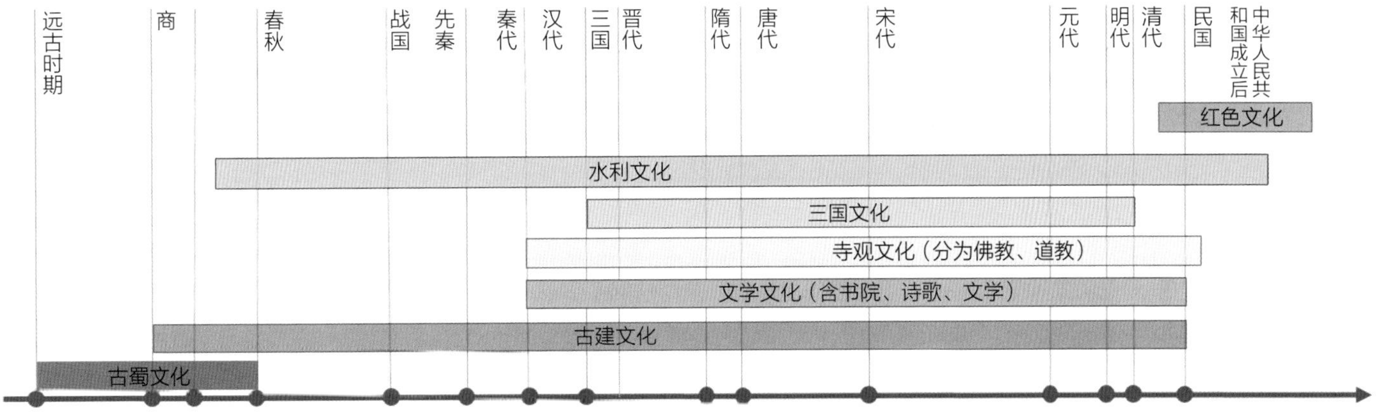

支线文化类型总结图

资料来源：
[1] 何一民 . 成都简史 [M]. 成都：四川人民出版社，2018.
[2] 杨茜 . 成都平原水系与城镇选址历史研究 [D]. 成都：西南交通大学，2015.
[3] 李恒 . 成都平原地域景观体系研究 [D]. 北京：北京林业大学，2018.

文态

Culture

支线演变体系

水利文化

古蜀文化

三国文化

成都水利文化以都江堰所在的岷江为核心，与河流分叉点具有较为拟合的对应。

成都古蜀文化以两个区域为核心：一个是中心城区的金沙文明、十二桥文明；另一个是成都西南的宝墩文明。

成都三国文化相关的遗存比较多，但很多未能完善保护，其分布状态为中心城区聚集、其他乡镇分散，仍以武侯祠为中心。

文学文化

佛教文化

道教文化

成都文学文化系列遗存以中心城区为聚集，整体形成两个核心，中心城区是杜甫文化（青羊区），西南区域为卓文君司马相如文化（邛崃）。

成都重要的佛寺主要分布在西南和东北区域，构成多个佛教文化聚集组团。

成都重要的道观主要分布在青城山 - 都江堰区域，形成了国内重要的道教宫殿群与道教文化圈。

板块 2——现状文化遗存
Cultural Heritage

成都市域范围内文物保护单位分布

成都市域范围内全国重点文物保护单位与省级文物保护单位分布

全国重点文物保护单位分布

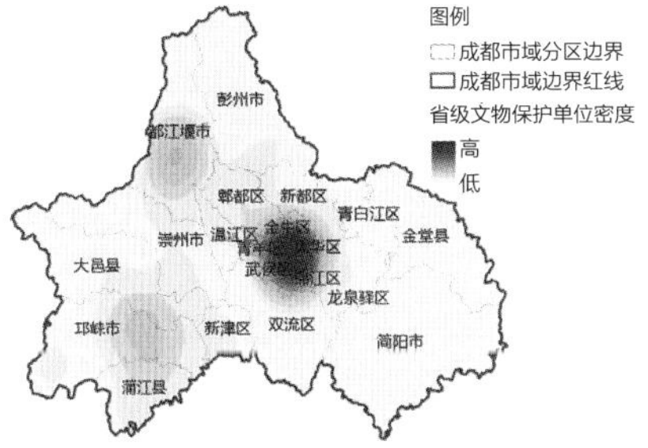

省级文物保护单位分布

成都市域范围中共有全国重点文物保护单位与省级文物保护单位共 110 处，其中全国重点文物保护单位 23 处，省级 87 处。

全国重点文物保护单位呈现出明显的市中心集聚性，中心城区是全国重点文物保护单位的热点区域；从省级文物保护单位分布来看，除中心城区外，都江堰与邛崃为次一级的热点区域。

文物保护单位分布特征

水系相关性

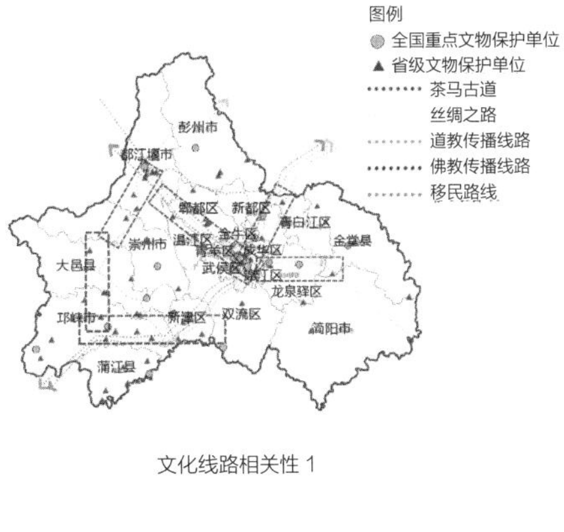

文化线路相关性 1

文化线路相关性 2

除核心城区外，蒲江、南河与都江堰灌区的水系呈现出明显的与文保单位的空间关联性。侧面反映了成都文化与水的强烈相关性。

大多数文保单位与文化线路（茶马古道、丝绸之路、佛道传播、移民）呈现有趣而明显的重叠度。

通过叠合文化线路来看，名镇与丝绸之路、移民线路呈现较强的相关性。

板块 3——评价模型研究
Evaluation Model Research

成都市生态系统文化服务供给评价指标及权重表

文化生态系统服务	类别	一级评价因子	权重	二级评价因子	权重	指标
成都市生态系统文化服务供给	自然美学价值	景观多样性	0.5	地表景观类型的多样性	0.5	香农指数 (SHDI)
					0.5	斑块密度 (PD)
			0.5	景观结构多样性	1	斑块边缘密度 (ED)
		景观自然度	06	地表覆盖感知自然度	1	平均感知自然度
			0.4	人类干扰程度评价	1	荒野度
	文化遗产价值	物质遗产重要性	0.5	基于文保单位等级进行评估（遗产点生成缓冲区）	1	世界文化遗产
						国家级文物保护单位
						国家级历史文化名城
						中国历史文化名镇
						中国传统村落
						省级文物保护单位
						省级历史文化名城
						省级历史文化名镇
		非物质遗产重要性	0.5	基于文保单位等级进行评估（按行政区落位）	1	国家级非遗
						省级非遗
						市级非遗

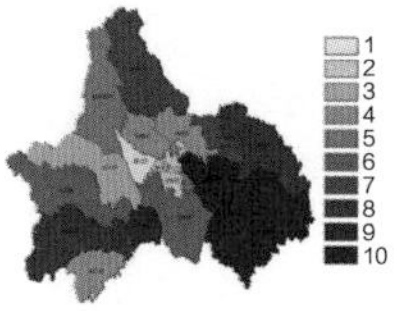

斑块边缘密度（ED）

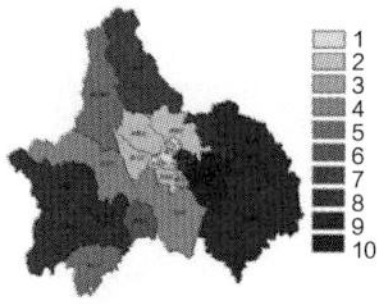

斑块密度（PD）

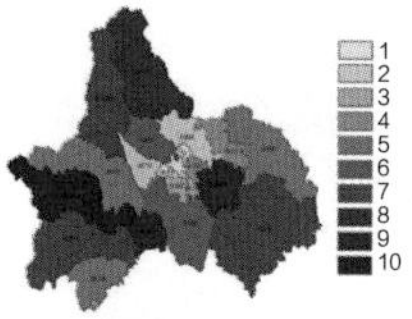

香农指数（SHDI）

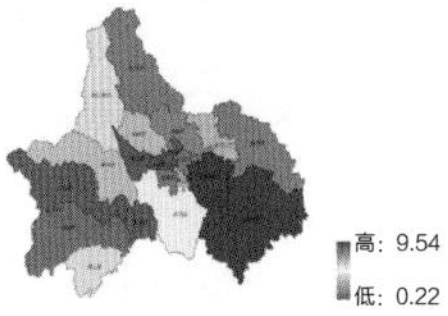

景观多样性

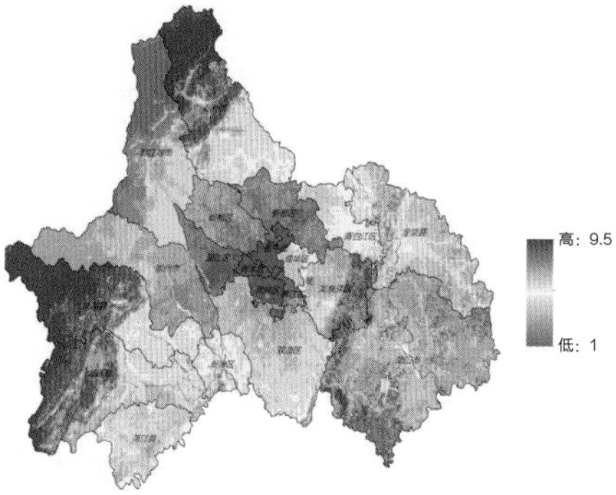

成都市域美学价值

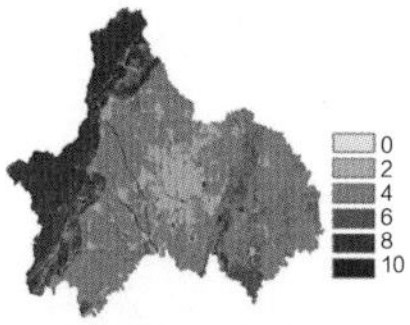

地表覆盖感知自然度

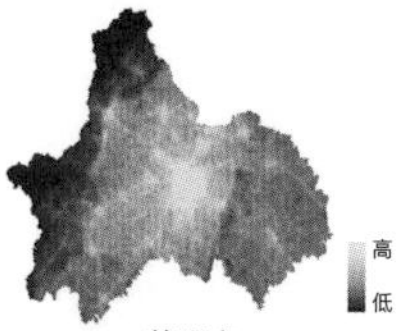

荒野度

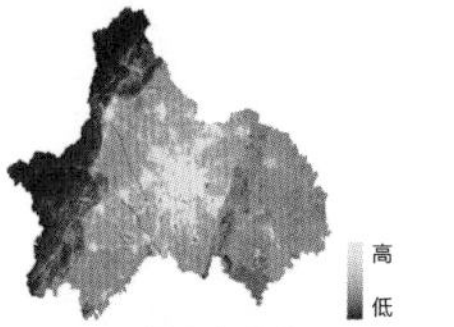

景观自然度

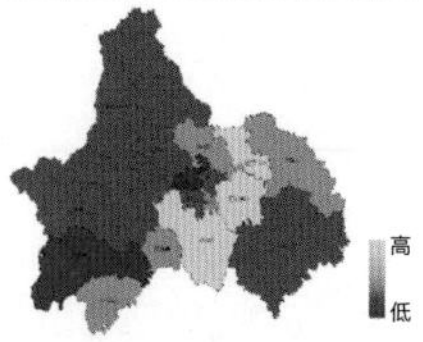

市级非物质文化遗产重要性

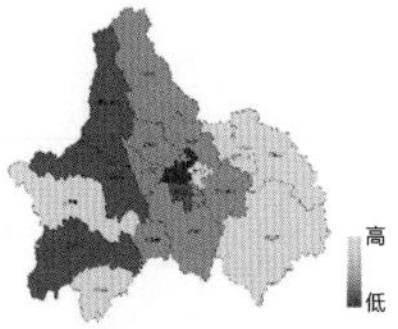

省级非物质文化遗产重要性

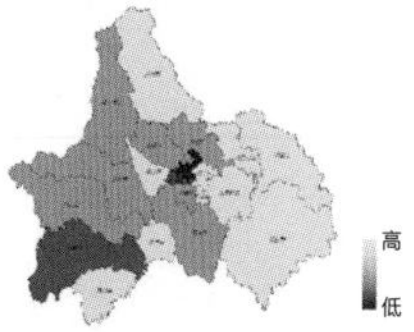

国家级非物质文化遗产重要性

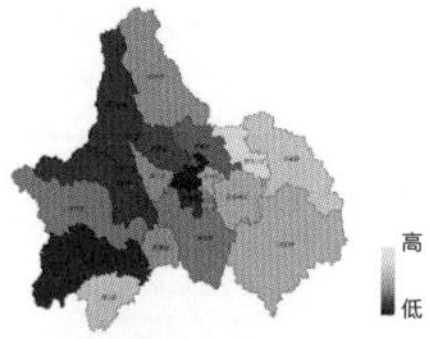

非物质文化遗产重要性

物质文化遗产重要性

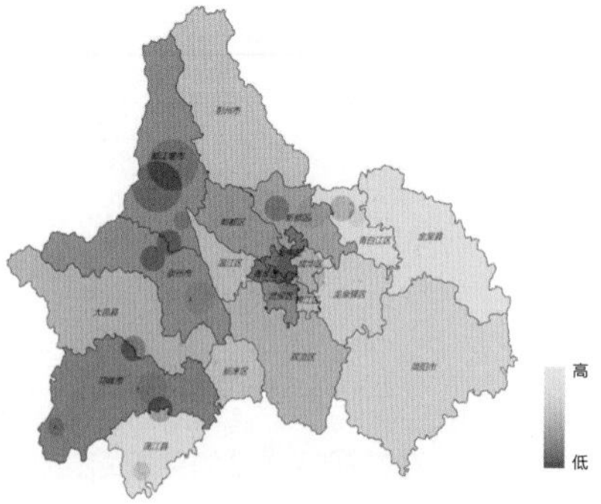

成都市文化遗产价值

分级	分值	参考文献	数据来源
依据自然断点法分成 4 类	1~10	—	1
冰川	10	Hermes J , Albert C , Von Haaren C .Assessing the aesthetic quality of landscapes in Germany[J].Ecosystem Services, 2018: 296-307.	
林地	8		
湿地	8		
水体	8		
草地	6	—	
灌木	6	—	
耕地	4	—	
建成区	2	—	
归一化处理	连续值	Cao Y , Carver S , Yang R .Mapping wilderness in China: Comparing and integrating Boolean and WLC approaches[J]. Landscape and Urban Planning, 2019, 192:103636.	5
缓冲区 _8km	10	缓冲区范围根据都江堰 - 青城山遗产核心保护区面积换算得来	3
国家级文物保护单位 _0.5km	8	—	
国家级历史文化名城 _8km		文物保护单位缓冲区参考武侯祠、杜甫草堂面积等抽样换算得来	
中国历史文化名镇 _4km		中国传统村落缓冲区范围建立参考：	
中国传统村落 _3km		Wang L, Wen C.Traditional Villages in Forest Areas: Exploring the Spatiotemporal Dynamics of Land Use and Landscape Patterns in Enshi Prefecture, China[J].Forests, 2021, 12(65)	
省级文物保护单位 _0.5km	6	—	
省级历史文化名城 _5km		其他缓冲区参考论文	
省级历史文化名镇 _4km		侯研娜 . 成都市非物质文化空间分布特征与旅游开发研究 [D]. 成都：成都理工大学，2019.	
依据自然断点法分成 4 类	0~8	—	4
		—	
		—	

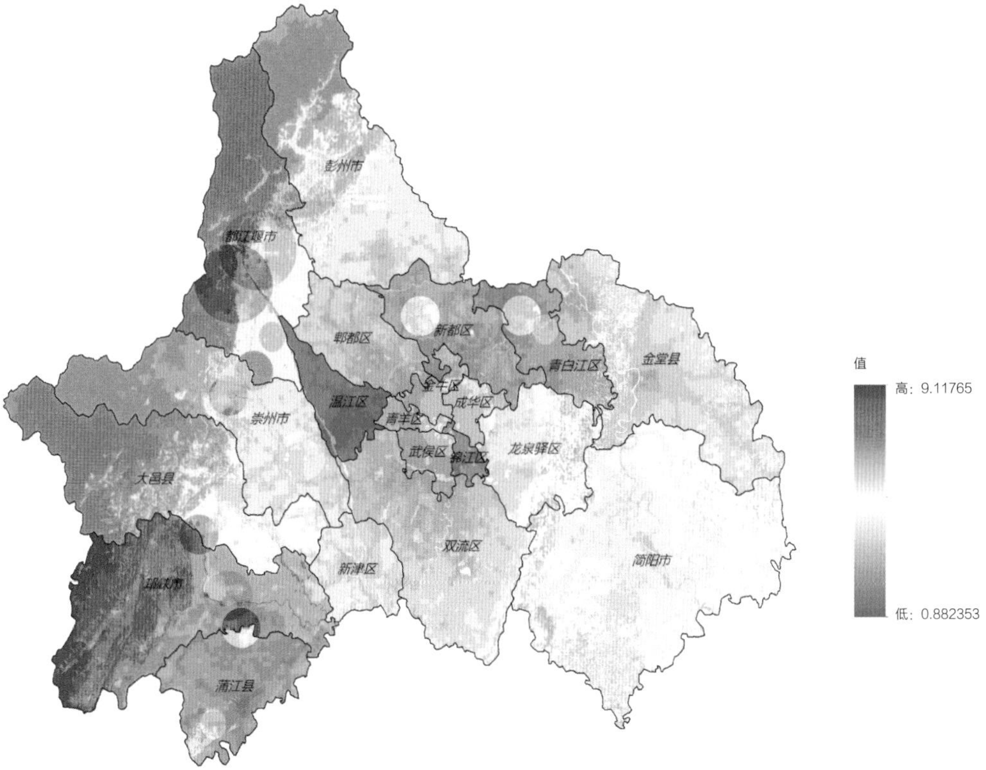

成都市生态系统服务文化供给

通过对成都的生态系统服务文化供给进行评价并制图，可以得到以下结论：

从中心城区总体来看，各区能提供的生态系统文化服务水平存在差异，其中温江区和蒲江县能提供的文化服务都明显较低。

从成都全域来看，可以发现生态系统服务文化供给能力较高的区域主要集中在西侧的龙门山沿线，并且热点区域集中在邛崃市与都江堰市。

板块 4——保护空缺分析
Protection Gap Analysis

	古城格局	城镇体系	重要风景	山水格局
目标：	不同历史断面的多重格局与风貌有较明显体现	恢复原有成都特色四级场镇系统并形成特色集群	古景与今景交相辉映、形成特色人文 - 自然地域景观体系	平原灌区扇形水网骨架完整、多层次渠系结构清晰
差距：	重要格局仅部分遗留、风貌近乎消失	部分重要城镇缺乏保护、目前仅西南片区形成一定集群发展	部分古景消失或保护力度不足，逐渐为公众所遗忘	主渠虽然保留，但受开发利用影响，水系整体层次不够清晰
建议：	从点、线、面重新整合文化空间	结合文化线路、重视未保护城镇	重现古景诗意、强化地域特色	扩大灌区保护范围、修复干扰水系

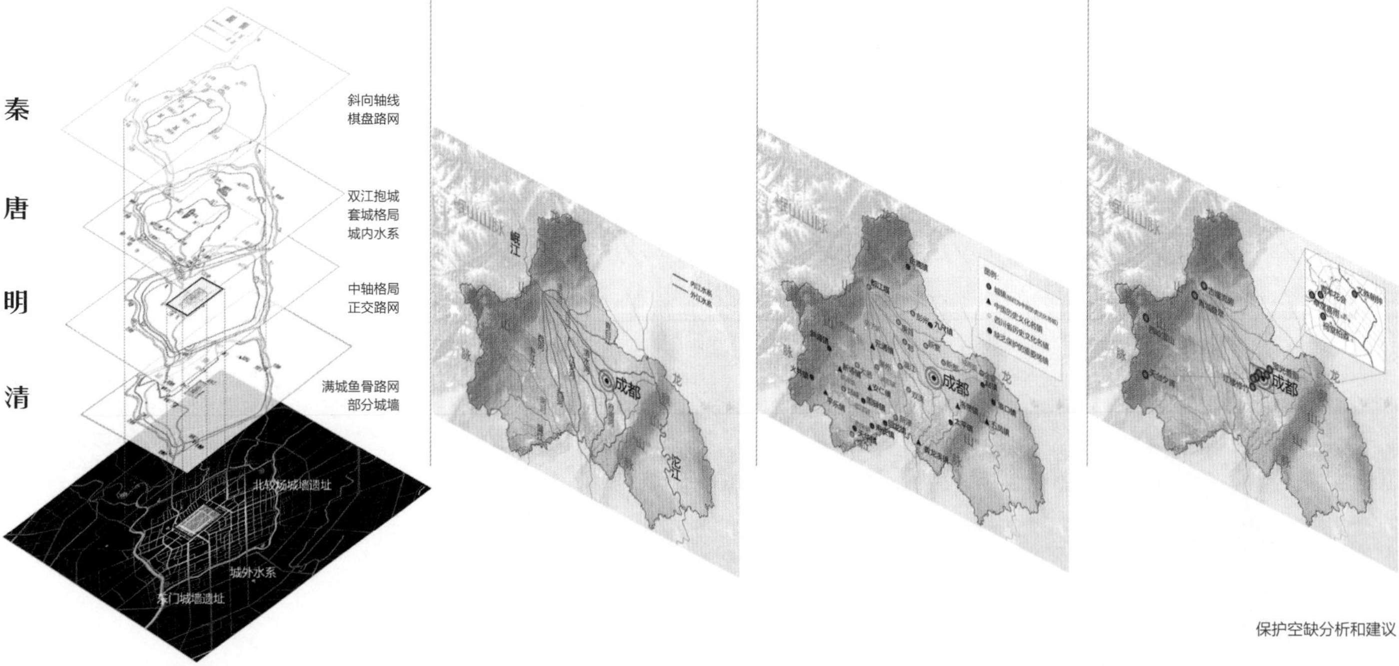

保护空缺分析和建议

板块 5——活化潜力分析
Activation Potential Analysis

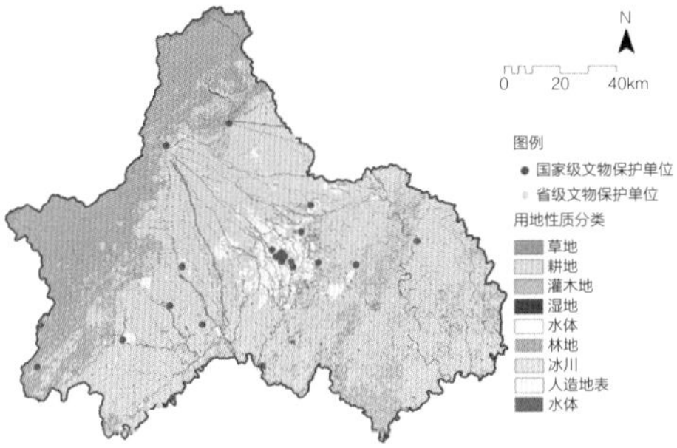

生态本底

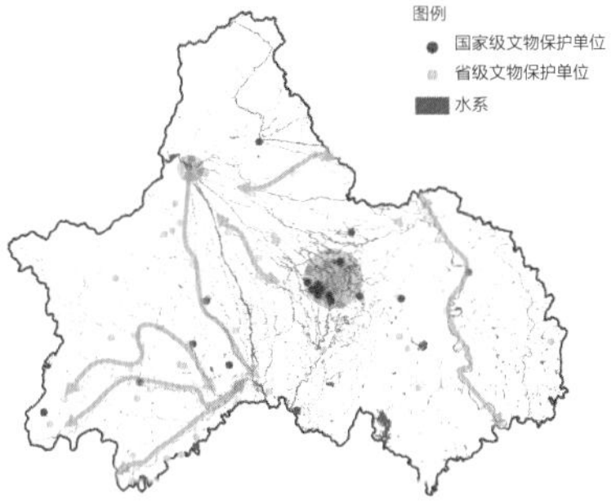

水系格局

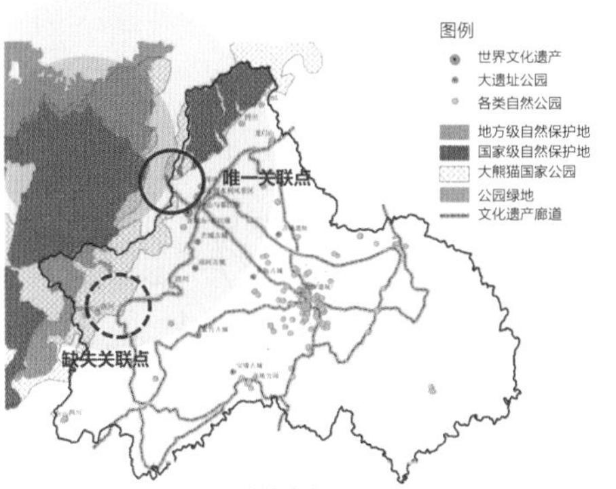

自然遗产

因山就势，集群保护。如近山体和水系要做好预防自然灾害损害；保护农田，防止建设时损坏农田。

文物保护点呈现沿主要水系集中分布的空间分布特征，因此需要充分发挥水文化特色。

成都城区西北侧为大面积国家公园与自然保护地；成都城区中心城区为高密度公园绿地。

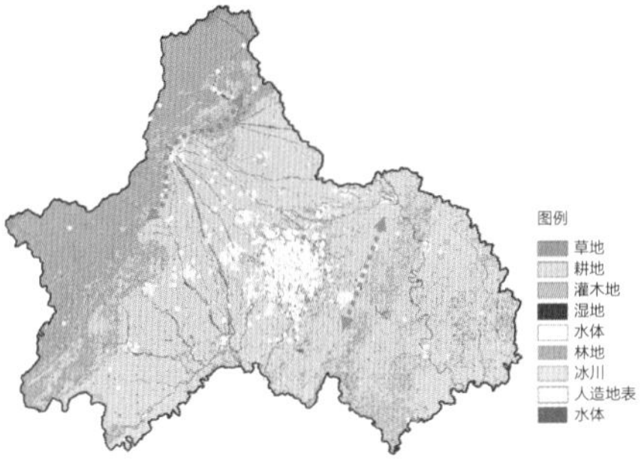

文物保护单位和公共空间

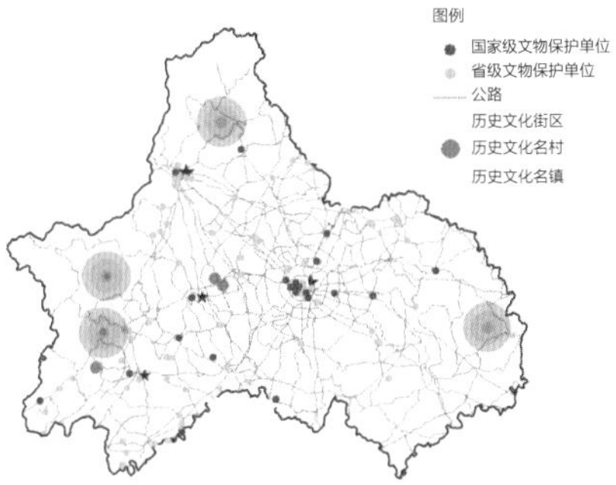

基础设施

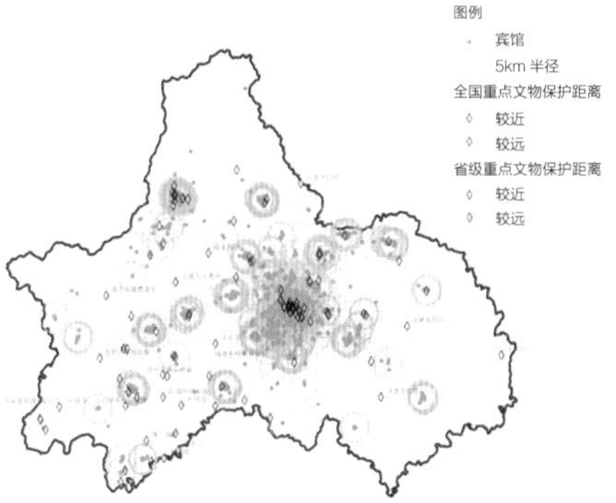

旅游配套设施

公共空间可作为文化遗产展示窗口，与文物保护单位呈现很强的联系，综合发挥保护、科教、宣传的社会作用。

成都市域仍有个别地区交通不是很完善，可结合文化廊道，进一步完善交通系统。

目前成都部分文物保护单位与基础设施相距较远，游憩利用性低，未来需要考虑增建基础设施，以健全旅游服务与产业链。

专题研究
Monographic Study

业态
Industry

研究框架
Research Framework

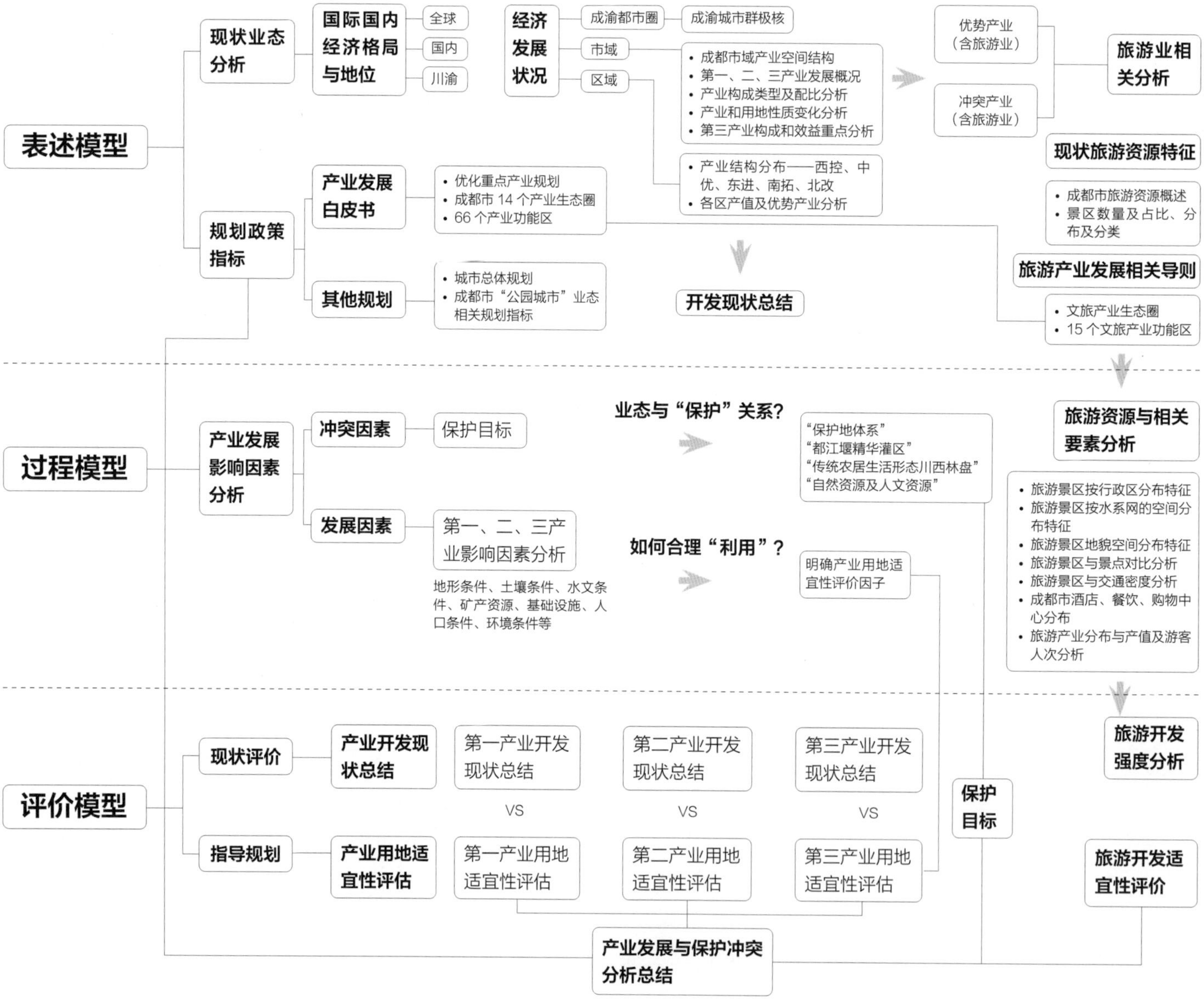
表述模型
现状业态分析
国际国内经济格局与地位
全球
国内
川渝
经济发展状况
成渝都市圈
成渝城市群极核
市域
区域
成都市域产业空间结构
第一、二、三产业发展概况
产业构成类型及配比分析
产业和用地性质变化分析
第三产业构成和效益重点分析
产业结构分布——西控、中优、东进、南拓、北改
各区产值及优势产业分析
优势产业（含旅游业）
冲突产业（含旅游业）
旅游业相关分析
现状旅游资源特征
成都市旅游资源概述
景区数量及占比、分布及分类
旅游产业发展相关导则
文旅产业生态圈
15 个文旅产业功能区
规划政策指标
产业发展白皮书
优化重点产业规划
成都市 14 个产业生态圈
66 个产业功能区
其他规划
城市总体规划
成都市“公园城市”业态相关规划指标
开发现状总结
过程模型
产业发展影响因素分析
冲突因素
保护目标
发展因素
第一、二、三产业影响因素分析
地形条件、土壤条件、水文条件、矿产资源、基础设施、人口条件、环境条件等
业态与“保护”关系？
“保护地体系”
“都江堰精华灌区”
“传统农居生活形态川西林盘”
“自然资源及人文资源”
如何合理“利用”？
明确产业用地适宜性评价因子
旅游资源与相关要素分析
旅游景区按行政区分布特征
旅游景区按水系网的空间分布特征
旅游景区地貌空间分布特征
旅游景区与景点对比分析
旅游景区与交通密度分析
成都市酒店、餐饮、购物中心分布
旅游产业分布与产值及游客人次分析
评价模型
现状评价
产业开发现状总结
第一产业开发现状总结
第二产业开发现状总结
第三产业开发现状总结
VS
VS
VS
指导规划
产业用地适宜性评估
第一产业用地适宜性评估
第二产业用地适宜性评估
第三产业用地适宜性评估
保护目标
旅游开发强度分析
旅游开发适宜性评价
产业发展与保护冲突分析总结

研究框架图

规划 66 个产业生态圈布局
Planning 66 Industrial Ecosphere Layout

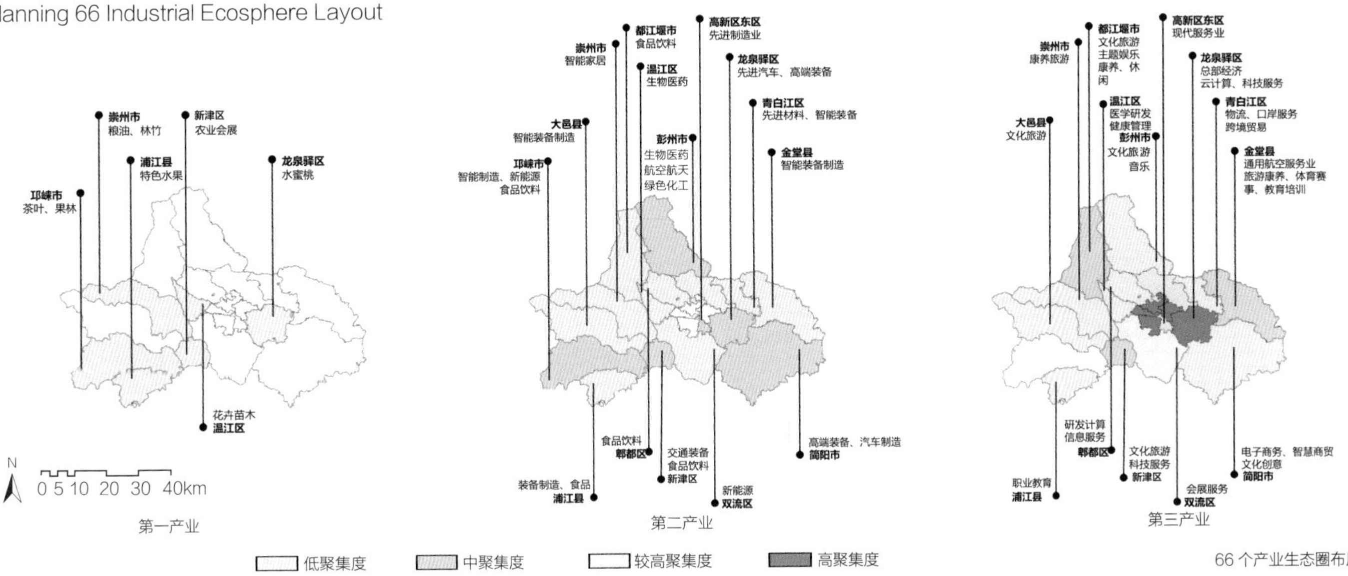

66 个产业生态圈布局图

资料来源：成都市人民政府．成都市产业发展白皮书 [R]. 成都：电子科技大学出版社，2019.

业态发展小结
Business Type Summary

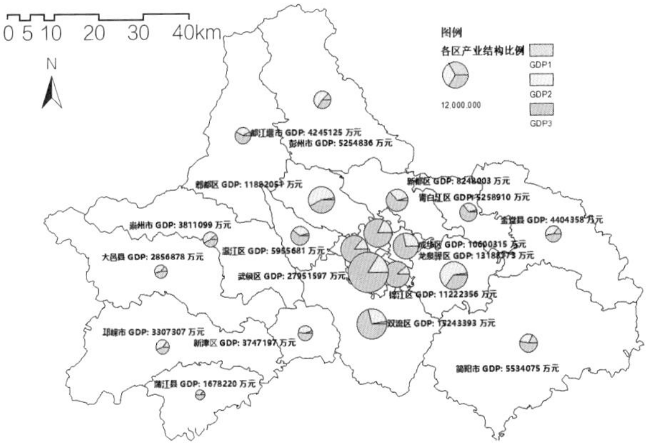

成都各县产业结构分布图

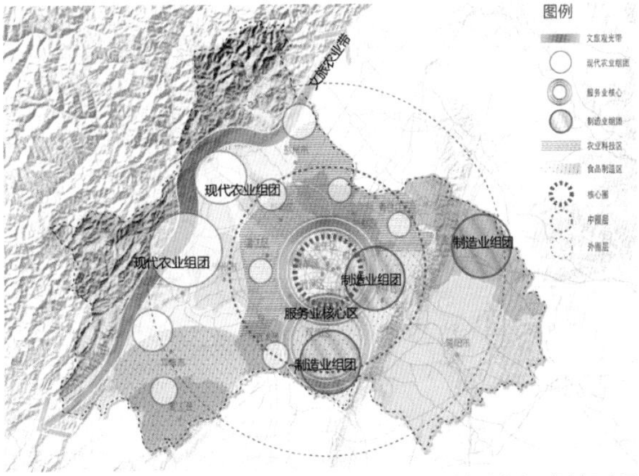

成都产业布局规划示意图

资料来源：成都市人民政府．成都市国民经济和社会发展第十三个五年规划纲要 [EB/OL].[2021-04-03]. https://www.chengdu.gov.cn/gkml/gmjjhshfzgh/1630503984735211520.shtml.

第一产业：
主要依托当地特色农业，发展农业文旅项目。现代农业主要集中在龙岗山东侧及第二绕城高速带上。

第二产业：
优化先进制造业空间布局 。

第三产业：
构建现代服务业“两核多点”的空间布局，两核即中心城区和成都天府新区，是“成都服务”核心功能的集中体现。“多点”即 8 个卫星城、6 个区域中心城，是城市功能外溢和新兴功能发展的重要承载地。

	“东进”	“西控”	“南拓”	“北改”	“中优”
优势：	依托第二产业转型基础雄厚。	生态条件良好，宜居、旅游业发达。	天府新区科技产业及政策优势明显。	常住人口较多，具备明显区域带动性。	位置优越，人口红利突出。
问题：	龙泉山以东区域起步较晚。	交通条件较差，山地较多，开发限制大。	规划与现况实施性存在差距。	老旧城区问题突出，拆迁难度大。	开发密度大，缺乏城市活力。
策略：	依托产业转型，承载中优区域人口，发展先进制造业和国际化生产性服务业。	优先先进制造业和国际化生产性服务业，发展景观农业、康养旅游等绿色产业。	推动天府新城政策开放力度和互联网等新型产业发展，强化高新技术服务业和新经济产业。	加大老旧区拆迁，形成区域带动，增加开放型经济布局产业。	依托人口优势，推动新兴三产发展，加强生产性服务业和高端生活性服务业。

旅游业发展现状总结

Summary of the Current Situation of Tourism Development

成都市旅游现状相关分析

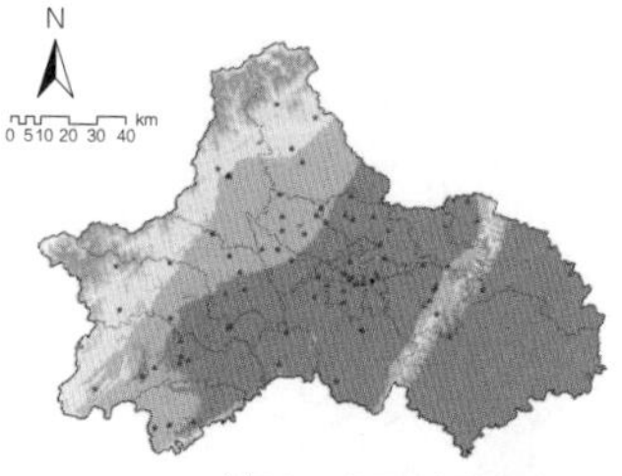

成都市 A 级景区与地形分析图

成都市 A 级景区与水系分布图

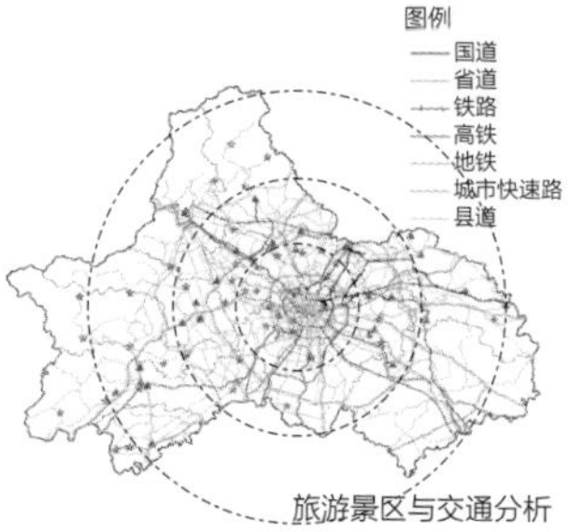

旅游景区与交通分析

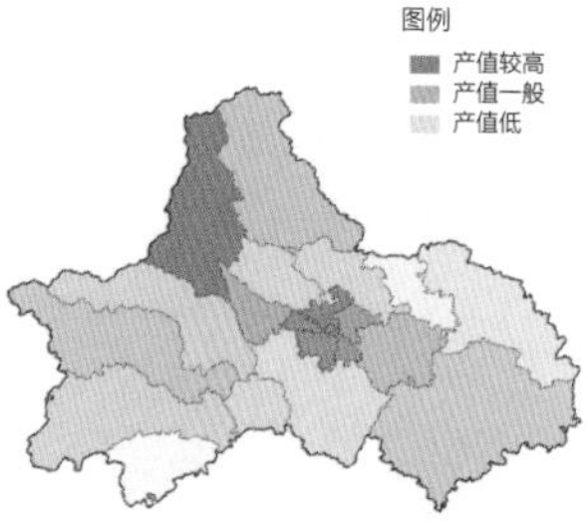

成都市各区旅游产值

从旅游产值来看，都江堰市和中心城区位居前列，具有明显优势

旅游景区与旅游景点分布

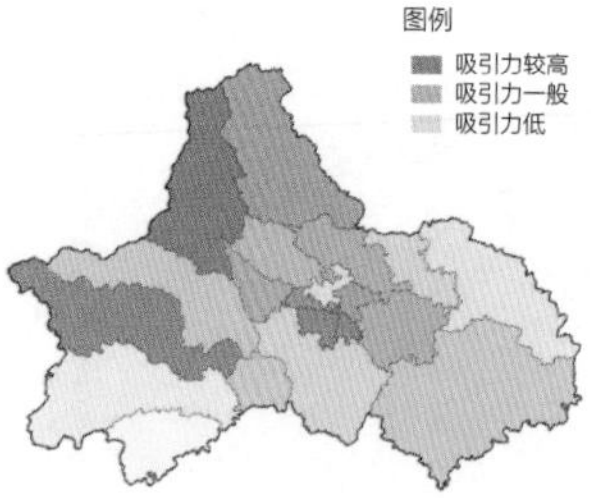

成都市各区游客吸引力

在游客吸引力上，都江堰市、大邑县、彭州市及中心城区接待人次较高，但也存在如大邑县在产值上并没有优势。

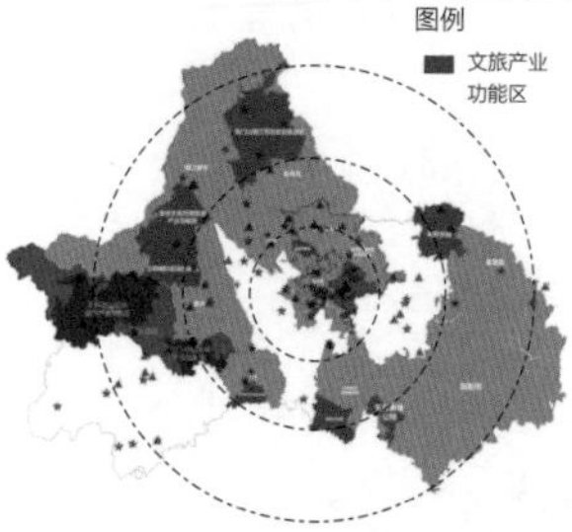

成都文旅产业功能区分布

问题总结

1. 旅游景区及资源在宏观分布上可明显地划分为三个带

西北部山区地带以自然景观为主，中部平原区以人文景观为主，东南部低山、丘陵区两者兼有。

2. 旅游景区分布与水系有较强的联系

依托于水景观建立或与水有关的 1A 级及以上景区占绝大部分，一定程度上说明水资源对成都旅游景观的发展有着重要影响。

3. 交通便利，呈现“中心 - 外围”的旅游圈层划分

绝大多数景区具备便利的交通，为资源的开发创造了良好的条件。

4. 自然及人文资源丰富，具备较大发展潜力

成都市地形地貌复杂多样，自然景观丰富；历史文化悠久，遗产众多。

5. 景区发展参差不齐，存在资源浪费现象

如双流区、邛崃市等区域在景区分布上存在明显优势但游客人次较低，依靠单一的资源消耗发展同质化旅游项目，易导致环境破坏、经济效益低下。

6. 郊区、乡村旅游发展缺乏合理规划

成都市未来重点发展的文旅产业功能区分布依然呈现“两环”的特点，对于郊区及乡村旅游的合理规划亟待加强。

策略提出

策略一：

后期规划注意不同地带自然、人文景区的空缺补充。

策略二：

发展依托水系旅游点的同时注重保护。

策略三：

依托交通圈层及可达性，打造不同类型的旅游产业，开发旅游资源。

策略四：

对比现状及潜在资源，挖掘旅游开发潜力点。

策略五：

优化资源配置，加强区域合作及旅游产业融合。

策略六：

结合区域文化特色，支持乡村旅游转型升级。

旅游开发强度分析

Analysis on the Intensity of Tourism Development

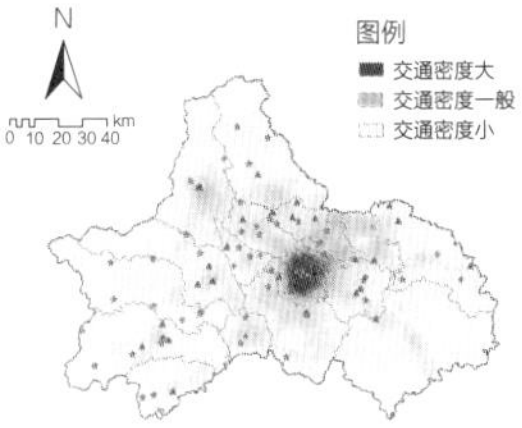

成都市交通密度图

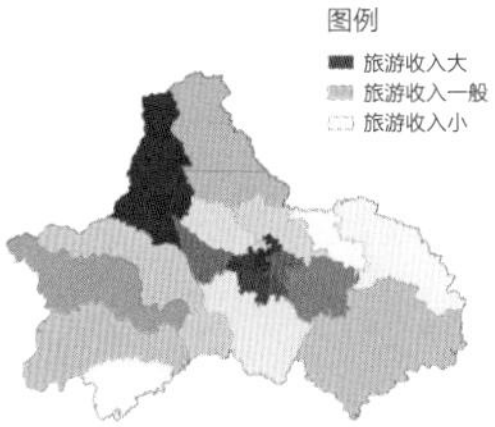

成都市各区旅游总收入

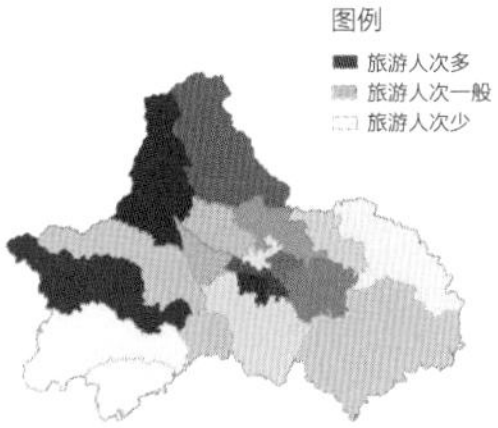

成都市各区旅游总人次

成都市 A 级景区分布图

成都市购物中心分布图

成都市餐饮及酒店分布图

旅游开发强度评价指标及权重表

评价目标	指标层	指标权重
旅游开发强度	A 级景区	0.35
	购物中心	0.1
	餐饮密度	0.1
	酒店密度	0.1
	旅游总收入	0.05
	旅游总人次	0.05
	旅游交通密度	0.25

资料来源：
[1] 周颖，王兆峰 . 长江经济带旅游资源开发强度与生态能力耦合协调关系研究 [J]. 长江流域资源与环境，2021，30（1）：11-22.
[2] 陆保一，明庆忠 . 旅游发展效率与强度的时空耦合演变研究——以云南省为例 [J]. 生态经济，2019，35（1）：131-136，166.

用旅游交通密度衡量地区可进入性；以旅游景区、酒店、餐饮为衡量旅游要素开发现状指标；

选取旅游收入、旅游人次衡量旅游发展规模，综合衡量旅游资源开发强度。

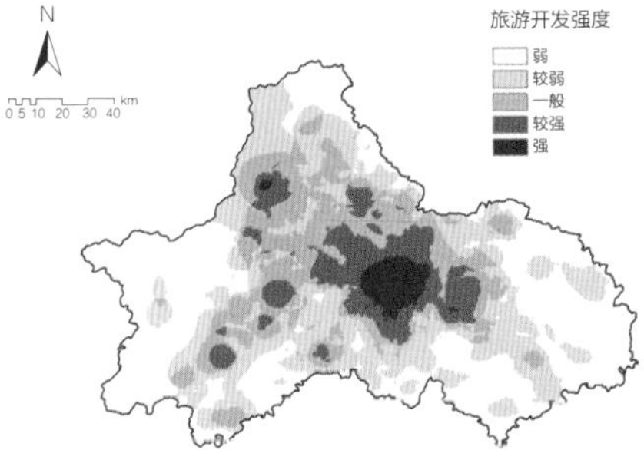

成都市旅游资源开发强度分析

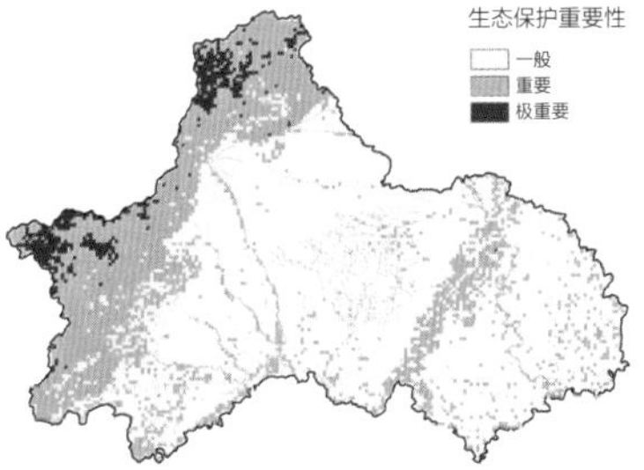

生态保护重要性评价

旅游业冲突点识别

通过旅游开发强度评价与生态保护重要性评价对比分析，目前的旅游开发与生态保护在两山部分冲突较明显，主要集中在都江堰市、大邑县、彭州市西部、邛崃市中部和龙泉驿区以及沿水系区域。

旅游开发适宜性分析
Analysis on the Suitability of Tourism Development

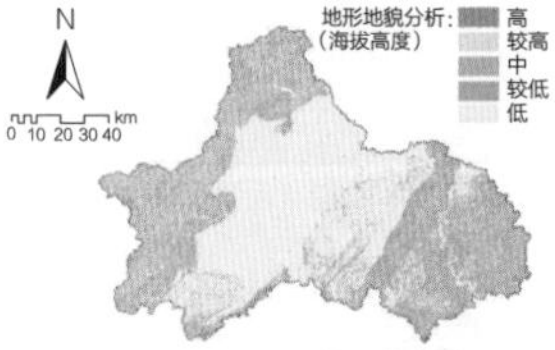

地形地貌分析

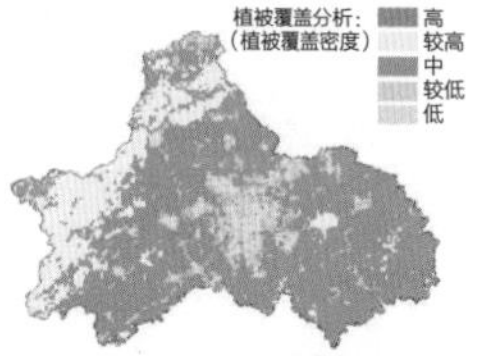

植被覆盖分析

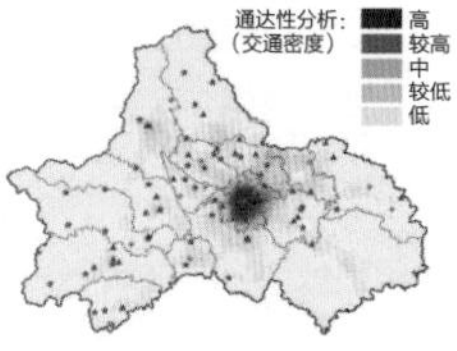

通达性分析

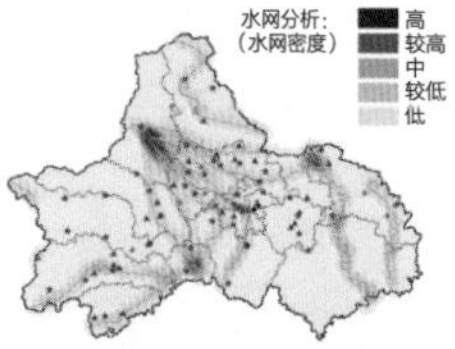

水网分析

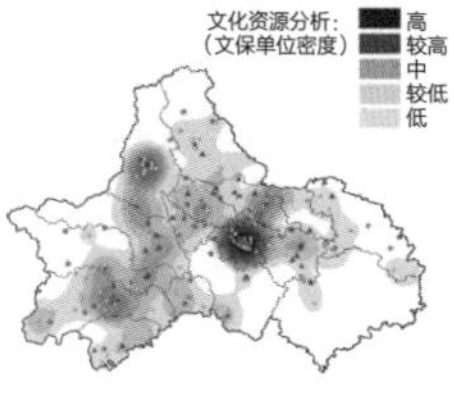

文化资源分析

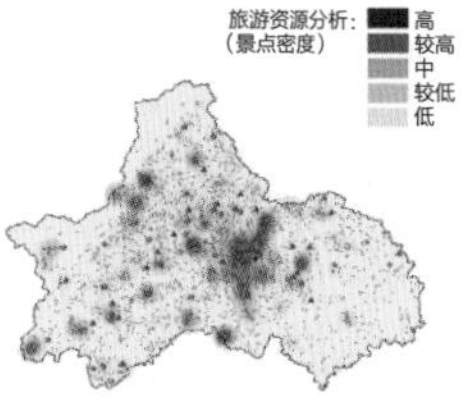

旅游资源分析

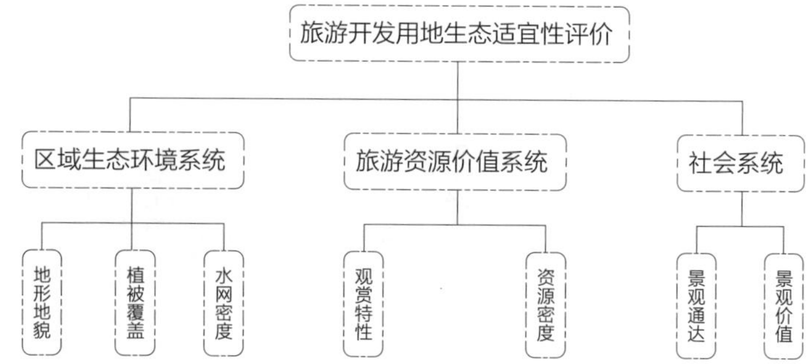

旅游开发用地生态适宜性评价

资料来源：
梁红玲．旅游开发用地生态适宜性评价研究 [D]. 长沙：湖南大学，2010.

旅游开发适宜性评价指标及权重表

评价目标	一级评价因子	二级评价因子	指标权重
旅游业开发适宜性评价	区域生态环境系统（0.5126）	地形地貌	0.1738
		水网密度	0.1531
		植被覆盖	0.1857
	旅游资源价值系统（0.2948）	资源密度	0.2948
	社会经济系统（0.1926）	通达性	0.1926

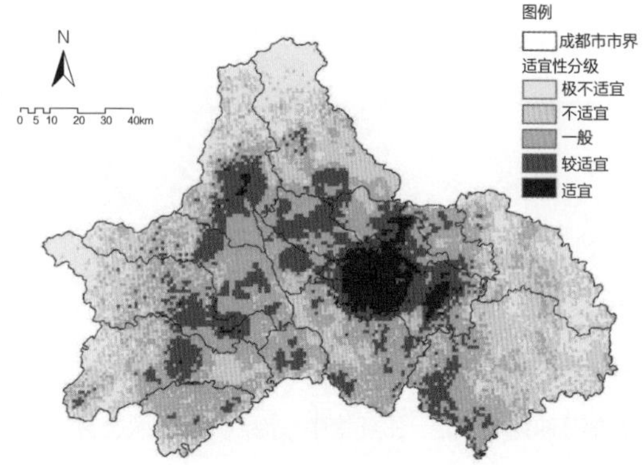

旅游业开发适宜性评价

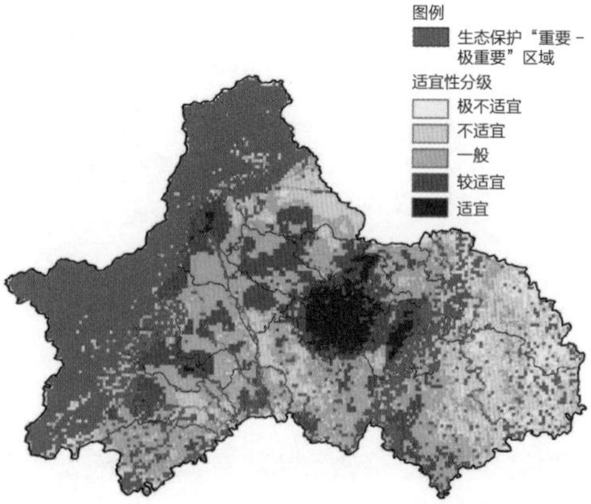

叠加生态保护重要性分析后的旅游业适宜发展区域

与生态保护重要性评价叠加分析，将生态保护“重要－极重要”区域在适宜发展区域排除。成都市域适宜发展旅游业区域主要集中在中心城区、都江堰区域及其核心灌区、龙泉山中部，沿龙门山系的崇州、大邑、邛崃也是适宜区域。

保护区域与业态

Contradiction between Protected Area and Industrial Status

保护地体系内部及周边分布着较多居民小区点及村落，边界周围也分布着较多的产业。从边界到缓冲区，居民小区点及村落的数量明显下降，但也存在缓冲区内保护利用冲突的潜在威胁，在两个国家级自然保护区内仍有不少村庄点的分布。大部分保护地都被大量居民点及产业包围，对其保护存在潜在威胁，需深化研究。对社区居民创收及区域保护矛盾，提出两种解决方案：

一是积极推动居民转产就业。优先授予原住居民特许经营权，鼓励规范原住居民发展餐饮、住宿等服务业。四川大熊猫国家公园体制试点区域合理设置公益管护岗位，加大培训服务力度，推动居民转产就业，当地居民培训参与率达 87.89%；

二是积极培育生态产业。四川省大熊猫国家公园体制试点区周边 16 个社区依托国家公园熊猫科普、森林步道、森林度假等项目，发展生态旅游企业 149 家、乡村旅游接待 3064 家、生态文化产品销售点 231 家，平均每年访客接待量 1700 万人次以上。

资料来源：句轶萍，杨翠柏．大熊猫国家公园原住居民权益的制度保障研究 [J]. 黑龙江省政法管理干部学院学报，2020（5）：103-108.

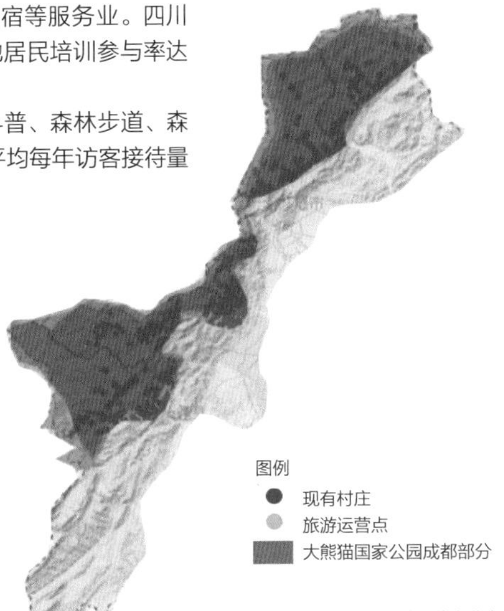

大熊猫国家公园周边村庄及旅游运营点分布

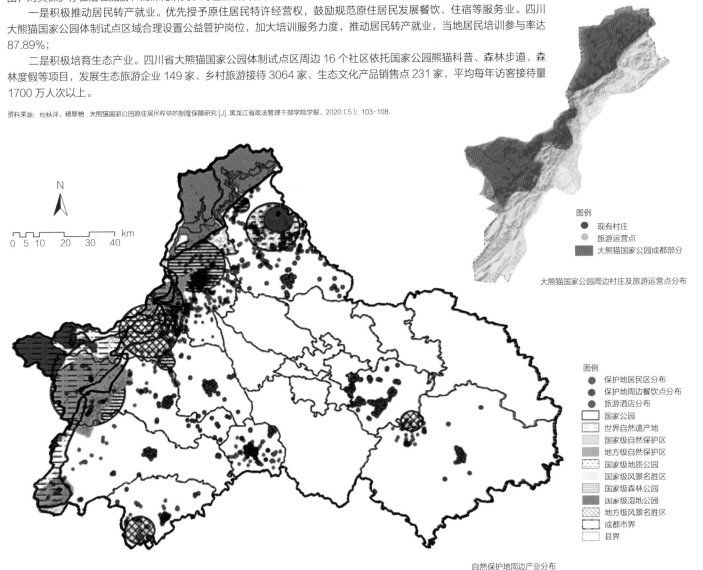

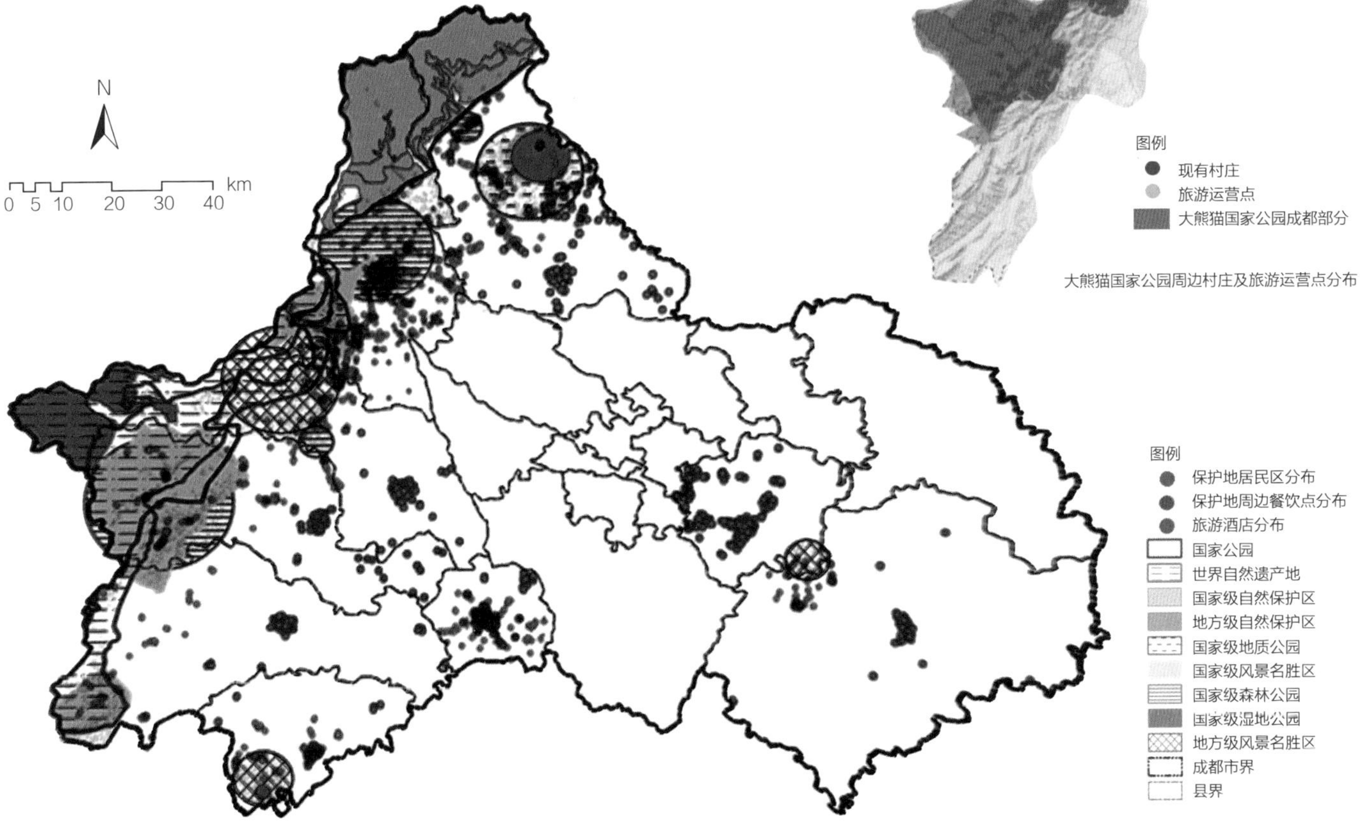

自然保护地周边产业分布

第一产业适宜性评价

Suitability Evaluation of Primary Industry

通过本底自然资源条件与政策投资等因素赋权叠加得到成都市的西南和东南部以及沿第二绕城高速以外的部分区域最适宜发展第一产业。

第一产业适宜性评价指标及权重表

一级指标	二级指标	三级指标	权重
第一产业适宜性（+）	土壤条件	污染程度	0.3302
	气候条件	降水	0.0849
	生产资源利用程度	肥力	0.1079
		地形坡度	0.2090
		水系	0.1501
	政策导向	重点项目布局	0.0779
	投资总额	产业投资总额	0.0400

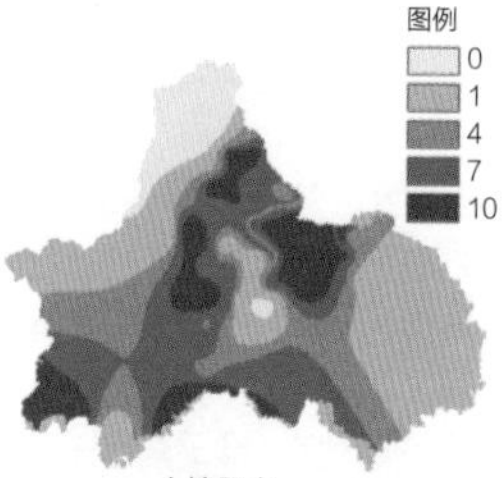

土壤肥力

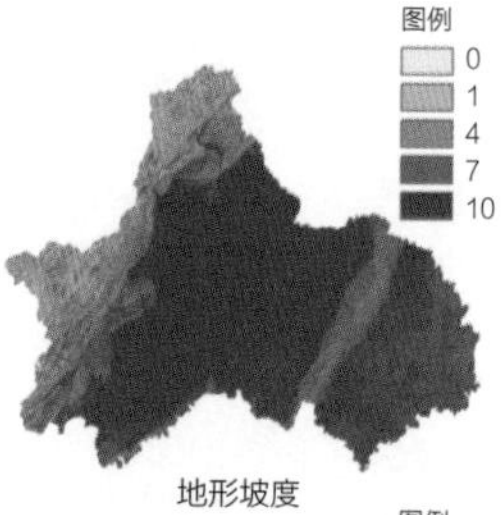

地形坡度

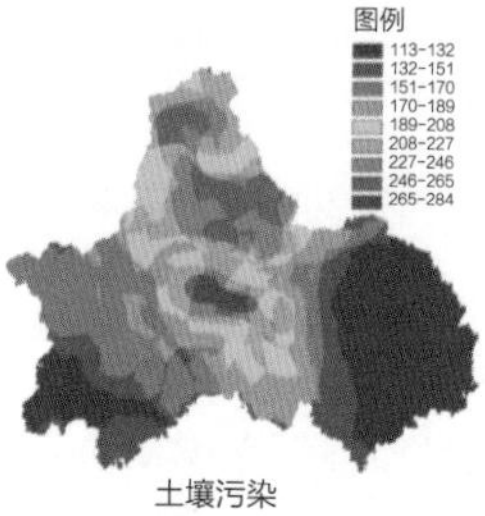

土壤污染

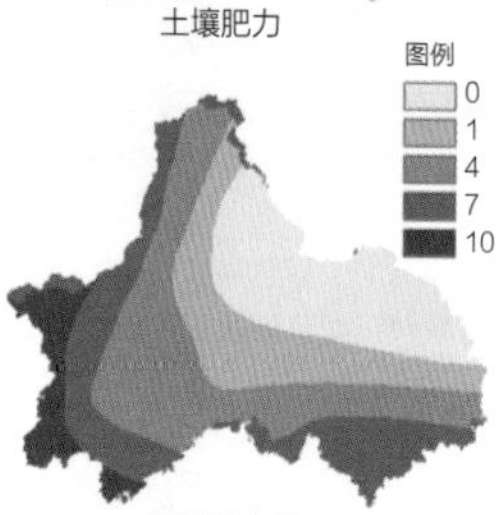

平均降水量

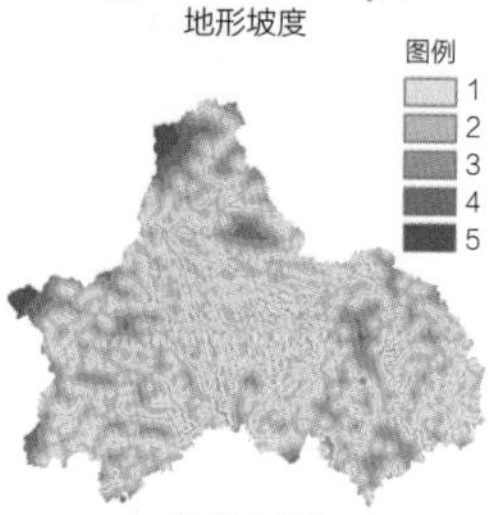

水系可达性

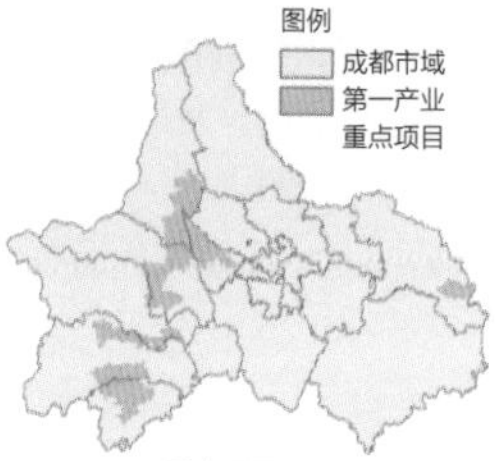

重点项目

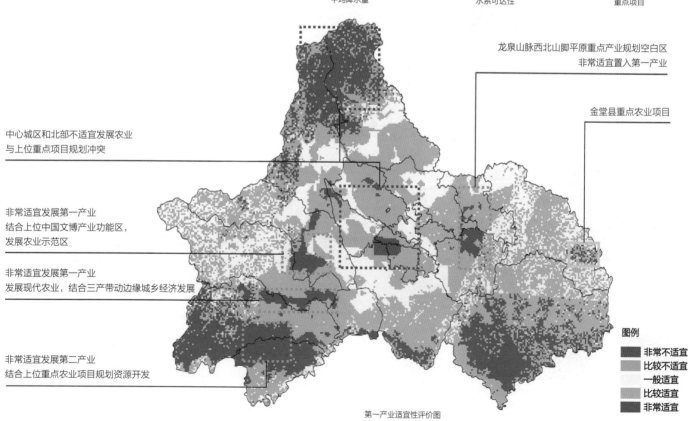

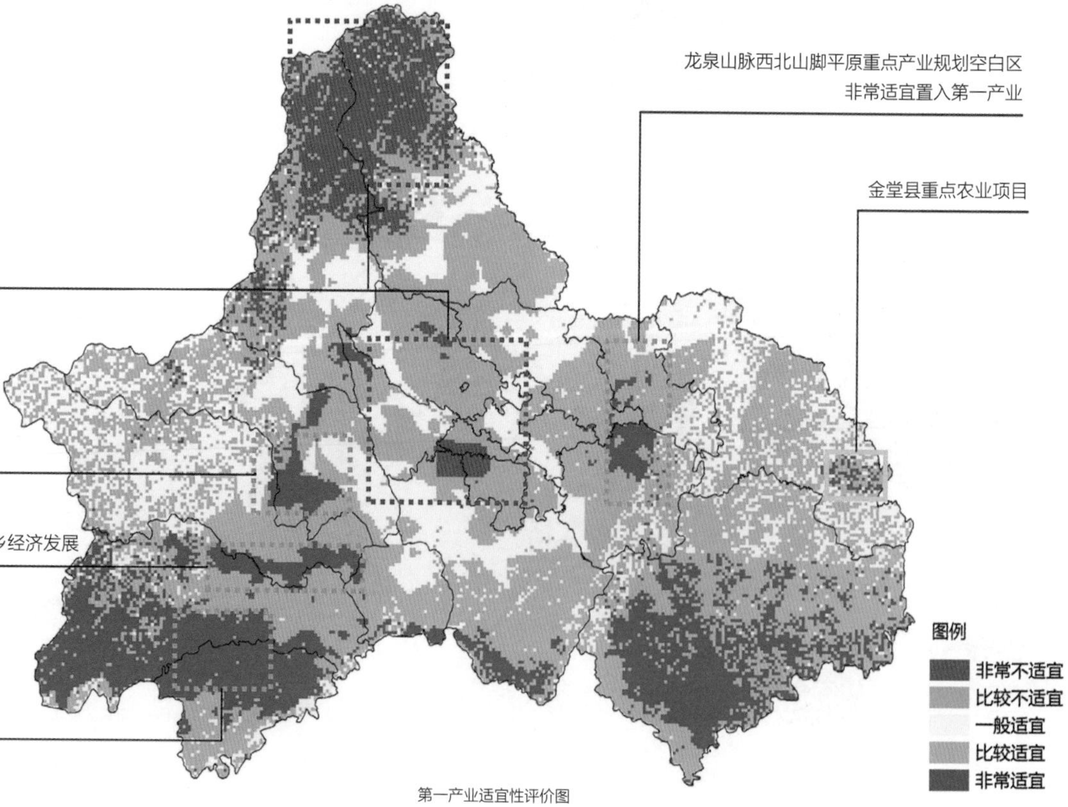

第一产业适宜性评价图

第二产业适宜性评价

Suitability Evaluation of Secondary Industry

通过五项二级指标赋权叠加得到成都东南部简阳市和龙泉驿区以及双流区、青羊区和青白江区部分区域最适宜发展第二产业，并得到与规划重点项目的冲突区域。

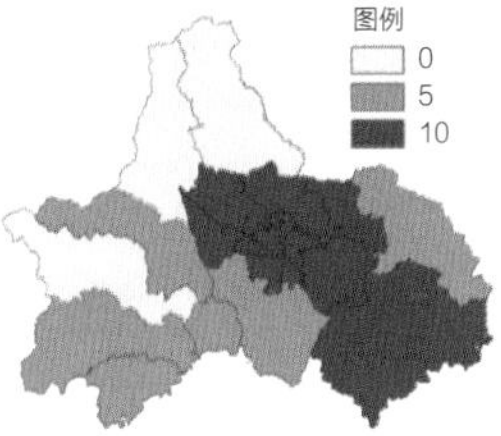
图例
0
5
10

矿产资源分布

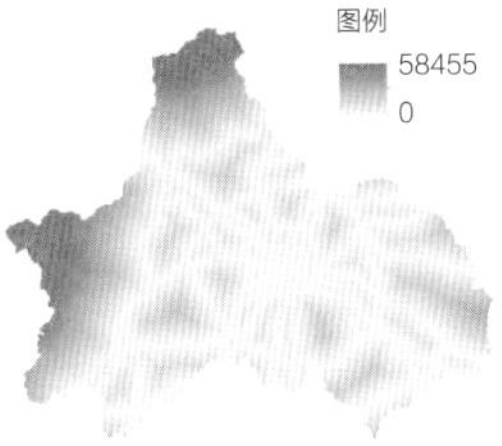
图例
58455
0

交通可达性

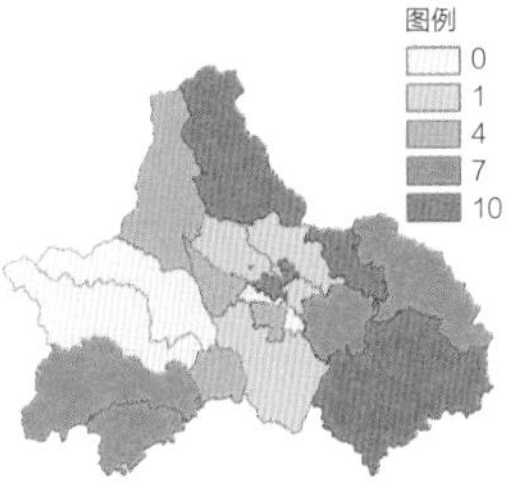
图例
0
1
4
7
10

劳动人口分布

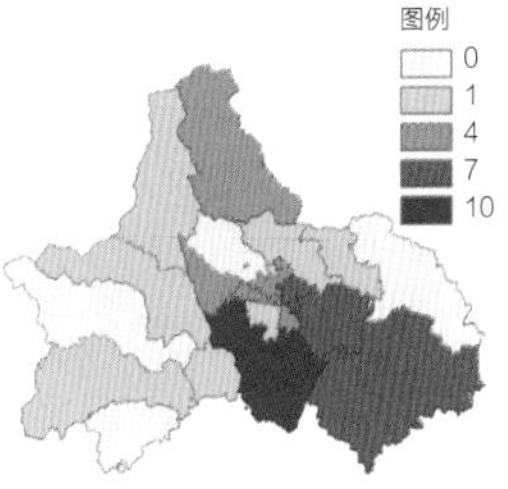
图例
0
1
4
7
10

产业投资总额

图例
成都市域
第二产业
重点项目

重点项目

第二产业适宜性评价指标及权重表

一级指标	二级指标	三级指标	权重
第二产业适宜性（+）	矿产条件	拥有矿产资源	0.2206
	劳动力	人口比例	0.1151
	政策导向	重点项目布局	0.1680
	投资总额	产业投资总额	0.2888
	其他因子	交通可达性	0.2075

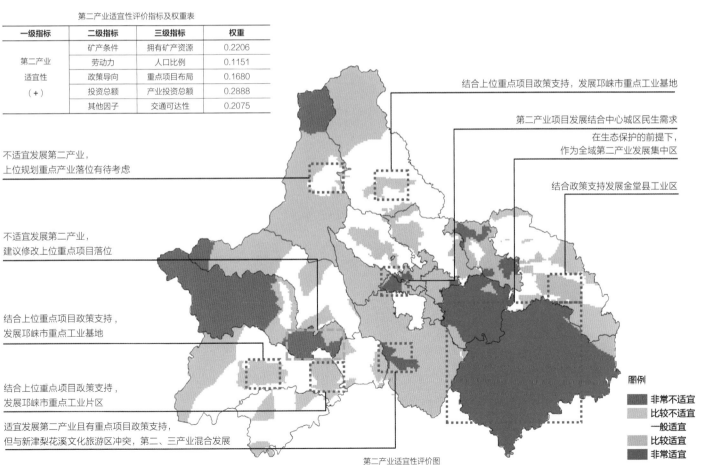

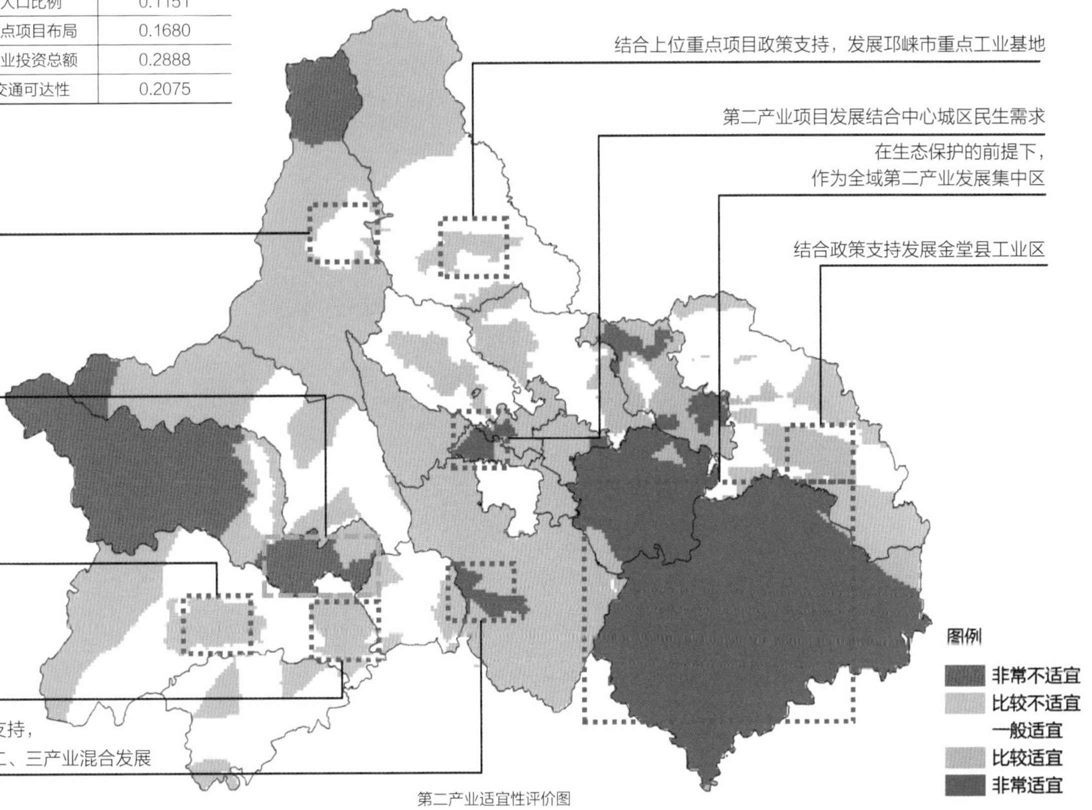
结合上位重点项目政策支持，发展邛崃市重点工业基地
第二产业项目发展结合中心城区民生需求
在生态保护的前提下，
作为全域第二产业发展集中区
结合政策支持发展金堂县工业区
不适宜发展第二产业，
上位规划重点产业落位有待考虑
不适宜发展第二产业，
建议修改上位重点项目落位
结合上位重点项目政策支持，
发展邛崃市重点工业基地
结合上位重点项目政策支持，
发展邛崃市重点工业片区
适宜发展第二产业且有重点项目政策支持，
但与新津梨花溪文化旅游区冲突，第二、三产业混合发展
图例
非常不适宜
比较不适宜
一般适宜
比较适宜
非常适宜

第二产业适宜性评价图

第三产业适宜性评价
Suitability Evaluation of Tertiary Industry

第三产业适宜区域从中心城区向南部双流区发展，东南部的简阳市存在大量未充分利用开发资源的区域。

第三产业适宜性评价指标及权重表

一级指标	二级指标	三级指标	权重
第三产业适宜性（+）	消费指数	社会消费品零售总额	0.1740
		居民消费水平	0.1688
	消费结构	家庭恩格尔系数	0.0894
	政策导向	重点项目布局	0.1069
	投资总额	产业投资总额	0.1850
	其他因子	交通可达性	0.1541
	成都特殊因子	旅游业产值	0.0218
		景区可达性	0.1000

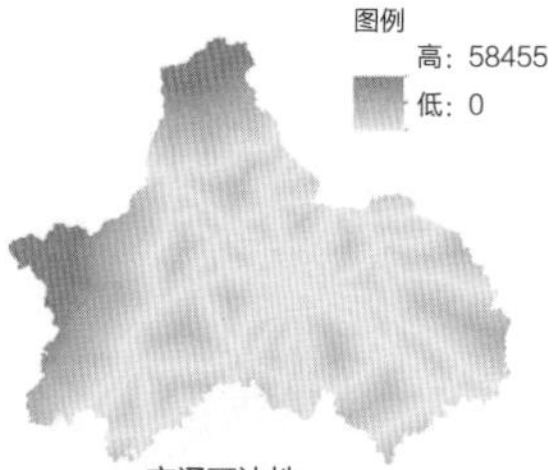

交通可达性

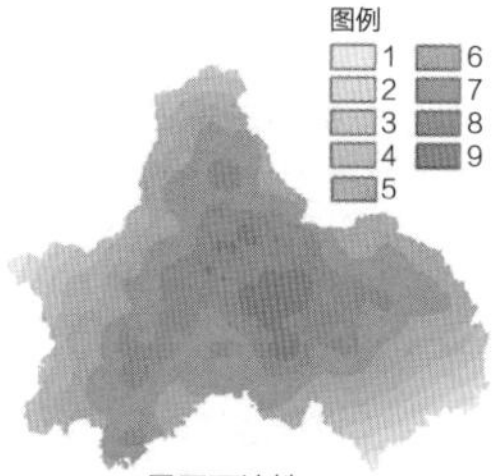

景区可达性

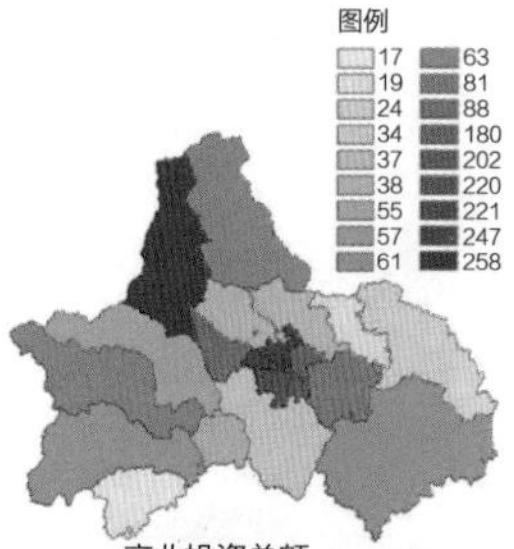

产业投资总额

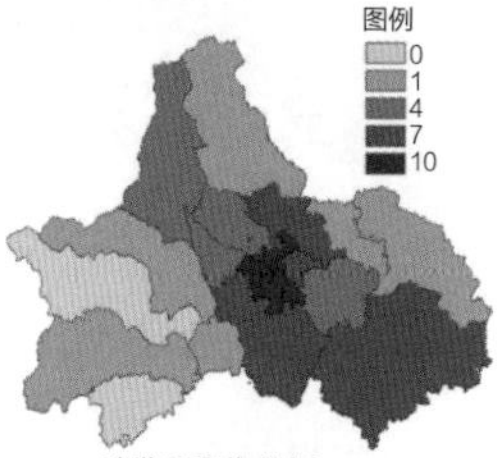

消费品零售总额

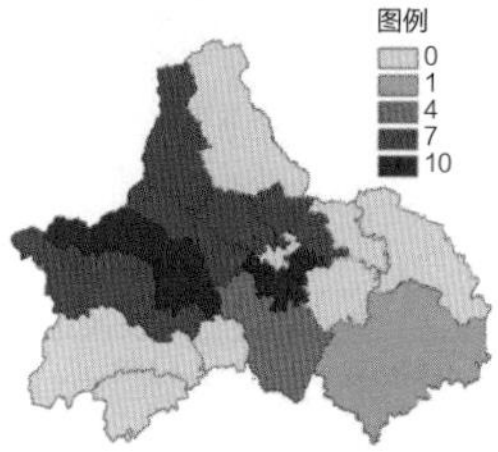

居民消费水平

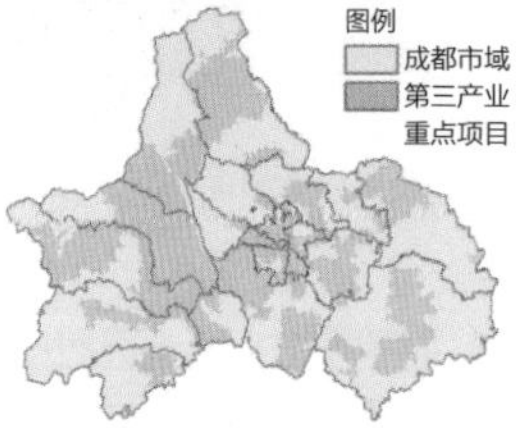

重点项目分布

完善交通建设，提高交通可达性
通过合理利用自然资源，保护与利用协同

结合上位重点项目政策支持，
加大与中心城区旅游路线的联系

完善交通建设及景区配套产业建设

结合第一产业打造消费场景，
提高居民消费水平

结合龙泉山自然资源和上位政策支持，
打造成都市生态文化旅游门户

与上位政策协同，十分适宜发展第三产业
打造旅游业、服务业、文化产业核心区域

加大政策支持力度，
打造消费场景提高消费水平

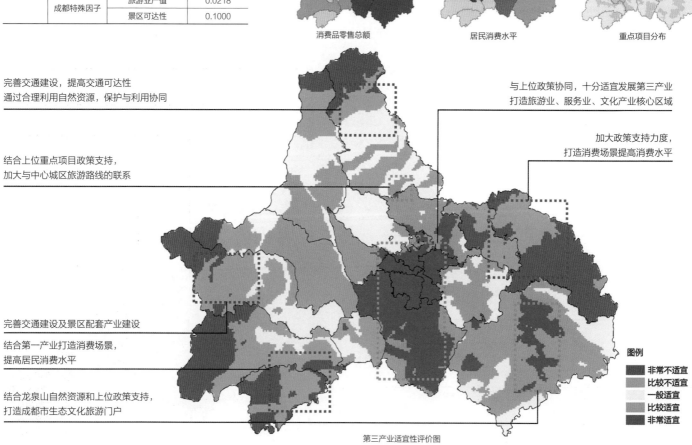

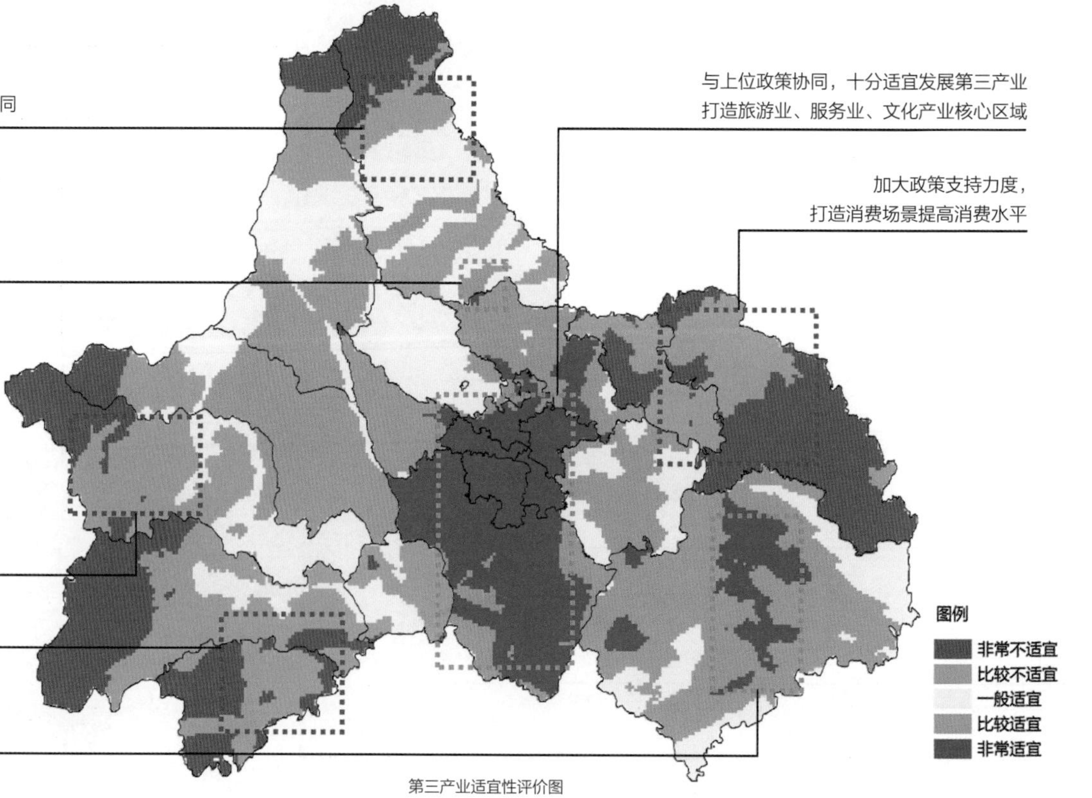

第三产业适宜性评价图

保护利用综合评价

Comprehensive Evaluation of Protection and Utilization

适宜第一产业发展区域集中在土地污染轻、地势平坦、降雨量充足的南部。

1. 龙门山南部控制未来农业发展，以生态保护优先，适当向东部邛崃市与浦江县转移；
2. 南部水系密集区的农业发展应适量，在保护前提下利用，以农业灌溉；
3. 对龙泉山脉中部农业未来发展进行控制，向西适当转移，保护山体生态。

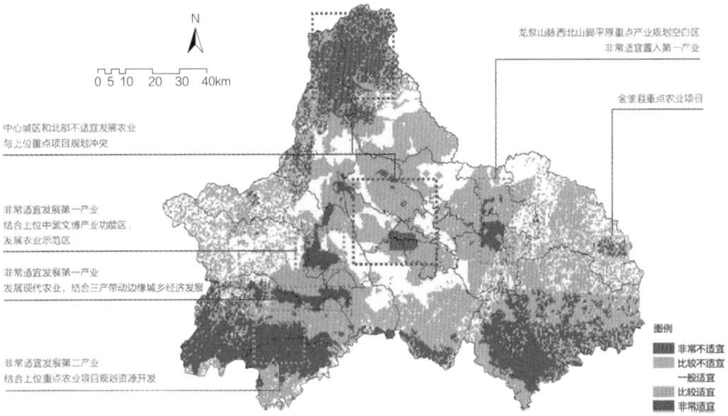
N
0 5 10 20 30 40km
龙泉山脉西北山脚平原重点产业规划空白区
非常适宜置入第一产业
金堂县重点农业项目
中心城区和北部不适宜发展农业
与上位重点项目规划冲突
非常适宜发展第一产业
结合上位中置文博产业功能区，
发展农业示范区
非常适宜发展第一产业
发展现代农业，结合三产带动边缘城乡经济发展
非常适宜发展第二产业
结合上位重点农业项目规划资源开发
图例
非常不适宜
比较不适宜
一般适宜
比较适宜
非常适宜
第一产业适宜性

龙泉山中部应控制未来工业发展，结合生态保护合理发展第二产业。

1. 邛崃市东部缺乏第二产业的产业投资和劳动人口，更适宜发展现代农业；
2. 武侯区地处中心城区，更适宜布置第三产业；
3. 金堂县南部增加交通可达性和相应产业投资，可促进第二产业发展。

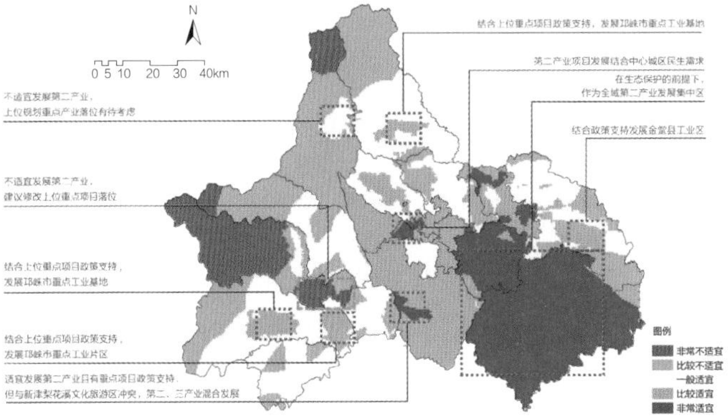
N
0 5 10 20 30 40km
结合上位重点项目政策支持，发展邛崃市重点工业基地
第二产业项目发展结合中心城区民生需求
在生态保护的前提下，
作为全域第二产业发展集中区
结合政策支持发展金堂县工业区
不适宜发展第二产业，
上位规划重点产业落位有待考虑
不适宜发展第二产业，
建议修改上位重点项目落位
结合上位重点项目政策支持，
发展邛崃市重点工业基地
结合上位重点项目政策支持，
发展邛崃市重点工业片区
适宜发展第二产业且有重点项目政策支持，
但与新津梨花溪文化旅游区冲突，第二、三产业混合发展
图例
非常不适宜
比较不适宜
一般适宜
比较适宜
非常适宜
第二产业适宜性

通过空间适宜性评价得到成都市域自东南到西北的第三产业发展轴线。

1. 邛崃市南部缺乏第二产业的产业投资和劳动人口，更适宜发展现代农业；
2. 中心城区具有很大的第三产业发展潜力，注意生态、文保和水安全协同发展；
3. 龙泉山中部和南部具有良好的三产发展潜力，保持低强度开发，产业反哺生态模式。

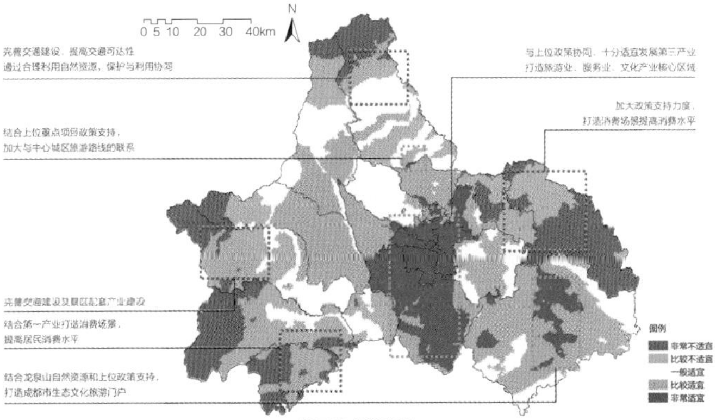
0 5 10 20 30 40km
N
完善交通建设，提高交通可达性
通过合理利用自然资源，保护与利用协调
与上位政策协同，十分适宜发展第三产业
打造旅游业、服务业、文化产业核心区域
加大政策支持力度，
打造消费场景提高消费水平
结合上位重点项目政策支持，
加大与中心城区旅游路线的联系
完善交通建设及景区配套产业建设
结合第一产业打造消费场景，
提高居民消费水平
结合龙泉山自然资源和上位政策支持，
打造成都市生态文化旅游门户
图例
非常不适宜
比较不适宜
一般适宜
比较适宜
非常适宜
第三产业适宜性

专题研究
Monographic Study

活态
Living State

如何研究?
How to Research?

Q1：城市活态总体目标是什么?

Q2：分项目标与城市活态的关系?

Q3：如何评价成都城市活态?

Q4：活态与其他专项研究的关系?

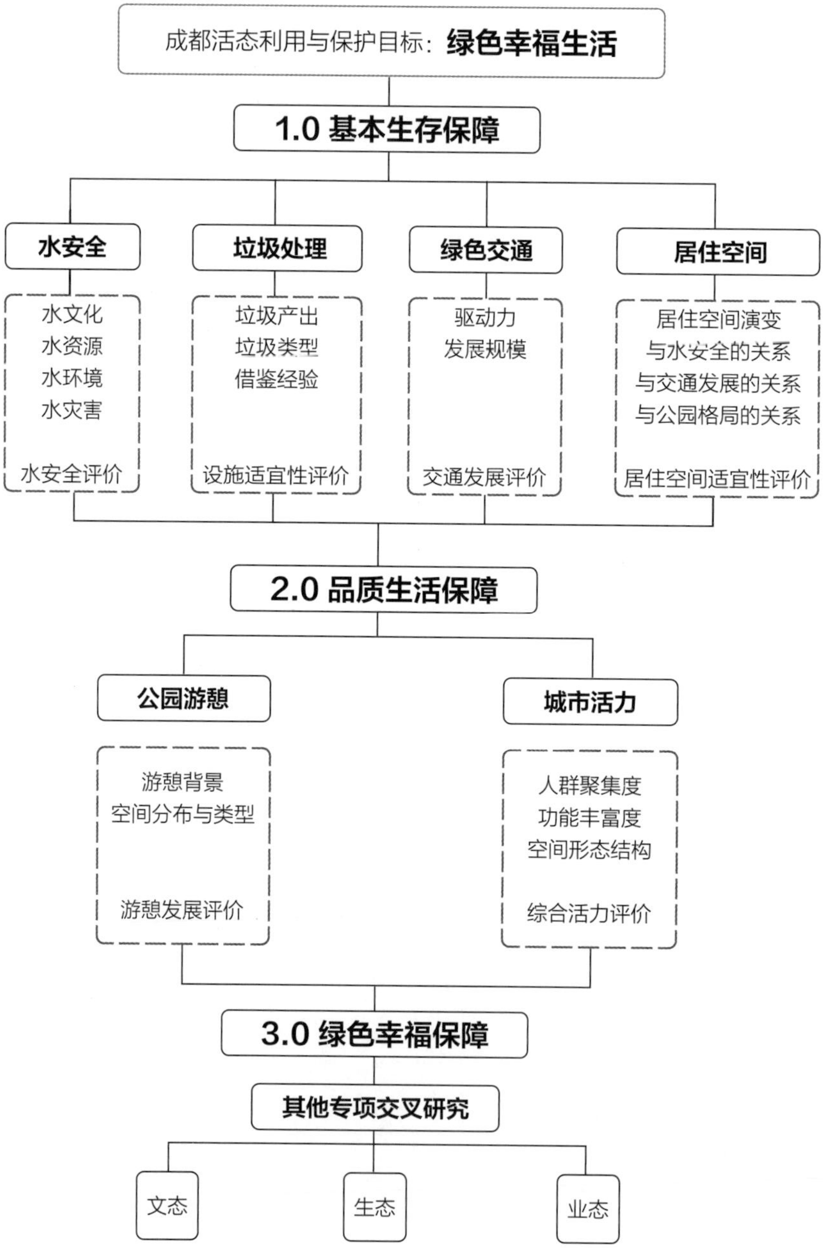

研究框架图

水安全评价
Water Security Assessment

综合评价

水安全指数反映了区域的水量、供水、水质以及洪涝灾害风险大小等情况。为城市建设提供依据，高风险区多存在排水不畅、水质不佳、水土流失等。水安全指数表现为安全的地段，可以考虑进行城市开发建设。

1. 水文化服务开发利用

水文化有很高的保护开发价值，但目前未形成体系，未受到足够重视，具有旅游开发潜力。

2. 水资源开发利用

成都水资源较为丰沛，短期而言水资源承载力都在可控范围内。但由于农业、工业用水量巨大，且又是主要的水质污染源，给整体有效的水资源丰度造成了负面影响。

3. 洪涝灾害评析与预防

成都的中心城区及下辖市县的城市化地区目前存在较高内涝隐患，周边地区山洪频发说明城镇扩张带来的植被损毁情况较为严重，应加强生态保护。

水安全指数评价表

一级指标	二级指标	影响因子	相关性	加权项
水安全指数	河网景观化率	0.0378	正	—
	水资源丰度	0.0525	正	河网密度
				给水服务覆盖
				地下水分布
				高程
				坡度
	水质情况	0.0462	负	第二产业分布
				第一产业分布
				河流水质
				高程
				坡度
	洪涝灾害指数	0.0735	负	淹没区
				降雨量
				洪涝频率
				坡度
				经济发展程度

水资源丰度评价

中心城区水网最密集，有效水资源最丰富。

水资源丰度评价表

加权项	影响因子
河网密度	0.40
给水服务覆盖	0.20
地下水分布	0.20
高程	0.05
坡度	0.15

水质情况评价

地表水水质总体呈轻度污染。

水质情况评价表

加权项	影响因子
第二产业分布	0.20
第一产业分布	0.30
河流水质	0.40
高程	0.05
坡度	0.05

洪涝灾害指数评价

成都市内涝状况严峻，山洪次之。

洪涝灾害指数评价表

加权项	影响因子
淹没区	0.20
降雨量	0.05
洪涝频率	0.50
坡度	0.20
经济发展程度	0.05

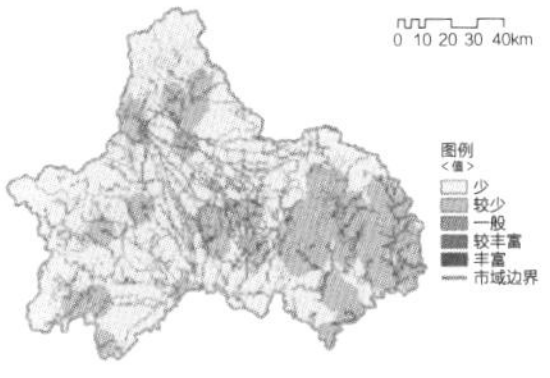
水资源丰度评价图

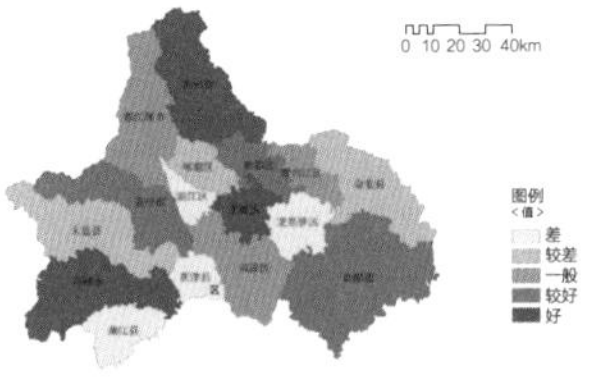
水资源总量分布图

水质状况评价图

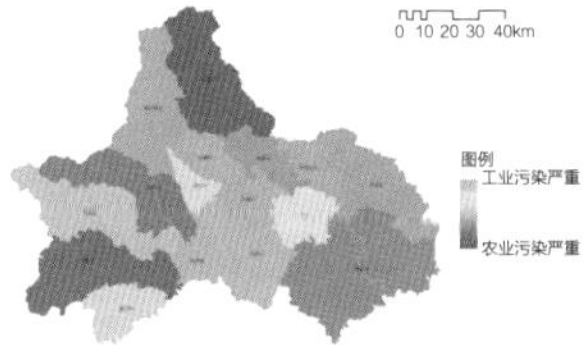
污染产业分布图

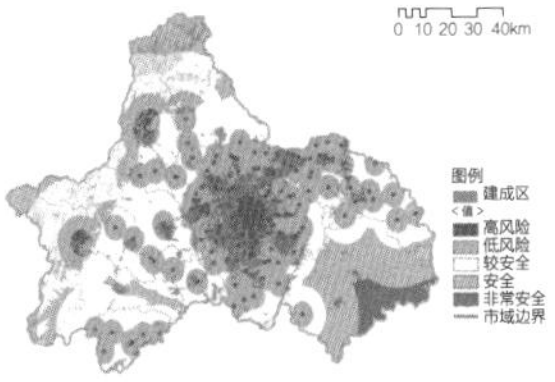
洪涝灾害指数评价图

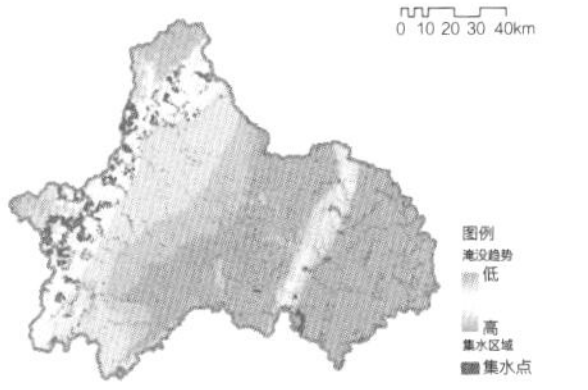
淹没趋势分析图

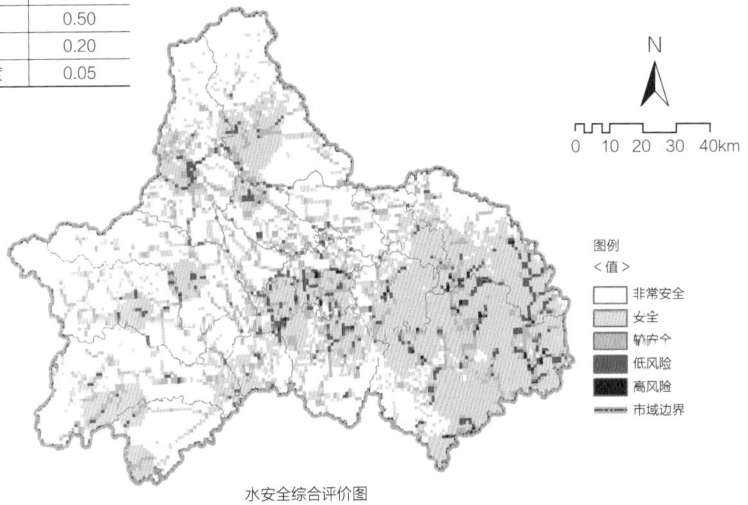

水安全综合评价图

生活垃圾处理分析与评价
Analysis and Evaluation of Domestic Waste Disposal

生活垃圾总述

生活垃圾处理与人们的生活息息相关，不合理的垃圾处理基础设施设置可能导致环境污染，包括土壤、空气、地表水和地下水污染等，还可能存在爆炸等安全隐患以及传播疾病的风险。

在全国 196 个中型以上城市中，2013—2019 年成都市生活垃圾产生量均排全国前 10 位，并且垃圾产生量逐年上升。

成都市生活垃圾处理方式从焚烧处理和填埋处理，逐步过渡到以环保发电厂为主，并且增加了厨余垃圾处理设施。大部分垃圾填埋场由于库容不足陆续封场。2020 年 4 月公布的成都市污染地块名录显示，26 块成都市污染地块中，约 1/5 的地块是垃圾填埋场。

对正在运行的垃圾处理设施周边的土地利用进行分析得知，大部分土地以耕地、林地为主。

生活垃圾处理设施选址适宜性评价框架

生活垃圾处理设施选址依据不同类型对生态环境、人身体健康以及社会环境的影响及相关专业规范确定指标，分为环境保护条件和社会环境影响条件两个二级指标。

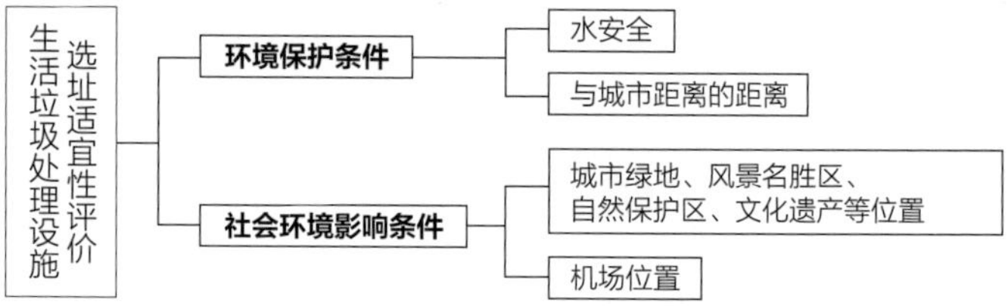

生活垃圾处理设施选址适宜性评价框架图

生活垃圾评价因子

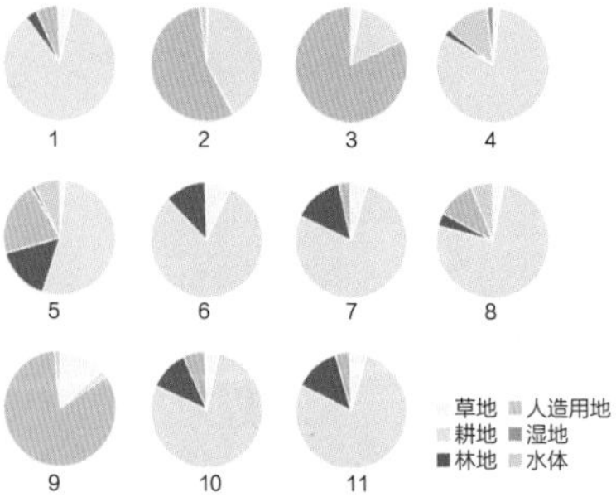

垃圾处理设施外环境土地利用类型

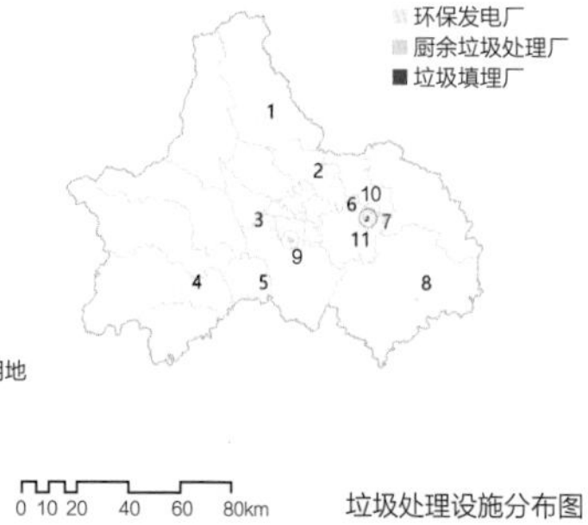

垃圾处理设施分布图

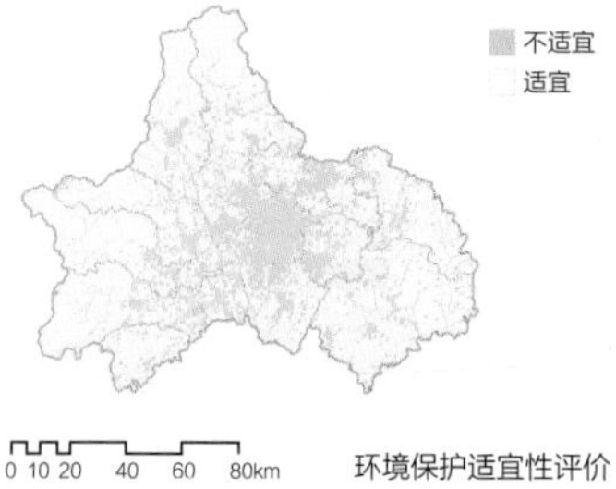

环境保护适宜性评价

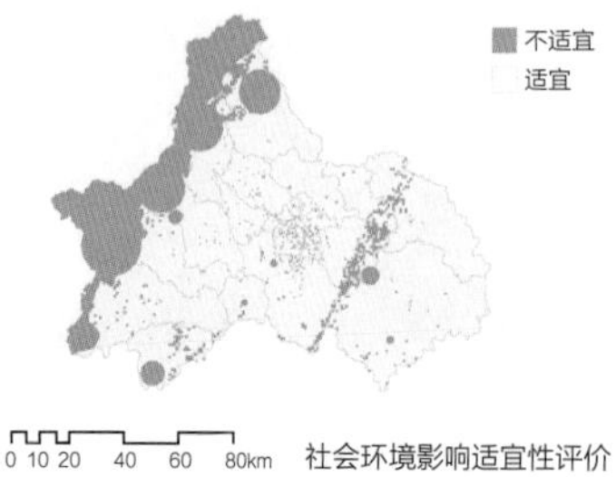

社会环境影响适宜性评价

从环境保护和社会影响两方面出发，相对适宜建设生活垃圾处理设施的选址位于成都市东南和西南部，不适宜区一般都为人类活动较多、具有生态或文化价值的区域。

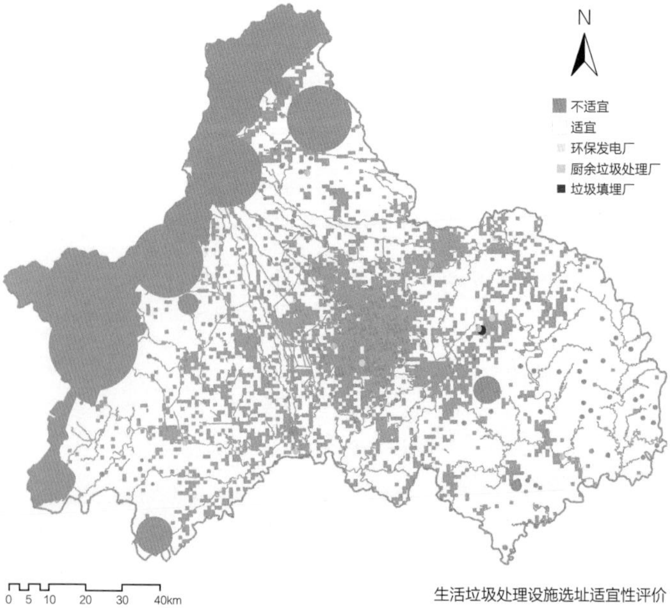

生活垃圾处理设施选址适宜性评价

绿色交通适宜性评价

Evaluation of Suitability of Green Transportation Development

绿色交通总述

在公园城市评价指标中的绿色交通相关指标中，缺少对绿色交通与区域公园间连通性的考虑，因此以轨道交通－公共交通（含常规公交、快速公交、客运公交）－慢行交通组成的“三网”绿色交通为路径，以成都市域内公园的居民可达性为指标进行评估，同时进行全域的绿色交通适宜用地评价。

公共交通现状分析：绿色交通覆盖不足，但路网密度充足，后续要对可达性低地区的公园绿地及产业规划进行判断。

轨道交通现状分析：轨道交通与地面交通的用地适宜性评价存在很大偏差，整体发展呈现东拓局面。

慢行交通现状分析：居住区和公园辐射范围内存在不均衡、匹配度低的情况。

绿色交通适宜性用地评价框架

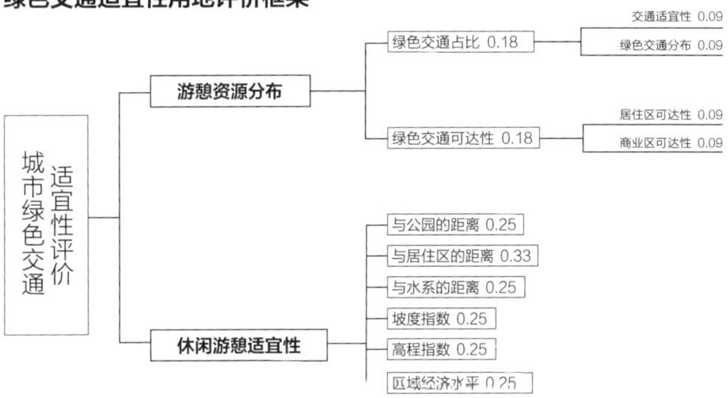

绿色交通适宜性用地评价框架图

绿色交通适宜性用地评价因子

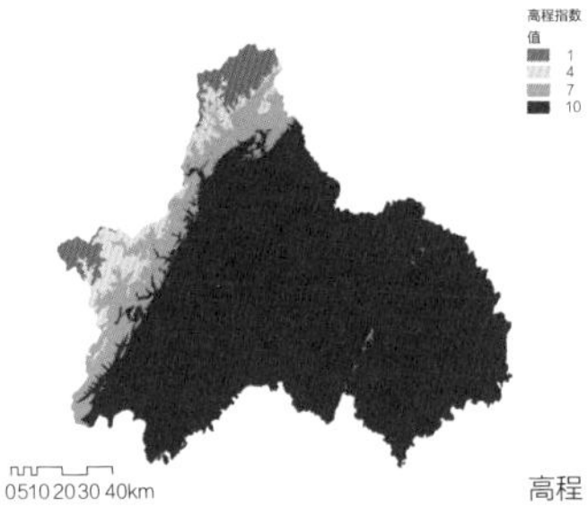

高程

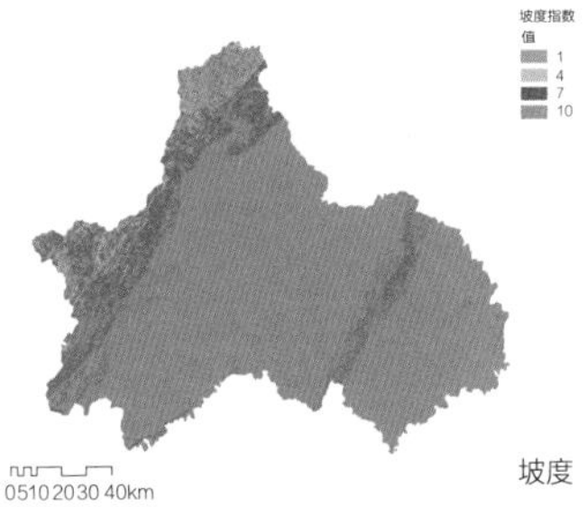

坡度

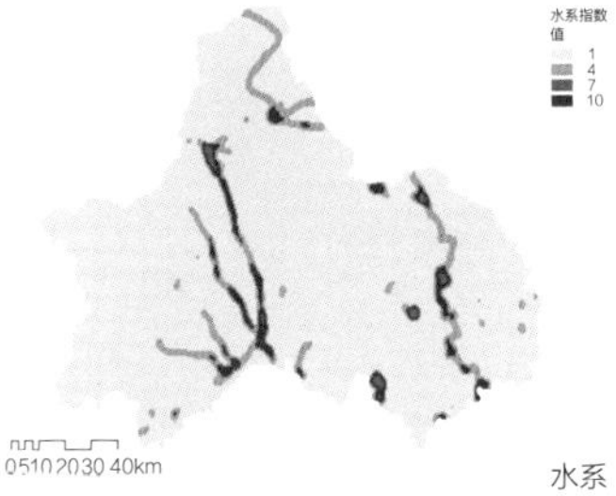

水系

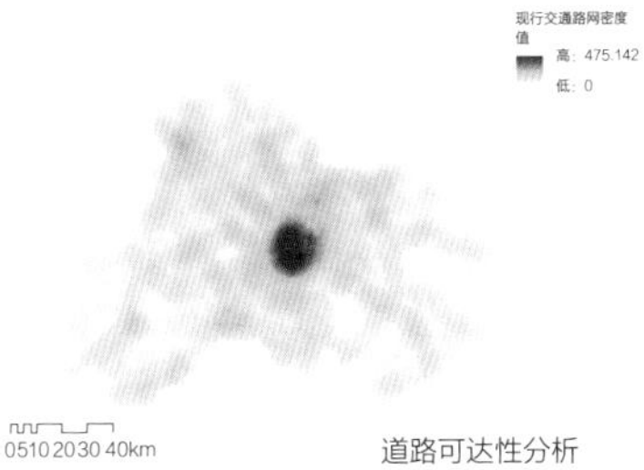

道路可达性分析

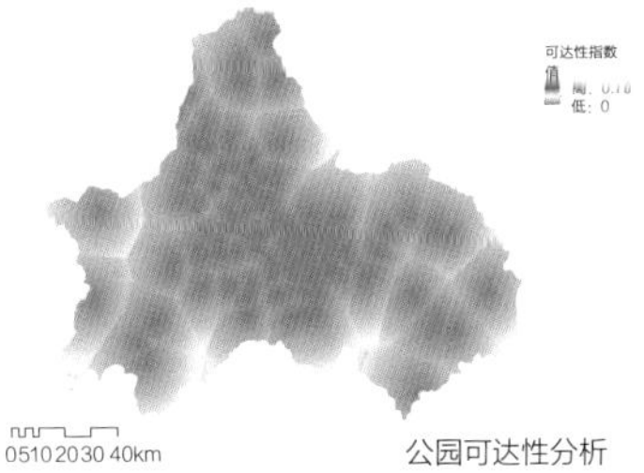

公园可达性分析

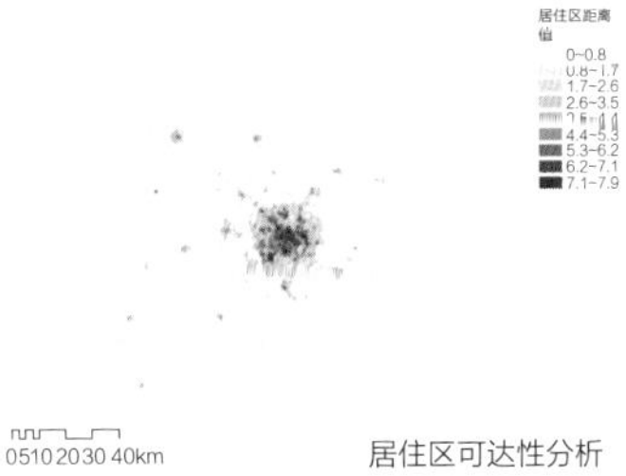

居住区可达性分析

绿色交通适宜性用地评价

当前的交通网络密度以及《成都市低运量轨道交通线网规划（2022—2035）》证明东进需要可达性更高的交通网络基底。

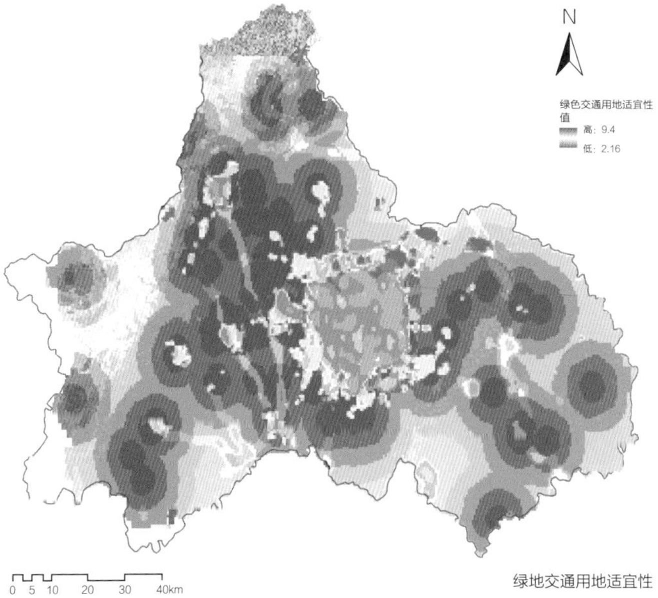

绿地交通用地适宜性

居住空间发展适宜性评价

Suitability Evaluation of Residential Space Development

居住空间变迁

1941 年，随着卡尔 · 迈当斯（Carl Mydans）记录下了传统成都居住空间实景以来，成都的居住空间总体趋势从传统低层低密度向高层高密度转化。

2019 年，成都市区面积约为 3639km^2，建成区面积约为 931km^2，居住用地面积约为 288km^2，接近建成区面积的 1/3。建成区绿地率约为 36.6%，绿化覆盖率约为 41.33%。

在居住空间发展适宜性评价中，选取地理条件影响、水环境影响、城市发展影响三类因子，并通过权重赋值对因子系数进行确定。最后通过 ArcGIS 进行叠加计算，分析未来成都居住空间发展的潜在适宜空间。

居住空间发展适宜性评价框架

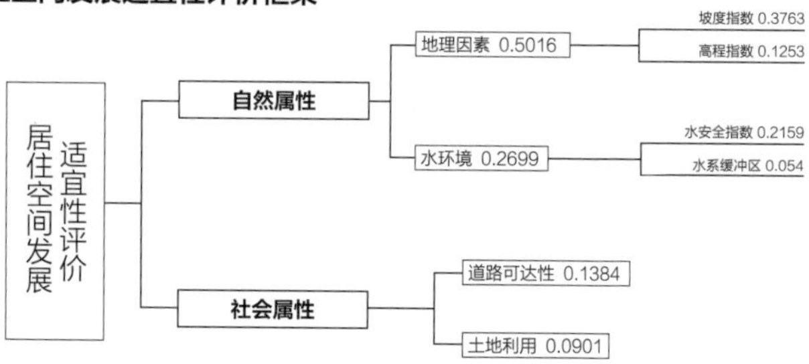

居住空间发展适宜性评价框架图

居住空间发展适宜性因子

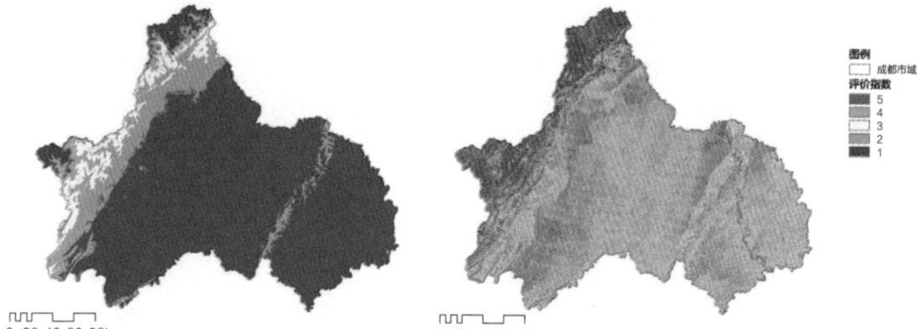

坡度与高程评价因子

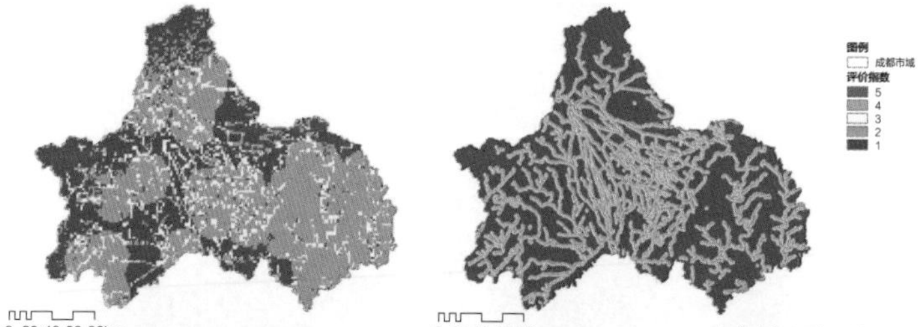

水安全与河流评价因子

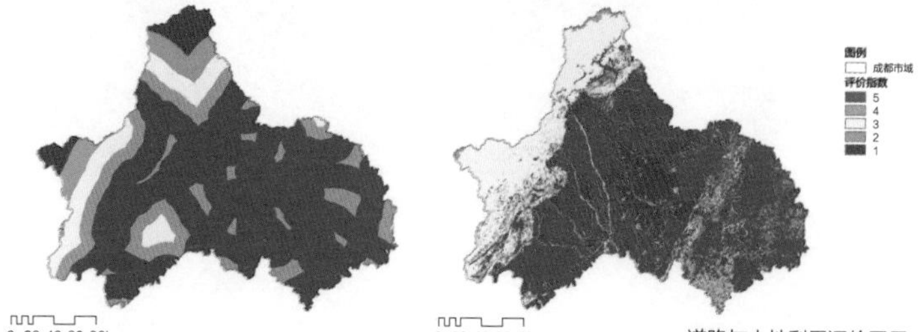

道路与土地利用评价因子

城市活力综合评价

根据左侧因子进行叠加分析得到市域居住空间用地适宜性评价，可以看出未来可供居住空间发展的土地空间主要集中于龙门山东侧北控区域范围内以及龙泉山东侧地带，与目前上位规划中土地利用调整基本吻合。

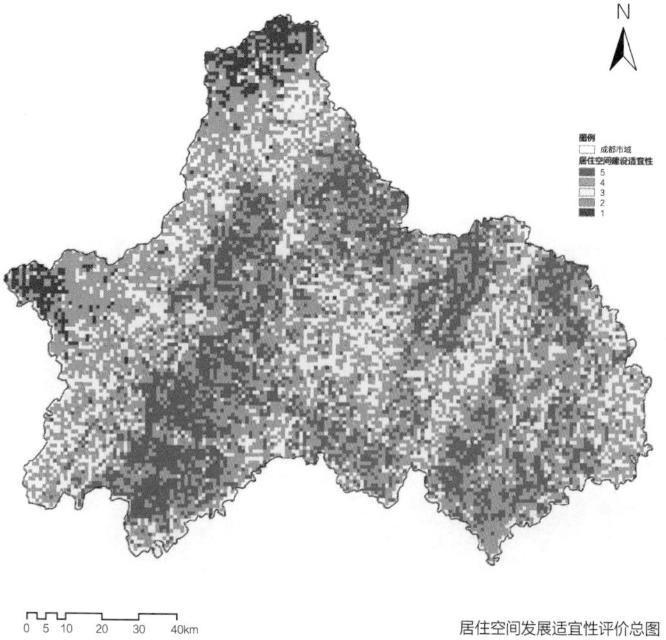

居住空间发展适宜性评价总图

城市游憩评价
Evaluation of Urban Recreation

城市游憩机会评价概述

成都在城乡一体化的进程中，将风景名胜区、自然公园、农田、果园、乡村等游憩资源进行整合，形成城市游憩与近郊郊野游憩、乡村游憩共存的局面。

根据文献整理与数据分析，对比多种城市游憩评价体系方法，分析成都人口密度及老龄化人口分布、土地利用、交通密度、景源空间分布与旅游开发强度等方面，评价成都现状游憩是否能够满足当地居民的需求。

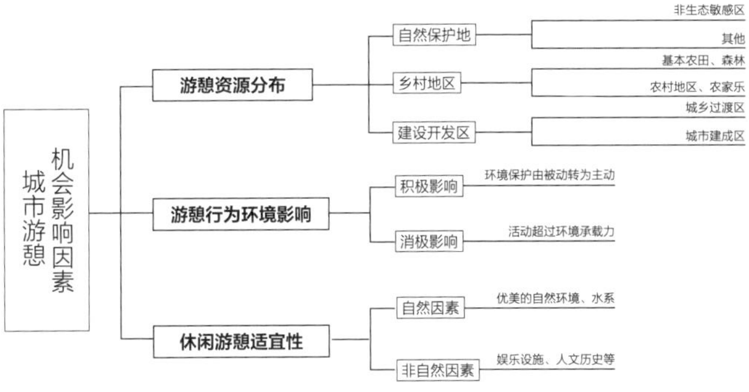

城市游憩机会影响因素框架图

城市游憩机会评价

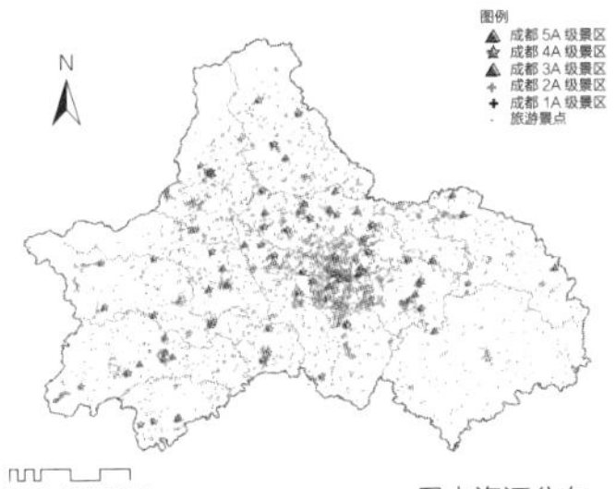

景点资源分布

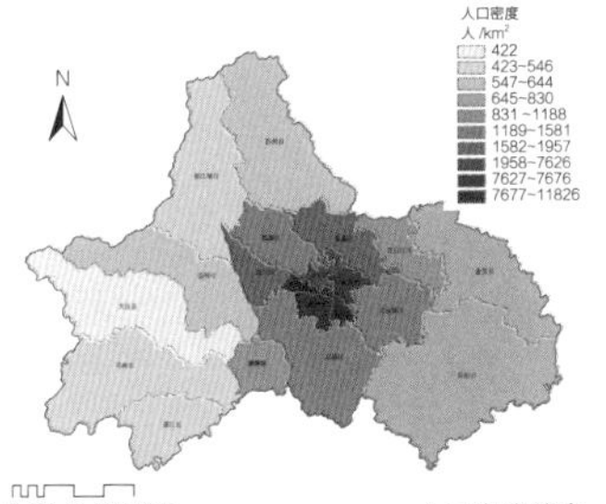

人口密度分布

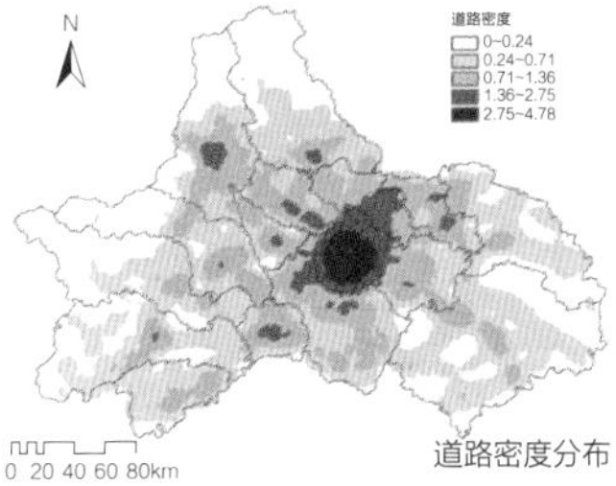

道路密度分布

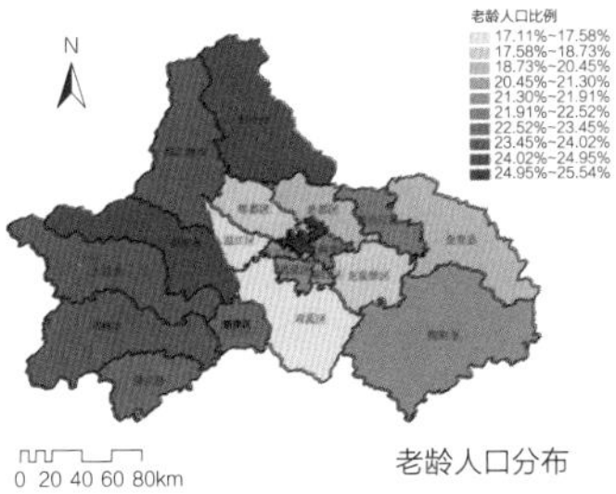

老龄人口分布

公园分布

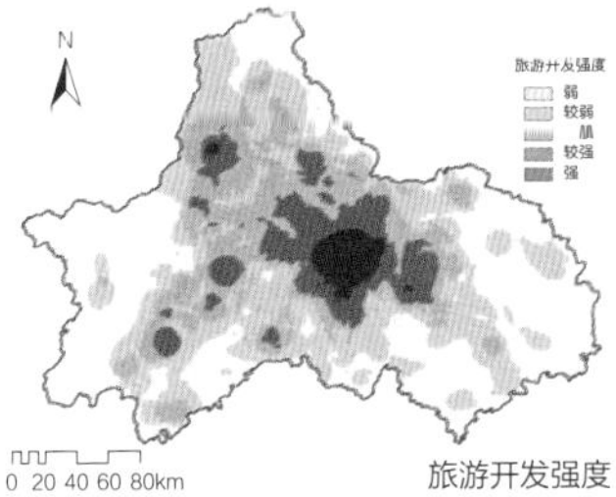

旅游开发强度

成都城市游憩资源分布不均。整体分布最高值位于中心城区，中心城区已达到最大游憩开发程度，周边区县存在良好的游憩资源，但交通可达性较弱；东部区域具有良好的交通基础条件，但是目前公园分布密度很低；大熊猫国家公园位于西部，作为严格的保护区，大众游憩机会较少，以科普教育为主。

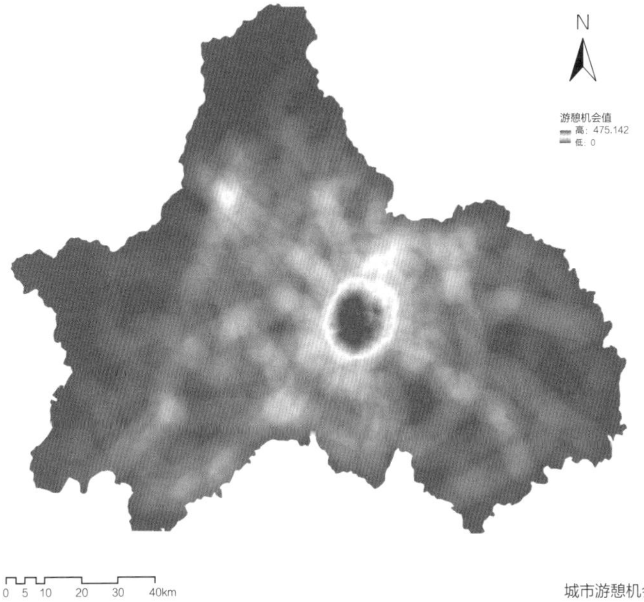

城市游憩机会评价

城市活力评价

Evaluation of Urban Vitality

城市活力评价概述

活力是“一个聚落形态对于生命机能、生态要求和人类能力的支持程度”。人的活动及生活场所相互交织的过程形成了城市生活的多样性，使城市充满活力。

在城市活力评价中，选取了三个一级指标：

1. 人群聚集度：受区域人口数量、居住区数量及经济水平影响，城市活跃地区一定拥有大量的活动人群。

2. 功能丰富度：体现在城市活力点（Point of Interest，POI）的数量。人口流动伴随着某种需求（住宿、餐饮、工作和购物等）。利用分类 POI 代表城市功能，城市活跃地区一定拥有足够的功能结构以满足公众的生活需求。

3. 空间形态结构：由土地利用情况、交通可达性及周边绿色空间密度影响，体现城市的绿色活力情况。

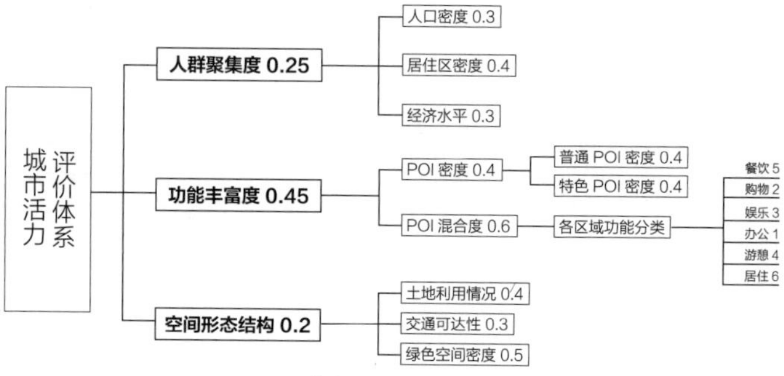

城市活力评价框架图

城市活力评价因子

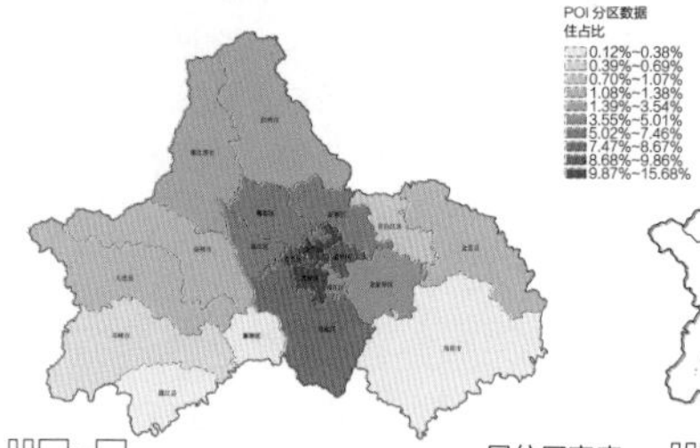

居住区密度

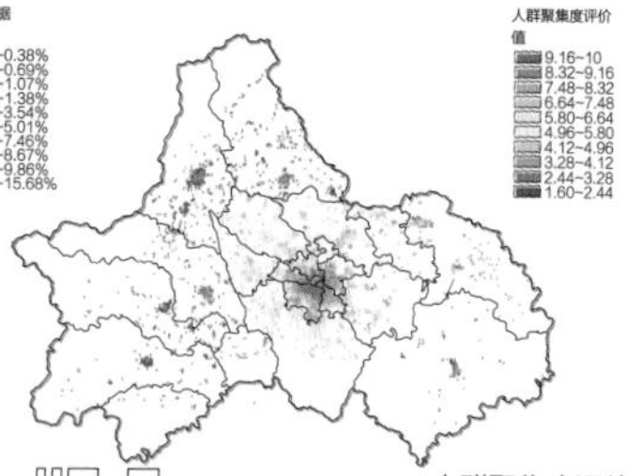

人群聚集度评价

特色 POI 分布

功能混合度评价

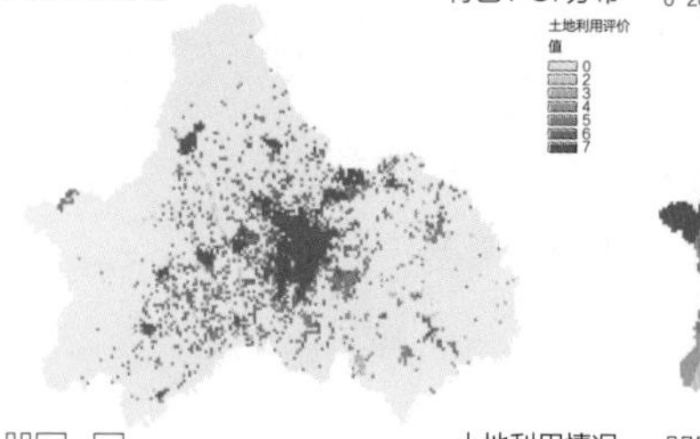

土地利用情况

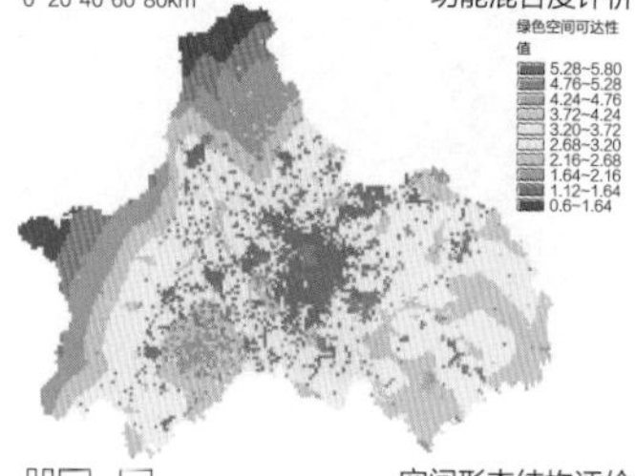

空间形态结构评价

成都的城市 POI 分布不均，整体分布最高值位于中心城区，向周边逐渐降低。中心城区已达到最大活力度，以武侯区最高；周边区县存在各自活力点，位于购物中心、交通枢纽周边等；西北区域由于国家公园与保护地存在，需进行生态保护，活跃等级最低。

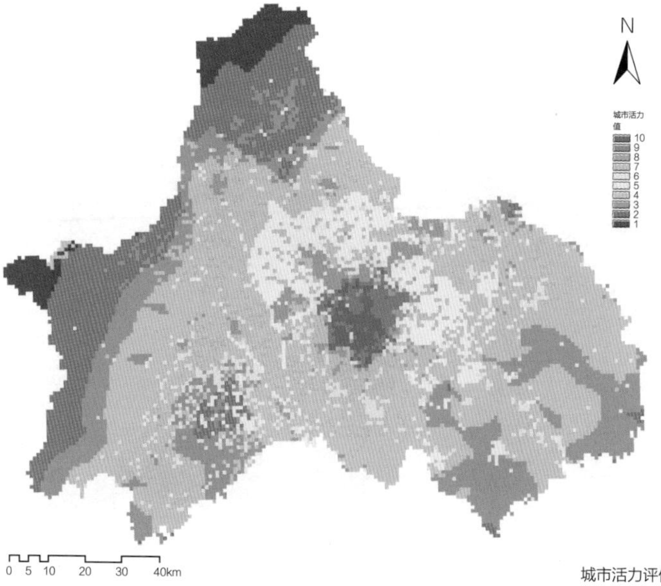

城市活力评价

成都活态综合评价
Comprehensive Evaluation

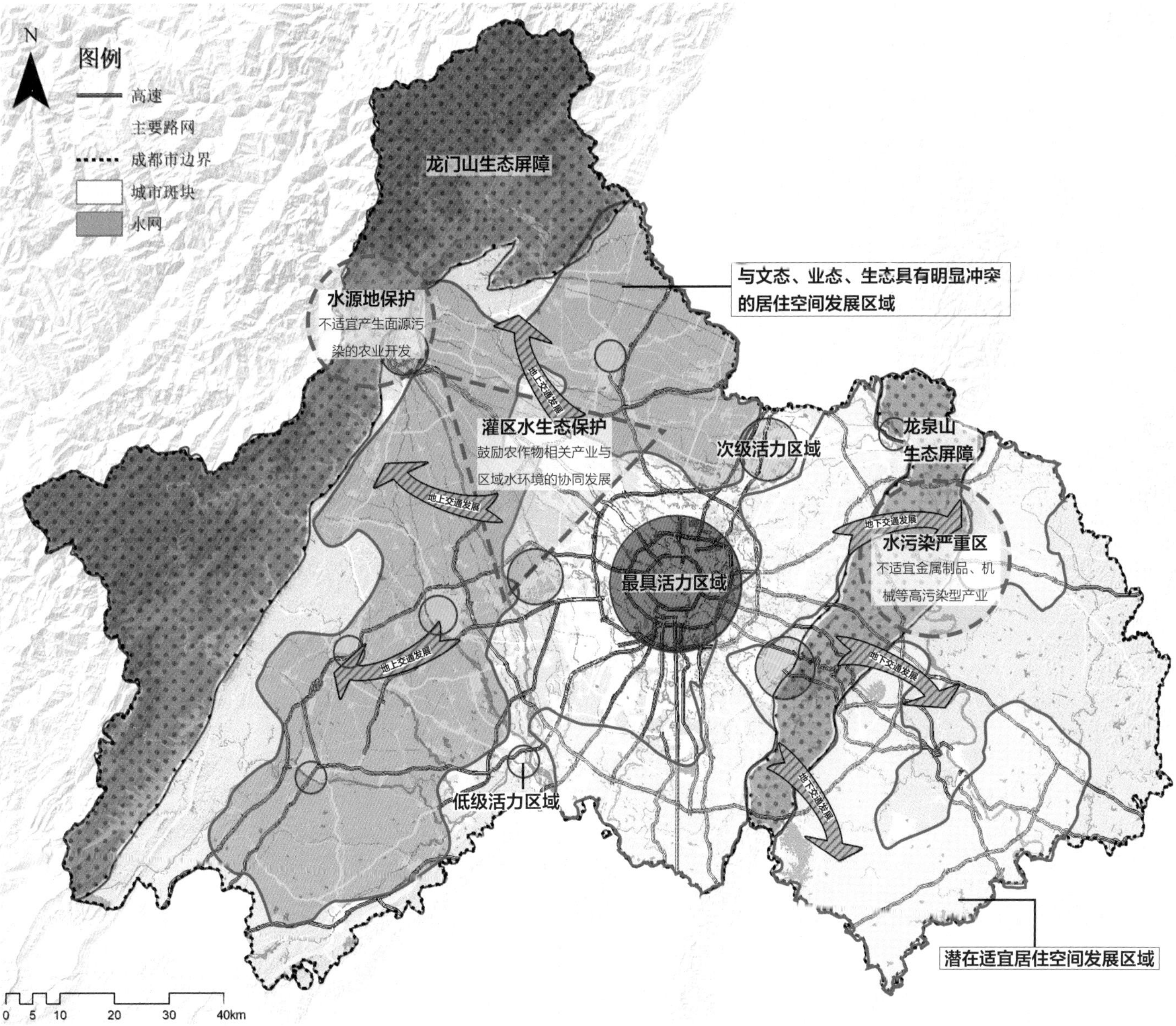

成都活态 3.0 综合评价

全域战略规划、片区景观规划、节点设计

City Strategic Planning, Regional Landscape Planning and Key Area Design

大熊猫国家公园龙溪虹口片区是岷山、邛崃大熊猫种群交流的关键节点，是孤立小种群保护的热点区域，同时也是成都国家公园与公园城市融合的起点以及区域生态、乡村、文化旅游的十字交叉点。规划将其定位为“中国生态智慧展示窗口”，综合运用“斑－廊－基”生态格局、“三生”系统论思维、生态修复与生境营造、社区共荣与可持续发展展现人地关系等生态智慧，实现人与自然和谐共生。针对现状外围保护不足、功能布局割裂、社区发展受限、访客体验不足等问题，规划提出“内外统筹、系统保护”“融合渐进、功能互补”“区域联通、生境补丁”“多维渗透、生态富民”“教育为核、内外互补”五大策略。

求解自然
大熊猫国家公园龙溪虹口片区生态智慧研究

李可心

杨　滢

杨子齐

赵逸龙

戴明辉

规划导图
Planning Map

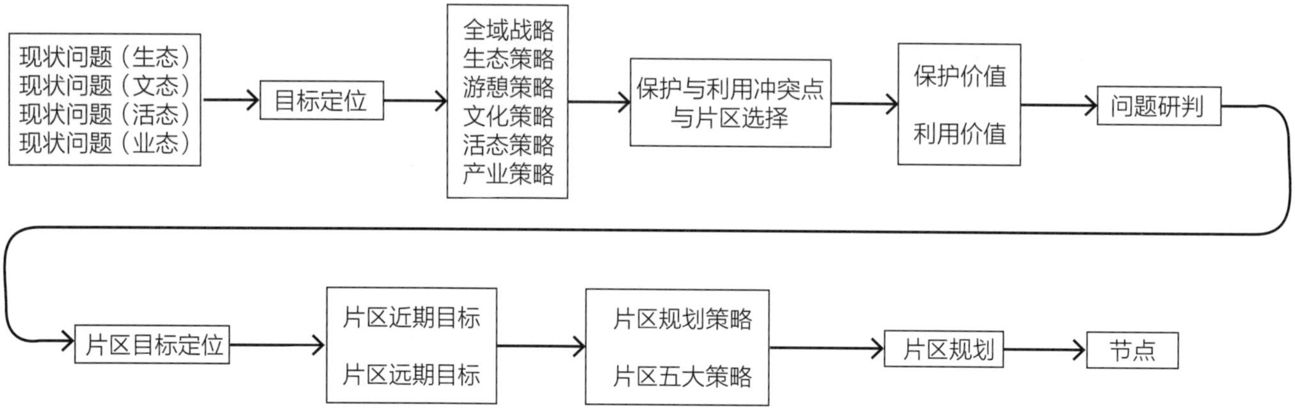

方案概念
Scheme Concept

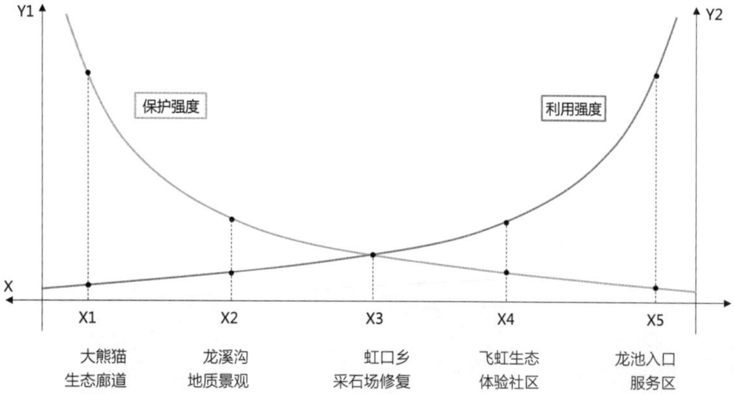

节点保护与利用强度分析图

五个节点逐步从自然荒野走向人类活动程度较高的区域。

从拥抱自然的生境营构智慧；到运用生态体验、生态修复，并结合自然教育展开的人与自然共生共荣的智慧；再到低影响开发的智慧，进而因地制宜地解决人与自然相处的问题。

五大策略
Five Strategies

内外统筹、系统保护 斑 - 廊 - 基生态安全格局

融合渐进、功能互补 生态生活生产系统论思维

区域联通、生境补丁 生态系统修复与生境营造

多维渗透、生态富民 社区共荣与可持续发展

教育为核、内外互补 展现人与自然共生智慧

规划结构
Planning Structure

基于成都在“公园城市”领域已开展的多项研究成果，目前需要从“建立和完善以国家公园为主体的自然保护地体系”这一全新角度出发，探讨成都公园城市建设中的“全域保护利用”。

四功能片区（由西向东）

- 以龙门山和国家公园为主体的自然生态涵养片区；
- 以农业、都江堰精华灌区和川西林盘为主体的第一产业片区；
- 以老城区、天府新区和龙泉山西侧为主体的公园城市片区；
- 以天府国际机场、高铁站（待建）以及各大产业园为主体的东部战略发展区。

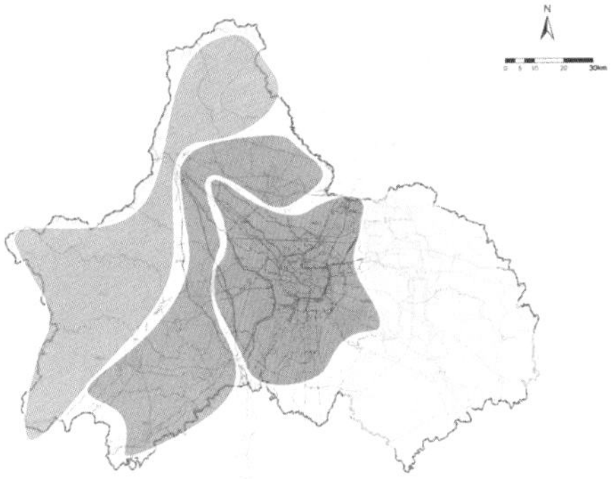

四功能片区结构图

一核多心，两屏两翼，多维渗透

- 中心城市核心区；
- 都江堰、邛崃、天府新区和东部片区为多心；
- 龙泉山和龙门山为两条绿色屏障；
- 西部农业与东部制造业为城市发展的两翼；
- 所有的因素相互促进，多维渗透，驱动城市发展。

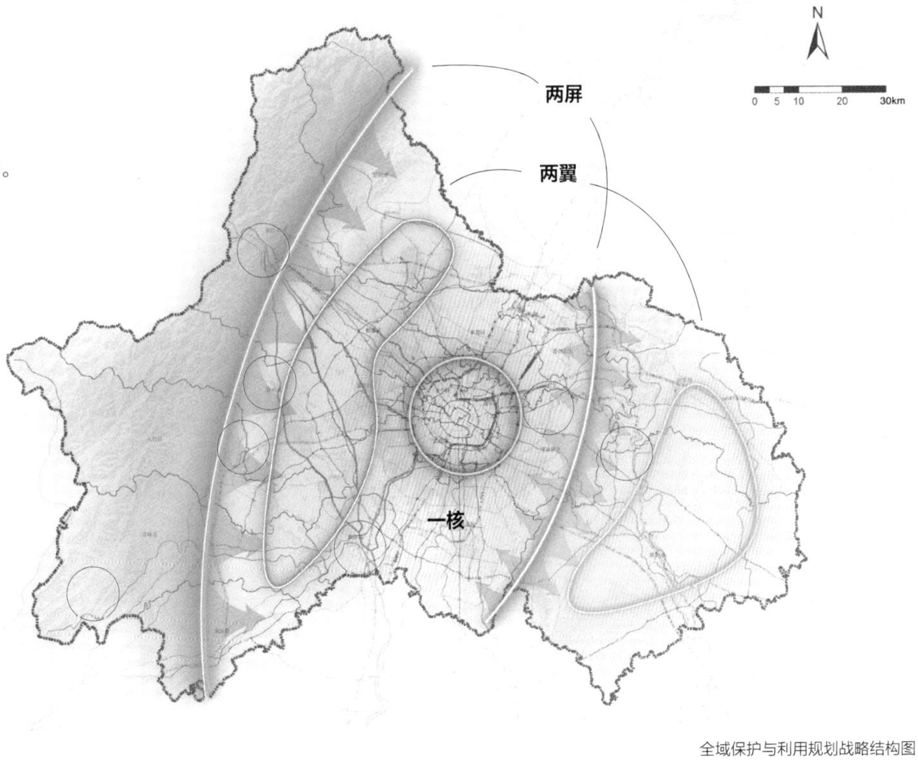

全域保护与利用规划战略结构图

专项规划
Special Planning

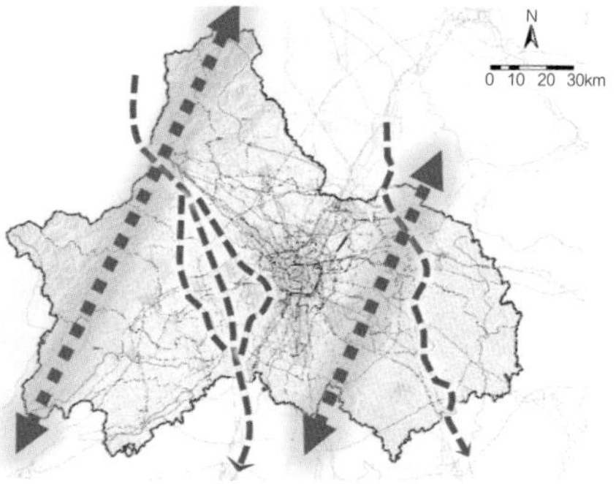

生态策略

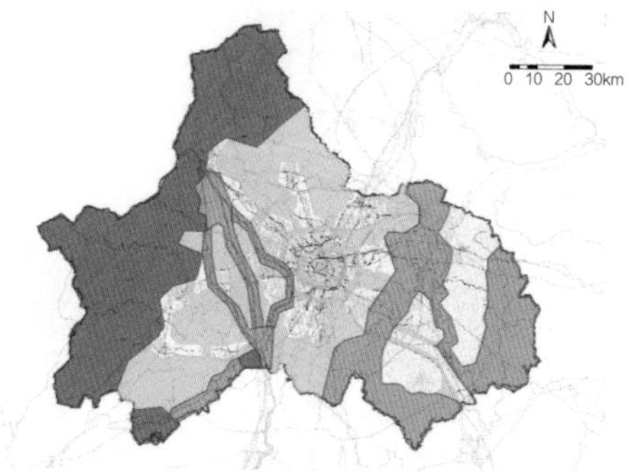

生态廊道体系规划

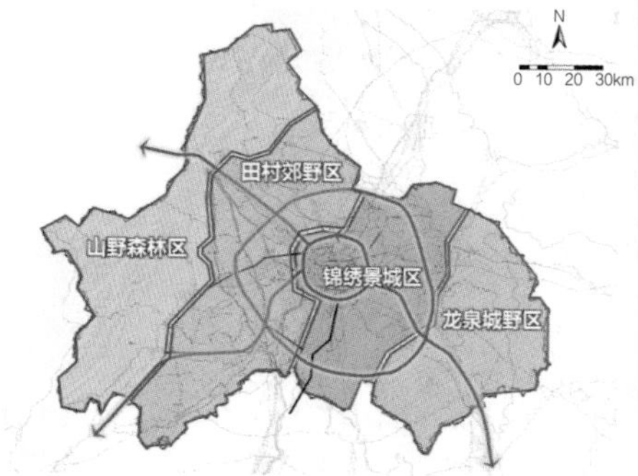

城—郊—野公园游憩体系规划

以龙门山、龙泉山为骨架，重点加强岷江、沱江跨省生态带保护，构建有横有纵的区域性生态网络。

在两屏、两翼的基础上，完善绿色生态廊道建设，以两屏形成渗透全域的生态绿楔，辐射中心城区，并且向东连接生态保护极重要区域。保留建成的三环绿道，防止城市无序蔓延。

统筹市域范围，构建完善区域游憩体系——田村郊野区、锦绣景城区、山野森林区和龙泉城野区。

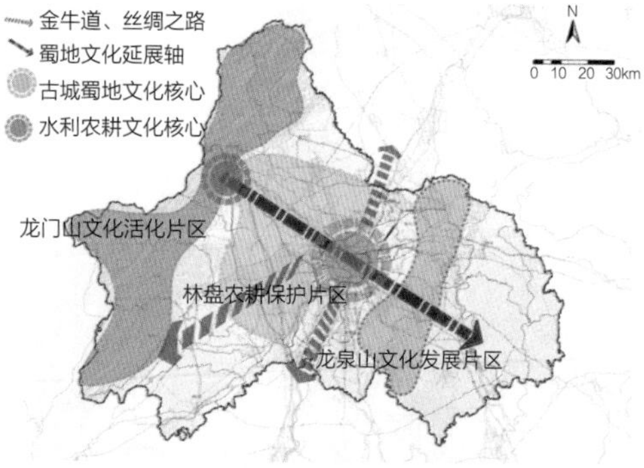

文化策略

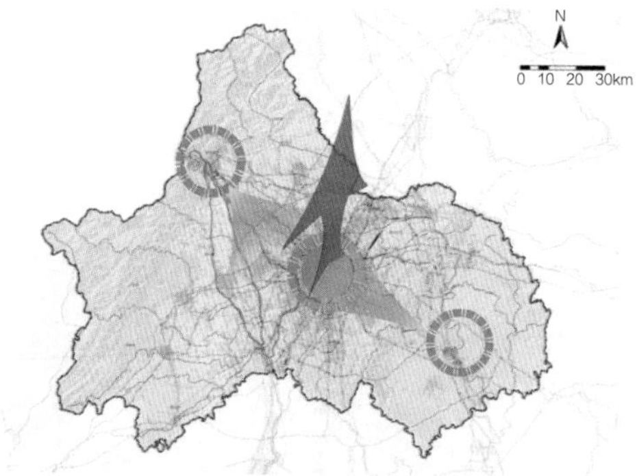

活态策略

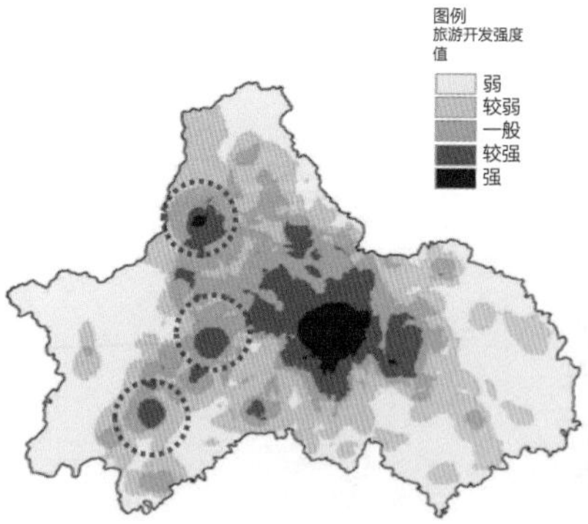

产业策略

两核一轴，三片三线。与生态本底、业态发展、活态利用综合活化，打造自西至东的蜀地文化延展轴。

以人类福祉为目标从不同的时间阶段，使人民生活全面提升渗透。

重点产业规划根据产业发展潜力进一步优化。

片区选择与区位分析
Area Selection and Location Analysis

规划片区位于都江堰市北部，大熊猫国家公园都江堰龙溪虹口及其周边区域。东、西、北以都江堰市行政边界为界，西南至岷江水系，东南至蒲阳路工业园区以北，总面积约 506.64km^2。

片区包含：原龙溪虹口国家级自然保护区、原龙池国家森林公园、龙池镇、龙溪河及沿线区域、灵岩山、白沙镇、白沙河及沿线区域。

规划片区是国家公园及其周边严格保护、适度发展的关键区域，保护与利用价值较高，发展矛盾突出并且协调难度较大。处理好最严格生态保护区（国家公园）与人文城市（都江堰）的衔接，也将为从国家公园到公园城市的融合打好基础、做好示范。

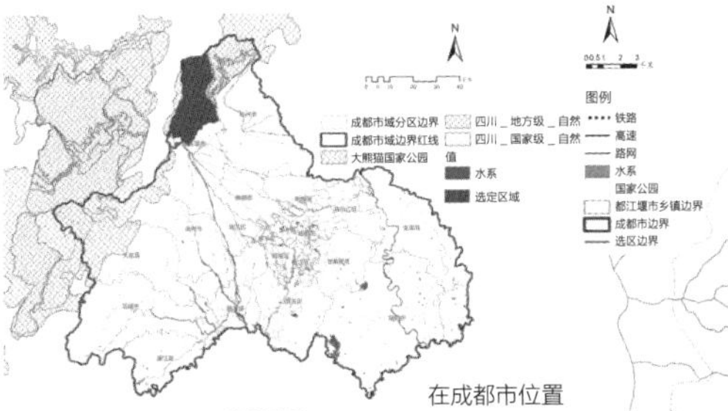

在成都市位置

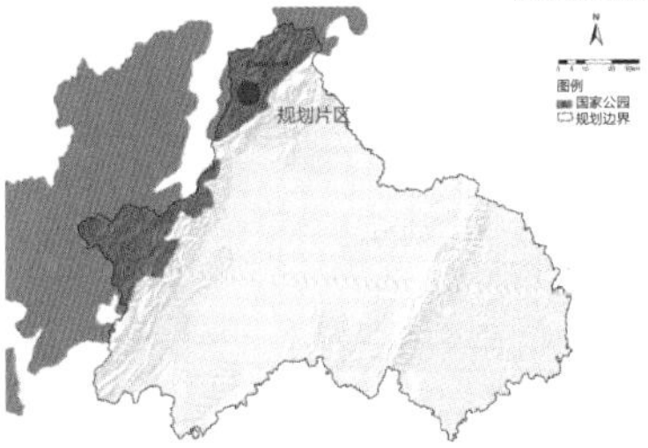

在大熊猫国家公园位置

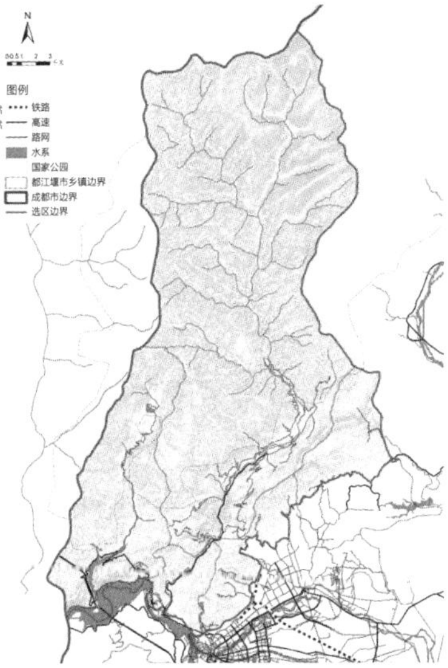

规划区范围

保护

- 以大熊猫、其他珍稀濒危物种、亚热带山地生态系统的多样性保护为核心；
- 生态“源”生态系统服务功能的辐射效益；
- 多级廊道“关键战略点”的连接效益；
- 岷山、邛崃大熊猫交流的关键节点，种群的区域性连接；
- 大熊猫孤立小种群的针对性保护，包括野放生境优化、内部栖息地联通；
- 白沙河、龙溪河与岷江流域生态带。

挑战

- 宏观连通性问题：蓉昌高速与成格铁路在国家和区域层面意义重大，但割裂了岷山和邛崃山系，生态过程和物种交流受阻。
- 大熊猫生境问题：九顶山孤立种群面临灭绝风险，作为集中分布地，大熊猫栖息地的联通和内部生境的改善十分迫切。
- 生物多样性问题：以大熊猫为单一生境优化对象，带来生物多样性降低的潜在威胁。
- 地灾与修复问题：滑坡、地震灾害易发且存在部分水土流失严重区域。
- 区域发展衔接问题：与人文旅游城市都江堰的关系尚未明确。
- 人为负面影响问题：规划区既是生态战略点也是旅游热点区域，旅游开发和访客行为将对生态环境造成负面影响。

利用

- 紧邻蓉昌高速 / 成格铁路 / 都江堰 / 成都的区位优势、外部资源优势；
- 区域及市域“生态 / 乡村与文化”旅游的十字交叉点；
- 国家公园与公园城市融合的关键节点；
- 资源优越，具备生态体验与环境教育基础，适合开展国家公园游憩。

资料来源：
[1] 中华人民共和国国民经济和社会发展第十四个五年规划和 2035 年远景目标纲要 .
[2] 全国重要生态系统保护和修复重大工程总体规划（2021—2035 年）.
[3] 大熊猫国家公园总体规划（试行）.
[4] 四川省林业厅 . 四川的大熊猫 – 四川省第四次大熊猫调查报告 [M]. 四川科学技术出版社，2015.
[5] 龙溪 – 虹口国家级自然保护区总体规划（2001—2010 年）.
[6] 成都市公园城市绿地系统规划（2019—2035 年）.
[7] 成都市生物多样性保护规划（2019—2025 年）.
[8] 大自然保护协会 TNC 公众号，四川大熊猫小种群保护联盟成立 .
[9] 成都都市圈国土空间规划（2019—2035）.
[10] 星球研究所公众号，大熊猫国家公园长什么样 .

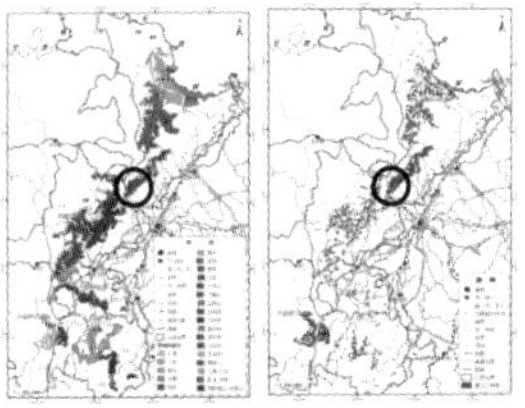
四川省大熊猫局域种群分布图

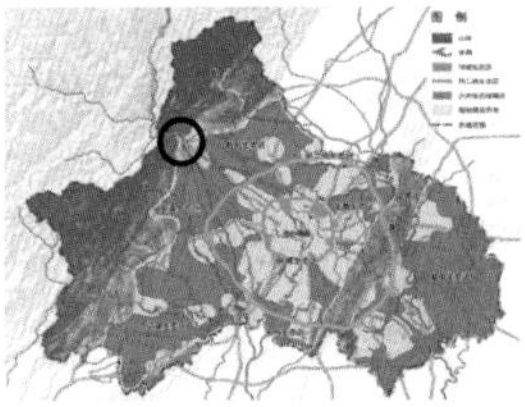
成都市生态保护格局规划图

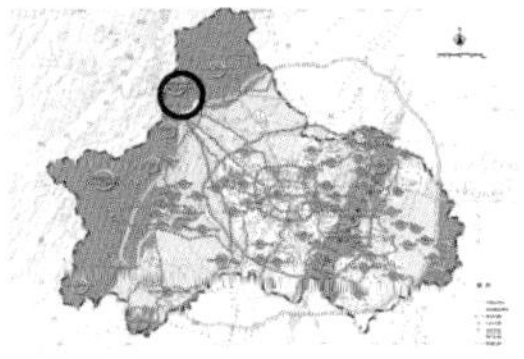
成都全域公园体系示意图

目标定位

Target&Positioning

片区定位

- 全国尺度——中国生态智慧展示窗口；
- 区域尺度——大熊猫孤立种群保护示范区、四川生态体验与自然教育基地；
- 市域尺度——成都生物多样性展示基地、成都保护地社区发展标杆。

近期目标

- 启动白沙河沿线景区、社区整改，严格控制保护与利用的强度与方式；
- 启动白沙河、龙溪河的生态修复与保护，为进一步完善国家公园和流域生态带生态保护格局打下基础；
- 规划并试运行国家公园外部及一般控制区内的游憩项目，成为大熊猫国家公园生态体验先行区域；
- 以紫虹和白沙社区为试点，探索大熊猫国家公园入口门户社区发展的本土模式。

远期目标

- 建立都江堰快速旅游路，实现传统生态智慧与现代生态智慧展示两大区域的联动发展；
- 通过建立生态廊道、野化放归基地，提升生境质量，复壮大熊猫局域种群，发挥两大山系天然走廊作用；
- 建立国家公园内外一体化的保护利用体系，做到系统保护、有序利用，全面提升生态系统服务功能；
- 提供深入的生态体验、环境教育机会与完善的服务配套，充分展示国家公园的全方位价值，带动区域发展；
- 建立完善的社区管理机制和产业发展模式，打造“社区共荣示范体系”，实现生态富民。

保护地现状

Status of Protected Areas

1992 年，经国家批准建立龙池国家森林公园。

1993 年，四川省批准成立省级自然保护区。

1997 年，国务院批准并正式命名森林和野生动物类型自然保护区。保护区面积共 310km^2（其中核心试验区 203km^2、缓冲区 37km^2、试验区 70km^2），包括了都江堰市国有林场 90% 的森林面积。将龙池国家森林公园、龙池镇、虹口乡所管辖范围划为外围保护带。

1999 年，都江堰市批准设立龙溪 - 虹口国家级自然保护区管理处。

2004 年，因生态破坏，政府关闭龙池国家森林公园，再开放时间不详。

2017 年，龙溪 - 虹口国家级自然保护区、龙池国家森林公园被整合优化划入大熊猫国家公园都江堰片区，片区面积为 393.83km^2。

2020 年，大熊猫国家公园都江堰管护总站挂牌做好示范。

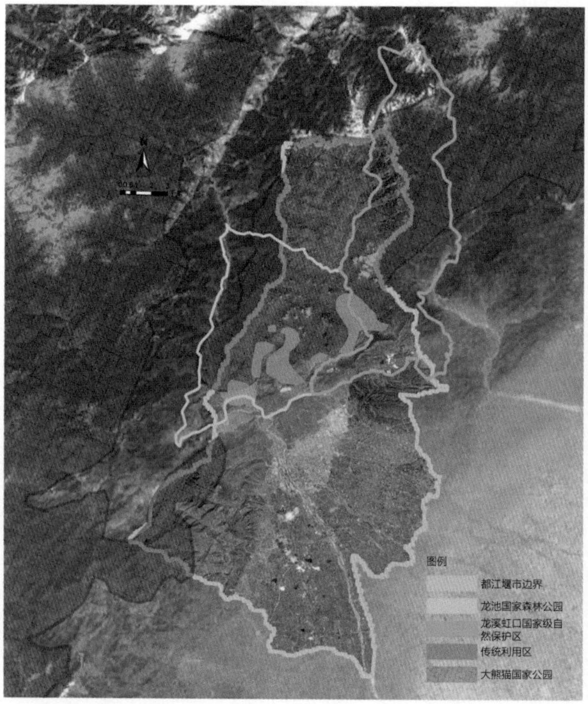

现状保护区区域叠加图

资料来源：
[1] 龙溪虹口科普教育馆 .
[2] 大熊猫国家公园官方网站 .
[3] 龙溪 - 虹口国家级自然保护区总体规划（2001—2010 年）.
[4] 龙池国家森林公园概念规划 .

片区评价模型
Area Planning Scope

片区评价模型旨在对片区自然资源及生态基底进行开发性程度及质量的评估，对已开发部分进行适宜性及冲突性评估，即对“保护”地评估利用程度，对“利用”地评估保护需求，最终得到待优化问题及首要对策。

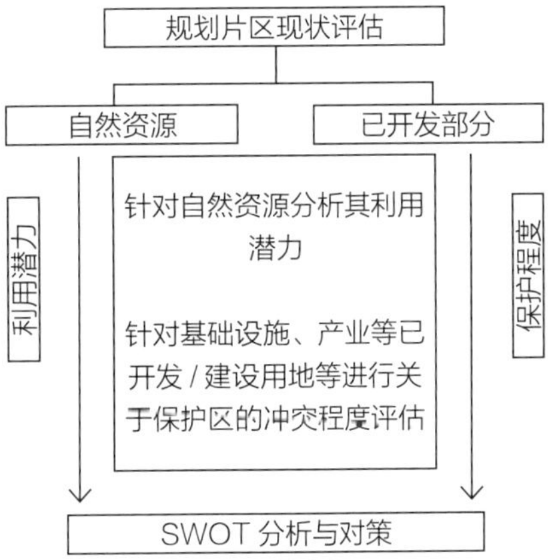

现状评估框架图

现状问题与规划策略
Planning Strategy

1. 生境优化：完善野化放归的内部生境，建设生态廊道。

2. 协同发展：联合都江堰确定内部各定位，做到有序发展。在功能落位上渗透渐进，以生态为底，生境保护、访客体验与社区发展融合。

3. 保护统筹衔接：明确国家公园与外围的保护要求，系统管理。

4. 社区共荣：城镇 - 社区 - 保护地多维融合，引导产业发展，实现生态富民。

5. 体验为核：根据资源进行生态体验与环境教育规划，实现全民共享、内外互补，统合资源，完善产品体系，带动区域发展。

SWOT 分析与对策

	S: ①自然资源丰富，且含珍稀物种（生物、自然环境、水文）； ②已具备基本产业基础； ③当地政府具有支持地方产业发展意识	W: ①旅游形式单一； ②游客来源单一； ③产业资源分配不均； ④景观吸引力不足； ⑤民宿酒店品质待提升
O: ①四季季相明显； ②道路设施基本完备，可达性高； ③国家公园带来的地位提升	OS: 公私合营、引外注资等新经营模式	OW: ①结合季相打造全年景观特色； ②增强对其他城市人口吸引力； ③完备其余基础设施； ④重新对社区定位，适当调整资源
T: ①靠近地震带，有泥石流等地质灾害威胁； ②更多的游客，对于片区发展方向和承载力有更多要求； ③与周边旅游城市定位同质化发展风险	TS: ①针对预期客容量完备配套基础设施； ②强化地区内资源、产业特色（如强化教育属性）； ③增强疏散通道； ④配备专业导游（包括生态知识、户外生存、急救知识等）； ⑤通过路网的连通梳理增强与其他城市的合作	TW: ①加增巡护人员岗位与薪酬； ②开放预约制巡护志愿者体验； ③普及生态知识、保护意识、识别廊道等技能资格培训； ④近地震遗址、泥石流冲击遗迹带的社区可适度开展“黑色旅游”

资料来源：
[1] 全国第四次大熊猫调查方案设计及主要结果分析 .
[2] 携程旅行网站 .

策略Ⅰ 区域联通、生境补丁、生态修复与生境营造
Strategy One

现状威胁

大熊猫栖息地破碎

大熊猫栖息地自2001年来有所恢复，但面积比1988年大熊猫被列为濒危物种时要小，且更加破碎。

大熊猫孤立小种群

不利于物种遗传多样性发展，缺乏基因交流，存在系统性灭绝的风险。

核心任务

保护栖息地

复壮野外种群

保护策略

建立多级保护体系

恢复和保护顶级生态系统，优先保护天然生态系统。

建立大熊猫生态廊道

建立和形成多个大熊猫自然保护区群和走廊带。

大熊猫野化放归

增加大熊猫孤立小种群之间的基因多样性，复壮小种群。

空间落位

大熊猫国家公园、各级保护区、大熊猫饲育基地、野化训练基地等研究机构。

大熊猫生态廊道。如拖乌山大熊猫生态廊道、大相岭山系泥巴山大熊猫生态廊道等。

大熊猫野化放归基地。如四川大相岭省级自然保护区野化放归基地等。

大熊猫生态廊道初选分布图

资料来源：
[1] 刘旭阳. 中国世界自然遗产保护与可持续发展研究——以四川大熊猫栖息地为例[J].资源与产业，2009(5): 82-86.
[2] 彭文甫，周介铭，徐新良，等. 成都平原及其周边区域植被覆盖动态监测[J]. 地球与环境，2017(2): 193-202.
[3] 李忠，何胜山，罗永，等. 大熊猫野化培训的生境选择特性[J]. 四川林业科技，2018(6):2434-2439.
[4] 杨春花. 放归大熊猫预选栖息地评估——以卧龙为例[D]. 上海：华东师范大学，2007.
[5] 刘立冰，熊康宁，任晓冬. 基于遥感生态指数的龙溪-虹口国家级自然保护区生态环境状况评估[J]. 生态与农村环境学报，2020(2): 201-210.

技术路线
Technology Roadmap

大熊猫生境适宜性研究

Maxent模型生境适宜性

使用物种的点数据和背景环境变量分析，预测其地理分布模式。

转换矩阵进入ArcGIS

根据所获资料进行置入转换矩阵，进入ArcGIS进行单因子叠图。

廊道建立

确定阻力面

根据栖息地适宜性指数，为栖息地适宜性重新分类。

计算最小成本路径

根据生境适宜性，选择廊道起止点。

确定廊道最小宽度

根据保护物种的行动圈大小，来确定廊道的最小宽度。

伴生动物专项研究

大熊猫伴生动物

探索大熊猫廊道对伴生动物的保护功能。

对天敌动物（豹、黄喉貂）、竞食动物（羚牛）和同域分布的珍惜濒危动物（金丝猴、藏酋猴）展开研究。

廊道优化

自然扰动因素调整

悬崖、陡坡、湍流等。

人为干扰因素调整

人类活动现状；

矿场、水电站、高压输电网等设施。

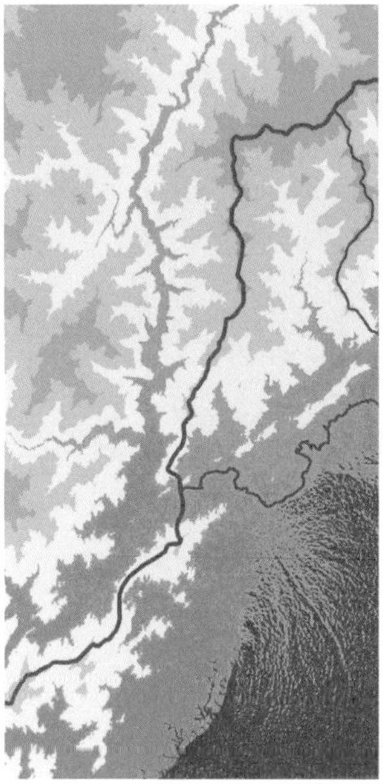
大熊猫生境适宜性分析

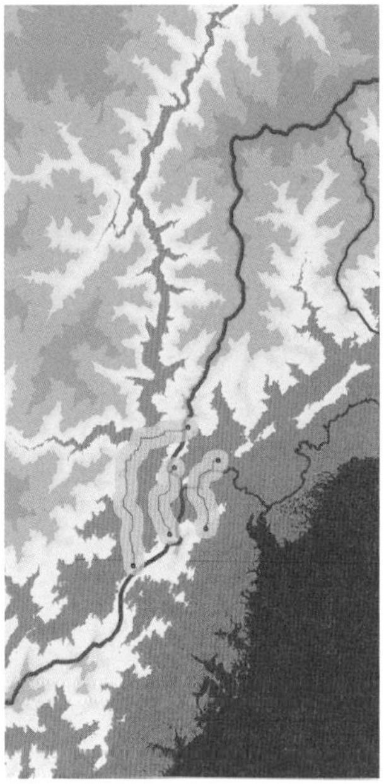
廊道建立

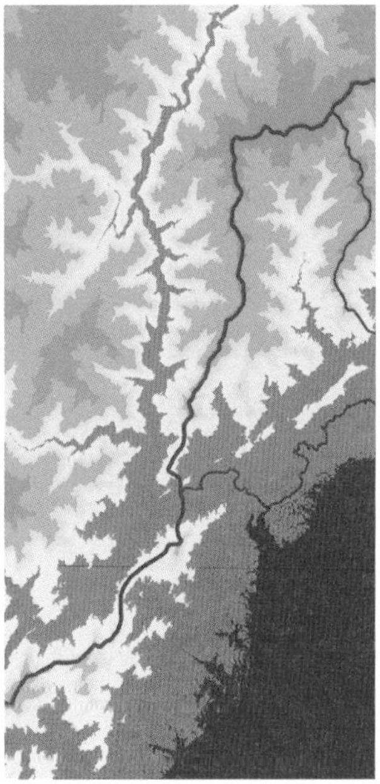
伴生动物生境适宜性

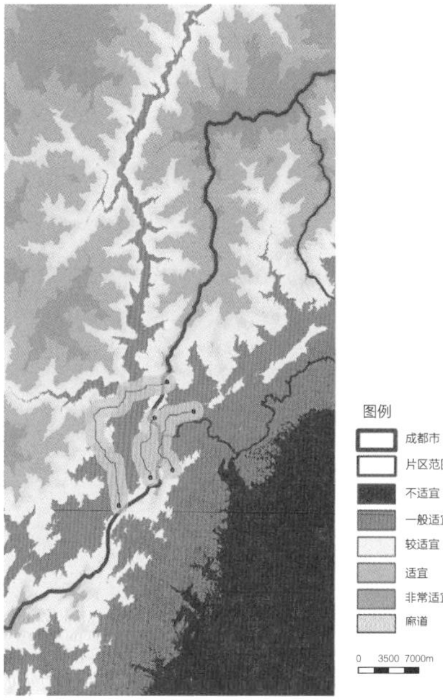

廊道优化

策略 II 内外统筹、系统保护 构建生态安全格局

Strategy Two

针对片区进行多目标的土地利用评价，识别保护与利用特性、空间分布特征和关键冲突点，确定保护分区、功能布局，并为专项规划确定基本方向。

完善国家公园保护分区

初步提出国家公园边界调整建议：蜂桶岩生态保护极重要区域，由一般控制区转换为核心保护区；高原飞虹 - 夏家坪地质高敏感区域，划入国家公园一般控制区，加大水土治理。

明确外围保护边界

基于多目标评价结果，明确国家公园外围的保护管理要求，补充底线的缺失，并与国家公园现状分区衔接。

外围重点保护区——国家公园一般控制区外围生态保护较重要区域。进行点状保育，允许低影响的游憩行为，明确权责，建立景区保护地或社区保护地管理机制（飞虹社区、虹口景区地、白鹤村社区）。

外围一般保护区——生态保护一般、较不重要区域。

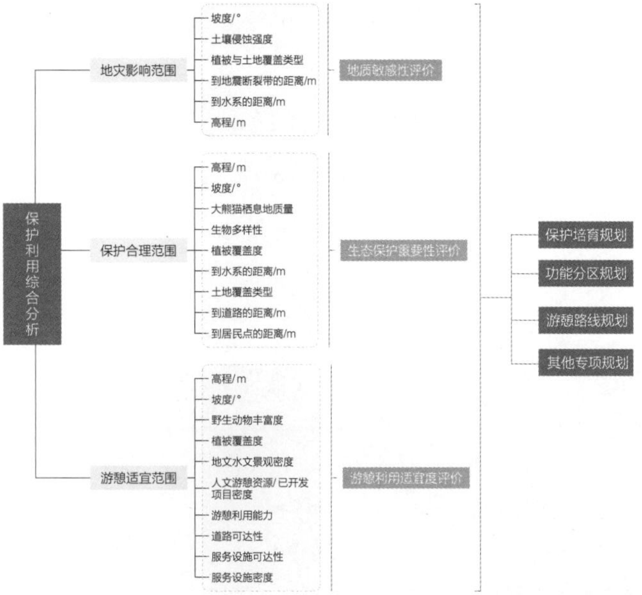

保护利用综合分析框架图

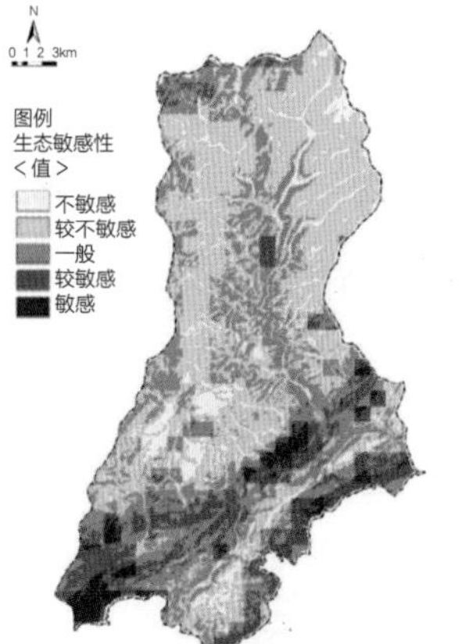

地质敏感性评价图

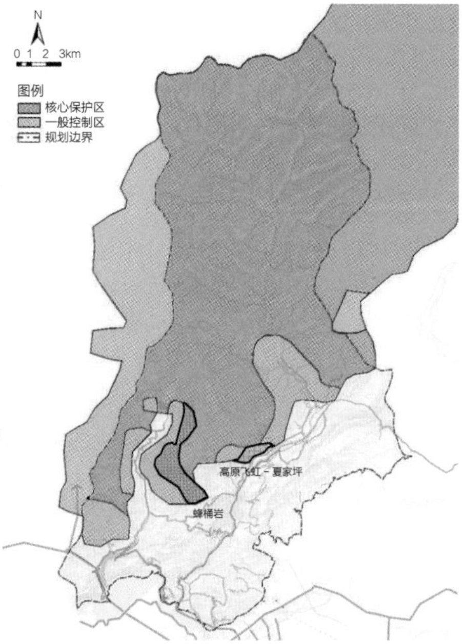

国家公园分区调整示意图

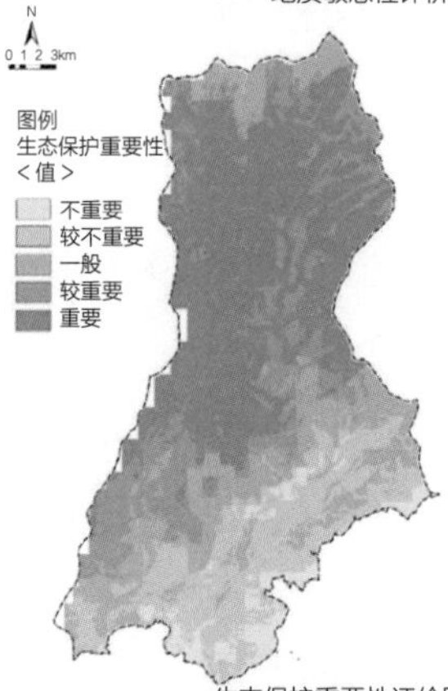

生态保护重要性评价图

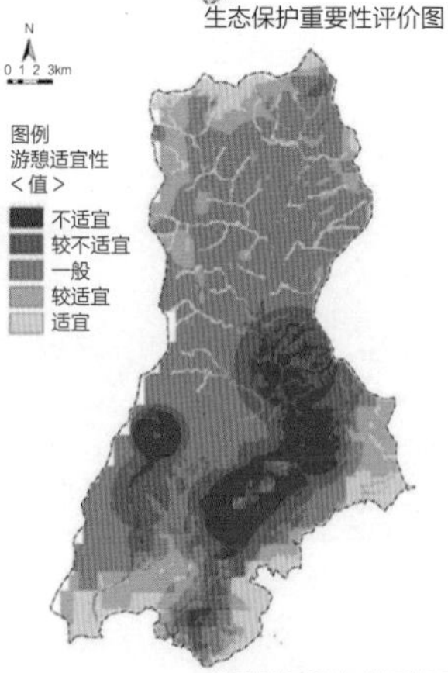

游憩利用适宜度评价图

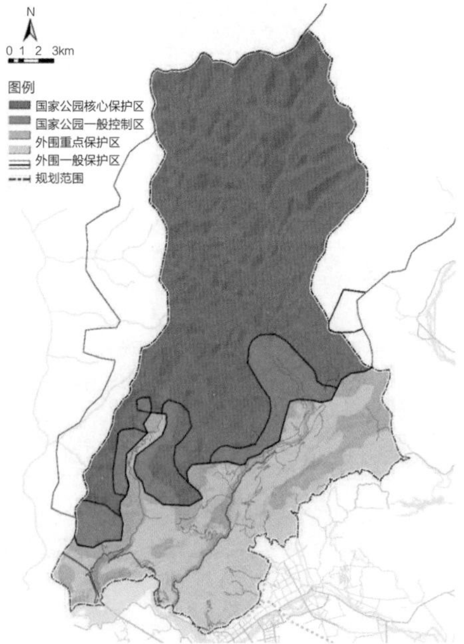

保护培育规划图

资料来源：
[1] 乔青等 . 生态脆弱性综合评价方法与应用 [J]. 环境科学研究，2008.
[2] 马长玲等 . 地震诱发滑坡地质灾害的地貌因子敏感性评价模型 [J]. 华南地震，2020.
[3] 凡非得等 . 西南喀斯特区域水土流失敏感性评价及其空间分异特征 [J]. 生态学报，2011.
[4] 欧阳志云 . 地理信息系统在卧龙自然保护区大熊猫生境评价中的应用研究 [J]. 中国生态圈保护区，1995.
[5] 肖燚 . 岷山地区大熊猫生境评价与保护对策研究 [J]. 生态学报，2004.
[6] 肖练练 . 基于土地利用冲突识别的国家公园社区调控研究 [J]. 生态学报，2020.
[7] 四川的大熊猫 - 四川省第四次大熊猫调查报告 [M]. 成都：四川科学技术出版社，2015.
[8] 张玥 . 大熊猫国家公园气象旅游资源综合评价体系构建 [J]. 旅游管理，2021.
[9] 陈东军 . 国家公园研学旅行适宜性评价指标体系构建与实证研究 [J]. 生态学报，2020.
[10] 肖练练 . 功能约束条件下的钱江源国家公园体制试点区游憩利用适宜度评价研究 [J]. 生态学报，2019.
[11] STUDIO 生态组 地质敏感性评价、生物多样性评价 .

策略 III 融合渐进、功能互补 生态生活生产系统论思维
Strategy Three

以融合发展带引领渐进式保护利用

基于该区域良好的生态本底现状，针对功能布局问题，提出生境保护（生态）、访客体验（生活）与社区发展（生产）“三生融合”的理念，依托两条沟底的居民点和游憩资源，建立融合带状发展区；通过差异化功能定位，协调保护利用强度，形成“入口门户社区→景区 / 社区游憩区→国家公园一般控制区”的渐进利用，承担保护缓冲、国家公园管理服务功能，以此构成“一区、一带、三心、多点”的空间结构。

- 生态严格保护区——为国家公园核心保护区范围。严格保护栖息地生态系统的原真性和完整性，提高生态系统的服务功能和渗透效益。
- 融合发展带——依托两条沟底的现状居民点和游憩资源，将生态、生活、生产相融合，通过差异化功能定位，达成保护利用强度渐进协调；同时可承担保护缓冲、社区服务及国家公园管理等功能。
- 国家公园功能核心——入口综合服务核心、虹口生态体验中心、龙池生态科普中心。
- 游憩项目与服务点——灵岩禅文化景区、虹口花谷景区以及高原飞虹社区、龙溪社区等居民点和基本游憩服务点。

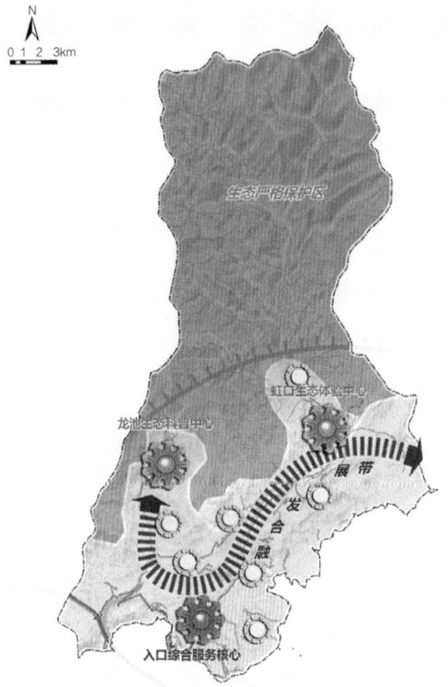

空间结构图

以国家公园为主体进行定位转化

结合国家公园保护利用方向，对外围社区和景区进行价值和定位转化，服务或补充国家公园建设，以生态保护为优先有序发展，将规划区划为五个功能分区：

生态严格保护区

提升野化放归生境质量，保护栖息地生态系统的原真性和完整性，禁止人为活动；建立游径配额制度，对进入核心保护区的巡护 / 露营等活动进行严格控制。

虹口生态体验区

建立社区保护地体制机制，引导社区改造业态、进行解说服务和生态项目工作；国家公园一般控制区以野化放归展示和野外探险体验为主，连接巡护体验线路，形成空间完整、利用强度逐渐降低、自然体验逐渐加强的生态体验与环境教育游憩小区。

龙池科普宣教区

对滑坡点和采矿地进行综合生态修复；依托原森林公园山水资源和亚高山植物园，开展以综合生态治理为主题、兼顾珍稀动植物展示的科普活动。

花谷风景游憩区

依托虹口花谷景区现状设施，对国家公园内的植物资源进行再利用，展示相关绿色产业和植物造景，补充国家公园因保护要求无法进行的资源利用展示。

入口旅游服务区

将紫虹社区与白沙社区建设成为对接青城山都江堰世界文化遗产、都江堰市的国家公园门户社区，承载集散、换乘等交通枢纽功能，问询、医疗、餐饮、住宿等综合服务功能，国家公园入口形象展示功能。

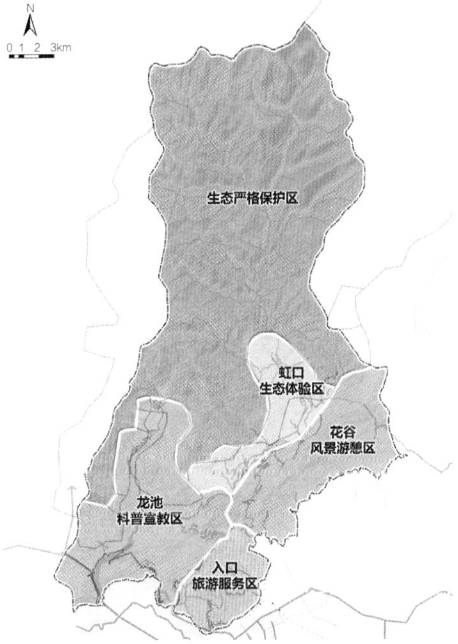

功能分区图

策略Ⅳ 多维渗透、生态富民 社区共荣与可持续发展
Strategy Four

社区共荣，城镇－社区－保护地多维融合，引导产业发展

组团与功能：片区内共九个社区，其中只有飞虹社区局部位于国家公园内部（传统利用区）。

整个片区的社区发展定位依据其各自与国家公园的位置、片区整体的区位、自身具备的资源等综合考量，提供展示和服务等不同的发展功能。

飞虹社区生态体验服务社区

含有飞虹社区，区位特色是国家公园边界社区，需要承载的功能有国家公园入口访客接待、产业示范、自然教育、控制边界、大熊猫野化放归教育等。

白沙河沿岸社区组团

含有紫虹社区、深溪社区、光荣社区、虹口社区四个社区，区位特色是片区内中部过渡位置，需要承载的功能有传统休闲项目体验等传统利用等。

龙溪河人文自然发展社区组团

含有龙溪社区、南岳社区两个社区，区位特色是片区内西侧过渡位置，需要承载的功能主要是人文自然风貌展示。

入口综合社区组团

含有紫坪社区、白沙社区两个社区，区位特色是片区内两轴线的交点与起点位置，需要承载的功能主要是片区入口展示、综合服务等。

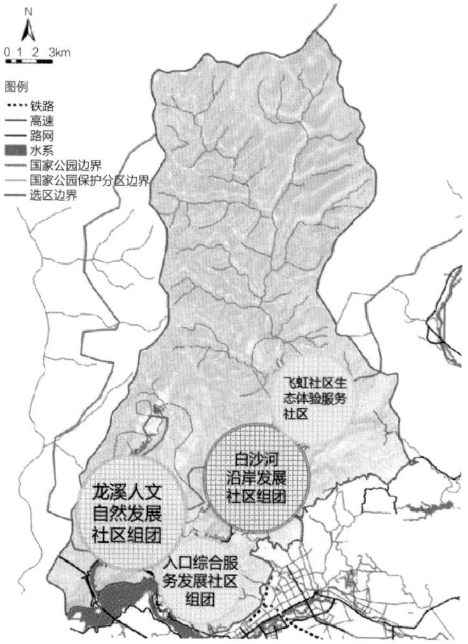

社区组团规划图

合理布局第一、二、三产业，农商联动绿色获益

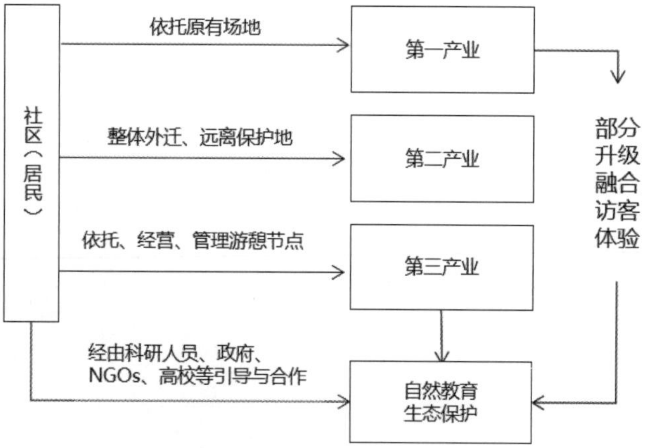

三产与自然教育体系构建逻辑框架图

通过合理布局第一、二、三产业，促进农商联动绿色获益，实现生态价值的转化，同时进一步整合生态旅游网络，在此基础上构建自然教育体系，实现国家公园的自然教育功能，最终推动片区的内外协同发展。

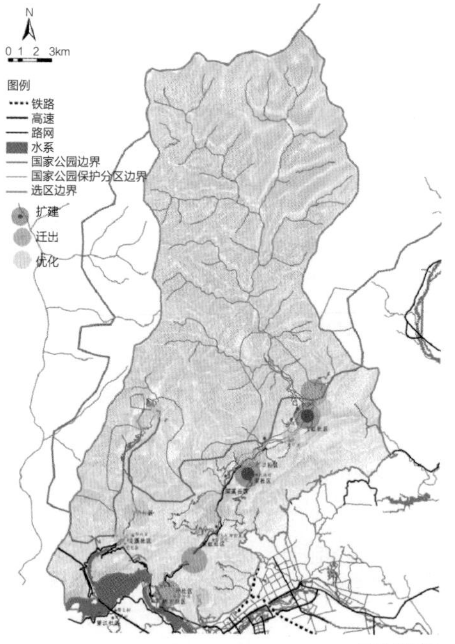

产业规划图

策略 V 教育为核、内外互补 展现人与自然共生智慧

Strategy Five

依托多类型资源生态体验，构建态度 · 知识 · 技能 三大维度环境教育

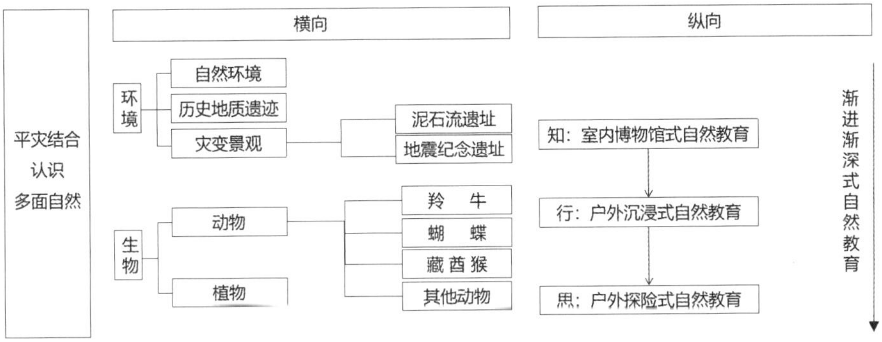

三大维度环境教育框架图

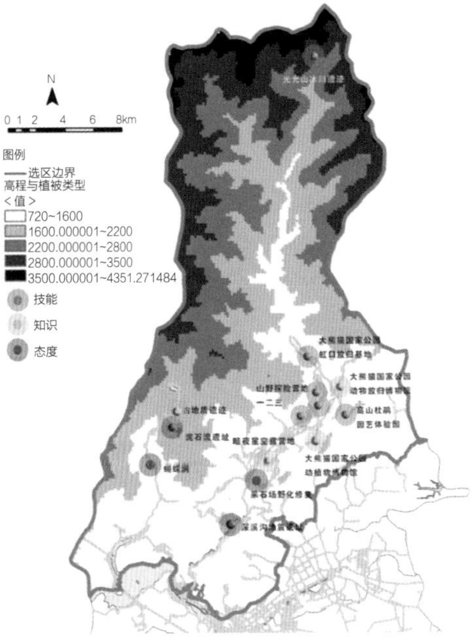

自然教育节点分布图

连通内外，增强与都江堰市区联动性，明确道路等级与功能。
布置节点，增设与国家公园间互动性，融合自然教育与游憩。
串联项目，构造体现片区特色的体系，形成多元化生态体验。

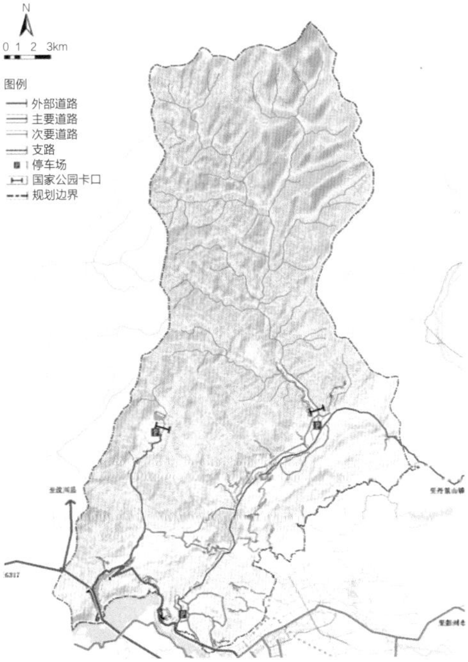

交通规划图

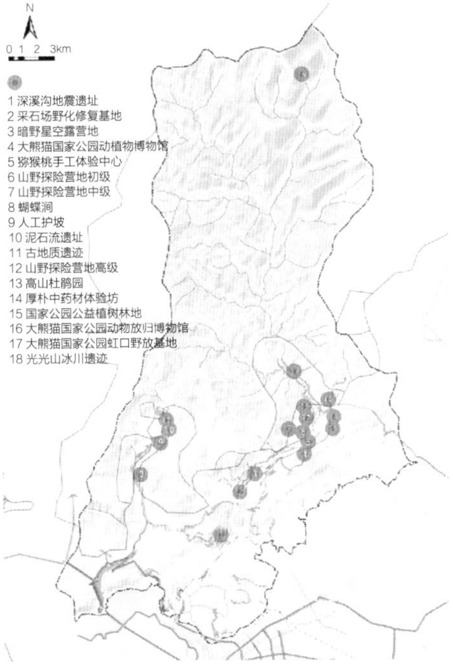

自然教育节点图

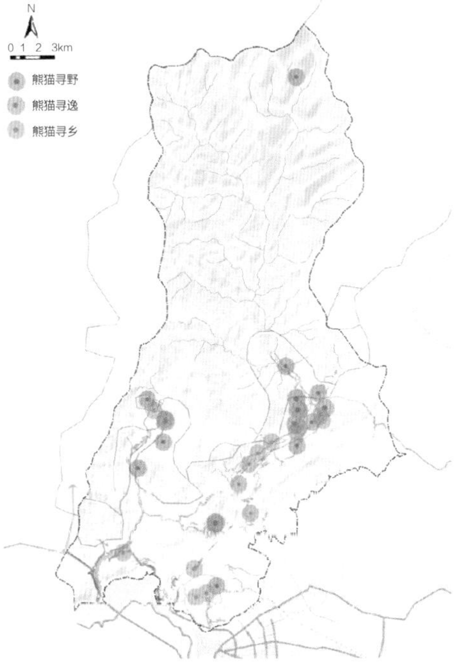

游憩系统规划图

访客体验规划——系列项目·系列游线规划

游憩体系

- 熊猫寻野（以自然野外为主）
  - 自北向南，依托自然环境资源、自然生物资源、熊猫栖息地形成比邻、野归的熊猫寻野系列游憩
    - 比邻：黛眼蝶、藏酉猴、羚牛、高山杜鹃等
    - 野归：自然探险营地、大熊猫国家公园野化放归博物馆、大熊猫国家公园野化放归基地、其他环境类基地
- 熊猫寻逸（以休闲体验为主）
  - 结合场地原有的休闲游憩项目体验，形成以传统休闲体验为主的第三系列即"熊猫寻逸"之路
    - 寻逸：谷地温泉、龙池雪场、山野骑行、虹口漂流、星空露营等
- 熊猫寻乡（以人文生活为主）
  - 结合人文资源、农产资源，打造乡野·人文·活态的"熊猫寻乡"展现片区活态风貌
    - 寻乡：厚朴药材体验、猕猴桃手工体验、乡野集市、蓝莓手工体验坊、人文历史等

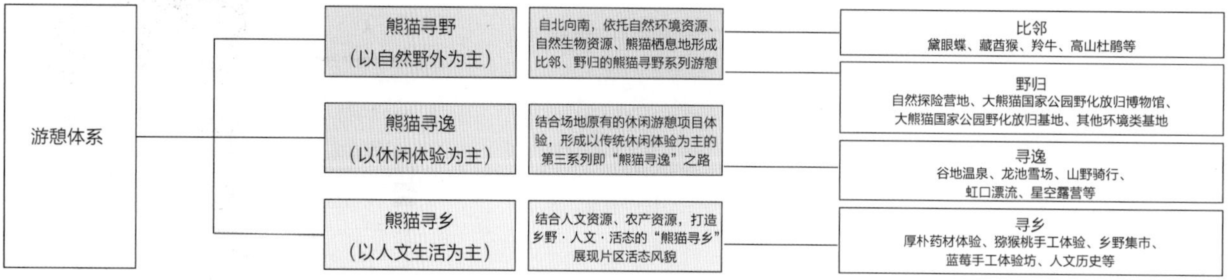

游憩体系框架图

系列游线表

游客类型			游玩时长			游玩季相	
访客类型（目的）	建议游憩体验系列	具体对应游憩体验节点	游玩时长	特色	游线建议	春	特色节点：山地骑行、高山杜鹃园、蝴蝶涧
周边家庭游	体验农家生活、周边亲子游等休闲出行；熊猫寻乡＋熊猫寻逸	猕猴桃手工体验、蓝莓手工体验、乡野集市、厚朴加工体验、龙泉湖景、虹口漂流、山野骑行、星空露营、谷地温泉、花谷赏花等	一日游	以单个社区组团特色游为主	1.白沙河手工体验＋野化放归中心参观；2.龙溪河地质遗迹参观＋龙池湖＋泥石流遗迹等；3.茶马驿站＋竹海洞天＋深溪沟地震遗址	夏	特色节点：虹口漂流、暗夜星空露营、熊猫河谷、蓝莓体验中心等
校园研学游	体验特色自然教育得到知识、技能、态度上的成长；熊猫寻野＋自然教育	竹径通幽、高山植物园、泥石流遗址、深溪地震遗址、蝴蝶涧、自然探险营地、大熊猫国家公园动物野化放归博物馆、大熊猫国家公园保护小区公益林等	两日游	以两个社区组团特色游为主	1.星空露营＋动植物博物馆＋手工体验＋山野骑行＋深溪沟地震遗址；2.龙溪河地质遗迹＋龙池湖＋泥石流遗迹＋大熊猫国家公园动物野归博物馆＋手工体验＋温泉中心	秋	特色节点：猕猴桃手工体验中心（9~10月成熟）、龙池湖秋景等
省外体验游	体验大熊猫国家公园的自然特色与风土人情；熊猫寻乡＋熊猫寻野	龙王庙建筑群、乡野集市、龙泉湖景、厚朴加工体验、竹径通幽、高山植物园、泥石流遗址、深溪地震遗址、蝴蝶涧、自然探险营地、大熊猫国家公园动植物博物馆等	多日游	以整体片区游憩资源旅游为主	1.全面体验类：寻乡、寻野、寻逸（以观光和生态体验为主，全面探寻大熊猫栖息地与周边人居、自然的风貌特色）；2.自然体验类：寻野（融合自然教育体系与知识技能，获得生态体验、技能通关、野外考察等机会）	冬	特色节点：谷地温泉、龙池湖雪景、龙池滑雪场、虹口滑雪场、山野集市、山猴小径（藏酉猴）等

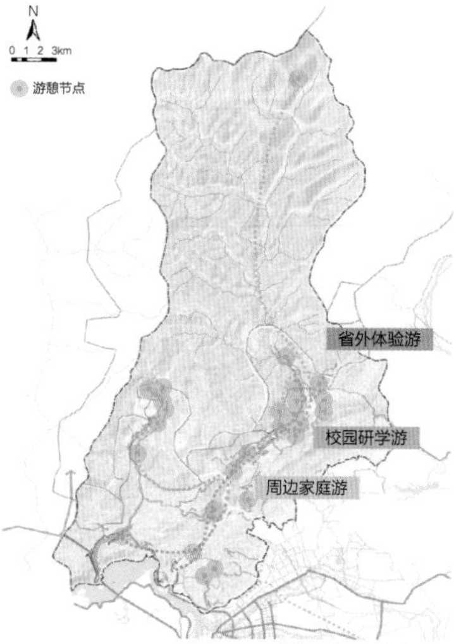

游线规划-访客类型

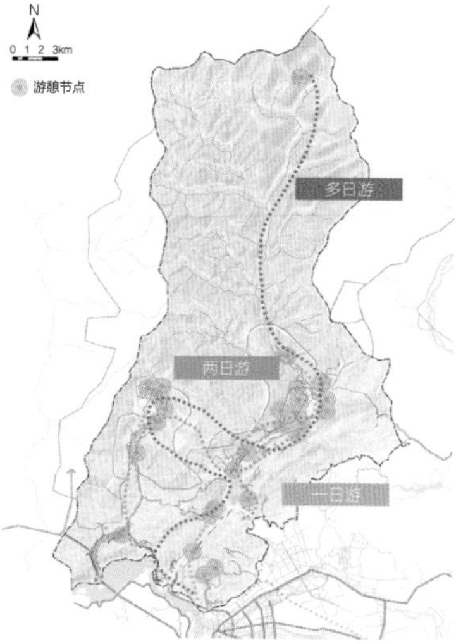

游线规划-游览时长

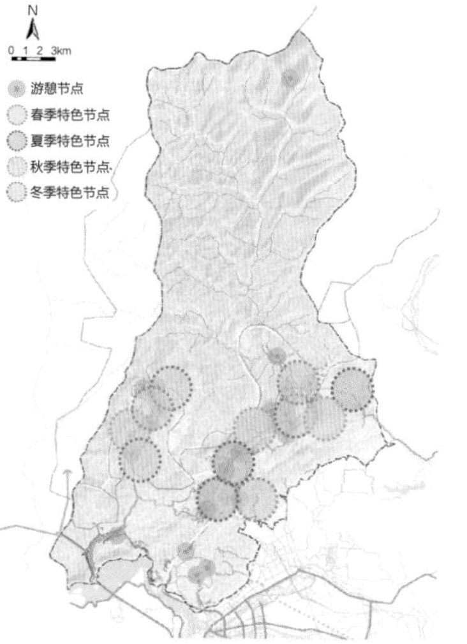

特色季相节点规划

环境影响评价
Environmental Impact Assessment

环境影响评价指标表

目标		指标	分项	现状	规划后	备注
保护	提高生物多样性	整体保护面积	—	316.40km²	331.80km²	以国家公园范围为主，计算联系邛崃山系的新增廊道面积
		伴生动物保护面积	—	279.37km²	282.45km²	
	提高区域栖息地质量	大熊猫适宜栖息地面积	—	214.23km²	216.58km²	—
		景观连通性	—	良好	优化	
利用	提高综合生态系统服务	生态系统服务价值	—	良好	优化	—
	提升游憩体验	游憩项目密度	数量	22	31	—
		游憩项目质量	景观质量（生态完整度）	3.4	3.6	景观质量赋值 0.2，教育效果赋值 0.3，服务水平赋值 0.3，可达性赋值 0.2
			教育效果（景观文化属性、景观特质）	2.7	3.8	
			服务水平（基础设施完整度、密度）	3.2	3.6	
			可达性（基于路网密度）	3.4	3.5	
			综合分数	3.13	3.64	—
	以国家公园带动社区发展	人均收入	由生态系统服务功能的指标价值测算获得	6549 元 /（人 · 年）	10749 元 /（人 · 年）	《成都年鉴 2020》农村居民年平均收入 23861 元 /（人 · 年）
		就业岗位增加		7101 个	增加 202～302 个	《大熊猫国家公园总体规划（第四次）》计划为周边地区提供 13000 个岗位，平均到龙池镇片区，新增 180 个岗位

概念落位
Concept Setting

节点Ⅰ——大熊猫生态廊道

作为岷山山系与邛崃山系大熊猫种群相联系的关键区域，在大小荣华山区域研究廊道建设，兼顾伴生动物保护，缓解其与人类活动的冲突。

节点Ⅱ——虹口乡采石场修复区

利用次生演替和生态修复的方式对废弃采石场进行改造与再利用。设置营地、户外拓展等环境友好型游憩项目。

节点Ⅲ——龙溪沟地质景观

展示地震、塌方、泥石流等自然灾害地质景观，给予游客对较大尺度地景的感知与体验，兼具自然景观教育功能。

节点Ⅳ——飞虹生态体验区

集国家公园周边保护、自然教育、入口接待于一体的大熊猫国家公园周边生态体验重点小区。

节点Ⅴ——龙池入口服务区

健全紫坪社区、白沙社区及周边区域的综合服务与道路交通体系，提升国家公园形象展示功能，打造示范性大熊猫国家公园龙溪虹口入口社区。

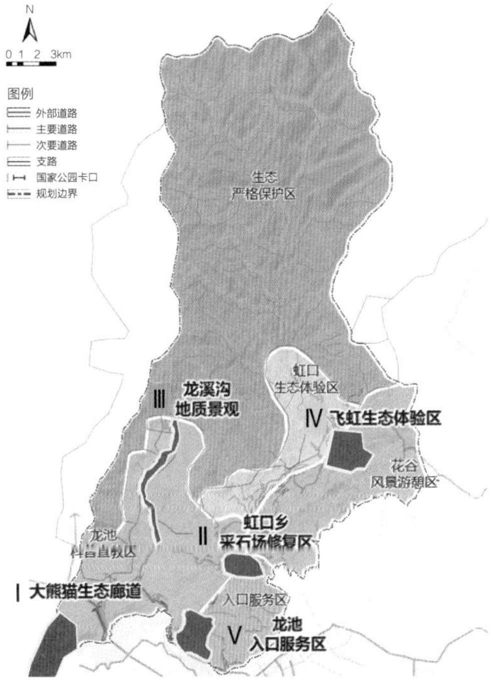

节点区位分布图

节点 Ⅰ 大熊猫生态廊道
Key Area Ⅰ Panda Ecological Corridor

片区位置

在大小荣华山区域建设生态廊道，保护大熊猫及其伴生动物，缓解人类活动冲突。设计廊道长约7.4km，面积约15.8km^2。高程范围在海拔1400~3000m，廊道宽2.25km。在穿越公路与河流处设置生态桥梁，桥面最窄处宽100m，长150m。

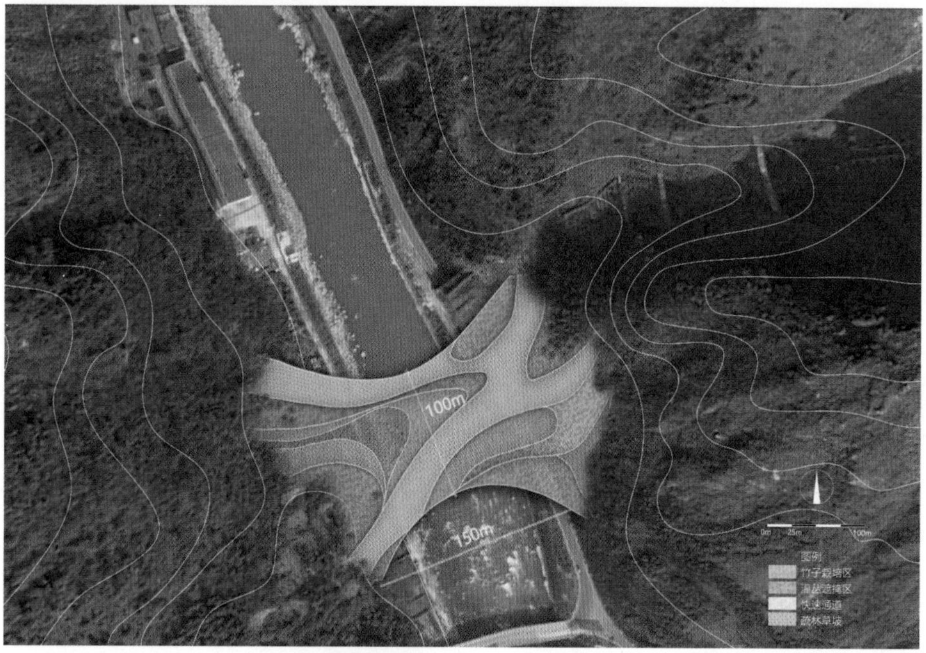

典型生态桥梁平面图

现状问题

国道G213为主要人类活动干扰因素，都汶高速S9在此路段主要为龙溪隧道和紫坪铺隧道，地上部分较少，对场地扰动较小。

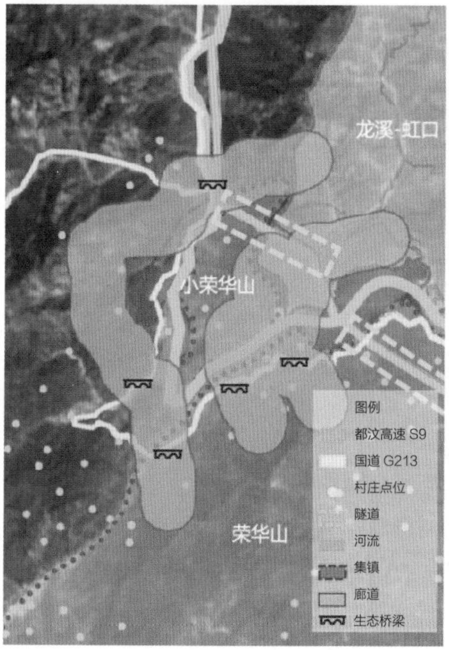

生态桥梁落位图

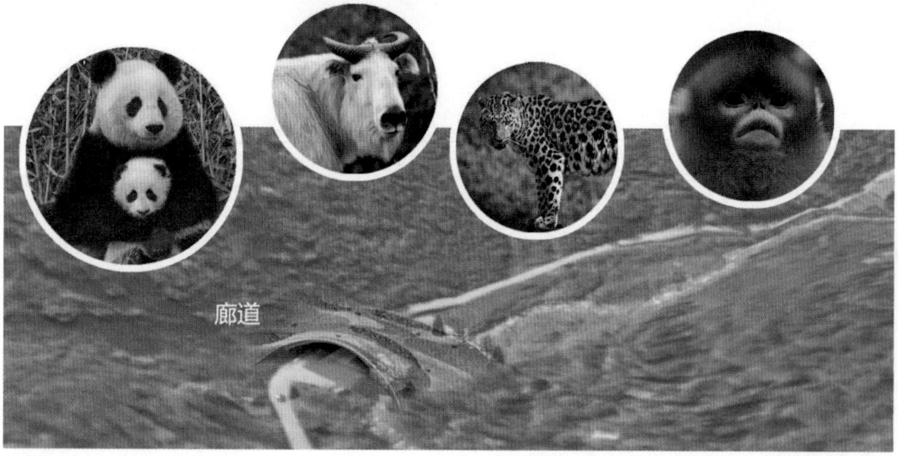

生态桥梁效果图

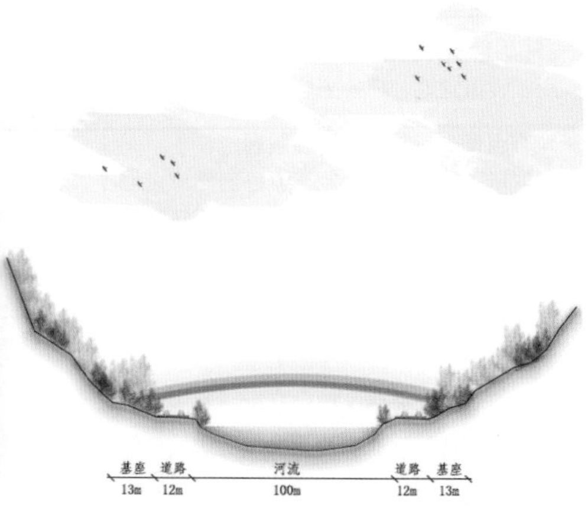

生态桥梁剖面图

节点Ⅱ 虹口乡采石场修复区

Key Area Ⅱ Restoration of Hongkou Quarry

定位：打造生态修复，产业赋能与社区参与的综合社区

片区位置

包括久红社区、虹口自然保护区入口节点和石英矿采石场，规划面积约 5.97km^2。

现状问题

服务设施功能不全、服务均质化、品质单一。

保护利用策略

- “两条腿走路”，生态修复保护与合理开发利用相结合。
- 发挥自然的智慧，利用土壤种子库和次生演替等科学修复方法。
- 低影响介入，让产业为生态修复助力，提升社区与公众参与。

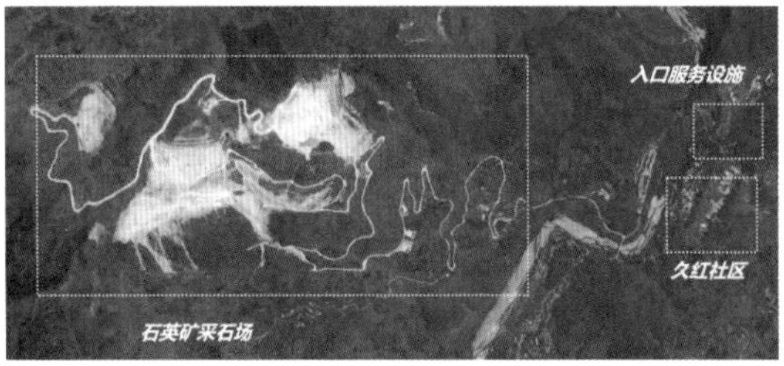

节点范围

节点方案

1. A 地块 27.8hm^2，B 地块 13.8hm^2，C 地块 4.8hm^2。
2. 对破坏面积较少和场地的边缘区域优先进行土壤修复，利用土壤种子库，改善土壤质量。
3. 稳定场地周边的植物边界，做好边坡防护等处理，划分生态恢复单位，将大的场地化解成几个小的场地来处理。

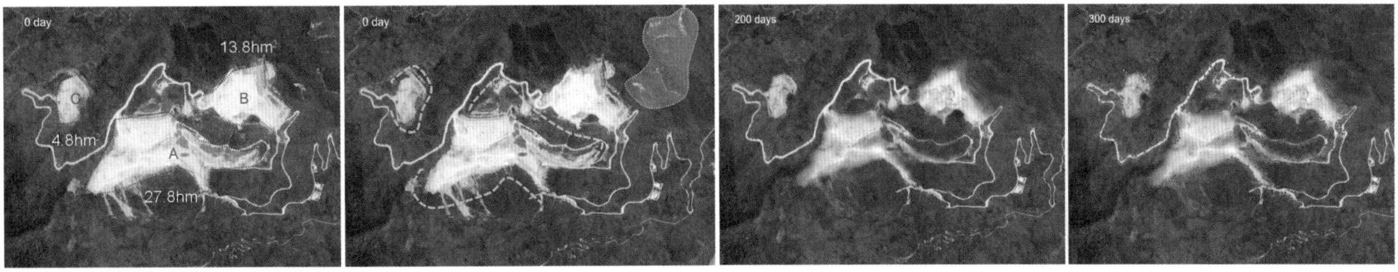

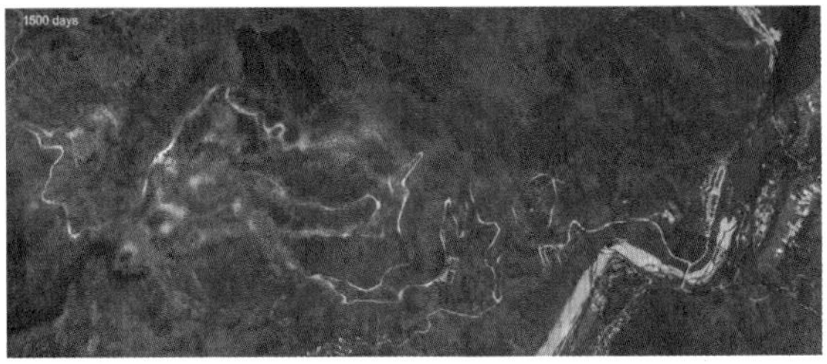

4. 土质改善后种植造林苗木。由于造林周期长，在生态修复持续进行的过程中发展相关产业，为当地增加效益。
5. 场地大致分为三块，包含营地之家、汽车营地和帐篷露营。
6. 考虑到场地内部排水需求，应计算汇水量并设置低洼湖泊来汇集雨水，防止场地水浸。
7. 在保证生态建设不受影响的情况下，开展低影响活动，组织策划主题系列活动，打响露营地品牌理念，为当地社区居民创造就业岗位、提高收入。
8. 生态修复与产业发展共同作用于采石场地的建设，良好的生态环境给产业发展带来了机遇，产业的发展收益反哺生态恢复建设。

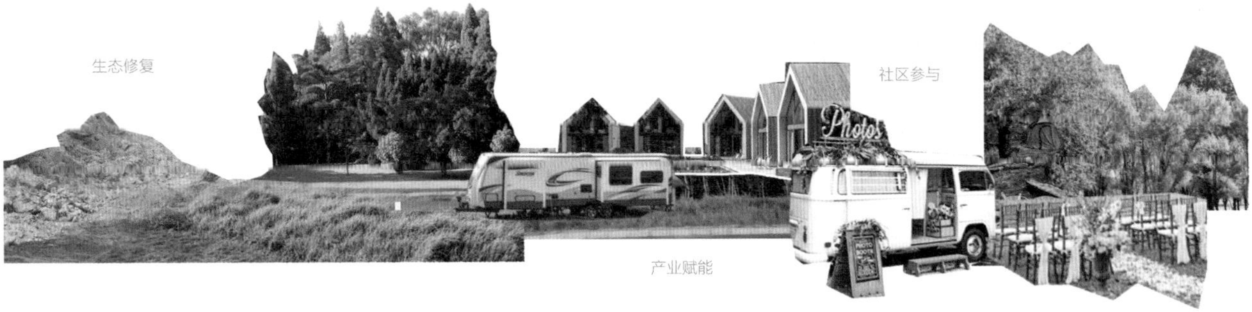

采石场修复方案

节点Ⅲ 龙溪沟地质景观
Key Area Ⅲ Long Stream Divide

定位：自然伦理感悟游线

现状问题
- 景观具备特色，但缺乏合理保护利用。
- 作为生态敏感性较高动物的生境，保护 – 利用矛盾易随着开发而加剧。

对应策略
- 激活南部社区产业职能，使其地理位置成为自然卡口。
- 对北部片区自然地质灾害、早期人工修复设施等大尺度景观遗址进行要素再设计，完善自然伦理教育职能。

格局优化——南部社区激活为维护北部生态边界的卡口
1. 自然教育：集植物、地质、泥石流灾害景观为一体的龙溪沟北端沿线 3.4km
- 北部是蝴蝶、藏酋猴的野生生境，其中蝴蝶对生境质量较为敏感，过度人为活动可能会对其造成干扰，所以需为其划定最小保护范围。
- 蝴蝶成蝶期为 4~9 月，是较好的天然观赏时期。
- 覆盖范围从龙池周边至国家公园保护区内小范围分布。

2. 减少多方污染
- 近国家公园 3.4km 外设置停车界限，改为步行道路，削减人为活动及汽车等产生的污染，基础设施等安排在距北部 15.8km 外。

3. 激活社区产业职能
- 龙溪社区是目前龙池镇九个社区中旅游产业相对薄弱的社区，将龙溪沟沿线商住餐饮等职能集中于此有助于经济发展。

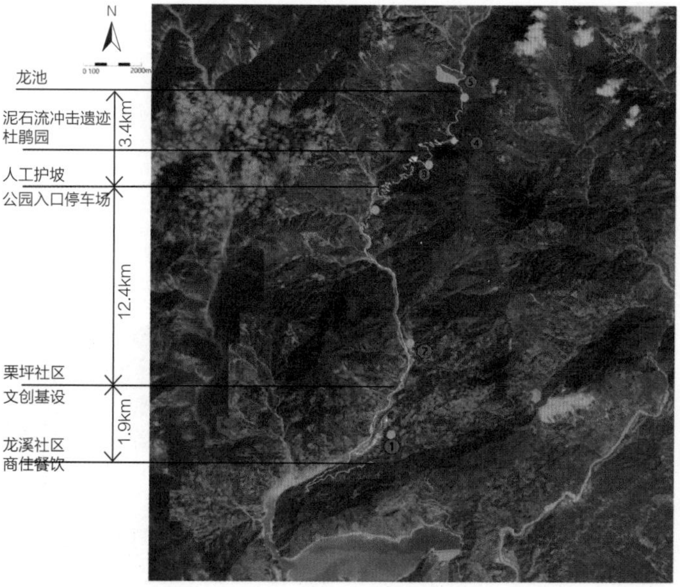

龙溪沟沿线规划布局图

自然教育——对人工 / 自然的大尺度景观遗址再设计
以禾本科和菊科作为优势科首先进入群落。菊科如绣线菊、地榆、百日草、野菊、万寿菊、荷兰菊等，可作为蝴蝶生境的蜜源植物使用。

①植物胶冲洗液固定浅层表土；
②缓坡区以穴状整地种植小乔木、花灌木；
③带状种植禾本科植物，片状种植蜜源植物，成蝶季增加蝴蝶采蜜线路。

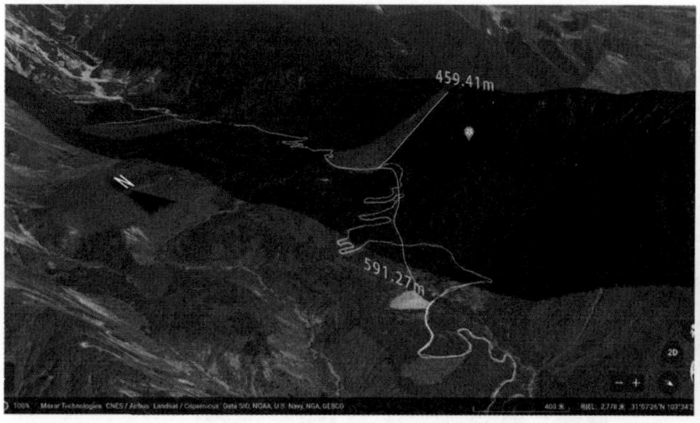

自然滑坡区与人工护坡区位置分布图

滑坡遗址植物拟种植设计图

资料来源：[1] 王胜，陈礼仪，袁进科，等 . 植物胶冲洗液在三峡库区滑坡勘察中的应用 [J]. 探矿工程 – 岩土钻掘工程，2007.

节点Ⅳ 飞虹生态体验区

Key Area Ⅳ Feihong Ecological Experience

定位：国家公园边界管控重点、自然教育与生态体验区

节点范围图

节点规划

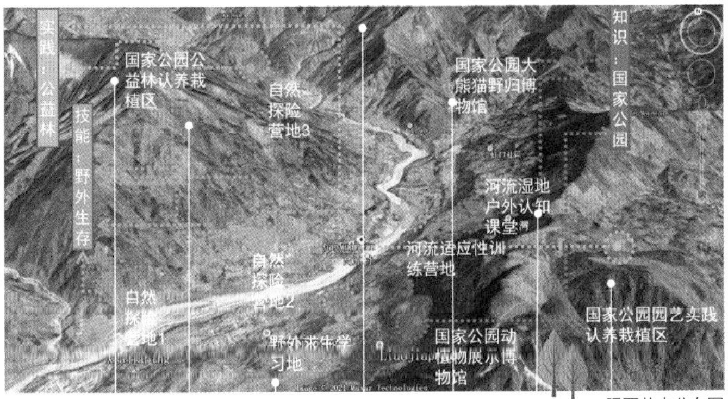

重要节点分布图

林麝　藏酋猴　四川湍蛙　扭角羚　黛眼蝶　高山杜鹃　连香树

现状问题

- 服务国家公园的自然教育功能存在一定空缺；
- 花谷景区吸引力不足，有待提升；
- 整体特征不明显，缺乏一定的品牌塑造。

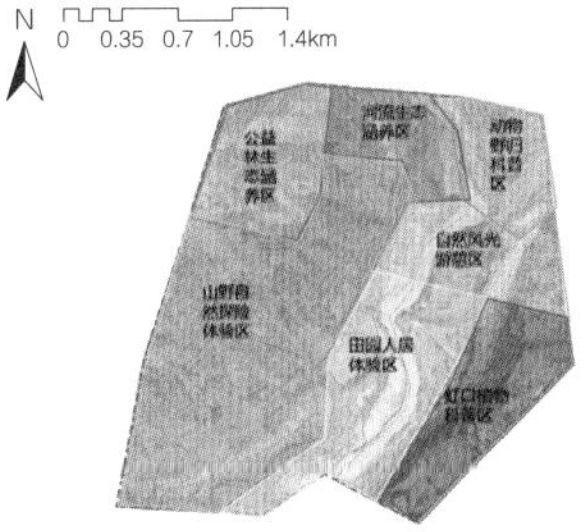

节点分区规划图

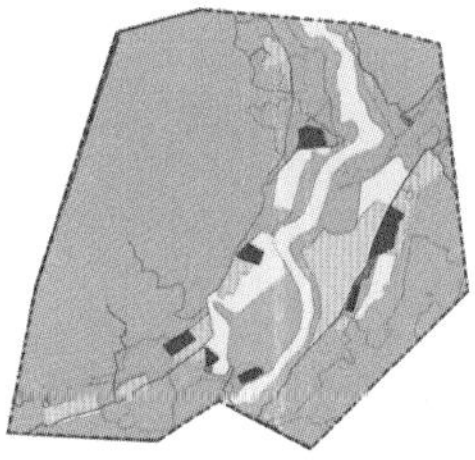

节点用地规划图

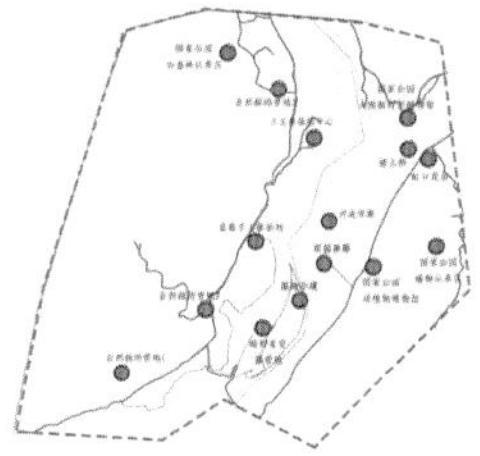

游憩节点规划图

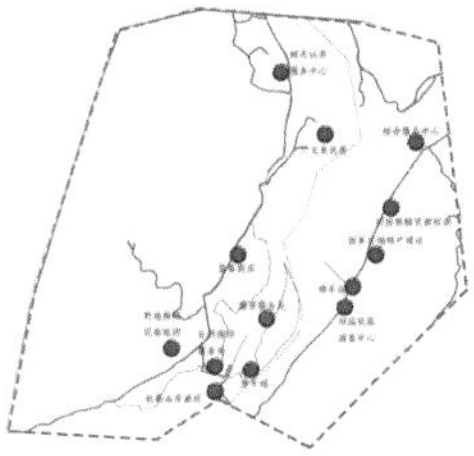

服务节点规划图

对应策略

整体构造渐进式序列，开展生态体验与自然教育。以体验式自然教育为主要特色，重点把控国家公园边界，做好大熊猫野化放归基站建设与动物救助，使得飞虹社区结合周边环境形成社区共管的国家公园边界保护和教育小区。

策略示意图

节点V 龙池入口服务区

Key Area V Longchi Entrance Service

定位：国家公园入口综合服务核心、形象展示窗口

片区位置

南以岷江为界，北近周家山山顶－董家垭口，西以周家山山脊为界，东至大哨台－玉垒山隧道出口，包括紫坪社区、白沙社区、杨柳坪社区、马超坪社区。西接龙池科普宣教区，全部位于国家公园以外，规划面积约 6.62km^2。

现状问题

节点目前面临片区规划定位带来的生态效益挑战、访客管理与生活生态的潜在矛盾、建筑与景观缺乏文化特色等现状问题。规划对南部的白沙社区进行重点研究，从环境效益、智慧管理和形象提升三方面提出具体方案。

对应策略

划定整个入口区域的功能分区，明确社区引导方向，完善服务体系；调整土地利用规划，织补健全功能；形成梯度设施结构，按配比引导改造；重构道路交通体系。

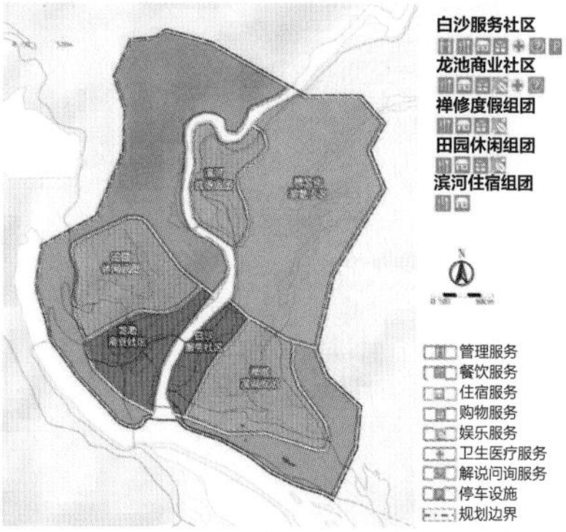

功能分区与服务设施规划图

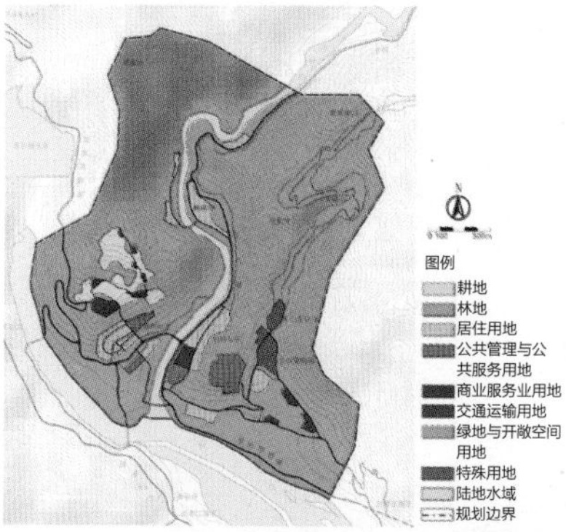

土地利用规划图

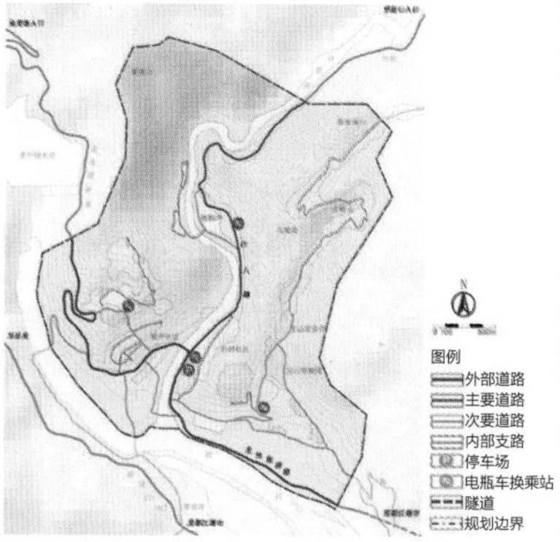

道路交通规划图

营造栖息空间，以生态智慧提升环境效益。

通过栖息地营造和动物巢穴的设计，降低建设影响，改善动物生境，提升生态系统服务功能，打造生态智慧展示窗口第一站。

栖息地营造规划图

空间引导 + 智慧管理，降低访客对生活、生态空间干扰

入口区道路交通规划图

综合智慧调度中心

社区道路与国家公园道路分流

Panda-Pass 通行证体系

发行多级别的国家公园内部交通畅游卡，访客可刷卡进入指定线路/区域、乘坐交通专线。

H Level——国家公园荒野进入许可+一般控制区进入许可+部分社区进入许可+外部交通通票。

M Level——国家公园一般控制区进入许可+部分社区进入许可+外部交通通票。

L Level——部分社区进入许可+外部交通通票。

通过空间规划、PANDA-PASS通行体系、访客流量监控分析和智能疏导等系统实现访客分布及密度的实时调控，实现国家公园智慧管理。

文化要素置入，打造代表性、原真性的国家公园入口形象

节点效果图

建筑景观风貌的营建改造充分运用熊猫、竹子等体现国家公园资源特色的元素，以及毛石、木、竹等本土材料，增强国家公园代表性与原真性环境氛围。

大熊猫国家公园鸡冠山乡入口社区位于四川省崇州市，片区地势从东南向西北逐渐升高，海拔 1000m 以上的高中山区占 38.4%，森林覆盖率高达 95%，动植物资源丰富，整体开发强度低，原有生态环境保持相对良好。

片区面临着如下困境：①场地内原有生产活动如水电、矿山等对大熊猫栖息地造成了一定威胁；②经济发展和生态保护矛盾突出；③原有保护地内存在管理空缺；④保护地内生态体验与科普教育功能缺失。

规划目标保持场地原生秘境的特色，保护第一，均衡布局，梯级利用，合理控制开发强度；以原生资源禀赋为依托，打造环境教育基地；以生态优先原则助力康养产业发展，平衡经济发展、社区发展和环境保护；完善国家公园管理体制建设。

原生秘境：大熊猫国家公园鸡冠山乡片区规划

陈步可

刘嘉祺

范博俊

戚晓慧

思维导图
Mind Map

1. 全域战略规划

现状问题汇总
- 文态；
- 生态；
- ……

核心问题
- 城市格局；
- 生态格局；
- 业态格局。

规划概念和目标
- 规划概念；
- 目标。

规划战略
- 战略一；
- 战略二；
- 战略三。

2. 鸡冠山乡片区规划

从全域到片区
- 鸡冠山乡国家公园入口社区在全域战略规划中的定位；
- 片区范围确定。

片区现状专题
- 区位专题；
- 国家公园入口社区专题；
- 自然保护地重善分析；
- 生态环境专题；
- 城镇结构及人口专题；
- 文化遗产和旅游专题；
- 小结。

片区规划设计
- 当下困境；
- 规划概念目标及战略；
- 案例与理论借鉴；
- 片区规划结构与布局；
- 片区村镇职能规划；
- 片区保护利用规划。

片区专项规划
- 环境教育专项规划；
- 社区发展专项规划；
- 交通规划；
- 游憩规划；
- 小结——规划前后利用强度。

3. 片区内节点规划

节点现状

问题目标策略

设计总平面图

效果图剖面等表现图

全域尺度核心问题提取
Extraction of Core Issues on City Scale

城市格局方面，未来建设用地更多集中在东部新城和天府新区，老城部分以存量更新为主，如何处理新与旧决定了未来成都的发展高度。

生态格局方面，对于龙泉山以东，需要识别出重要的生态源地，以免后续城市开发对自然产生不可挽回的破坏，对于龙泉山以西，需要思考如何在现有规划情况下优化生态格局。

业态格局方面，成都西部很多城市坐拥非常好的物质文化和非遗资源，但其人均产值、三产在总产值中的占比都较低。

规划概念目标
Concept

规划概念：自然为底，人文铸魂。

规划目标：

新旧平衡，东进西控，促新城建设，奠旧城基石；

山水形胜，两山荣城，以自然为底，造锦绣荣城；

蜀川胜概，人文铸魂，承天府之国，塑人业城境。

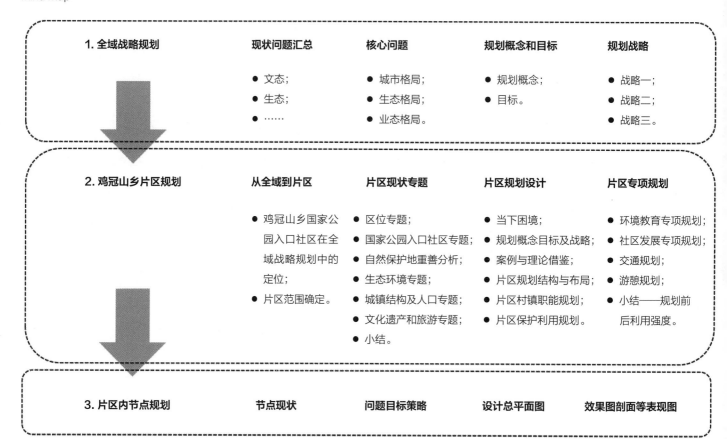

全域战略规划概念目标

Global Strategic Planning Concepts and Goals

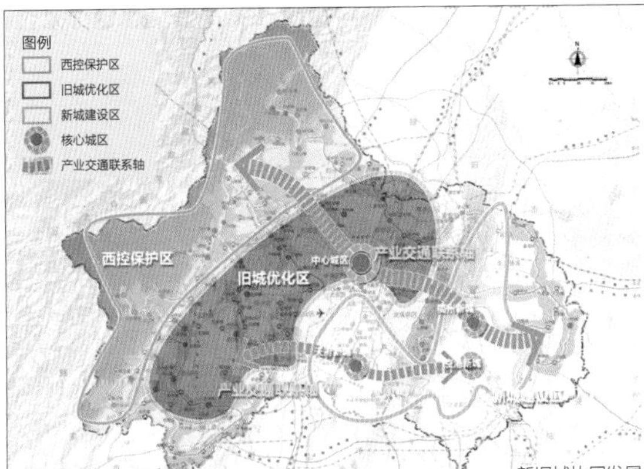

新旧城协同发展

战略一：新旧协同，融合协调发展

西控保护区：
主要起到生态保育、生态系统服务供给的功能；
产业上以粮食生产、绿色低碳产业、文旅产业为主。

旧城优化区：
优化用地格局，城市存量更新；
全龄友好城市，基础设施适老化。

新城建设区：
识别重要生态源地，在缓冲区外实施新城建设。

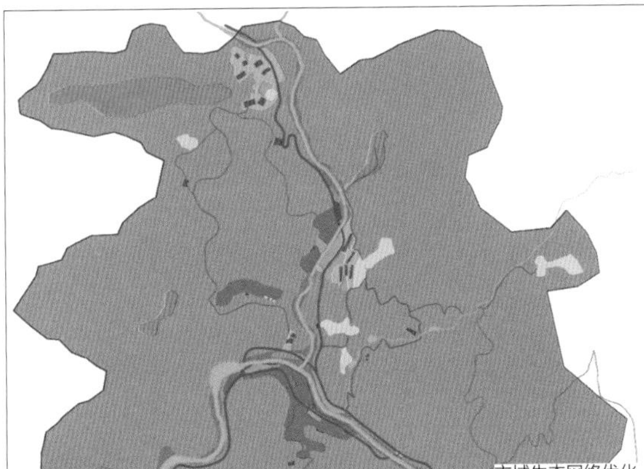
市域生态网络优化

战略二：保护升级，蓝绿网络搭建

需要进一步加大龙泉山生态保护力度，考虑提升朝阳湖保护地等级。
中心城区将龙门—龙泉廊道割裂，因此环城生态区的建设将起到重要的连通意义。
需要进一步重点建设多条由中心城区向西辐射的廊道、少量增加由龙泉山向东辐射的廊道，发挥两山的生态效益辐射功能。
两山：龙门山、龙泉山；
两环：都市生态游憩环、全域生态保育环；
四带：金马河保护带、毗河保护带、沱江保护带、新增保护带；
五点：都江堰保护点、龙泉湖保护点、三岔湖保护点、朝阳湖保护点、岷江交汇保护点；
六楔：都彭生态楔、崇温生态楔、邛蒲生态楔、天府生态楔、龙泉生态楔、龙青生态楔。

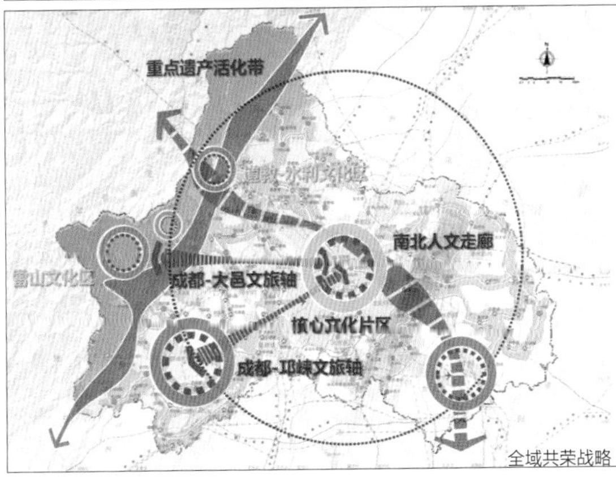

全域共荣战略

战略三：活化遗产，推动全域共荣

以成都中心城区为核心文化节点，向西北方连接青城山—都江堰，向东南连接简阳新城，形成过去—现在—未来人文走廊。
打造成都—大邑、成都—邛崃文旅轴，活化利用两地文化遗产，从而带动西部重点遗产活化带的健康发展。

龙泉山向东辐射的廊道，发挥两山的生态效益辐射功能。

从全域到片区
From the Whole to the Part

规划依据：部分边界依据崇州市行政边界划定，考虑到鸡冠山—九龙沟省级风景名胜区的完整性，将三郎镇纳入规划范围。

规划片区总面积为 523.4km^2，位于山峦与平原的交接处，拥有丰富的地理资源及良好的自然视觉景观。在成都西北部，与都江堰风景区、西岭镇相邻，有联动发展的可能性，成都中心城区到规划片区直线距离 50km，吸引周边市民周末及短假期出行。规划片区与大熊猫国家公园交叠面积约 1/2，国家公园区域以保护为主，进行分级别、分区域的保护与利用规划。

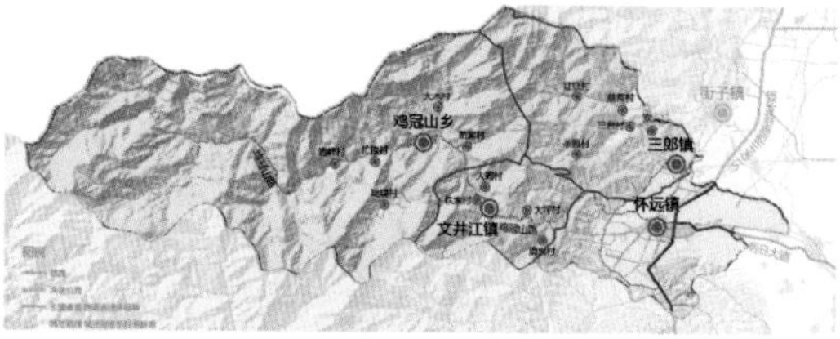

片区范围图

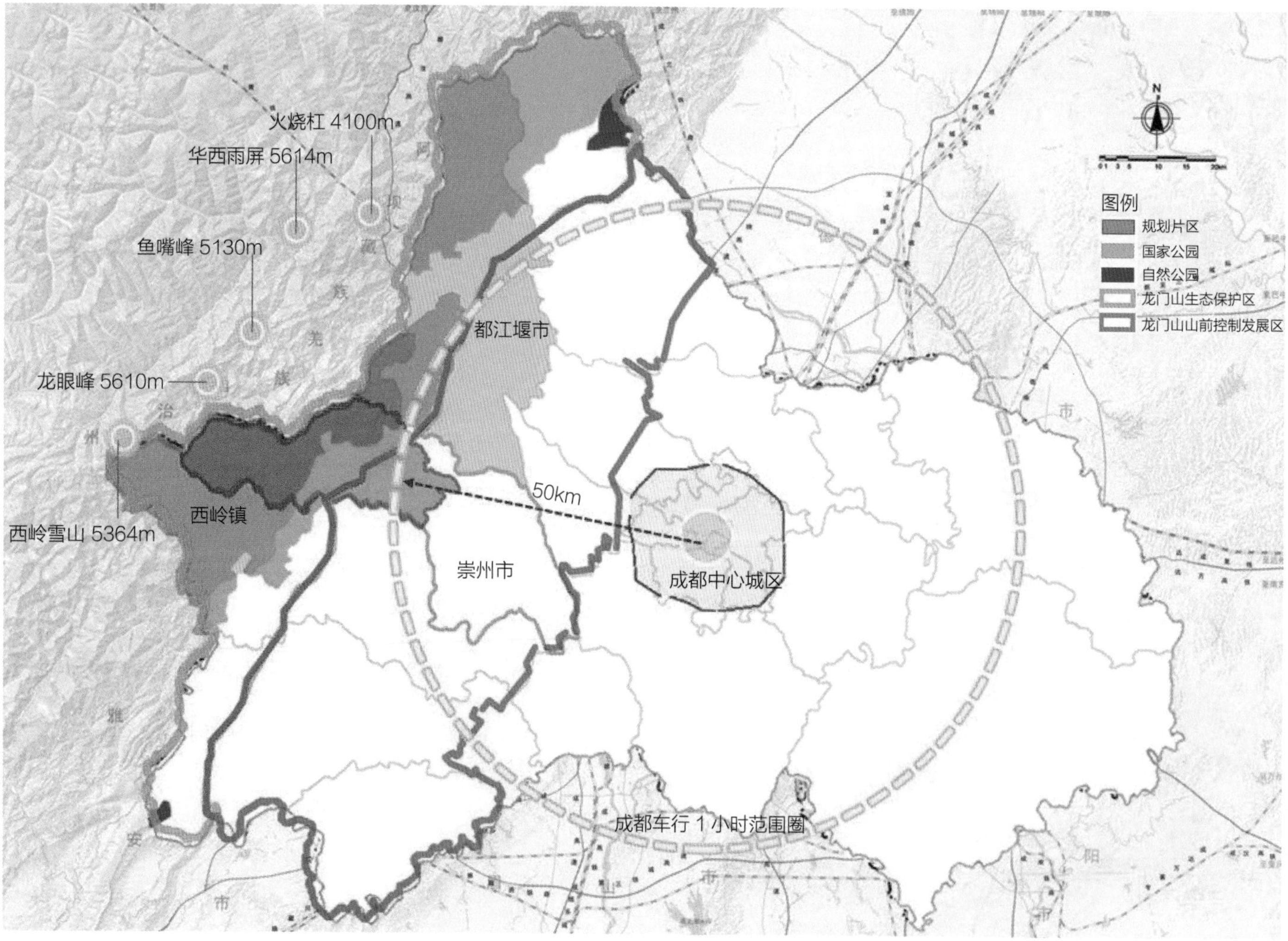

区位分析图

片区现状专题——区位
Location Analysis

区位专题

根据《成都都市圈国土空间规划》，“西控地区”定位为：生态功能 + 粮食生产 + 绿色低碳产业示范区 + 现代田园城市 + 旅游目的地核心区 + 天府文化展示区。“蓝绿交织、绿道蓝网、水城相融”是“西控”生态城市格局的描绘。

规划片区 2/3 的面积在西控生态保护区范围内，主要以山地涵养为主；1/3 的面积在西控山前控制发展区范围内，主要以粮食生产为主。

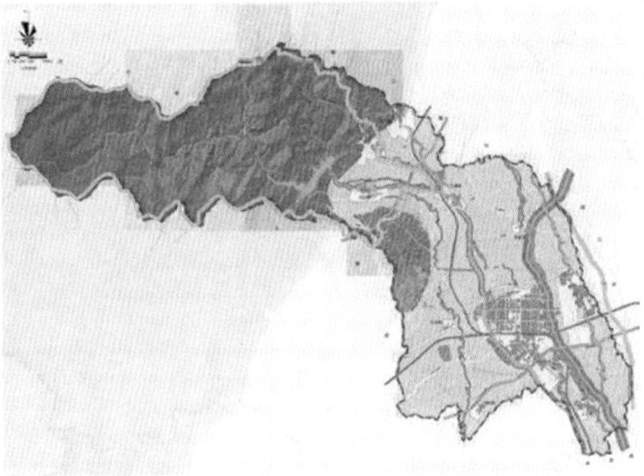

4/5 山地区（以保护为主）+1/5 平原区（以利用为主）

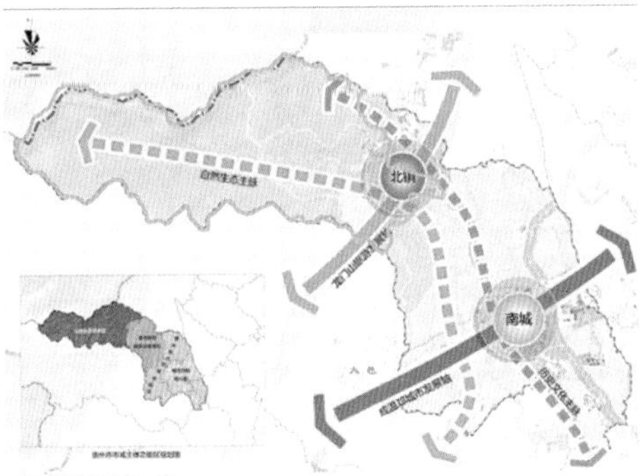

生态主脉络（主）+ 文化主脉络（次）

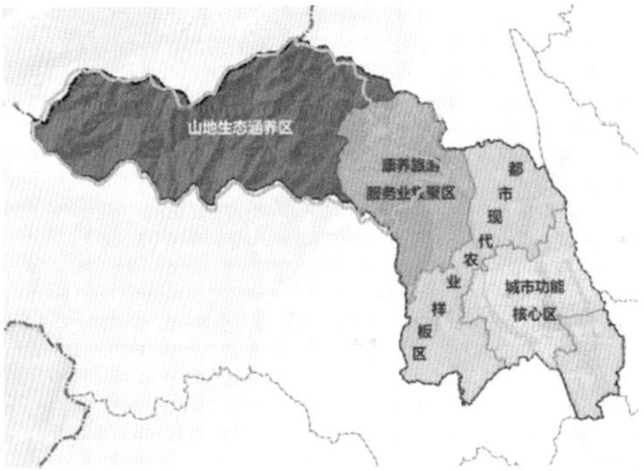

3/4 生态涵养区 +1/4 康养旅游区

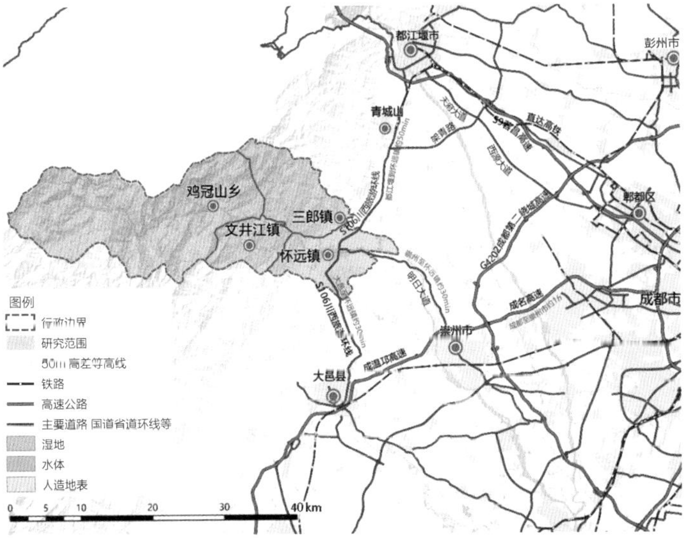

片区与周边的交通分析图

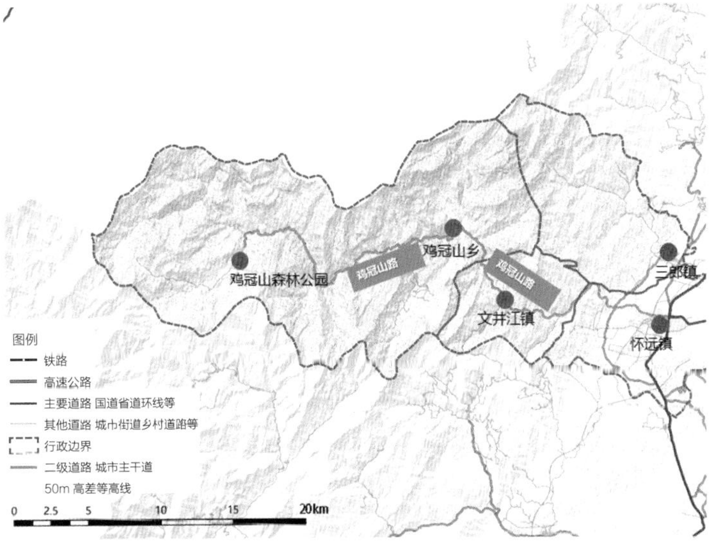

片区内部交通分析图

片区现状专题——国家公园入口社区
National Park Entrance Community Analysis

总体来看，鸡冠山乡入口社区中常住人口最少，开发利用程度最低，保留了较好的原始自然风貌。因此，鸡冠山乡在发展上要注意与同类型入口社区的差异化竞争，把握后发优势，定位精准。同时注意和周边资源联动，在成都市“西控”片区旅游带上起节点作用。

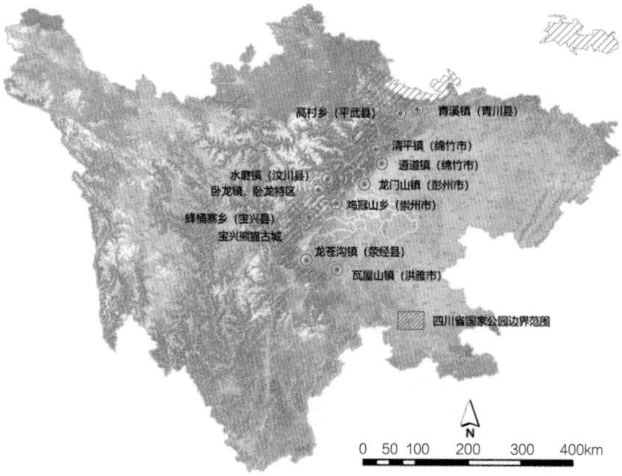

四川省国家公园入口社区分布图

四川省内 12 个国家公园入口社区信息一览表（数据来源：大熊猫国家公园官网）

序号	国家公园入口社区	地区	面积、人口、民族	资源禀赋	定位
1	清溪镇	广元市青川县	面积为 526km^2，总人口为 1.6 万人，有汉族、回族、藏族等民族，其中回族村有 2 个	清溪古镇、唐家河自然保护区	编程古迹，熊猫家园
2	高村乡	绵阳市平武县	面积为 179.89km^2，总人口为 6282 人（百度百科）	老沟河自然风光、生态田园	国际化旅游休闲度假区，原种平武 · 桑高田村，打造观光、科普、休闲为一体的熊猫公园旅游胜地
3	清平镇	绵竹市	面积为 324.85km^2，总人口为 5106 人（百度百科）	森林康养、羌汉文化、矿工文化	金色清平 · 童话小镇
4	遵道镇	绵竹市	面积为 34.1km^2，总人口为 2.1 万人（百度百科）	九龙山－麓堂山 4A 级景区	熊猫小镇
5	水磨镇	阿坝州汶川县	面积为 89.71km^2，常住人口为 3.2 万人	老街古道、二村沟休闲度假、仁吉喜目谷、漩三环线、青城第十八景——黄龙道观	现代服务业和都市型生态农业
6	卧龙镇	汶川卧龙特别行政区	面积为 820km^2，辖 3 个村、9 个村民小组，其中藏、羌等少数民族人口占总人口的 85% 以上	卧龙国家级自然保护区、世界自然遗产的核心区，生态资源富集，动植物资源丰富	卧龙大熊猫生态小镇
7	龙门山镇	彭州市	面积为 384.34km^2，常住人口为 1.3 万人（百度百科）	国家级龙门山地质公园、国家级白水河森林公园、国家级白水河自然保护区	避暑湔江源、探雪龙门山
8	鸡冠山乡	崇州市	面积为 301.4km^2，户籍人口为 3600 人（百度百科）	鞍子河自然保护区、鸡冠山国家森林公园	森林康养胜地、山地旅游、观光农业
9	蜂桶寨乡	宝兴县	面积为 422km^2，人口为 4913 人（百度百科）	世界自然遗产的核心区、国家级自然保护区的核心区域	—
10	宝兴熊猫古城	宝兴县	—	红色文化、熊猫文化	四川省首个以县城主城区为核心打造的国家 4A 旅游景区
11	龙苍沟镇	荥经县	面积为 412km^2	森林覆盖率 98.8%，有国家森林公园、四川大相岭省级自然保护区和全国最大的大熊猫野化放归基地，是全球 34 个生物多样性保护热点地区之一	国家熊猫公园南入口、国际森林康养目的地
12	瓦屋山镇	洪雅县	面积为 731.4km^2	瓦屋山 4A 级景区、世界杜鹃花王国、珙桐故乡	熊猫生态小镇

片区现状专题——自然保护地重叠分析

Overlapping Analysis of Nature Reserves Analysis

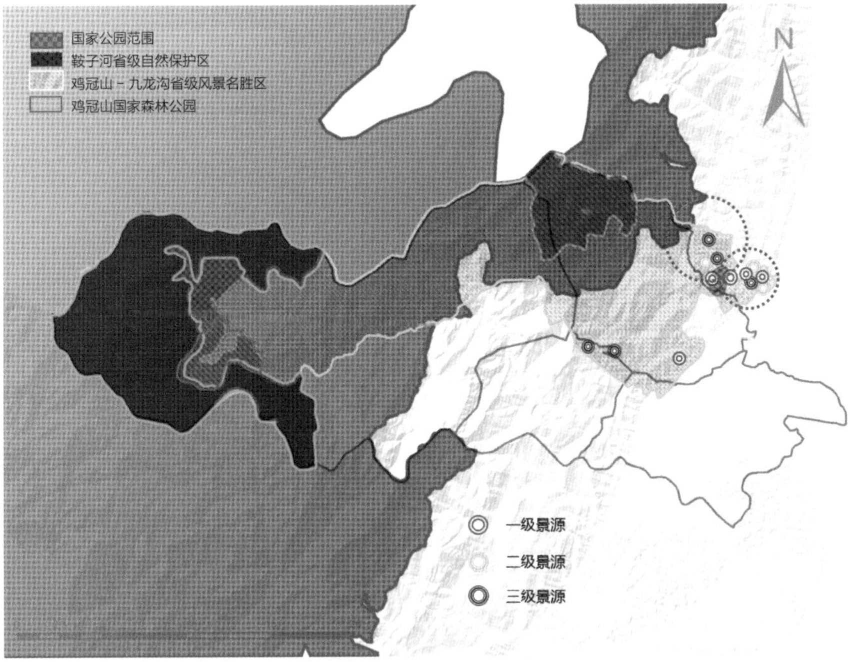

保护地重叠结果示意图

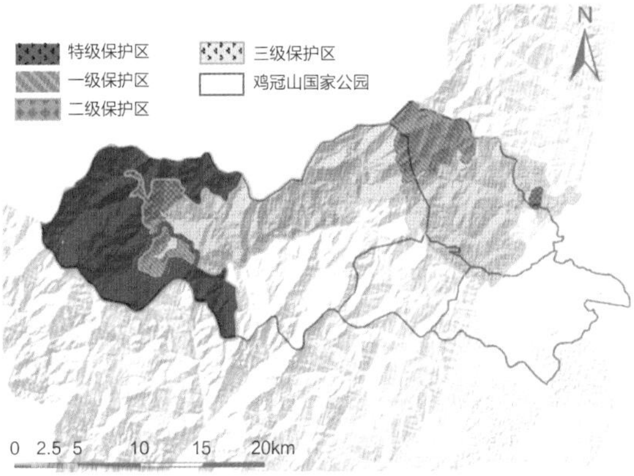

鸡冠山－九龙沟省级风景名胜区

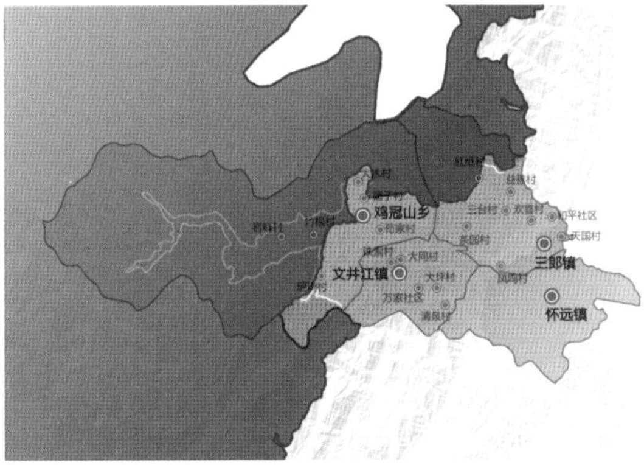

鞍子河省级自然保护区

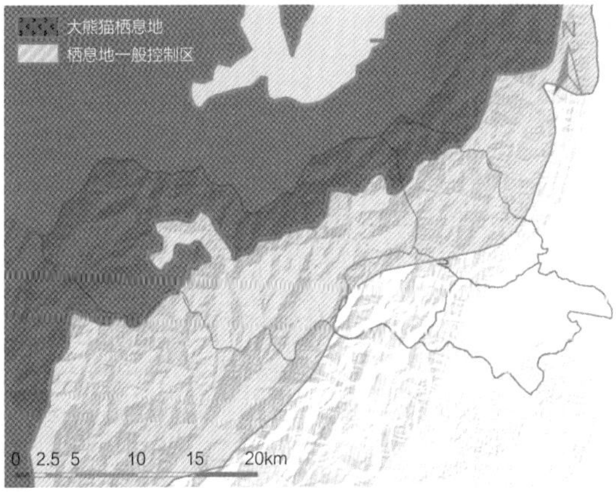

大熊猫栖息地世界遗产

鸡冠山—九龙沟省级风景名胜区：建立于 1986 年，风景资源点大多分布在一级、二级保护区内。

鞍子河省级自然保护区：建立于 1993 年，面积 101414hm^2，是以保护大熊猫等珍稀野生动物及其栖息地为主的森林和野生动物类型自然保护区。

大熊猫栖息地世界遗产：2006 年 7 月作为世界自然遗产被列入《世界遗产名录》，其范围覆盖了鸡冠山—九龙沟风景名胜区的大部分范围。

大熊猫国家公园：涵盖了风景名胜区中除凤栖山外的绝大部分区域，一般控制区范围有待调整优化。

随着自然保护地体系完善，鸡冠山—九龙沟风景名胜区大部分区域被划入国家公园范围内，剩余区域为风景资源较少、景观和生态价值较低的三级保护区，并且其中分布当地农业种植区域。

区域范围内三级以上景源基本分布于二级保护区（凤栖山景区）内，未被划入国家公园范围，在未来可综合考虑，将其整体整合为一个新的风景名胜区，以权衡当地保护与利用的平衡。

片区现状专题——生态环境分析

Ecological Environment Analysis

生态环境分析评价因子表

因子		分级标准	生态敏感度	赋值	权重	结果
地形地貌	高程	＞3810m	高度敏感	7	0.1360	
		3810~2423m	中度敏感	5		
		2423~1718m	低度敏感	3		
		1718~1054m	不敏感	1		
	坡度	≥ 25°	高度敏感	7	0.1412	
		15° ~ 25°	中度敏感	5		
		5° ~ 15°	低度敏感	3		
		＜5°	不敏感	1		
土地利用	土地利用类型	林地、水域	高度敏感	7	0.1674	
		耕地	中度敏感	5		
		园地、草地	低度敏感	3		
		人造地表、裸地	不敏感	1		
土壤侵蚀	土壤侵蚀	极强度侵蚀	高度敏感	7	0.1256	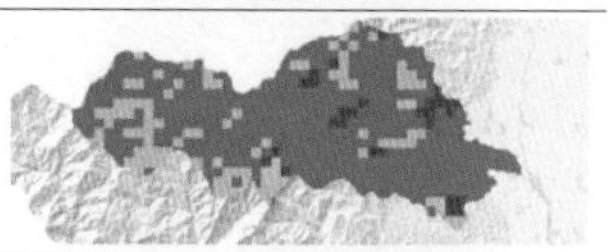
		强度侵蚀	中度敏感	5		
		中度侵蚀	低度敏感	3		
		低度侵蚀	不敏感	1		
	到主要交通道路距离	≥ 3.0km	高度敏感	7	0.1311	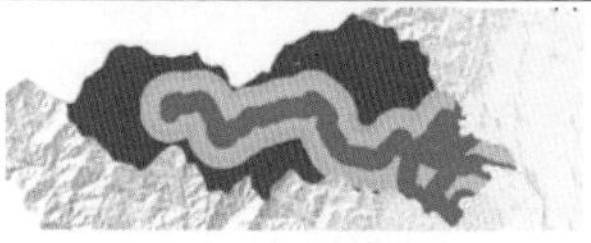
		2.0 ~ 3.0km	中度敏感	5		
		1.0 ~ 2.0km	低度敏感	3		
		＜1.0km	不敏感	1		
距离条件	到居民点距离	≥ 3.0km	高度敏感	7	0.1313	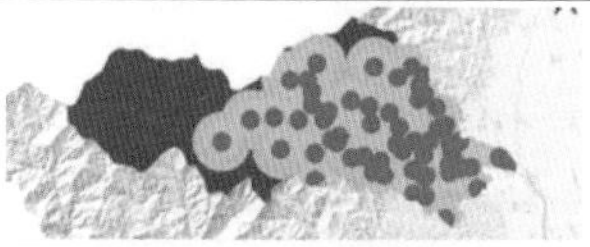
		2.0 ~ 3.0km	中度敏感	5		
		1.0 ~ 2.0km	低度敏感	3		
		＜1.0km	不敏感	1		
	到水域距离	≤ 100m	高度敏感	7	0.1674	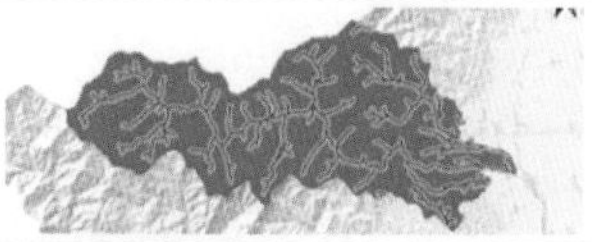
		100 ~ 200m	中度敏感	5		
		200 ~ 300m	低度敏感	3		
		＞300m	不敏感	1		

结论：

片区内高敏感度区占比 30%、中敏感区占比 37.3%、低敏感度区占比 21.4%、不敏感度区占比 11.3%。

低敏感区、不敏感区主要集中在山中谷地以及平原区域，分布较为集中，都以道路串联这两类区域。中敏感区、高敏感区主要集中在山地区域等人迹罕至区域。

综合分析可知，场地内山地区域现状生态条件较好。

片区生态敏感性分析图

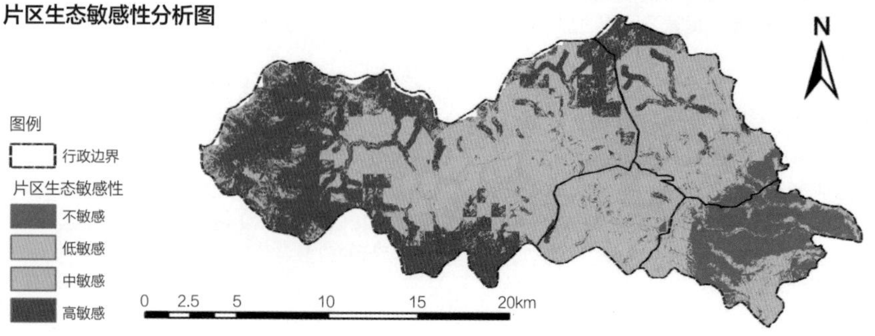

片区现状专题——城镇结构分析
Town Structure Analysis

片区内城镇结构与职能现状图

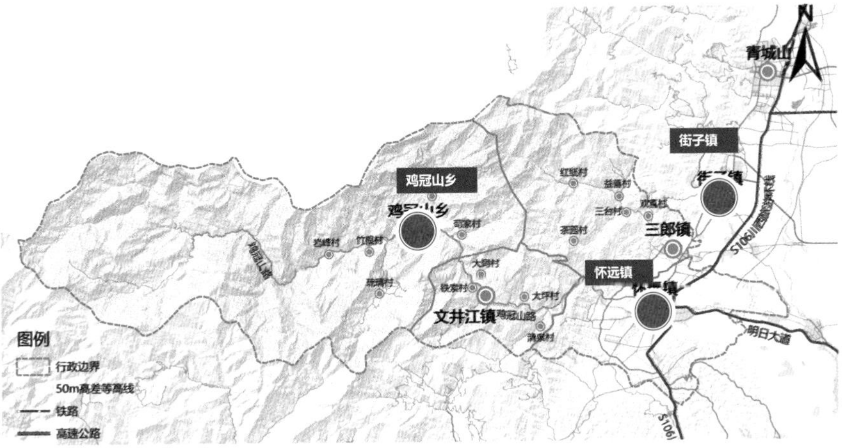
青城山
街子镇
鸡冠山乡
红纸村
益善村
三台村
欢喜村
荷家村
茶园村
三郎镇
岩峰村
竹根村
琉璃村
大同村
铁索村
太坪村
怀远镇
文井江镇
清泉村
明日大道
S106
图例
行政边界
50m高差等高线
铁路
高速公路

「街子镇」
城镇特色：文创小镇；
功能定位：旅游景区及旅游服务中心。

「怀远镇」
城镇特色：藤艺小镇；
功能定位：藤文化展示基地、山前商贸服务基地、山区生态移民配套保障区。

「鸡冠山」
城镇特色：山地养生小镇；
功能定位：山区公共服务中心、龙门山生态旅游综合功能区旅游服务基地。

片区内城镇人口和接待量分布图

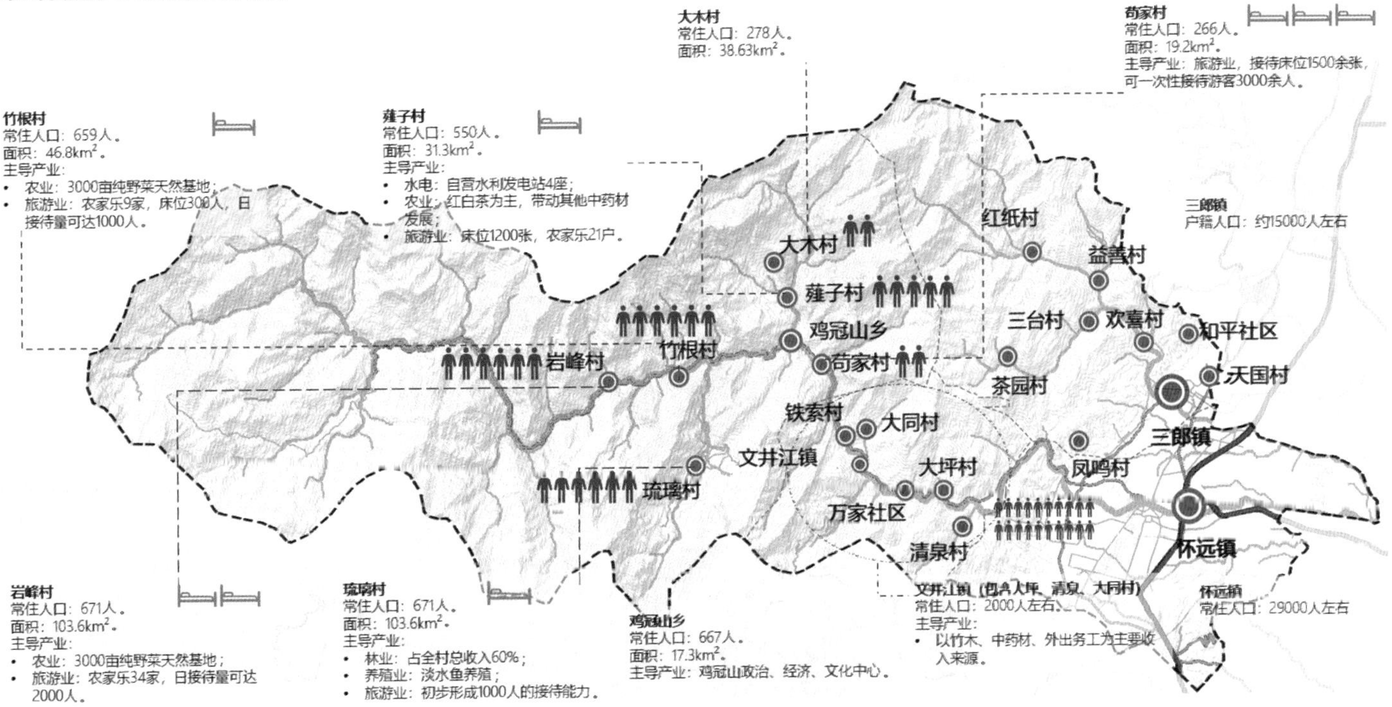
大木村
常住人口：278人。
面积：38.63km²。
荀家村
常住人口：266人。
面积：19.2km²。
主导产业：旅游业，接待床位1500余张，可一次性接待游客3000余人。
竹根村
常住人口：659人。
面积：46.8km²。
主导产业：
• 农业：3000亩纯野菜天然基地；
• 旅游业：农家乐9家，床位300人，日接待量可达1000人。
蓮子村
常住人口：550人。
面积：31.3km²。
主导产业：
• 水电：自营水利发电站4座；
• 农业：红白茶为主，带动其他中药材发展；
• 旅游业：床位1200张，农家乐21户。
三郎镇
户籍人口：约15000人左右
大木村
蓮子村
鸡冠山乡
荀家村
红纸村
益善村
三台村
欢喜村
和平社区
天国村
茶园村
岩峰村
竹根村
铁索村
大同村
文井江镇
大坪村
凤鸣村
三郎镇
琉璃村
万家社区
清泉村
怀远镇
岩峰村
常住人口：671人。
面积：103.6km²。
主导产业：
• 农业：3000亩纯野菜天然基地；
• 旅游业：农家乐34家，日接待量可达2000人。
琉璃村
常住人口：671人。
面积：103.6km²。
主导产业：
• 林业：占全村总收入60%；
• 养殖业：淡水鱼养殖；
• 旅游业：初步形成1000人的接待能力。
鸡冠山乡
常住人口：667人。
面积：17.3km²。
主导产业：鸡冠山政治、经济、文化中心。
文井江镇（包含大坪、清泉、大同村）
常住人口：2000人左右。
主导产业：
• 以竹木、中药材、外出务工为主要收入来源。
怀远镇
常住人口：29000人左右

片区现状专题——文化遗产和旅游分析

Cultural Heritage and Tourism Analysis

文化遗产图分布图

「凤鸣村」
位于崇州市三郎镇的凤鸣村，有着上千年的历史，其境内现存最早的建筑可追溯到隋朝时兴建的大明寺。堪称中国古代建筑选址典范的大明寺不仅有深厚的历史文化积淀，其建筑选址更是完全遵从了中国古代的风水学。

「大坪村」
在大坪村7组，山腰处有一块东西走向的巨大岩石，叫“都统岩”，陡峭如城墙，高约百米，长约5000m。登上“都统岩”，海拔1580m、方圆2km²的“观景台”极目远眺，晴朗日尽可看到崇州、大邑、都江堰和成都等地的平原风光。

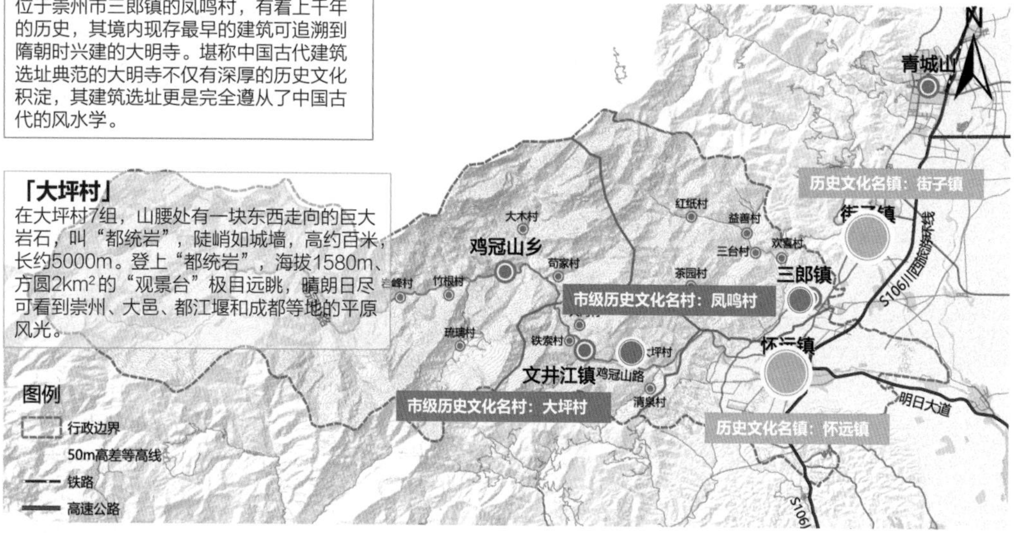

「街子镇」
街子镇在崇州城西北25km的凤栖山下，与青城后山连接，有以晋代古刹光严禅院为中心的32座寺庙等古迹。街子镇在五代时名为“横渠镇”，因横于味江河畔而得名。

「怀远镇」
怀远原名“横原”，两名谐音，但“怀远”更上口，更响亮。在清乾隆年间，古镇已有东、南、西、北4条街道，并均设栅门，清光绪初年又增至8条街道，到新中国成立初期，怀远街巷已有21条、后又陆续新建拓宽了不少街道，加上庙宇、宗祠、会馆、教堂等古建筑，其规模在川西片区都堪称一流。

资料来源：
崇州市总体规划（2016—2035）

片区游记梳理

通过马蜂窝、抖音等平台进一步搜索，发现绝大多数游客都是驴友，主要游览方式为户外徒步，游览线路趋同。

总结：

场地优势：①森林覆盖率达 95% 以上，有国家一、二级重点保护的珍稀植物，如珙桐、银杏、水杉等，极富观赏与科学考察价值；②园区内野生动物分布广泛，如牛羚、金丝猴、小熊猫等珍稀野生动物，种群密度很高，在海拔 2000~3000m 一带时常出现成群活动的金丝猴，在红水黑、黑凼、野牛洞等地，是牛羚经常活动的栖息之处。

存在问题：①管理空缺，对游客行为没有管理导则，游客露营地设置不明确，游客乱丢垃圾现象严重；②自然灾害频繁，如泥石流、滑坡；③野生动物常出没，游客偶遇熊、野猪等情况，缺少安全预防与应对方法；④社区参与程度低，没有有效转换为当地人的经济收益；⑤科普教育功能不足，针对小学生夏令营活动，没有系统的组织，缺乏有效措施落实自然教育。

片区规划设计——当下困境

Current Dilemma

居民生产生活对大熊猫栖息地造成威胁

大熊猫栖息地受路网、矿山、水电站和景区等阻隔，社区居民放牧、耕种和大面积栽种经济林木等生产经营活动干扰越来越频繁，大熊猫栖息地中小斑块较多，连通性差，栖息地破碎化仍是威胁其生存的主要因素，部分局域种群面临生存风险。

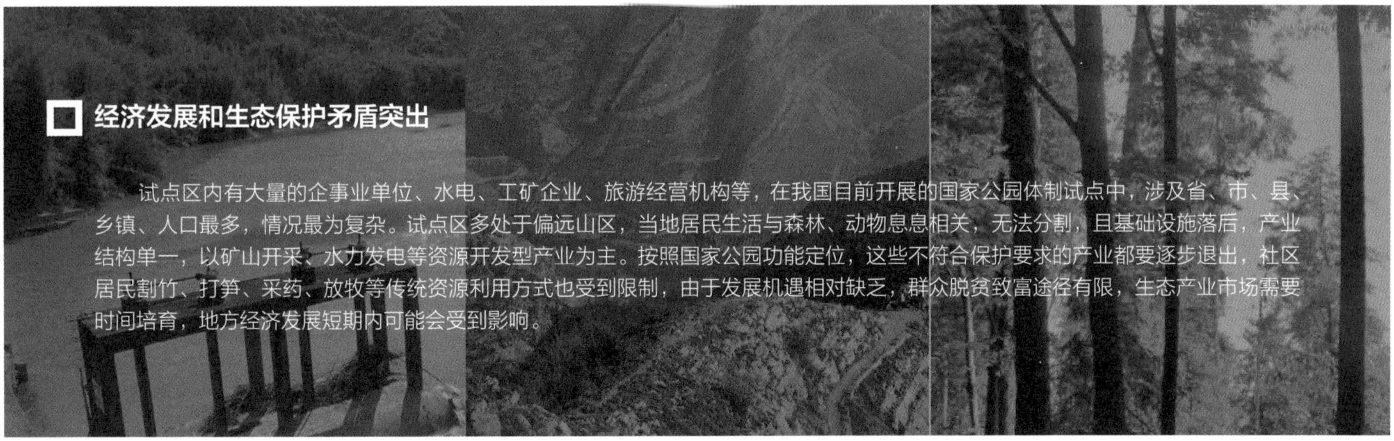

经济发展和生态保护矛盾突出

试点区内有大量的企事业单位、水电、工矿企业、旅游经营机构等，在我国目前开展的国家公园体制试点中，涉及省、市、县、乡镇、人口最多，情况最为复杂。试点区多处于偏远山区，当地居民生活与森林、动物息息相关，无法分割，且基础设施落后，产业结构单一，以矿山开采、水力发电等资源开发型产业为主。按照国家公园功能定位，这些不符合保护要求的产业都要逐步退出，社区居民割竹、打笋、采药、放牧等传统资源利用方式也受到限制，由于发展机遇相对缺乏，群众脱贫致富途径有限，生态产业市场需要时间培育，地方经济发展短期内可能会受到影响。

国家公园一般控制区生态体验与科普教育功能缺失

大熊猫国家公园在严格保护自然生态系统的前提下，按照绿色、循环、低碳的理念开展教育与生态体验活动，设计符合保护要求的自然教育项目与生态体验线路，合理确定访客承载数量，加强自然教育与生态体验管理。 但当下的国家公园内没有设置相应基础服务设施、风景驿站、研学线路以及标识标牌等。

片区规划设计——规划概念与目标

Planning Concepts and Goals

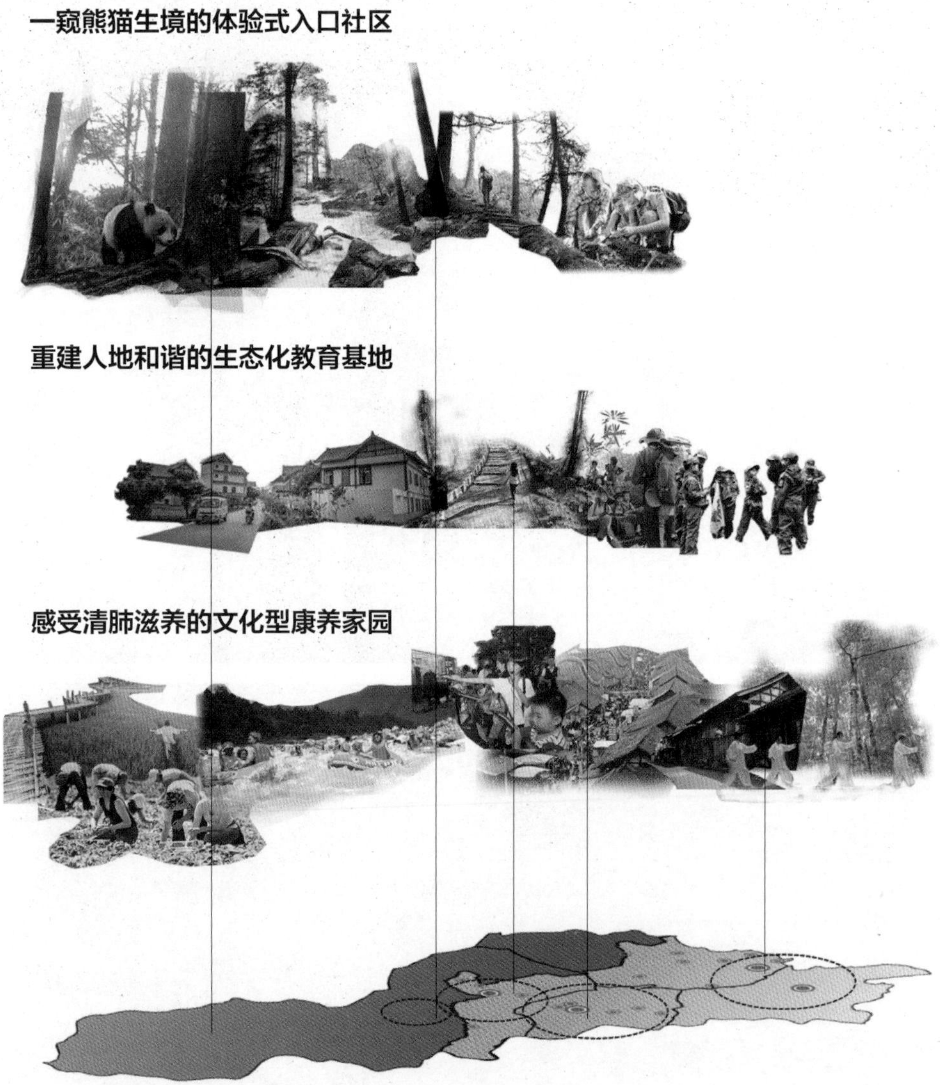
一窥熊猫生境的体验式入口社区
重建人地和谐的生态化教育基地
感受清肺滋养的文化型康养家园

均衡布局，梯级利用，合理控制开发强度：

- 避免在国家公园周边边界上大拆大建，将建设用地和功能均衡布置到整个片区，带动片区的协同发展。
- 从国家公园到山下服务区实现梯级利用，在保护区外设置一定缓冲区来实现保护地的生态目标。
- 整体上实现分级、分类保护利用，从而合理控制开发强度。

联合基础教育，打造户外教学基地：

- 和成都当地中小学合作，提供科普教育基地。
- 根据年龄进行不同的教育分级，形成适应各个年龄阶段的教学内容。
- 完善户外解说体系，保证国家公园教育功能的充分发挥。

以生态优先原则助力康养产业发展：

- 避免大拆大建式康养产业发展，利用好良好生态环境带来的康养潜力。
- 优化康养小镇产业结构，以第三产业为核心，提升服务质量。
- 保留当地乡镇脉络及结构，凸显当地文化，将文化融入康养服务之中。

完善国家公园管理体制建设：

- 场地原始性强，需要建立安全机制，保证国家公园内游客的生命安全。
- 建立对完善国家公园边界的管理机制，避免游客未经允许越界闯入。

规划概念与目标

片区规划设计——规划结构
Planning Structure

四心：以怀远镇和鸡冠山乡为片区中心，以三郎镇和文井江镇为片区副中心，来支撑区域保护发展。

两轴：国家公园入口主轴和可持续社区发展副轴。以唯一一条交通干道为主轴，形成国家公园线性小镇的发展模式，以点、线、面的结构体现国家公园要素。以可持续社区发展副轴构建凤栖山景区和青城后山的发展副轴，带动周边社区发展。

三片：结合生态保护、产业发展、职能定位划定**生态保护区、森林康养区和山前服务区**三区。

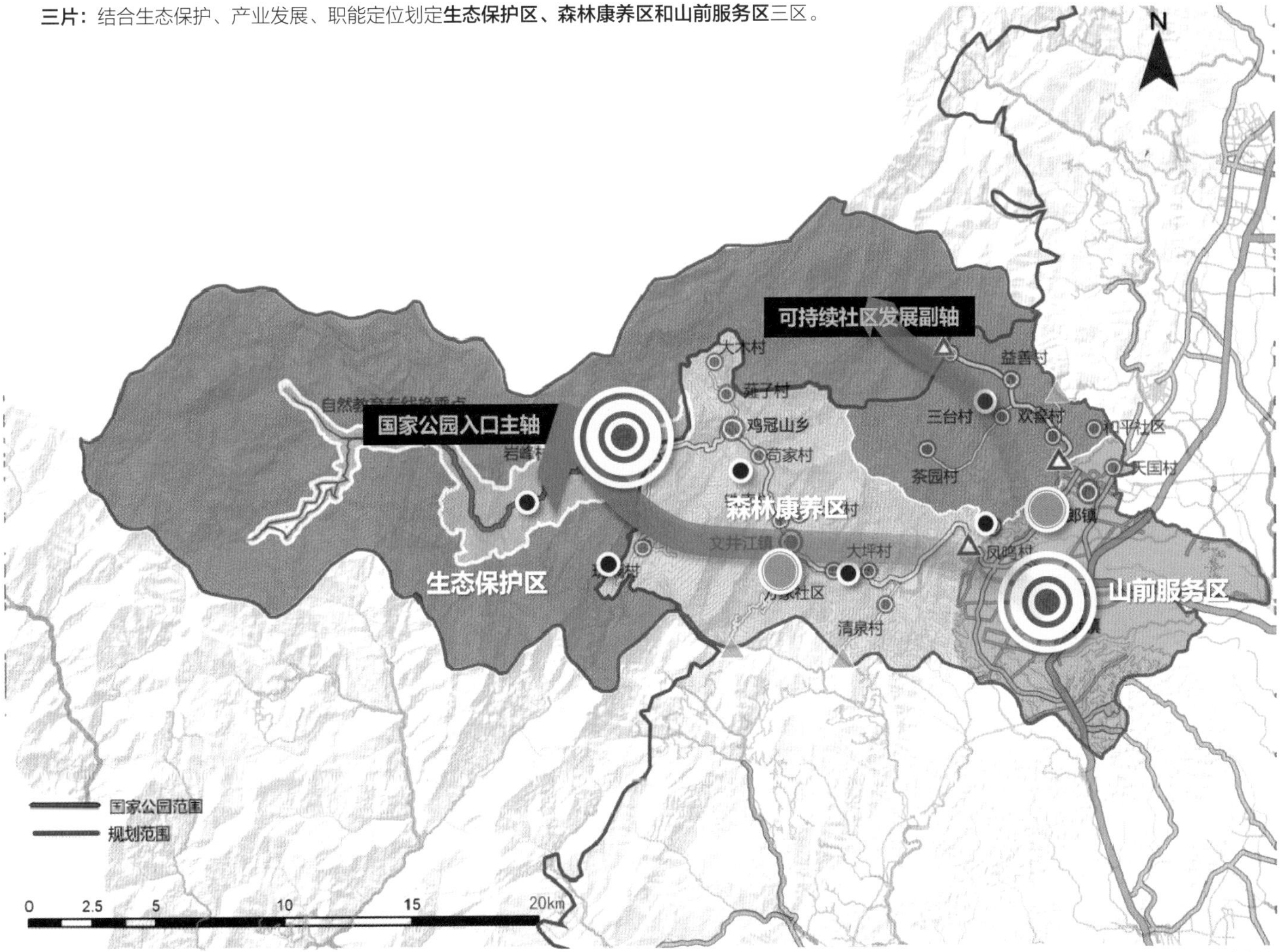

规划结构图

片区规划设计——村镇职能
Village Functions

生态保护村镇

- 接近或位于国家公园内部的一般控制区范围内，村镇视情况搬迁，但规模需得到控制。
- 村镇日后会成为国家公园内重要的环境教育基地。

国家公园入口村落

- 服务接待规模小于怀远镇和文井江镇。
- 村落本身有着独特的景观风貌，展示我国国家公园的独特性。
- 作为国家公园 1~2 日游的生态体验节点。

森林康养村镇

- 体现片区“原生”自然的特点。
- 风景游赏。
- 体现大熊猫国家公园特征。
- 作为 1~2 日生态旅游的目的地。
- 极个别村镇提供少量高端住宿过夜服务。

服务型村镇

- 鸡冠山乡镇：

国家公园入口社区；国家公园门户社区；重要的环境教育科普宣传中心。

- 文井江镇：

国家公园生态修复示范小镇；承接过夜人流；展示国家公园生态修复的成果。

- 三郎镇：

国家公园入口小镇；承接前往凤栖山风景区的主要人流；国家公园生态体验支线的重要节点。

- 怀远镇：

国家公园入口小镇；承接主要人流；作为山前入口区提供公共停车场、过夜住宿等服务；上山交通集散点。

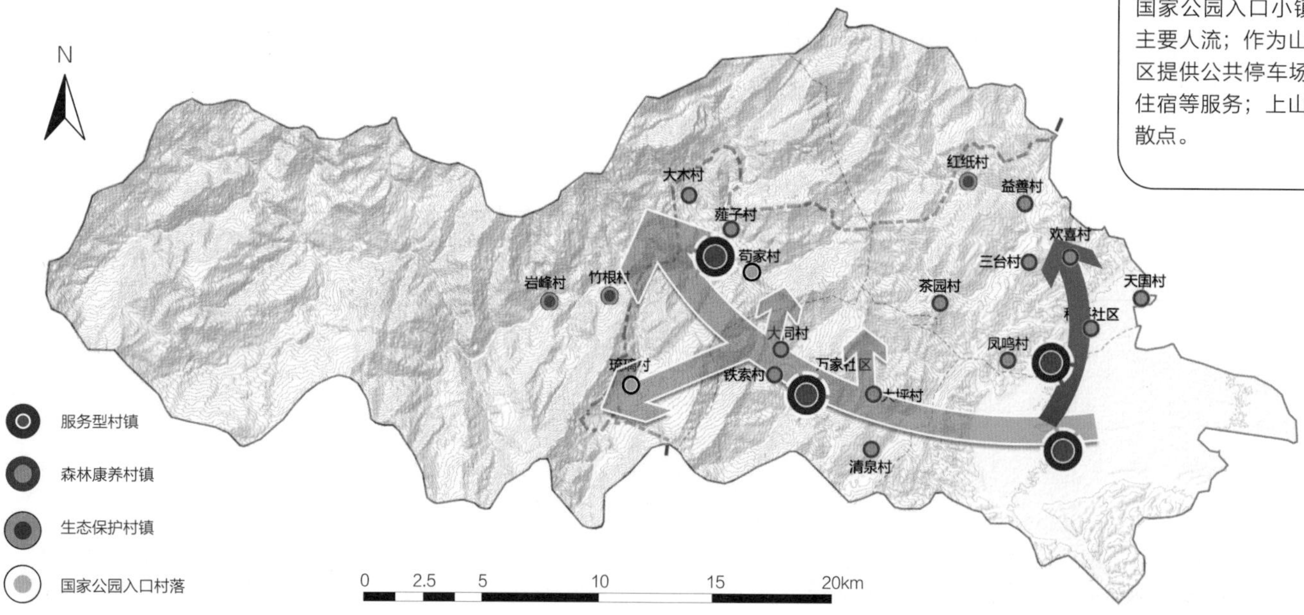

片区村镇职能规划图

片区规划设计——保护利用分区
Protection and Utilization Zone

国家公园核心保护区：

该区是大熊猫国家公园鸡冠山乡片区内物种分布最集中、生物多样性最丰富、生态敏感性最高的区域，面积为 287.97km^2。

国家公园一般控制区：

该区包括大熊猫国家公园鸡冠山乡片区中风景资源禀赋优秀以及国家公园内村镇相对集中的区域，面积为 26.34km^2。

国家公园外围缓冲区：

该区包括的风景资源相对较少、植被环境良好、生态环境相对较好的区域，总面积为 142.08km^2。

控制建设区：

该区是片区集散对外交通、承接过夜服务、科普宣教设施及游览设施的集中建设区域，是该片区利用强度的最高点，总面积为 70.61km^2。

划分依据

原有保护地范围

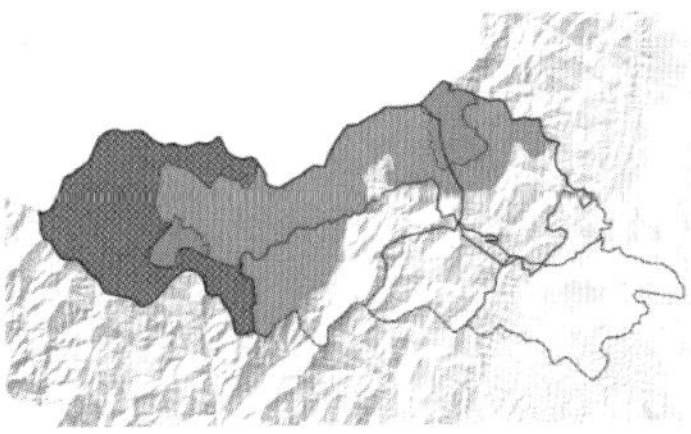

新国家公园边界

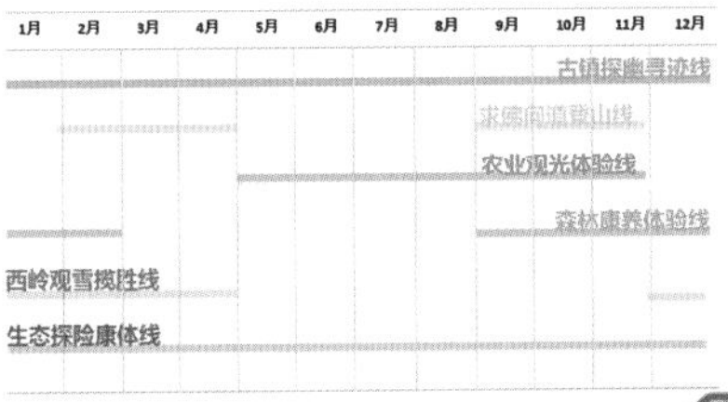

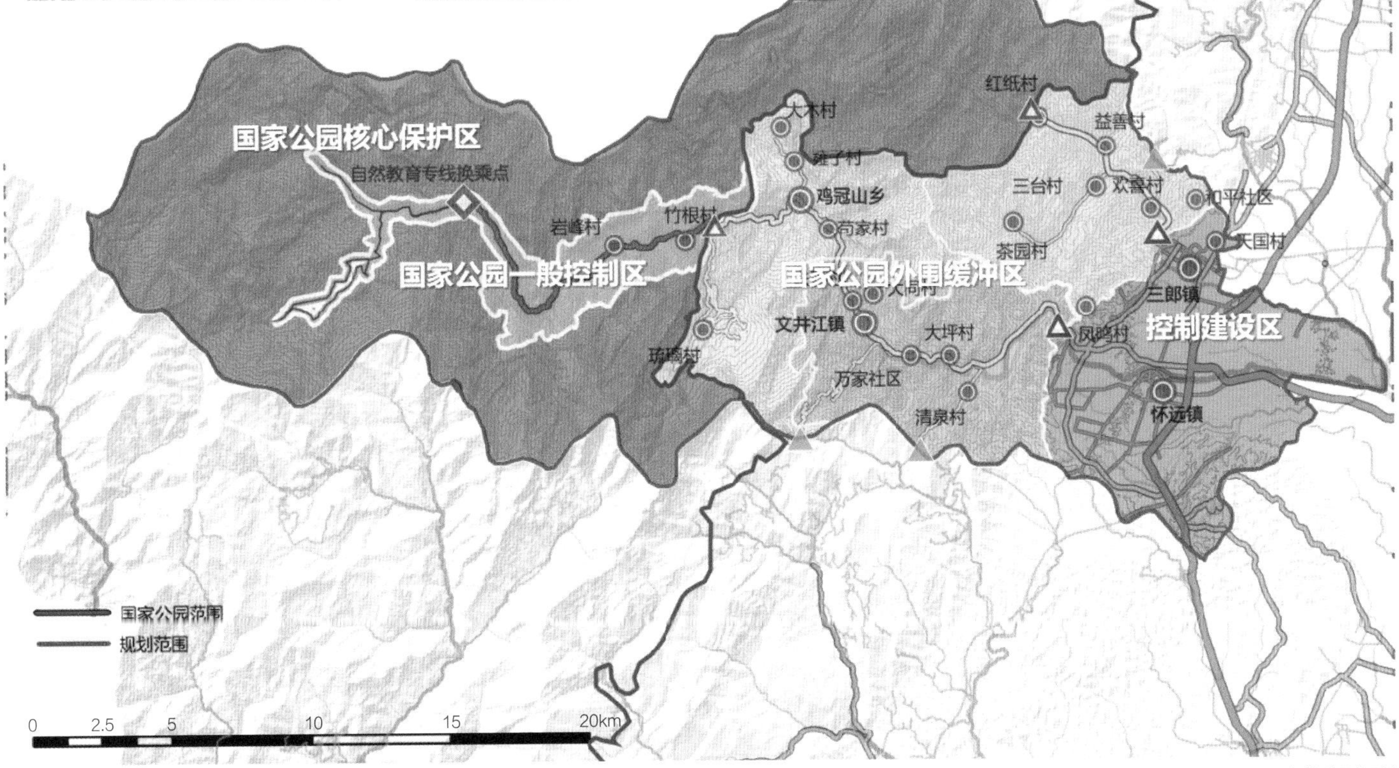

保护利用分区图

片区专项规划——环境教育规划
Environmental Education Planning

线路 1：熊猫寻迹

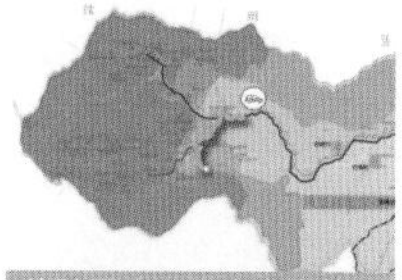

体验国家公园内丰富的动物资源和其原生生境特点，了解以大熊猫为主的国家保护动物生活习性、生境条件要求

线路 2：峡谷探秘

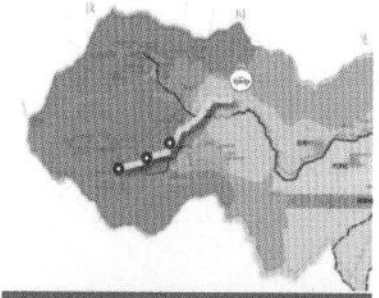

体验完整的峡谷景观，上峡谷、中峡谷、下峡谷、水帘洞等景观，思考峡谷地貌的成因

线路 3：高山植物

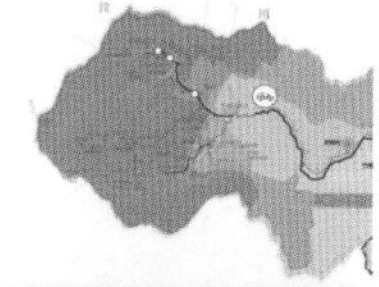

感受国家公园内原生植被之美；鸡冠山脚一带是高山草甸，春季野花点点、夏季绿茵如毯，秋季草衰金黄，冬季白雪皑皑

线路 4：天景无限

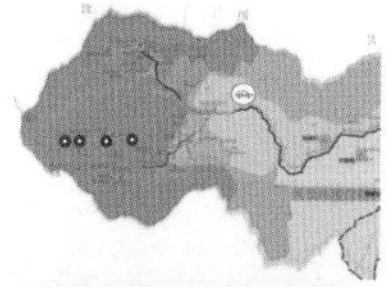

景区云雾、佛光变幻无穷，日出奇美，有川西云障之称，又有华西雨凭。“鸡冠峰”是日出、佛光、雾岚的极佳观赏之地

线路 5：山水寻源

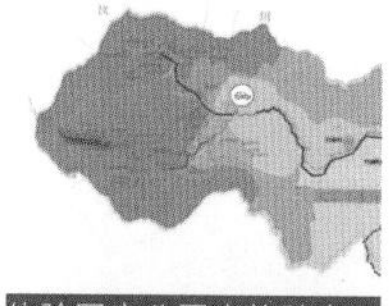

体验国家公园内的跌水飞瀑、深峡奇谷，瀑布气势飞腾，喷云泄雾；三组瀑布群：白云沟瀑布群、小岩窝瀑布群和猫鼻梁瀑布群

线路 6：叠瀑灵泉

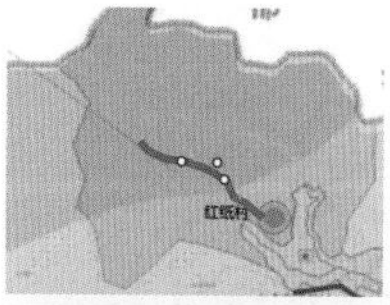

保护区内地下水资源极为丰富，孕育出众多清澈山溪，潺潺溪水在山谷内飞溅倾洒，构成川西地区非常难得的瀑布群景观

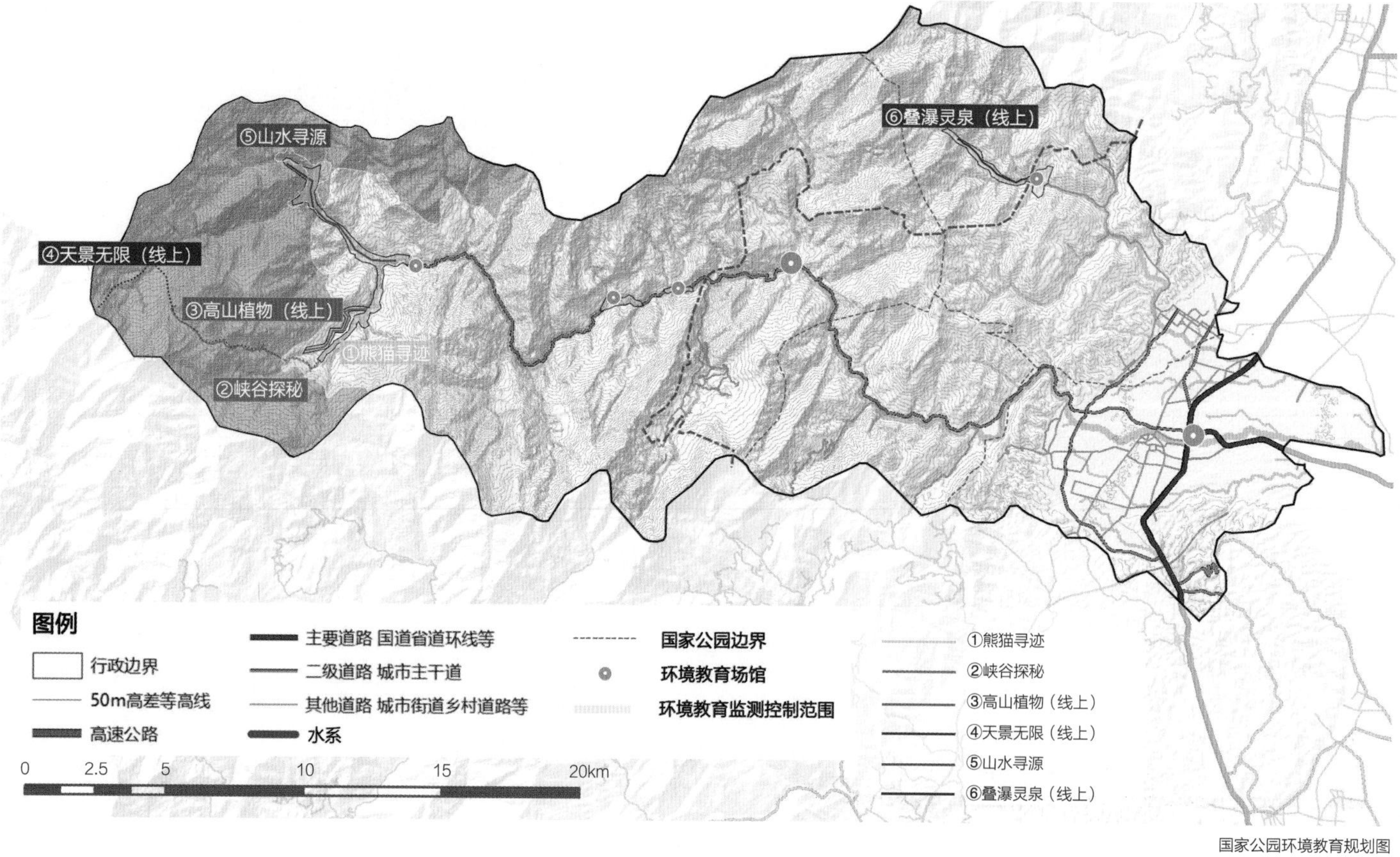

国家公园环境教育规划图

片区专项规划——交通规划

Traffic Plan

当前场地交通规划，主要分为四个部分：**山前线路、山内线路、自然教育专线与自然教育步行线。**

山前线路：是指外部如成都市区、大邑县、都江堰市方向前来的游客到达怀远镇和三郎镇的线路。

山内线路：是指由怀远镇、三郎镇前往山内游憩区域的交通专线。除村民外可以享受私家车辆上山，游客需将车辆集中停放在山前的怀远镇和三郎镇，进山必须乘坐交通专线。

自然教育专线：游客于换乘点乘坐由鸡冠山乡至自然教育专线的国家公园教育专线。

自然教育步行线：依据现状路线，设置砂石路等对环境破坏极小的步行道路，用以服务人数极少的自然教育与生态体验。

根据现状道路条件采用中型公共汽车，最大载客量约 55 人。可根据实际游客量增加或减少班次，班次的范围区间是 5~30min / 班，最大运载力区间为 110~660 人 /h。

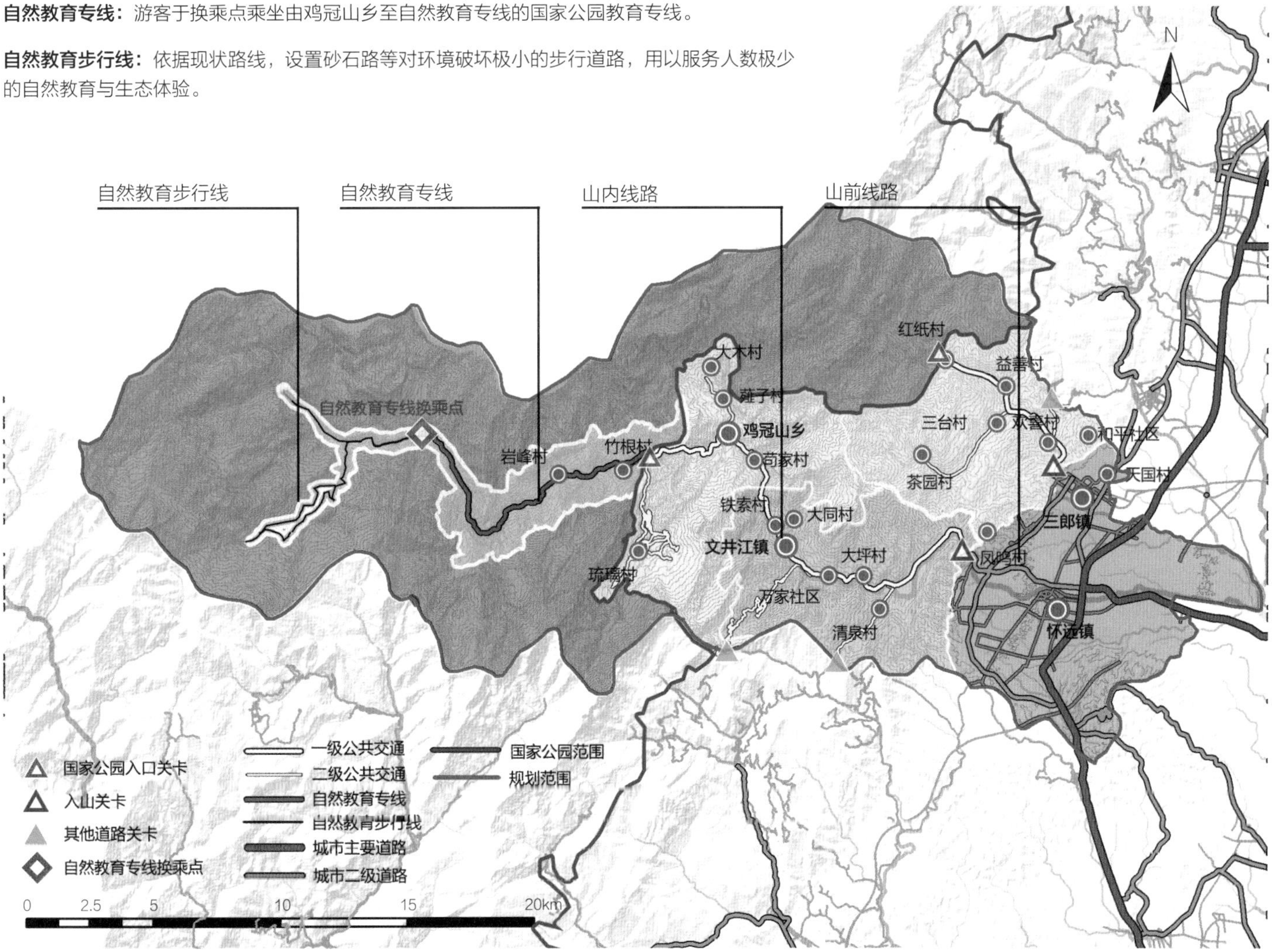

交通规划图

片区专项规划——游憩规划

Recreation Plan

游憩规划根据规划片区的保护利用的分区与场地现有资源的情况，围绕国家公园原生环境体验主题、国家公园入口社区科普教育主题、国家公园入口村镇康养主题，进行游憩组织与计划。

国家公园各分区游憩组织与计划表

分区		资源	活动内容	定位	游客量（万人 / 年）	交通方式	功能	备注
国家公园	国家公园核心区	山（地质特色、高山峡谷）、水（江源河流、跌水瀑布）、珍稀动植物（垂直带谱、森林林相、季相变化等；牛羚、金丝猴、小熊猫等）、天象奇观	科研考察	严格保护	—	步行	保护生态	1 万访客 / 年
	国家公园一般控制区		生态体验、自然观察、自然教育、森林浴、森林漫步、登山、攀岩	保护为主	<20	步行、骑行	生态体验、国家公园科普	预约
国家公园缓冲区	一级缓冲区	溪流瀑布、高山峡谷、寺庙、特色植物带	自然风光游赏、森林浴、森林漫步	保护重要景源	<30	步行＋公共交通	生态旅游、科普旅游	购票
	二级缓冲区	村庄聚落、山地田园景观	国家公园科普、田园与自然观光		<60	公共交通	观光旅游、乡村体验	—
	三级缓冲区	古镇文化、康养小镇	康养社区、农事体验、地方风俗体验			公共交通	观光旅游、康养体验	—
国家公园山前服务区	—	林盘景观、古镇文化	文化探秘、历史寻踪		<200	公共交通＋私家车	观光旅游	—

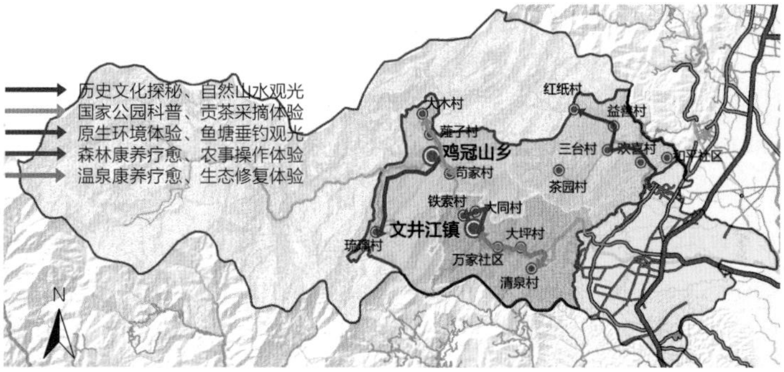

国家公园缓冲区游憩资源图

国家公园缓冲区游憩机会

游憩主题	游线组织	主要资源	游憩活动	备注
历史村落观光	欢喜村—三台村—益善村—红纸村	樱花基地 / 林业 / 漂流	文化探秘；自然山水游览	一级缓冲区
原生环境体验	鸡冠山路—琉璃村	鱼塘园区、植物垂直带谱、特色色叶林相观光	农家乐体验、鱼塘观光、垂钓体验	二级缓冲区
国家公园科普	鸡冠山路—苟家村—蕨子村	国家公园入口社区、茶叶与药材园区	国家公园科普、茶叶与药材观光、采摘体验	
康养疗愈生态修复	文井江镇—大司村	天然医疗温泉 / 贡茶 /2 万多亩竹林 / 天然溶洞	展示国家公园生态修复的成果（矿坑修复）；前往温泉康养村落的中转站	三级缓冲区
	文井江镇—铁索村			
	文井江镇—万家社区—大坪村—马家社区—清泉村			

国家公园山前服务区游憩资源图

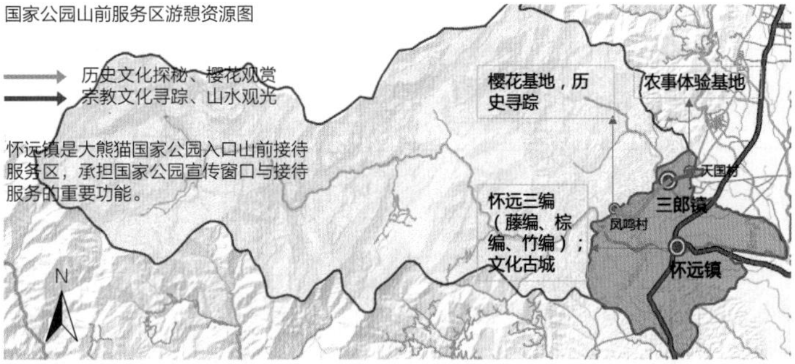

片区游程规划图

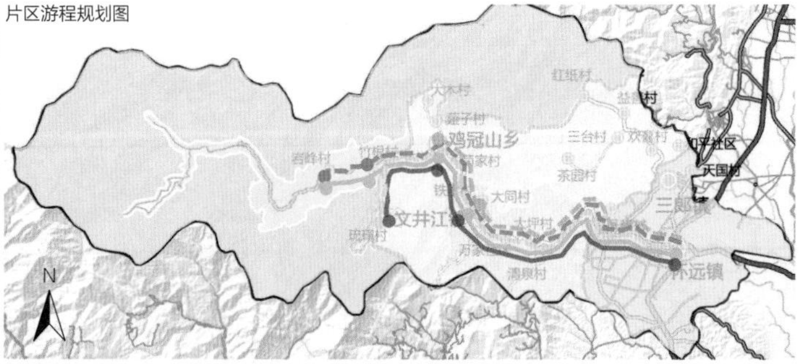

国家公园山前服务区游憩机会表

游憩主题	游线组织	主要资源	游憩活动	备注
文化休闲、小镇康养	三编体验线	三编（非物质文化遗产）、迴澜塔、天后宫（历史文化古镇）	接待服务中心、生产生活中心（特色餐饮、住宿、休闲活动、国家公园宣传窗口与集散区）	国家公园山前服务区
	六街灯火体验线			
	国家公园入口接待服务中心体验线			
林盘景观、休闲观光	三郎镇—凤鸣村	凤栖山、林盘、大明寺、千佛山	文化探秘、历史寻踪；前往森林康养村落的中转站	
	三郎镇—天国村			

游程规划表

游程	图例
国家公园一般控制区（竹根村＋岩峰村）	
国家公园入口村落（琉璃村）	
国家公园入口康养小镇（大同村）—国家公园入口社区（鸡冠山乡）	
国家公园入口小镇（怀远镇）—国家公园入口康养小镇（文井江镇）—国家公园入口村落［大同村（住）］—国家公园入口社区（鸡冠山乡）—国家公园一般控制区（竹根村＋岩峰村）	
国家公园入口小镇（怀远镇）—国家公园入口村落（大同村）—国家公园入口社区（鸡冠山乡）—国家公园入口村落［琉璃村（住）］	

片区专项规划——社区发展规划
Community Development Plan

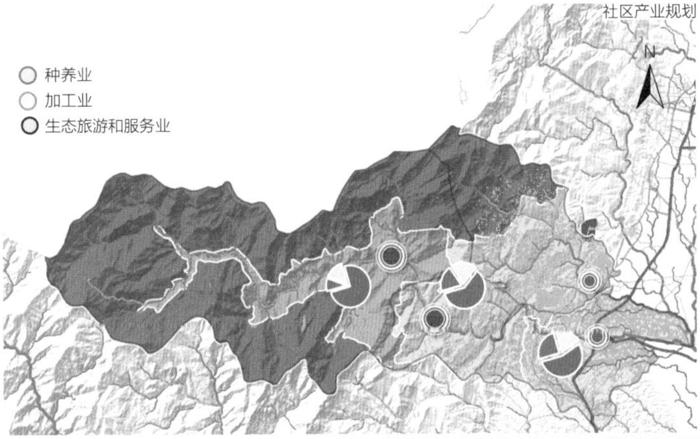

区域	内部社区	入口社区	生态小镇	入口小镇	其他
三产内容	培训、科研	教育、游赏	旅游、住宿	旅游、住宿	旅游、补贴
产业占比（%）	80	75	60	55	55~65

区域	内部社区	入口社区	生态小镇	入口小镇	总计
年游客量（人）	< 30000	≤ 250000	≤ 1500000	≤ 2000000	3000000
新增就业岗位（个）	100~150	200	700	700	1750

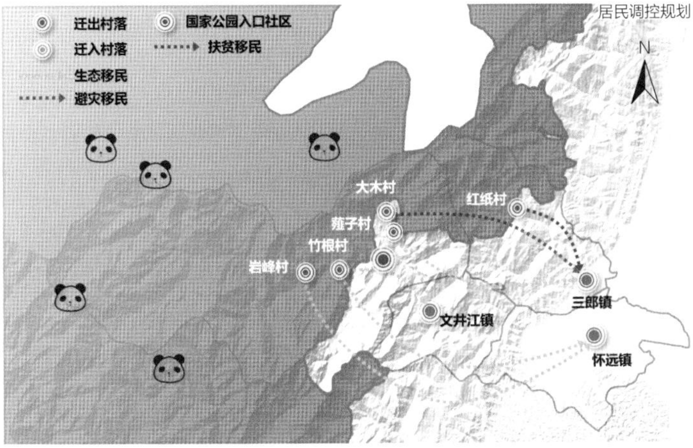

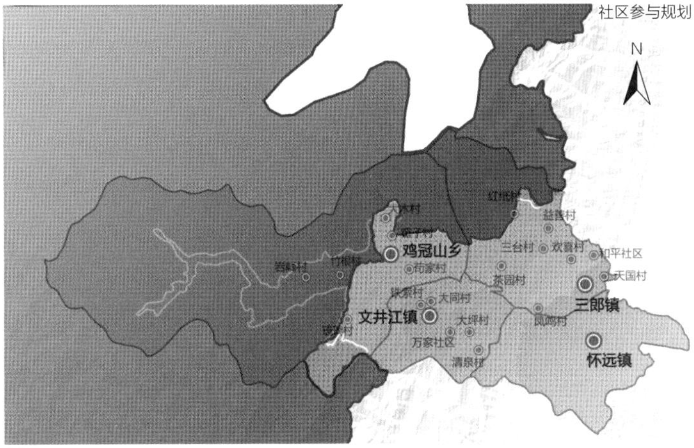

村落	岩峰村	竹根村	大木村	蕉子村	红纸村
迁出前人口（人）	671	659	278	550	—
迁出前人口（人）	300	300	0	250	—

参与方式	共管社区	特许经营社区	联营管理社区
主要社区	鸡冠山乡	三郎镇、文井江镇	凤鸣村、三台村
社区数量（个）	5	10	4

社区发展规划原则：
遵从社区参与性、社区受益性、社区传承性、利用与保护相结合、空间管控、分区实施等原则，保证当地居民充分参与，谋求保护与利用双赢。

居民调控规划：考虑移民成本以及绩效
从社区就业角度、考虑不同保护等级的服务质量及要求；从社区产业角度，考虑现有产业及产业对区域保护的影响；从社区参与角度，考虑社区周边不同环境以及与国家公园的相对关系。

环境影响评价
Environmental Impact Assessment

环境影响评价指标表

问题识别	目标	指标	现状	规划后	总结
生态环境	大熊猫栖息地环境质量得到提升	水电站数量	4 个	0 个	小水电站数量有效减少，恢复河流自然流淌状态
		矿山数量	3 个	0 个	关停矿山开发，进行生态修复，作为环境教育示范点
		林场面积	—	33.25km^2	缩小保护区内林场面积，恢复自然混交林状态
		国家公园内道路长度	—	5.2km	国家公园内道路长度得到控制，减少人为干扰
		保护地面积	—	增加保护地面积 15.34km^2，通过监测管理等手段提升保护区内有效保护面积	片区内总体保护面积得到有效提升
		国家公园内人口变化	1330 人	600 人	对国家公园一般控制区内人口进行生态移民
环境教育（国家公园）	国家公园环境教育职能进一步实现，带来人们生态保护意识提升	环境教育线路研发	—	6 条（线上 + 线下）	开发了 3 条线下环境体验游线（12km)、3 条线上科普考查线路
		综合场馆	—	6 个	建设野外科普展示地、大熊猫国家公园野化放归基地、大熊猫国家公园自然博物馆、大熊猫国家公园宣教中心等
		标识标牌	—	20 个	与解说教育结合，有效提升国家公园的环境教育绩效
		风景驿站	—	6 个	按每 2km 设置一个郊野型绿道的标准，共设置 6 个
社会经济	片区内社区居民收入增加，实现可持续发展	就业人数（社区共建）	—	1750 人	提供了较多就业岗位
		国家公园内社区居民每人每年补贴	0 元 / 年	4800 元 / 年	从门票收入中补贴国家公园内社区居民收入
		片区内预期潜在经济增长	—	1.5 亿元（其中 6000 万元为交通运输费用，9000 万元为其余收入）	有效带动片区经济增长发展

节点选择
Node Choices

节点区位示意图

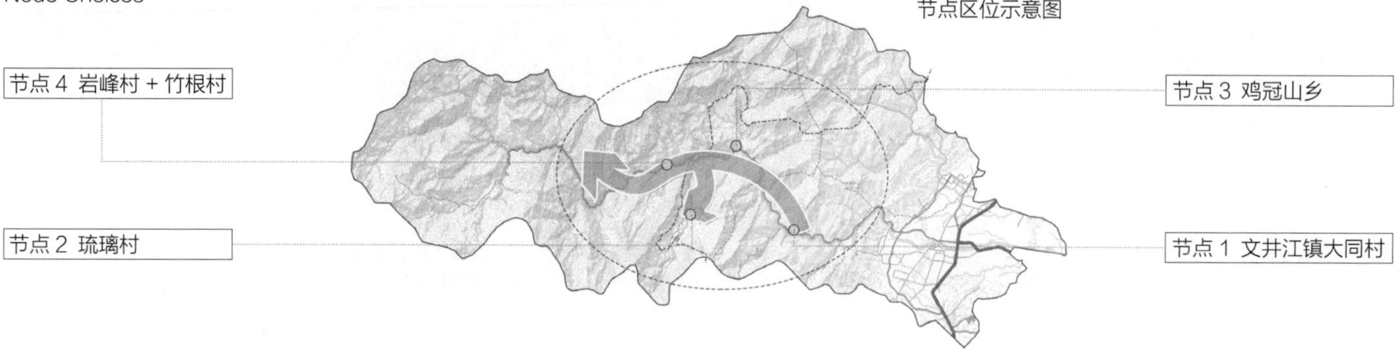

节点 1 文井江大同村

Key Area | Wenjingjiang Datong Village

场地分析图

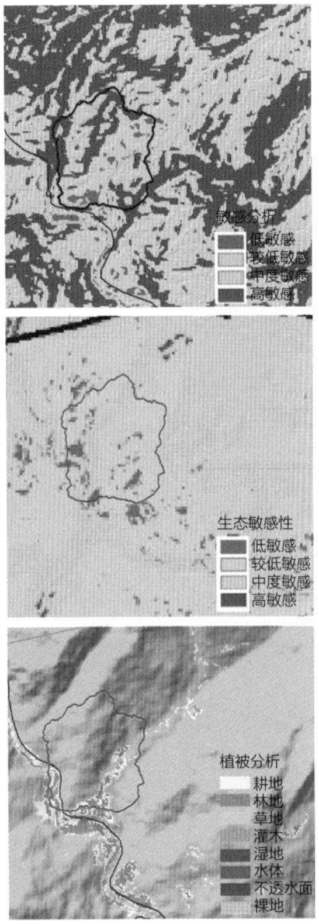

设计分析图

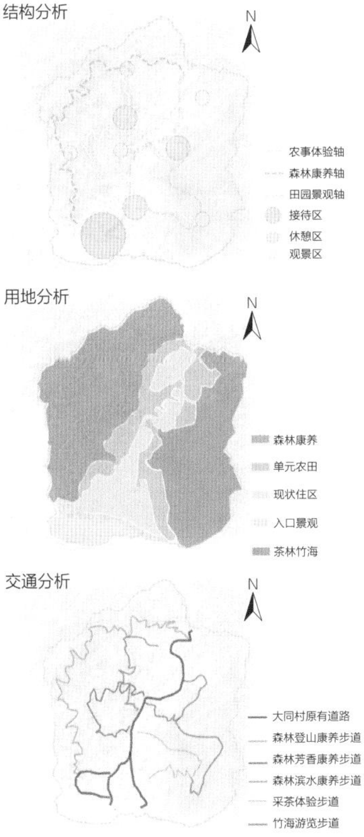

该节点位于大同村境内，面积约 2.1km^2。居民生活区地势平坦。山地海拔为 1000~2000m，森林覆盖率达到 95%，具有良好的生态环境。通过规划设计手段，对村民生活区进行微改造，完善基础设施，提升村庄景观，形成更适合村民生活的人居环境。整合现有耕地为单元式种植，结合二十四节气，每个节气都有各种农事体验以及农产品的食物供应。整合现有茶林种植地，开展贡茶采摘体验、茶叶制作工艺体验、品茶活动以及茶叶文创产品的售卖。利用现有林地，规划五感森林康养体验路线，在游人进行森林康养前可以先做身体检测报告，体验不同的森林康养后，再进行身体检测报告，打造科学、可靠的森林康养活动。

在大健康与生态文明建设的大背景下，利用片区良好的产业基础与生态条件，发展生态旅游、康养休闲、国家公园科普教育等绿色产业，增加社区居民就业率，改善居民生活环境。通过森林康养、农事体验、乡村观光旅游等深度生态体验项目，缓解城市居民的精神压力。

森林康养步道剖面图

节点 2 琉璃村
Key Area Ⅱ - Liu Li Village

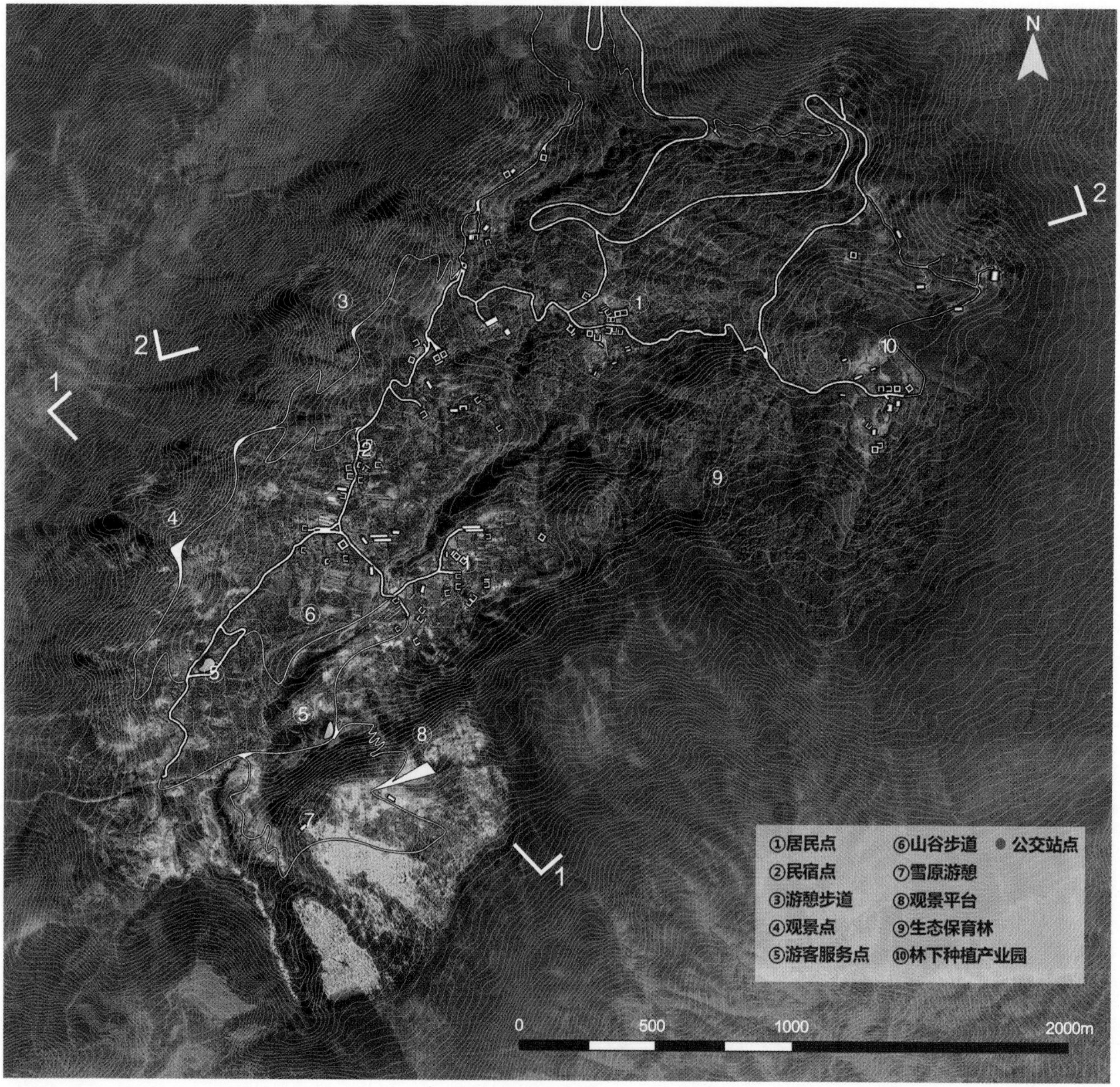

琉璃村总平面图

节点规划定位：

- 国家公园入口门户的首要接待服务区；
- 国家公园外人地和谐的重要游憩节点；
- 成都市最大的高山平原景观游览区；
- 崇州市重楼林下种植示范基地。

节点规划目标：

- 维持良好的景观特质与生态环境；
- 采用对生态环境影响最小的方式进行有限的开发利用；
- 提升游客游憩体验；
- 优化农家乐产业品质，并规范其发展；
- 在不破坏现有景观与生态条件的基础上，规范后续发展范围，继续发展林下种植中药材产业。

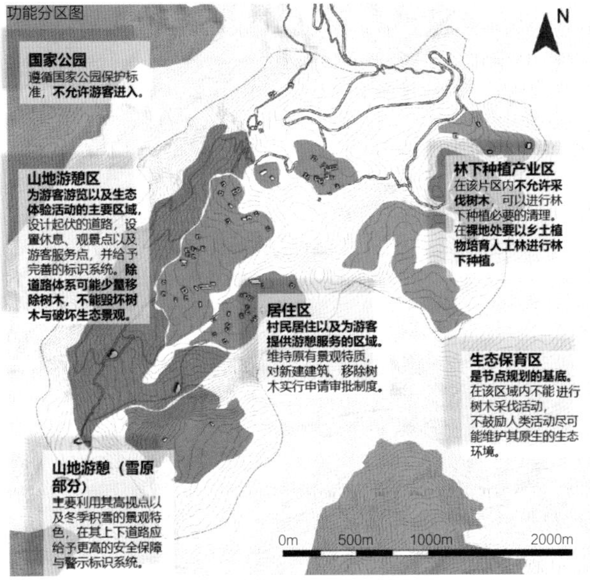
功能分区图
N
国家公园
遵循国家公园保护标准，不允许游客进入。
山地游憩区
为游客游览以及生态体验活动的主要区域，设计起伏的道路，设置休息、观景点以及游客服务点，并给予完善的标识系统。除道路体系可能少量移除树木，不能毁坏树木与破坏生态景观。
林下种植产业区
在该片区内不允许采伐树木，可以进行林下种植必要的清理。在裸地处要以乡土植物培育人工林进行林下种植。
居住区
村民居住以及为游客提供游憩服务的区域。维持原有景观特质，对新建建筑、移除树木实行申请审批制度。
生态保育区
是节点规划的基底。在该区域内不能进行树木采伐活动，不鼓励人类活动尽可能维护其原生的生态环境。
山地游憩（雪原部分）
主要利用其高视点以及冬季积雪的景观特色，在其上下道路应给予更高的安全保障与警示标识系统。
0m
500m
1000m
2000m

道路分析图
现状道路
新建游憩步道
②民宿点
④观景点
⑥山谷步道
原有游憩步道
⑤游客服务点
⑧观景平台
⑦雪原游憩
移除此道路

1-1剖面图
④观景点
⑧观景平台
⑤游客服务点
国家公园
生态保育区
山地游憩区
山地游憩（雪原部分）
生态保育区
国家公园

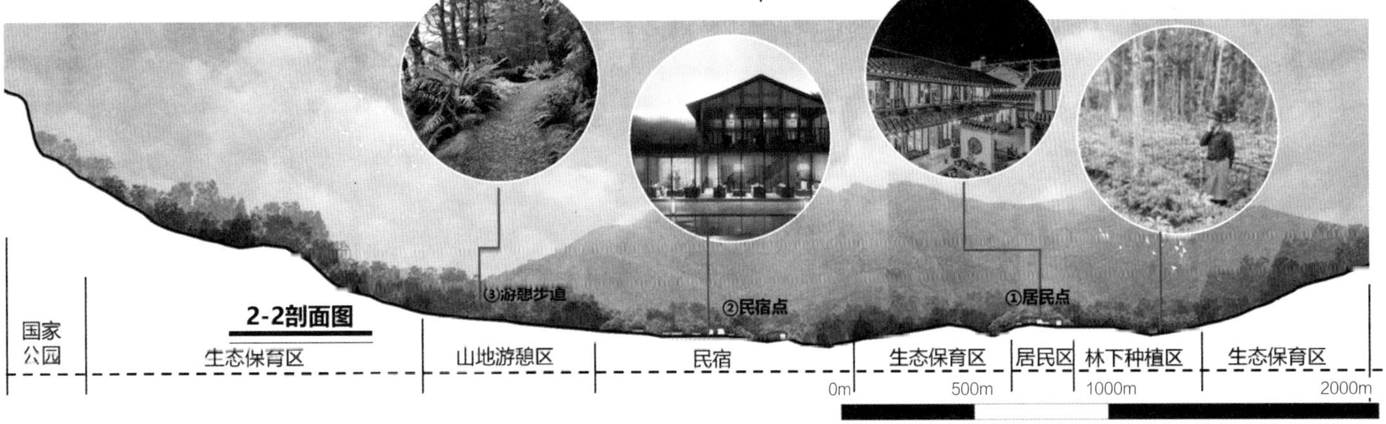
2-2剖面图
③游憩步道
②民宿点
①居民点
国家公园
生态保育区
山地游憩区
民宿
生态保育区
居民区
林下种植区
生态保育区
0m
500m
1000m
2000m

琉璃村剖面图（备注：剖面图中意向图均来自于百度图片）

节点 3 鸡冠山乡

Key Area Ⅲ Ji Guanshan Town

场地现状：

总面积为 5.3km^2，建筑风貌差别较大，部分建筑和优美的自然环境不匹配，缺少特点。自然环境优美，森林原始性强，景观多样化，但同时存在较多的山地自然灾害。

设计策略：

策略一：分散式“博物馆”，将展示内容融入居民日常生活中，租借居民房屋实现散点展示，同时让居民充分参与国家公园工作。

策略二：实施“预体验”，通过国家公园游览相关路线探索培训，筛选可入园人员，减轻救援压力，充分发挥入口社区的教育功能。

总平面图

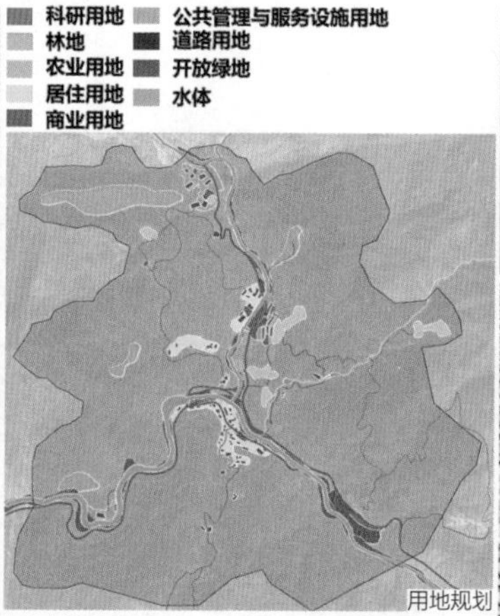

用地规划

场地现状

场地现状

入口综合服务区

地质灾害认知区

设计策略

节点4 竹根村+岩峰村

Key Area Ⅳ Zhugen Village and Yanfeng Village

问题发现

身份的转变：国家公园建立后，岩峰村和竹根村被划入国家公园一般控制区，如何协调该区域内的保护与利用成为重要问题。

资源的错位：虽然该区域成为大熊猫国家公园的一部分，但其自身资源没有达到国家公园级，如何让社区恰如其分地发挥其作用需要充分考虑。

社区居民解说

自然教育

生态体验

目标

打造国家公园内一般控制区的可持续村落发展示范区，承接部分游客的中转和服务接待功能。

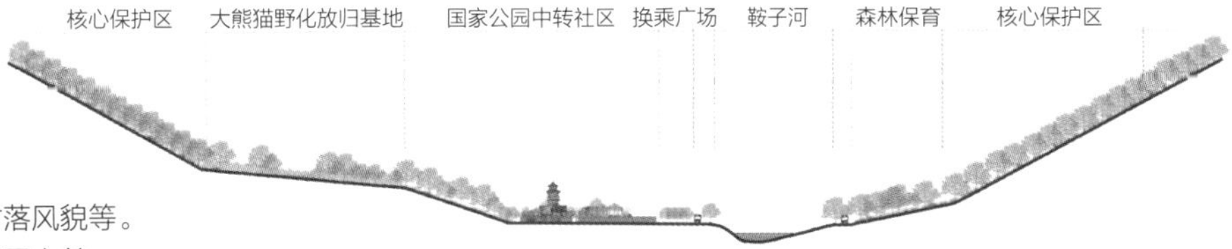

场地剖面

策略

策略一：打造多种示范区，如农业、环境教育、村落风貌等。

策略二：使游客体验国家公园的魅力，感受国家公园之美。

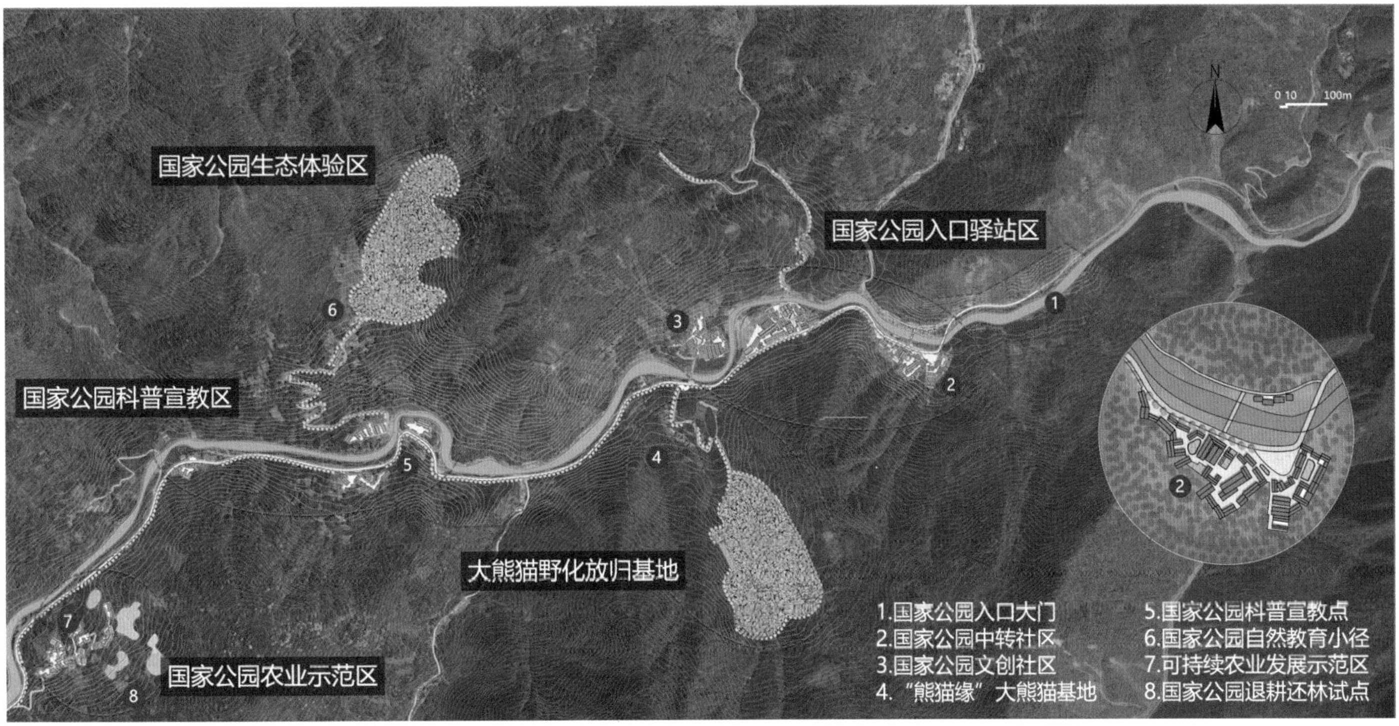

总平面图

在成都全域尺度上，基于前期分析与评价提出“PUS+”战略，以保护利用图谱为基础进行全域战略规划；在西控尺度上，基于针对性研究提出“ROS+”战略协调保护利用冲突；大邑县作为西控战略的代表，进一步提出基于 ECOS+ 理论的片区规划，从资源保护与游憩利用两方面展开详细分析，根据评价结果将保护需求和利用程度分级，构建矩阵并进行空间类型划分，制定片区整体功能分区，并以安西走廊连接沿线核心游憩区域，打造全方位、多梯度的“城 - 郊 - 野”综合保护利用协调样带；最后重点针对西岭雪山存在世界遗产、国家公园、风景名胜区与森林公园等各类保护边界叠加的问题，展开五种规划情景比较分析，并选择最优方案完成总体规划与节点设计。

ECOS+——“城 - 郊 - 野”综合保护利用样带大邑模式探究

宋 洋

陈雪纯

周绮文

将晓玥

研究尺度
Research Scales

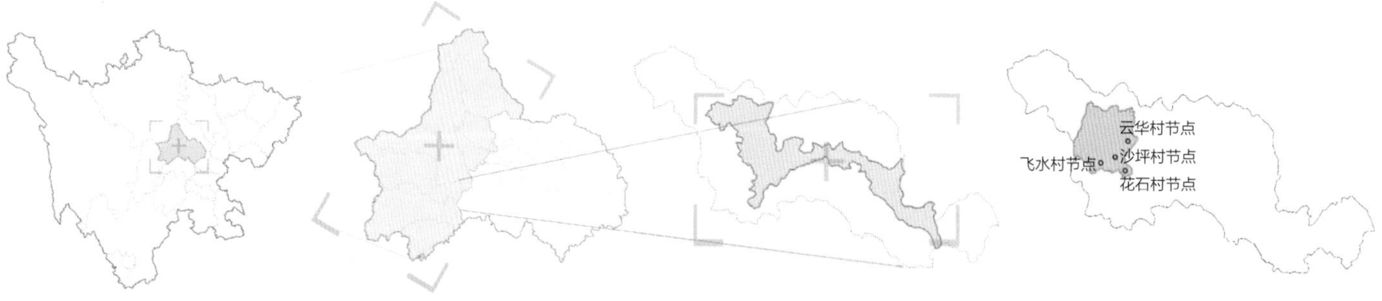

成都市域尺度 西控区域尺度 片区尺度 重点区域及节点尺度

整体框架
Overall Framework

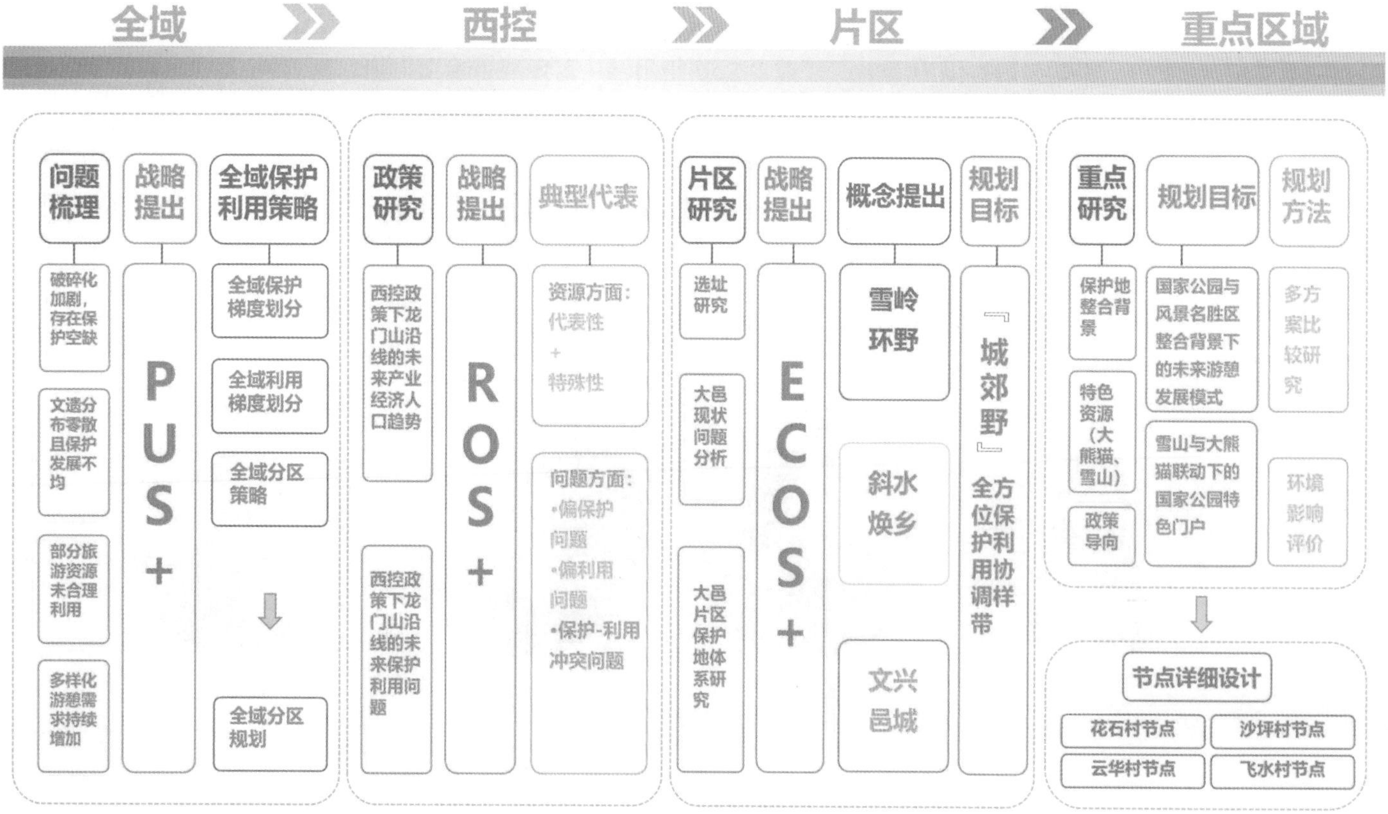

全域关键问题梳理
Key Issues in the City

从生态、文态、业态、活态分别对全市域进行关键问题的梳理

生态：城市扩张加重景观破碎化，龙门山部分、龙泉山及沿水系区域存在明显保护空缺

文态：文化遗存点分布零散且保护发展不均衡，部分高价值遗存缺乏合理规划

业态：部分旅游资源可达性低、同质化利用现象严重、缺乏合理规划，效益较低

活态：居民游憩需求持续增加，同时为平衡保护地体系，游憩体系需进一步完善

战略规划目标
Strategic Planning Objectives

在全域通过“保护－利用图谱”进行分区规划

P
Utilization
Spectrum

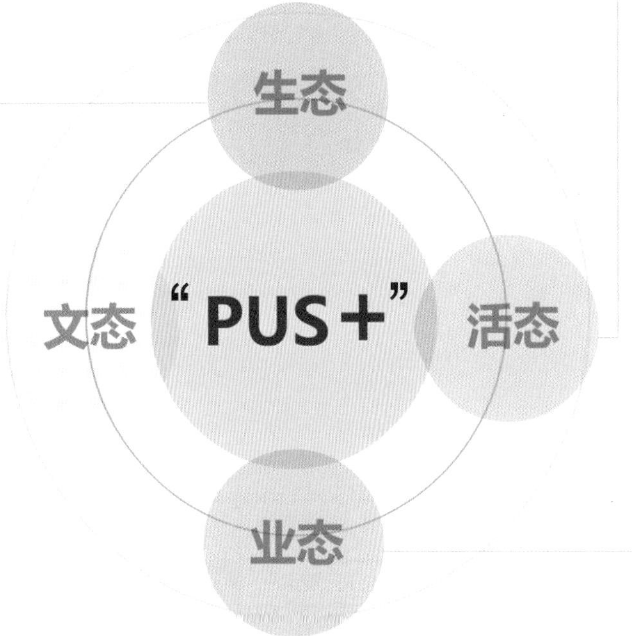

以 **“保护利用梯度”** 为依据

统筹 **“四态”**——生态、文态、业态、活态

构建**全域**涵养生态、美化生活、绿色生产的 **“三生共融理想状态”**

全域保护－利用图谱

Protection and Utilization Spectrum

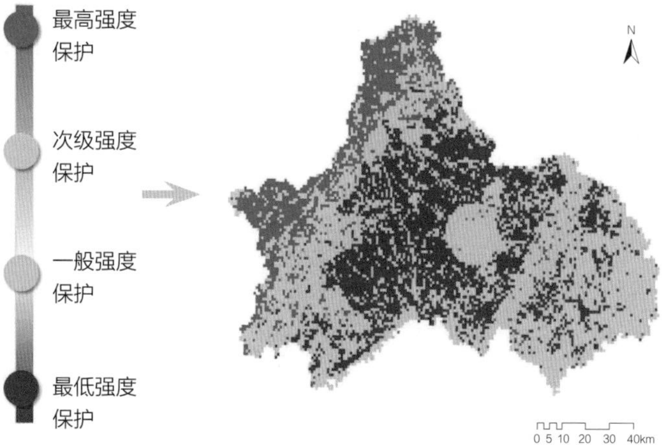

全域保护梯度划分图谱

以生态保护重要性评价和文化资源保护梯度为依据，将全域划分为四个等级的保护梯度。

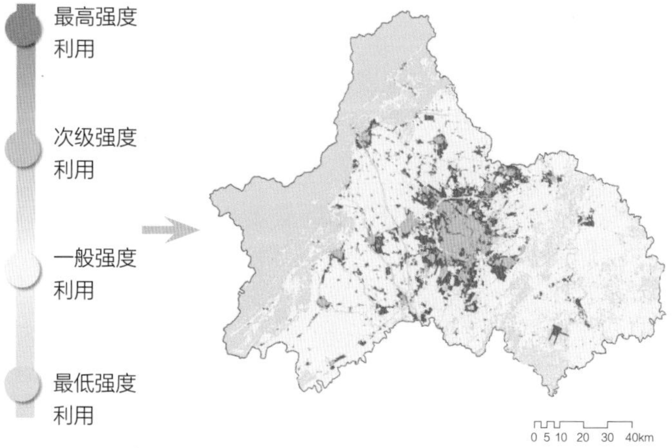

全域利用梯度划分图谱

转化为建设用地区域为最高强度利用；建设用地区域为次级强度利用；耕地区域为一般强度利用。

全域保护－利用梯度划分

Protection&Utilization Gradient Division

将保护需求与利用程度的梯度分布图叠加后，可根据保护－利用的不同层级，形成“矩阵”，并经过判断后形成全域保护－利用图谱，即“PUS”。根据图谱，可将成都市域主要归纳为十类空间。十个类型的空间中各个类型之间的问题既存在典型性，也存在相似性，因此可以再进行空间类型的归纳，并分别提出后续发展策略。

利用 保护	利用程度大	利用程度较大	利用程度较小	利用程度小
保护需求高			类型三	
保护需求较高		类型一		
保护需求较低	类型二			
保护需求低				类型四

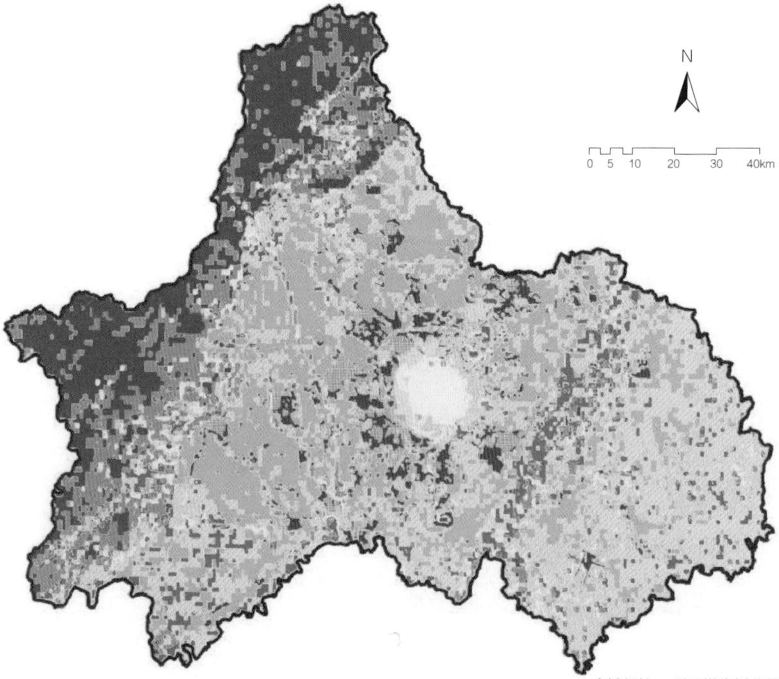

全域保护－利用梯度划分图

全域保护 - 利用图谱 · 分区策略

Protection and Utilization Spectrum

四类分区及策略

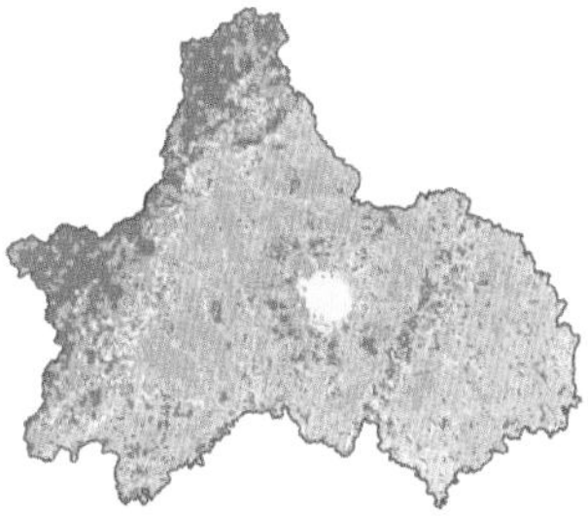

类型一：
保护需求较高 - 利用程度较大

策略：强化生态保护、控制利用

龙门山与龙泉山沿线严格保护自然生态，发展生态绿色产业，协调保护地与周边社区及产业矛盾；中心城区强化整体文化格局保护、控制开发建设。

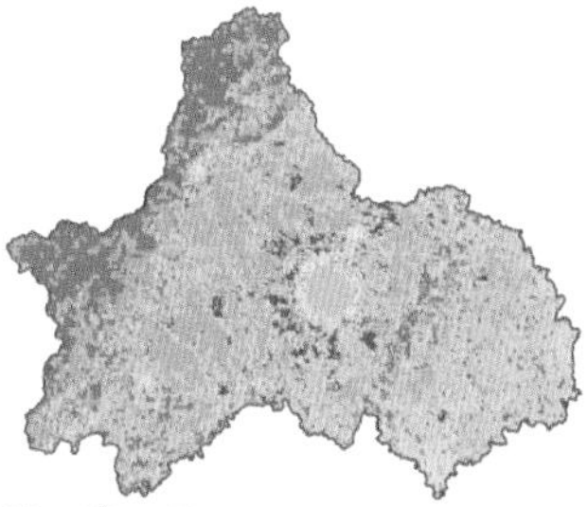

类型二：
保护需求较低 - 利用程度大

策略：注意生态本底、集约利用

适度控制现有利用强度、转向集约式发展；并注意尊重原有的蓝绿生态本底，适度增加绿地、进行生态恢复。

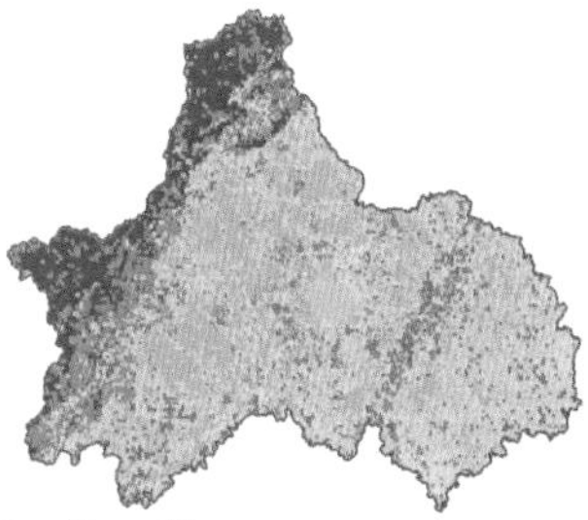

类型三：
保护需求高　利用程度较小

策略：整体严格保持、适度引入游憩

继续严格保护龙门山与龙泉山内部重要生态系统、注意内部生境的优化；并可以考虑在保护需求较高区域（绿色）适度引入生态游憩体验。

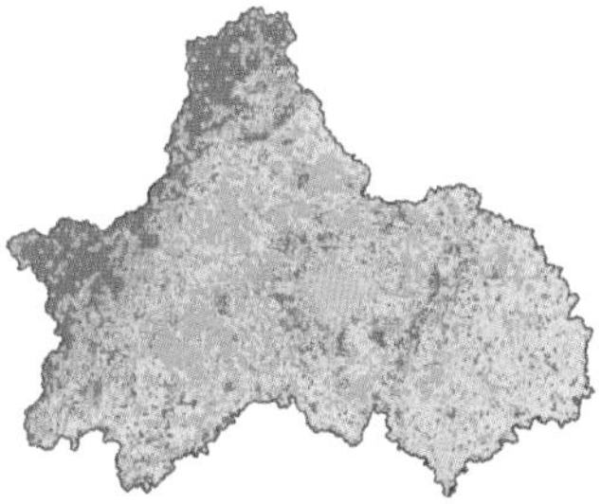

类型四：
保护需求低 - 利用程度小

策略：优化自然基底、特色开发

针对广袤的乡村田园区域进一步优化其自然基底，重视水网保护，串联特色资源点，进行特色化产业开发，促进乡村振兴。

全域保护 - 利用梯度总结

Summary of Protection and Utilization Spectrum

西控片区龙门山脉边界沿线保护价值与需求较高，但现状总体利用程度较高，且部分破碎化的小型区域已经深入到龙门山脉内部，与最严格的生态保护间存在较大冲突，因此西控片区应当成为下一步权衡保护与利用发展的重点区域。

类型一：
保护需求较高 - 利用程度较大

类型二：
保护需求较低 - 利用程度大

类型三：
保护需求高 - 利用程度较小

类型四：
保护需求低 - 利用程度小

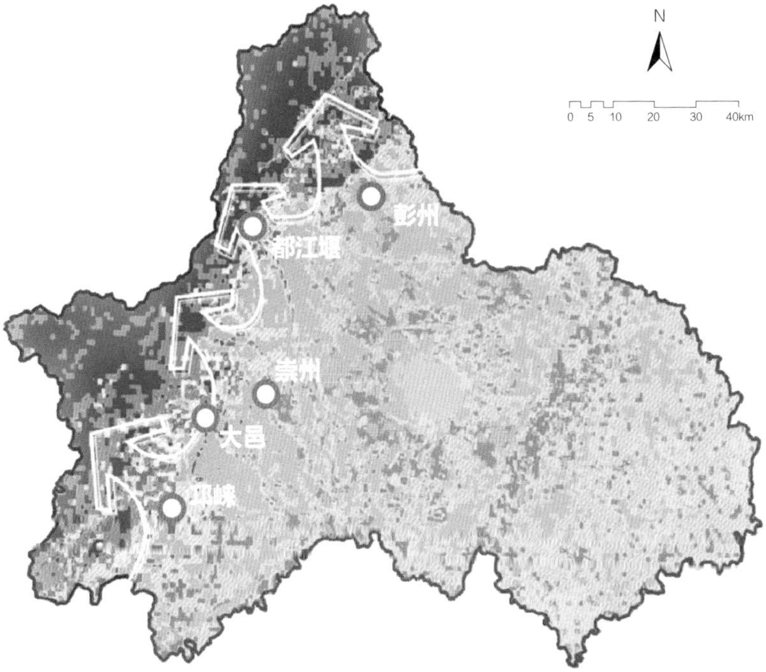

全域保护 - 利用梯度西控区域图谱

结合四态的策略回应

The Strategies Combined with the Previous Research

生态	文态	业态	活态
城市扩张加重景观破碎化，龙门山部分、龙泉山及沿水系区域存在明显保护空缺	文化遗存点分布零散且保护发展不均衡，部分高价值遗存缺乏合理规划	部分旅游资源可达性低、同质化利用现象严重、缺乏合理规划，效益较低	居民游憩需求持续增加，同时为平衡保护地体系，游憩体系需进一步完善

“PUS+”

根据不同区域的生态本底划分保护利用梯度，完善现有保护地体系，调和保护利用冲突	整合市域文化遗产与历史文化名镇等文化资源，打造“两廊”+“一带”的文化线路及历史名镇文化带	依据资源特质和保护需求，打造特色旅游产业品牌，营造“文旅产业功能区-旅游景区-保护地体系”多维度、多层次的全域旅游场景	根据多重环城游憩绿道体系与城市绿地资源，结合外圈层多游憩中心，营造“城市-乡村-自然”三大游憩体系，满足多样化体验需求

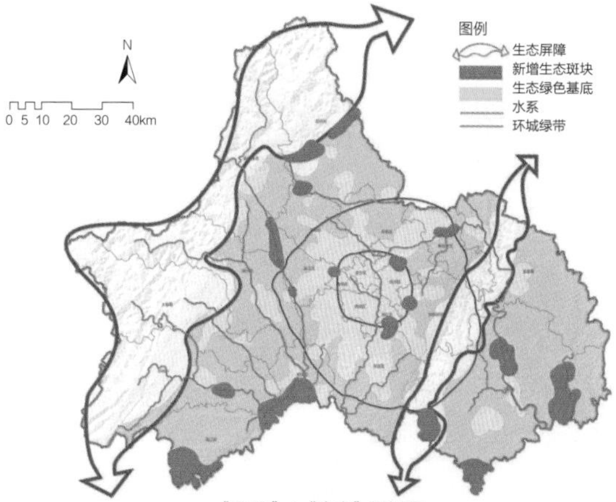

“PUS”+“生态”规划图

以龙门山、龙泉山为成都市两道重要的生态安全屏障，增加重要的绿地斑块，并以绿带、水系作为生态廊道进行连接。

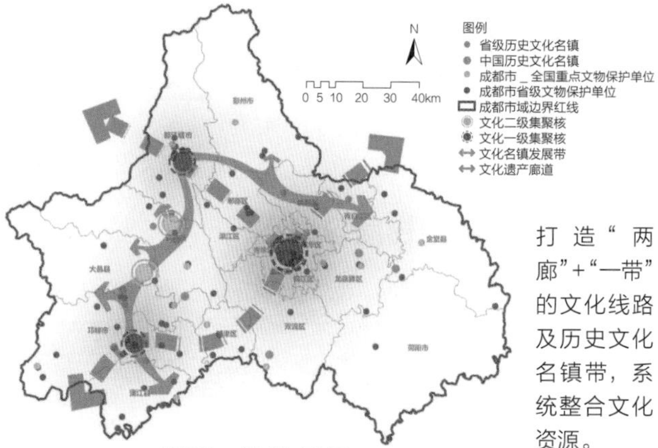

“PUS”+“文态”规划图

打造“两廊”+“一带”的文化线路及历史文化名镇带，系统整合文化资源。

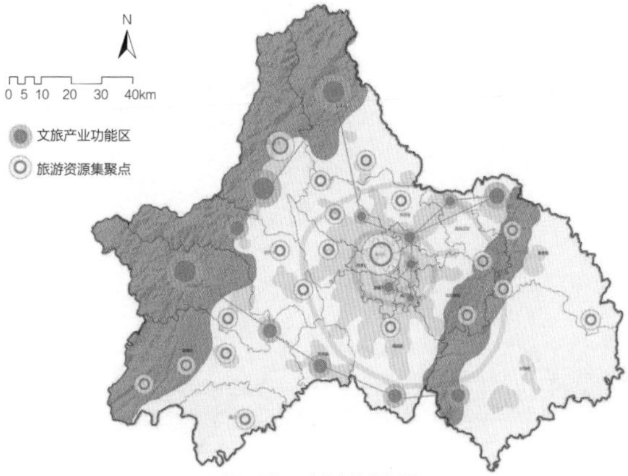

“PUS”+“业态”规划图

以文旅产业功能区为核心、联动旅游资源集聚点营造开发强度多层级、旅游场景多方位的全域“游憩+”业态模式。

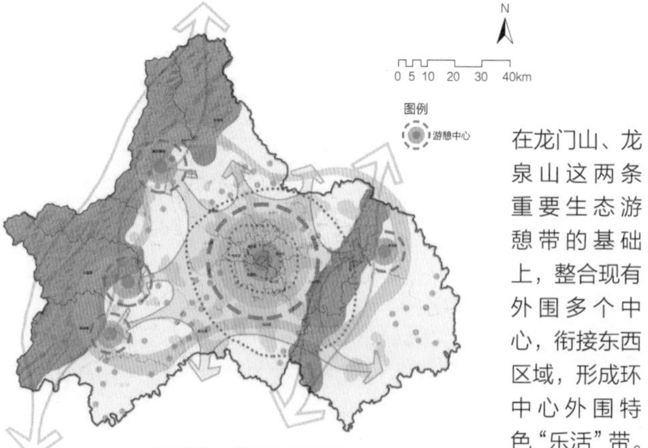

“PUS”+“活态”规划图

在龙门山、龙泉山这两条重要生态游憩带的基础上，整合现有外围多个中心，衔接东西区域，形成环中心外围特色“乐活”带。

西控片区研究
Study on Western Region of Chengdu

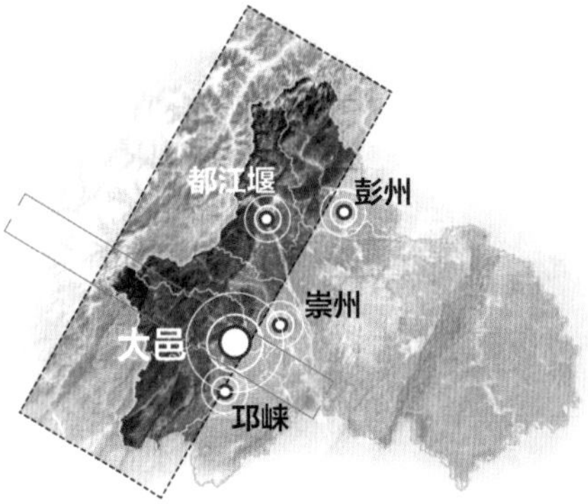

西控片区及大邑片区研究范围示意图

西控尺度核心问题

1. 西控政策下龙门山沿线存在什么**共性问题**？针对保护利用有何策略？

2. 大邑作为该片区内的**“重要样带”，**与都江堰、彭州等区域相比，其资源特点与问题是否具有**关键性与代表性**？

西控片区现状概述

现状西控片区占有相当大的面积与资源，但发展却较为滞后。

西控片区主要包括彭州、都江堰、崇州、大邑、邛崃、蒲江等市县。

全市西控区域总面积约为 7185km^2，占市域总面积的 50.1%。现状人口约 447 万人，占市域总人口的 28%；现状 GDP 约为 2361 亿元，占市域总 GDP 的 19.4%；片区人均 GDP 约为 5.3 万元（全市人均 GDP 为 7.7 万元）。

西控片区主要问题

发展定位

该片区是成都市**最重要的生态功能区和粮食生产功能区**、西部绿色低碳科技产业示范区、国家生态宜居的现代田园城市典范区、世界旅游目的地核心区、天府文化重要展示区。

“西控”VS“东进”

城市总规层面：“西控”更强调生态保护；
土地总规层面：“西控”严控生态保护与建设规模，“东进”强调城镇产业集聚；
产业发展层面：“西控”重视绿色农业、旅游等产业，“东进”重视发展实体工业。

人口情况

对比各时段成都市各区县市人口数据，可以发现西控片区的人口对比中心城区与内圈层区县**十年来增长较少**，甚至出现负增长。结合相关学者针对成都各县区村镇的研究，可知西控片区的**人口空心化问题较为严重**。

经济发展

通过各时段的对比，2000 年西控片区的经济发展情况处于中游位置，与头领差距并不大；而到了 2010 年，西控片区出现了明显倒退，**大邑等西部区县的 GDP 在十年间仅仅翻了一倍，与头领差距显著**；并且这一排名顺序基本延续到了 2019 年。

西控片区问题总结

“西控”政策的保护压力下
原本就比较落后的外圈区县发展更难破局

由于“西控”片区在生态保护前提下人口聚集，且不进行高强度工业化、城镇化，因此整合资源发展特色第一产业与第三产业，打造核心产业链，尤其是特色农业与文旅康养产业至关重要。

西控片区发展策略

Strategies for the Western Region of Chengdu

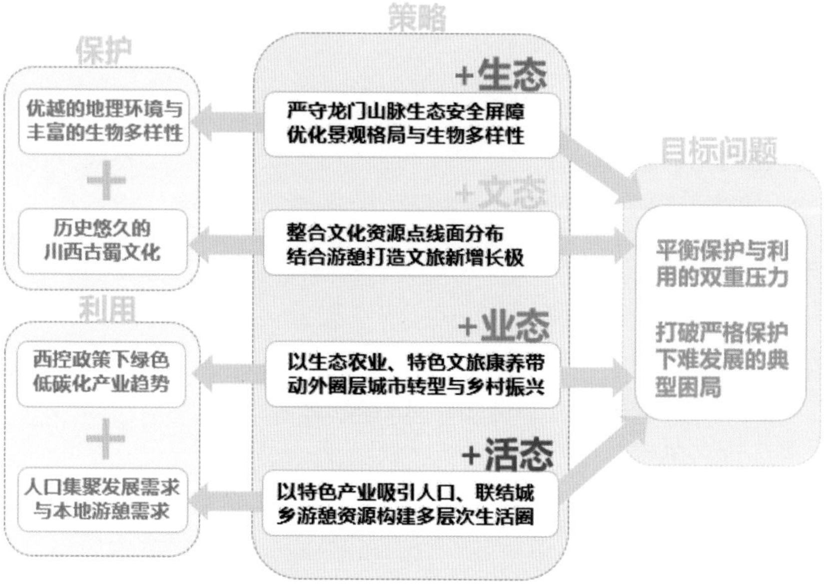

西控片区问题总结

针对上述问题，基于前述的保护 - 利用图谱，结合**“ROS+”**的概念，提出了需要顺应未来产业趋势、整合优势资源，**以游憩为核心抓手**，促进四态合一，将生态旅游结合文创康养，在严格保护生态红线的同时，打造西控经济发展战略引擎。

西控片区规划愿景

四态合一、绿色发展、人境谐和

西控片区 ROS 图谱

类型一：保护需求较高 - 利用程度较大

严格控制现有保护地内部及周边的土地利用格局，尤其是重点关注都江堰、大邑西岭雪山等为代表的利用程度较大的节点，协调保护地与周边社区的产业发展矛盾（例如水电站、工矿业等）并适当开展生态修复。

类型二：保护需求较低 - 利用程度大

在尊重原有蓝绿生态本底的基础上，推动产业发展转型，转向绿色低碳产业与特色服务产业，并结合城区设施提升游憩服务功能作为服务与集散中心。

类型三：保护需求高 - 利用程度较小

严格保护龙门山内部，尤其是大熊猫国家公园范围内重要的非生物与生物资源；并考虑在国家公园一般控制区（浅蓝区域）适度引入生态游憩体验。

类型四：保护需求低 - 利用程度小

针对西控片区的乡村田园区域，重视精华灌区蓝绿基底保护，串联特色资源点；同时结合农业进行特色化游憩点开发，从而更好地促进乡村振兴。

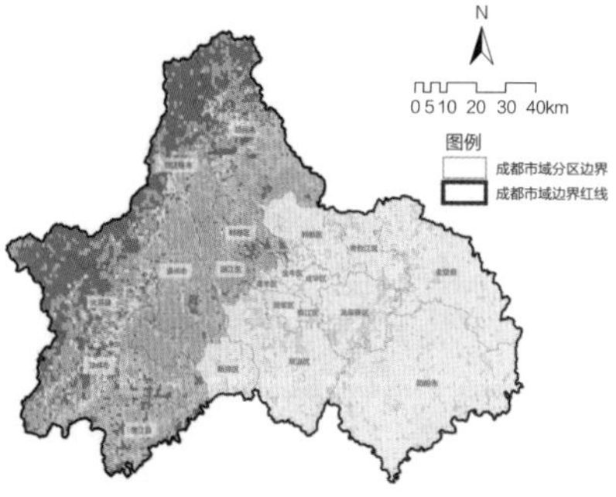

类型一图谱

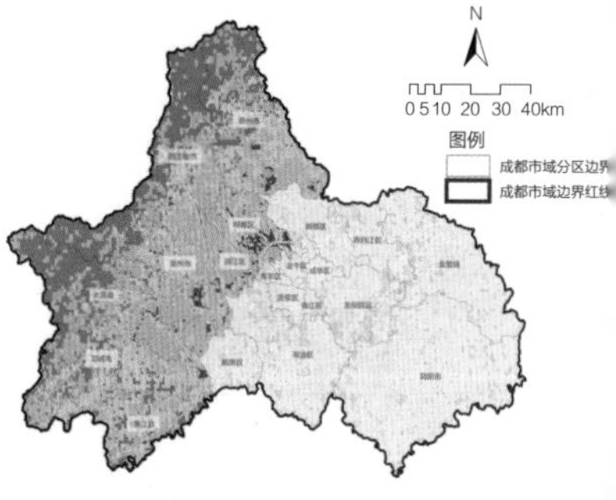

类型二图谱

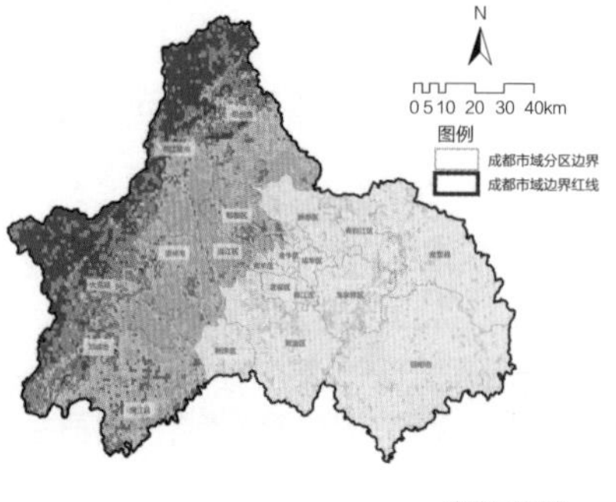

类型三图谱

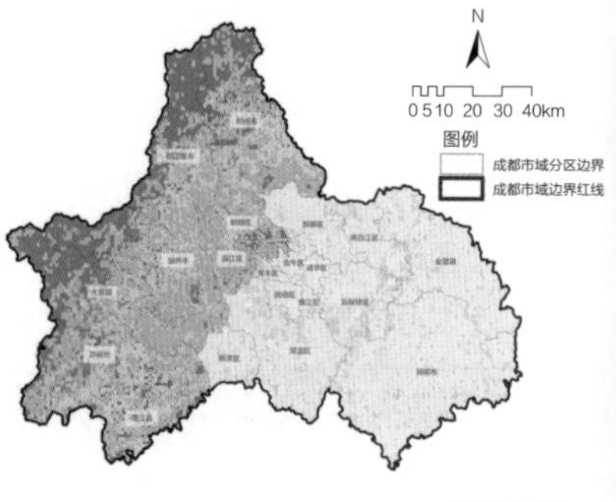

类型四图谱

大邑——典型代表区域
Dayi as a Typical Representative Region

保护价值 Protection

- 近 5000m 海拔落差带来的丰富地理环境类型
- 罕有的大熊猫 - 雪豹双旗舰物种区、极丰富的生物多样性
- 独特的、富有标志性的雪山景观与视廊
- 道教祖庭与国家级历史名镇等文化资源

利用潜力 Development

- “三山一泉两古镇”等作为游憩吸引源
- 大熊猫、雪山、温泉等重要名片
- 纵深腹地最长的片区、较高的可达性
- 山区沿江众多特色小镇与特色农业资源

保护-利用冲突 Conflict

01 自然保护地保护需求与文旅产业开发的冲突

02 自然保护地保护需求与周边社区发展的冲突

03 自然本底的保护需求与城镇扩张的冲突

大邑在西控片区中具有资源的丰富性与问题的典型性
问题均主要围绕保护与游憩利用问题
因此选取大邑作为研究片区具有较大的代表性

（注：背景图片来自网络）

大邑片区研究

Study on a Region of Dayi

研究范围边界图

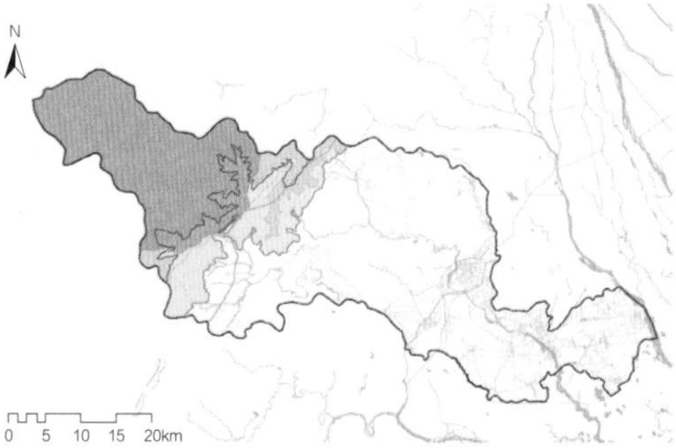

各类型保护地边界范围重叠示意图

片区尺度核心问题

1. 聚焦大邑片区，其具体问题有哪些**更深入的表征**?

2. 在这些问题的基础上，又可以提出什么样的**规划策略**?

研究样带范围选取分析过程示意

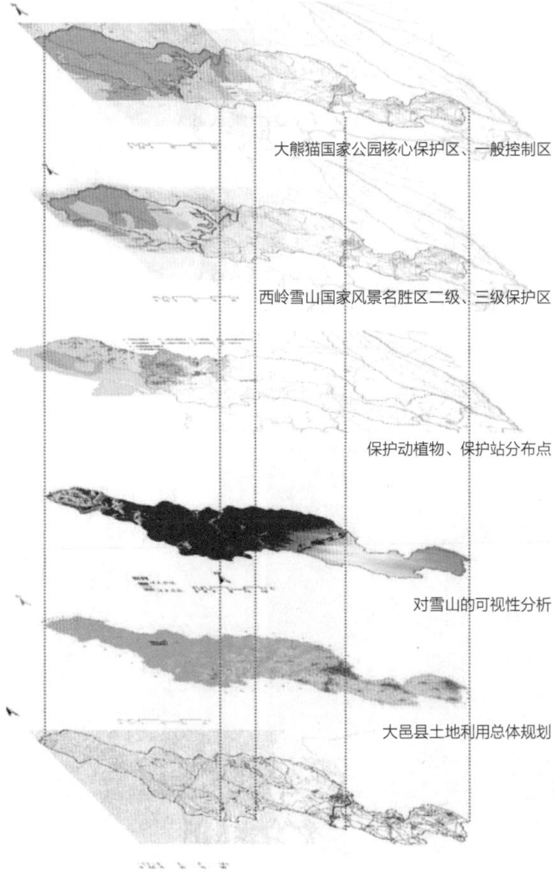

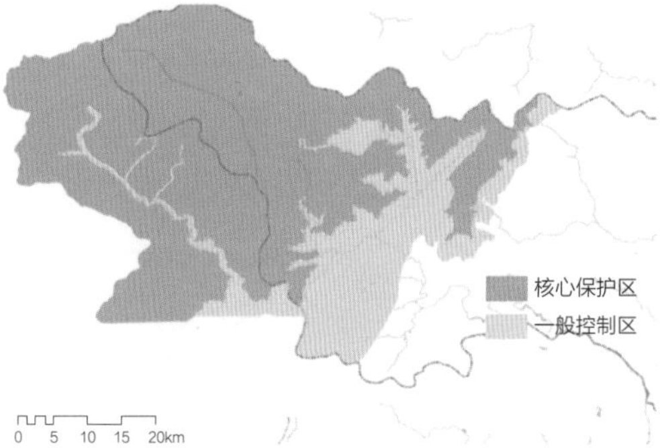

国家公园分区图

设计范围的确定依据各类型保护地与大邑县的关系，保护动植物分布范围，大邑县各区域对雪山的可视性，大邑县的土地利用规划以及地形、道路交通条件。

该片区的研究范围如图（左上角）橙线所示范围，约 450km^2，应充分考虑**保护利用关键问题以及城 – 郊 – 野的三重关系。**

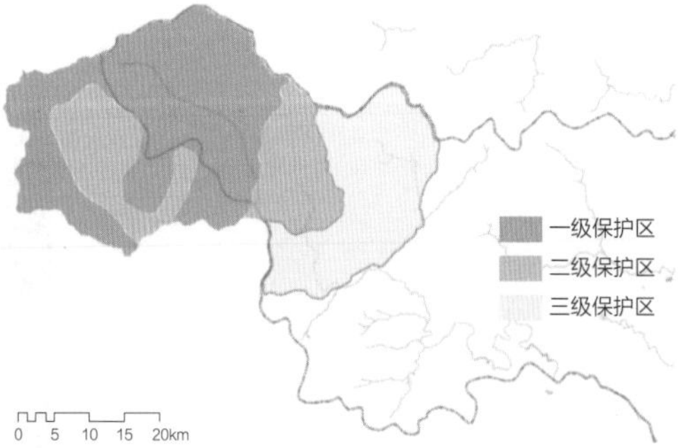

风景名胜区分区图

游览区域跨越二、三级保护区，开发对生态保护存在威胁；前后山旅游发展差异较大；主要有天车坡主入口及大飞水次入口；风景名胜区内的居民点包含保留的西岭镇高店村、云华村、沙坪村、飞水村 4 个居民村。

保护地边界

大邑县各保护地边界如上图所示，保护地存在大面积重叠，最外围边界主要为大熊猫栖息地世界自然遗产地和国家公园，保护地整合是后期研究的重要因素。

片区内保护地的代表性与问题总结

Problems 问题

- 社区居民对区内自然资源的需求给保护区管理带来压力，包括居民点迁移等社区问题
- 区内地形较其他西控区域保护地尤为陡峻且河流纵横，自然灾害频发
- 科研监测、宣传教育等基础设施不足
- 风景名胜区与国家公园大范围交叉重叠，与生物痕迹点冲突，旅游开发对保护存在威胁

Resources 资源重要性

- “重要的全球生物多样性保护区域”，全球 34 个最受威胁的生物多样“热点”之一的西南山地热点地区
- 具有得天独厚的自然景观和人文景观资源，是“发展生态旅游的极佳场所”
- “重要的水土保持、水源涵养地”，地处岷江一级支流上游，是多条水系发源地
- “未来建设国家公园入口社区契机”，提升公益性同时带动周边社区生产生活转型

片区其他区域现状问题分析

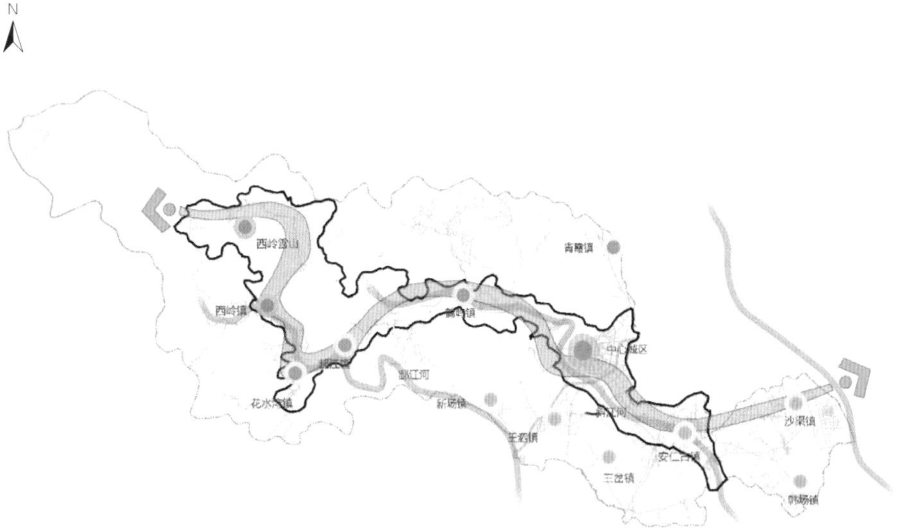

片区内安西走廊沿线及周边城镇分布示意图

西岭镇

问题一：保护地类型多、重合度高；
问题二：周边居民需求威胁生物多样性；
问题三：国家公园入口社区的建立及周边居民点的合理转移安置问题。

花水湾镇

问题一：多条河流的交汇处，大量的温泉水开发利用，对生态环境产生影响；
问题二：现有温泉宾馆、温泉山庄绝大部分都是私营企业开发，质量参差不齐。

䢺江镇：

问题一：周边部分村落基础设施配套滞后；
问题二：村镇风貌较差，吸引力低，无法配合增加竞争优势。

中心城区

问题一：中心城区游憩服务功能有待进一步提升；
问题二：本地有价值的文化利用、挖掘程度不深，宣传不足。

安仁古镇

问题一：游客增多加大了古镇保护的难度；
问题二：古镇旅游空间欠缺整体性与系统性，基础设施建设相对滞后。

概念提出

Putting Forward the Concept

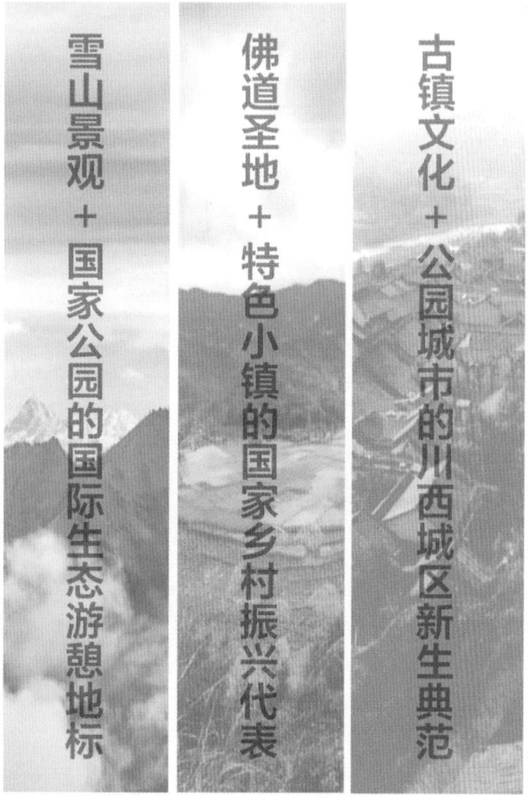

（注：背景图片来自网络）

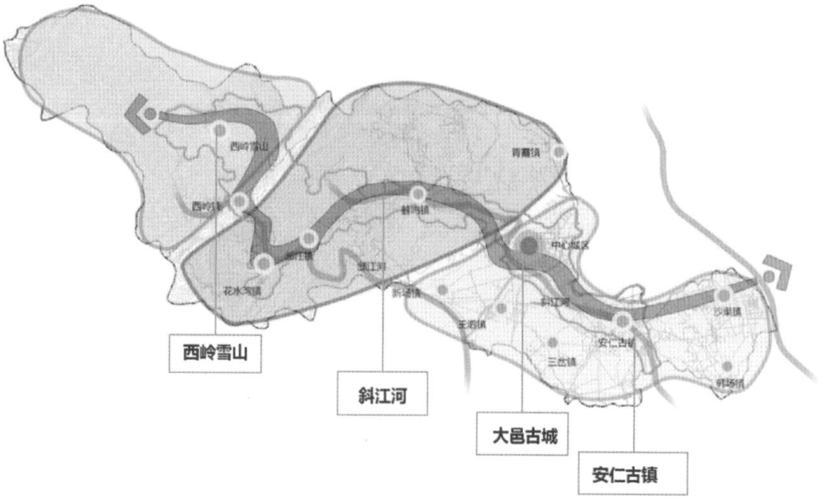

片区规划概念示意图

雪岭环野，斜水焕乡，文兴邑城

——基于“ECOS+”理论的大邑片区战略规划

野 郊 城 **全方位保护利用协调样带**

ROS-Recreational Opportunity Spectrum

↓

ECOS-Ecotourism Opportunities Spectrum

"ECOS+"

基于片区生态保护与资源利用发展的激烈冲突

生态旅游机会图谱 ECOS：由旅游学家 Richard Butler 与 Stephen Boyd 基于 ROS 和 TOS 的理念合作提出。

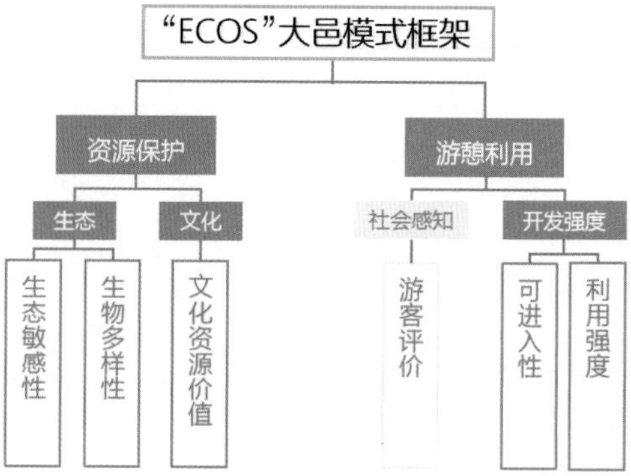

“ECOS”框架图

资源保护分析
Resource Conservation Analysis

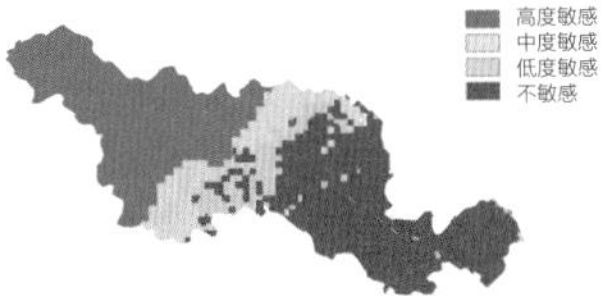

生态敏感性

生物多样性

文化资源多样性

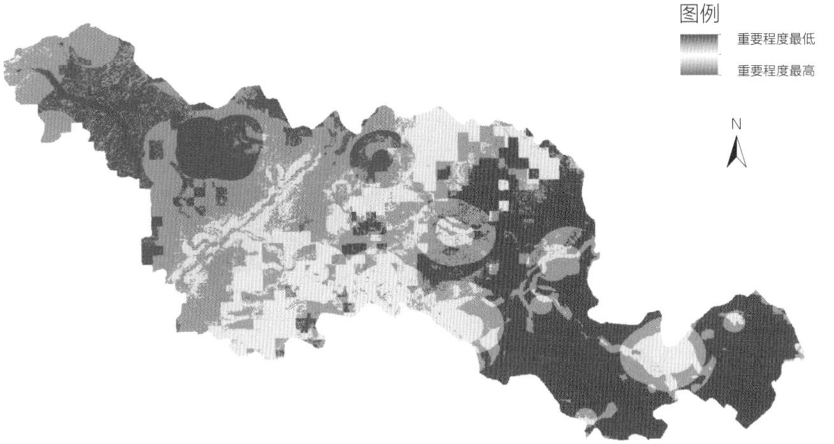

资源保护重要性分析图

资源保护大致呈现自西向东递减的趋势，东部的安仁古镇与新场镇区域也较周边其他区域的保护需求更高。

游憩利用分析
Recreational Use Analysis

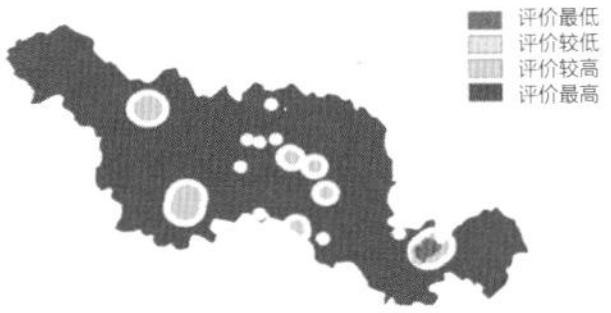

游客评价

可进入性

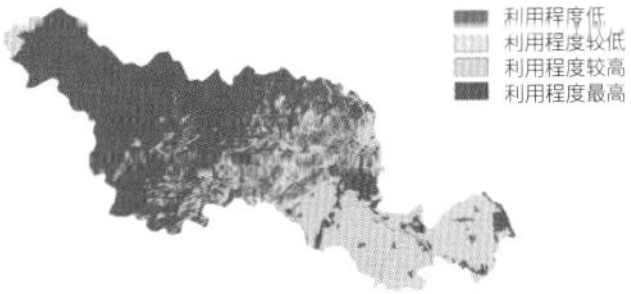

利用强度

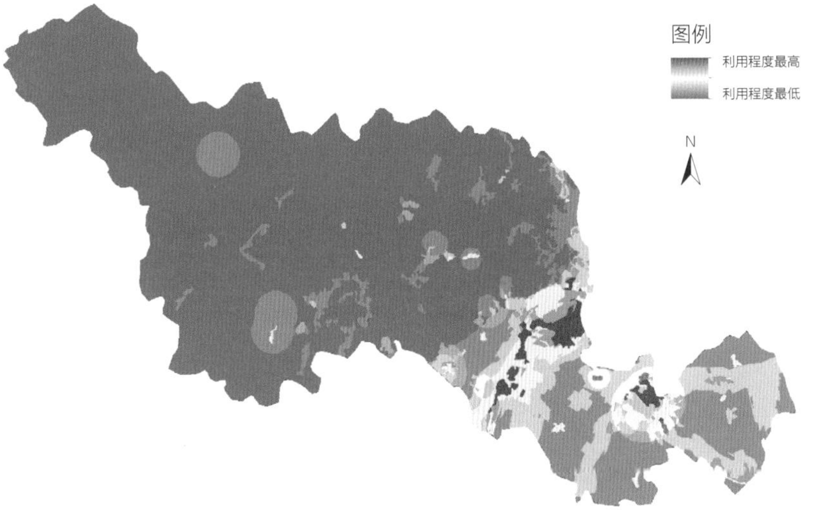

游憩利用程度分析图

游憩利用整体东高西低，主要集中在大邑主城区、安仁古镇、新场镇以及之间的道路沿线区域。

片区总体结构

Specific Area Overall Structure

基于“ECOS+”的游憩策略与梯度类型结果，将片区划分为生态保护区、山水度假区、综合服务区、农耕体验区四大类功能区。

以安西走廊连接沿线的核心游憩区域——如西侧安仁古镇、中心服务区、沿线鹤鸣、花水湾等特色游憩小镇以及西岭雪山核心景区。

打造“城－郊－野”全方位、多梯度的保护利用协调样带。

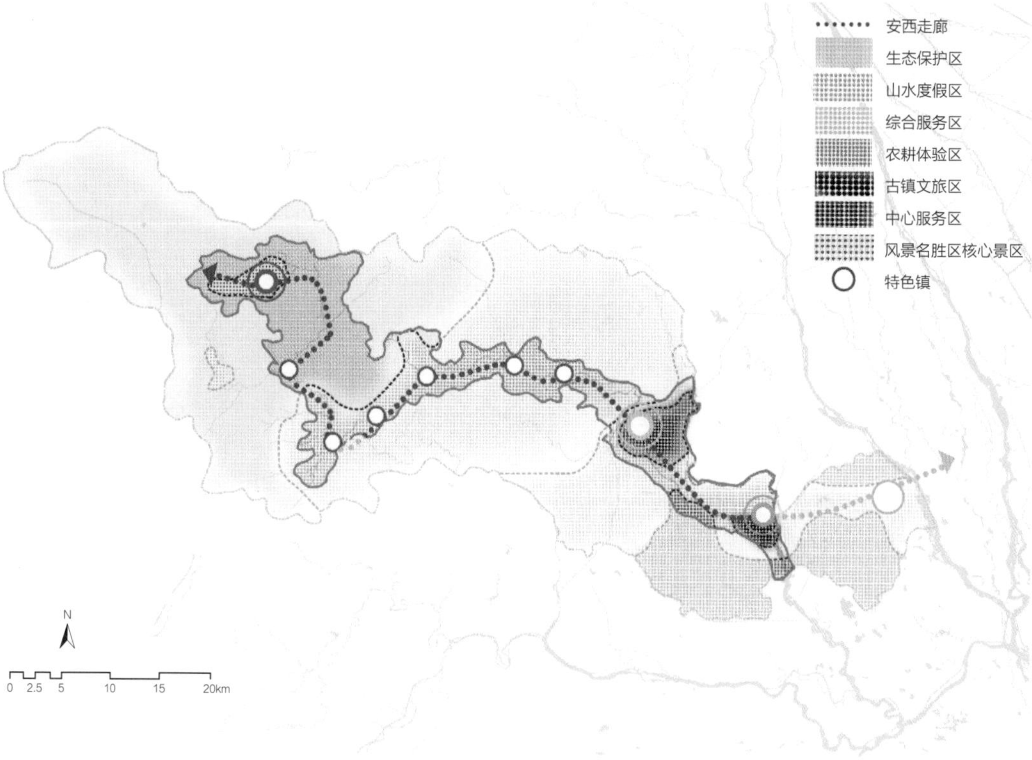

片区规划结构图

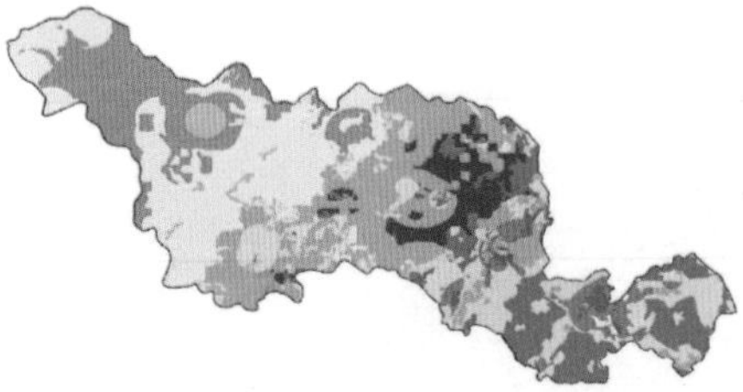

空间类型初步划分

资源保护＼游憩利用	利用程度大	利用程度较大	利用程度较小	利用程度小
保护需求高				
保护需求较高				
保护需求较低				
保护需求低				

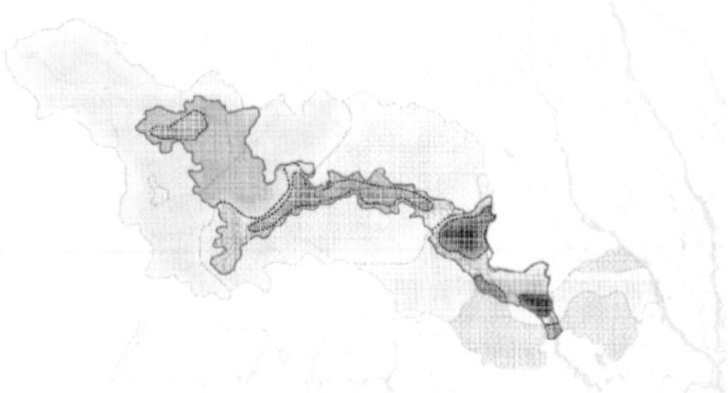

四类重点调整区域

资源保护＼游憩利用	利用程度大	利用程度较大	利用程度较小	利用程度小
保护需求高		X→	√	
保护需求较高	x→	√		
保护需求较低	O	O √←	x √	←x
保护需求低			√	←x

理想空间类型分布

资源保护＼游憩利用	利用程度大	利用程度较大	利用程度较小	利用程度小
保护需求高				
保护需求较高				
保护需求较低				
保护需求低				

生态安全格局规划
Ecological Security Pattern Planning

生态安全格局规划图

"城－郊－野"全方位综合游憩样带

↓

构建全方位、多梯度的生态保护基底

基于大邑县生态保护红线及生态安全格局规划，结合生态敏感性分析，做出如左图所示的调整：

- 蓝网：由多条水系组成的生态蓝网；
- 生态屏障：西北部生态敏感性较高的山区；
- 生态廊道：斜江河水系生态廊道及南部的邮江河水系生态廊道；
- 生态分区：生态涵养区、生态过渡区、生态景观区；
- 生态节点：河流上游重要的水源保护区、生态敏感性较高的斑块。

文化资源空间格局规划
Cultural Resources Pattern Planning

文化资源空间格局规划图

"城－郊－野"全方位综合游憩样带

↓

以主次文化核为引擎、形成多极文化辐射圈

- 根据大邑片区的文化资源分布以及重要性，分为三大文化辐射区——雪山文化区、佛道文化区、古镇文化区；
- 以安仁古镇、鹤鸣山道教遗址等为主体的主、次文化核，以及西岭雪山、大邑古城范围为主的潜在文化核；
- 承接全域文态规划，构建安仁古镇、新场古镇两个国家级历史文化名镇为主组成的历史文化名镇带，并衔接其他片区；
- 沿安西走廊形成三个层次逐渐过渡的文化带。

游憩专项 · 游憩分类及分区规划

Recreation Planning Classification and Zoning Planning

专家类型 (Eco-Specialist)

最严格的生态旅游形式；资源保护需求较高，对环境影响的可接受性较小。

中间类型 (Intermediate)

中间严格等级的生态旅游形式；有一定的资源保护需求，需具备一定的教育性、学习性解说系统。

普适类型 (Eco-Generalist)

较为不严格的生态旅游形式；资源保护需求较低，对环境影响的可接受性较大。

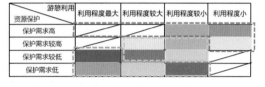

游憩利用 / 资源保护	利用程度最大	利用程度较大	利用程度较小	利用程度小
保护需求高				
保护需求较高				
保护需求较低				
保护需求低				

专家类型 (Eco-Specialist)

中间类型 (Intermediate)

普适类型(Eco-Generalist)

根据大邑功能分区、主要游憩点分布和规划调整后“保护－利用”梯度类型划分，可将该片区的游憩类型分为专家类型、中间类型、普适类型三类。

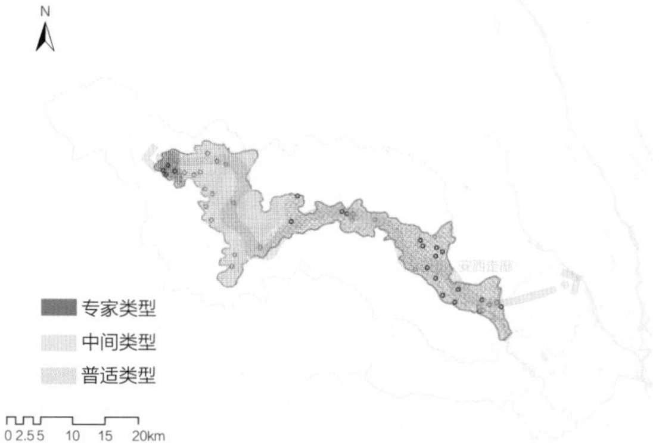

游憩分类及分区规划图

游憩专项 · 季节特色游线

Recreation Planning · Seasonal Feature Tour Lines

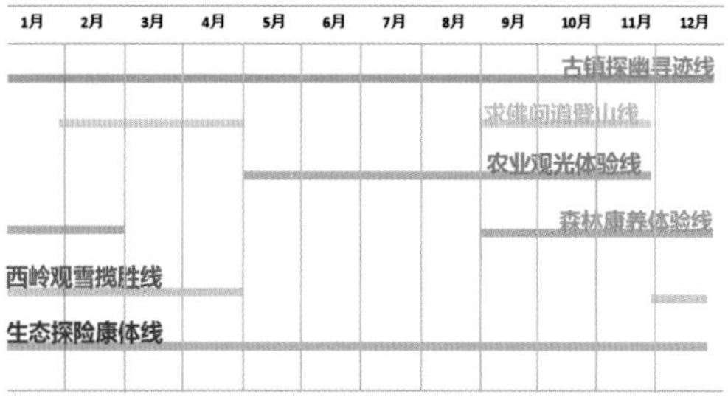

季节特色游线图表

游线串联特色游憩节点、塑造四季多时段游憩带。

根据特色游线、景点距离与游览时间进行游程归类，起始点均为大邑中心城区，主要分为半日游、一日游、两日游和多日游四大类。

季节特色游线规划图

游憩专项 · 游程规划

Recreation Planning · Recreation Routes

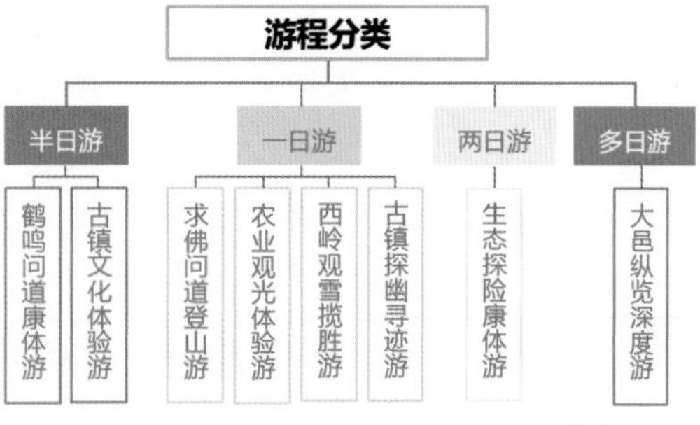

游程分类框架图

依据不同节点距离与特色，打造多类游程体验。

根据特色游线、景点距离与游览时间进行游程归类，起始点均为大邑中心城区，主要分为半日游、一日游、两日游和多日游四大类。

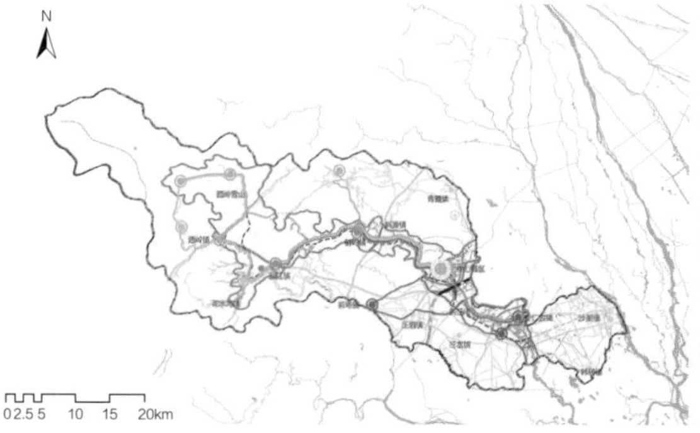

不同游程规划图

业态专项
Industrial State Planning

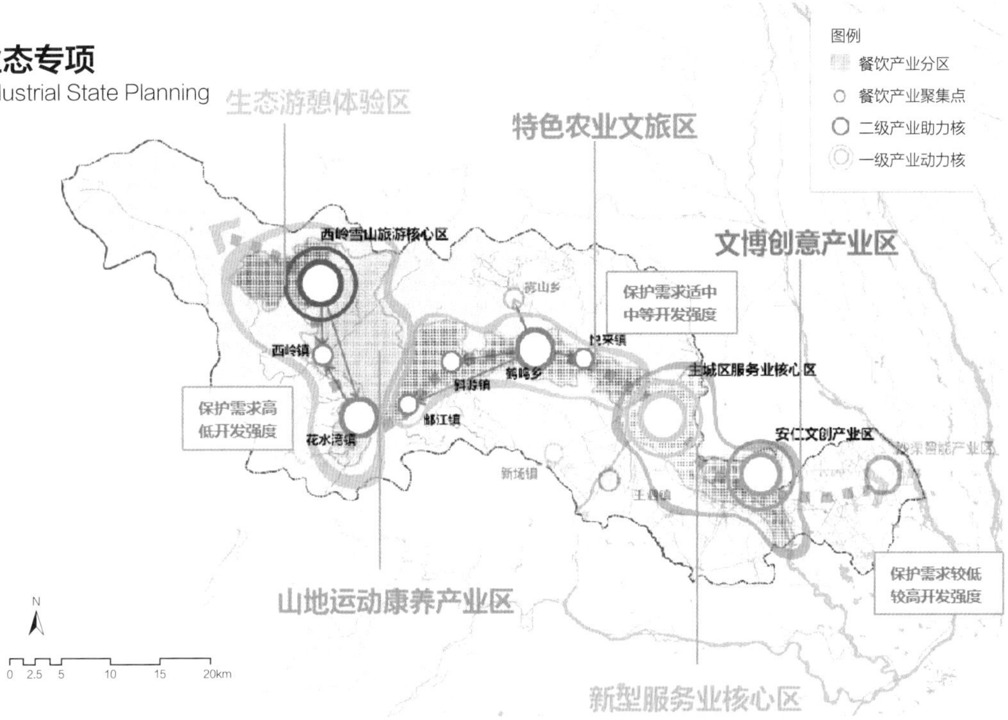

片区业态专项规划图

“城－郊－野”全方位综合游憩样带

↓

构建丰富的产业形式、营造产－游相融重要示范带

沿安西走廊，根据西控政策要求以及《成都市城市总体规划》《大邑县“十三五”规划》中未来的产业发展趋势，大邑片区内保护－利用相关的 ECOS 梯度与现状产业潜力，将该片区分为三类保护－开发分区，在此基础上得到五大特色产业分区：

- 生态游憩体验区；
- 山地运动康养产业区；
- 特色农业文旅区；
- 文博创意产业区；
- 新型服务业核心区。

道路交通专项
Industrial State Planning

三环、三横、四纵

片区道路交通专项规划图

“城－郊－野”全方位综合游憩样带

↓

拓展对外交通，完善内部城镇交通体系

依据片区总体结构及生态敏感性评价结果，对大邑县城市总体规划中的道路系统规划进行调整。

形成以大邑城区为中心的三环放射性道路网：雪山大道－北二环构成城区环线；川西旅游环线－安邮路－青西路构成的旅游环线；安邮路－天新大快速路－三安快速路构成的坝区产业环线。

东西向设置 3 条主要道路，串联安西走廊各重要城镇和游憩节点。

南北向设置 4 条主要道路，联系外部其他区县。

重点区域规划 · 情景讨论
Key Area Planning · Scenarios Discussion

方案一
最严格保护

本方案将场地内保护地全部整合为国家公园，大熊猫适宜栖息地保护面积占区域总面积的 67.8% 。

依据生物痕迹点统计结果，将痕迹点密集区域划分到大熊猫国家公园核心区范围内 （20.8km^2，片区范围内 11.9km^2），扩大核心区范围。

拆除核心区内现有设施（索道 2 个、停车场 1 个、服务部 2 个、水厂 1 个、乡镇企业 2 个，公厕 2 个）。核心区内车行道改为游步道（12.5km）。核心区内禁止游客进入。

一般控制区依托西岭镇中心、高店村、云华村、茶地坪等建设国家公园入口社区。

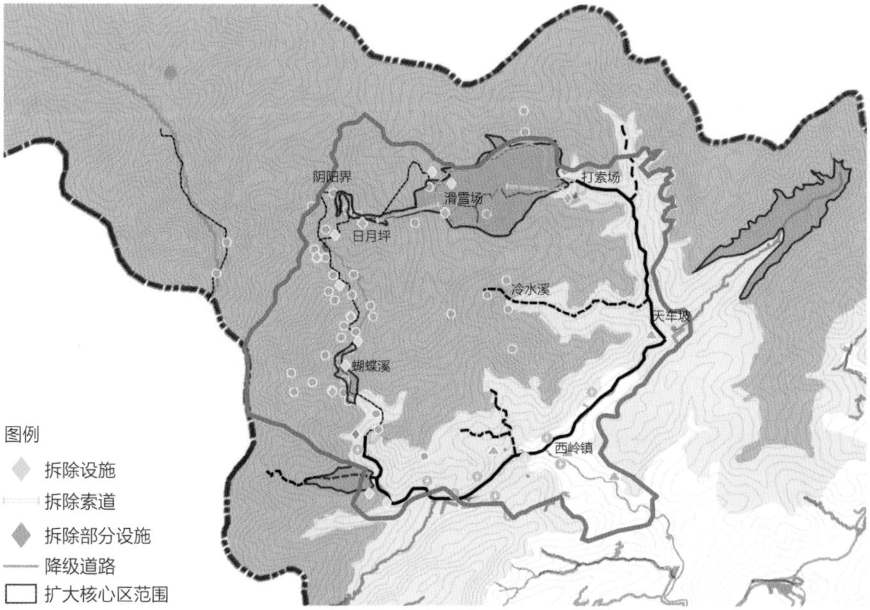

“最严格保护”方案示意图

方案二
严格保护

本方案将场地内保护地全部整合为国家公园，大熊猫适宜栖息地保护面积占区域总面积的 62.4%。

依据生物痕迹点统计结果，将大熊猫活动较活跃的一般控制区（2.36km^2）划入核心区范围内。

拆除核心区内现有设施（索道 1 个、服务部 2 个、水厂 1 个、乡镇企业 2 个，公厕 2 个）。保留现状车行道和游步道。核心区内禁止游客进入。

一般控制区依托西岭镇中心、高店村、云华村、茶地坪等建设国家公园入口社区。

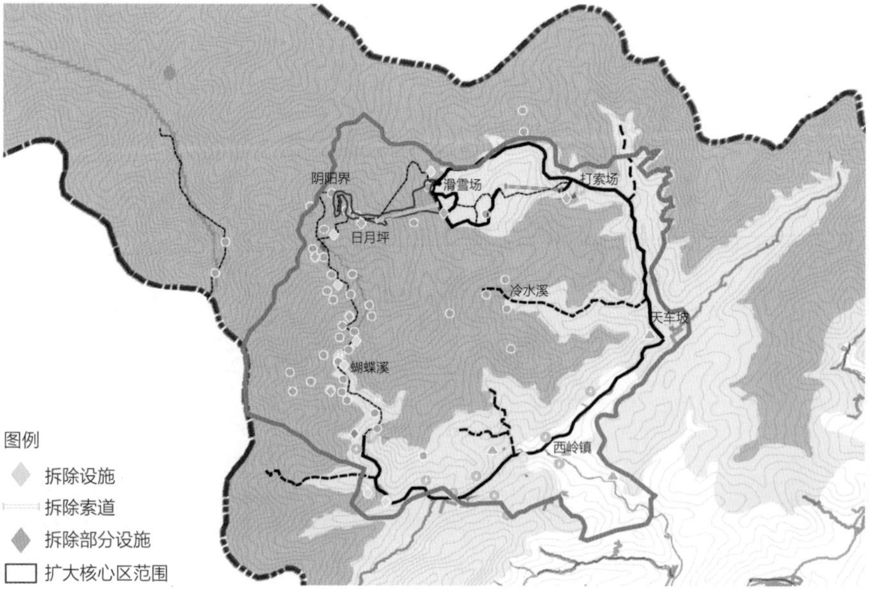

“严格保护”方案示意图

重点区域规划 · 情景讨论
Key Area Planning · Scenarios Discussion

方案三
适度利用

本方案将场地内保护地整合之后同时存在大熊猫国家公园和西岭国家旅游度假区。大熊猫适宜栖息地保护面积占区域总面积的 43.39%。

重新划分“西岭国家旅游度假区”边界，包含现有大部分景点；将部分核心保护区划分为一般控制区，作为国家公园与景区之间的缓冲区域。

保留现有游线及大部分设施，在新划定的景区范围内沿线增加景点及游憩设施。国家公园一般控制区内前后山徒步游线（蝴蝶溪 - 阴阳界）需控制游客数量。

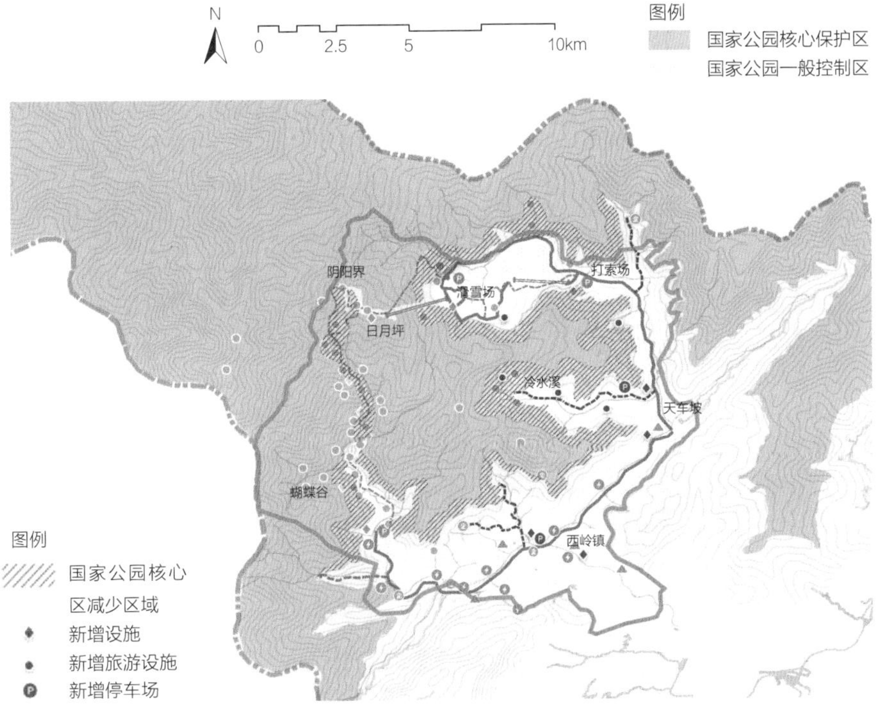

“适度利用”方案示意图

方案四
最充分利用

本方案将场地内保护地整合之后同时存在大熊猫国家公园、西岭雪山风景名胜区和西岭国家旅游度假区。大熊猫适宜栖息地保护面积占区域总面积的比例较小。

将原西岭雪山风景名胜区从大熊猫国家公园范围中完全移出，建立新的西岭雪山风景名胜区，重新划定一、二、三级保护区与国家旅游度假区范围。

在现有研究范围内的景区中新增部分游览路线（主要在原古桂岭与冷水溪区域）和游憩设施。保留被划入国家旅游度假区内的水电站与企业等用地，并结合西岭镇国家公园入口社区，进一步发展完善游憩服务体系。

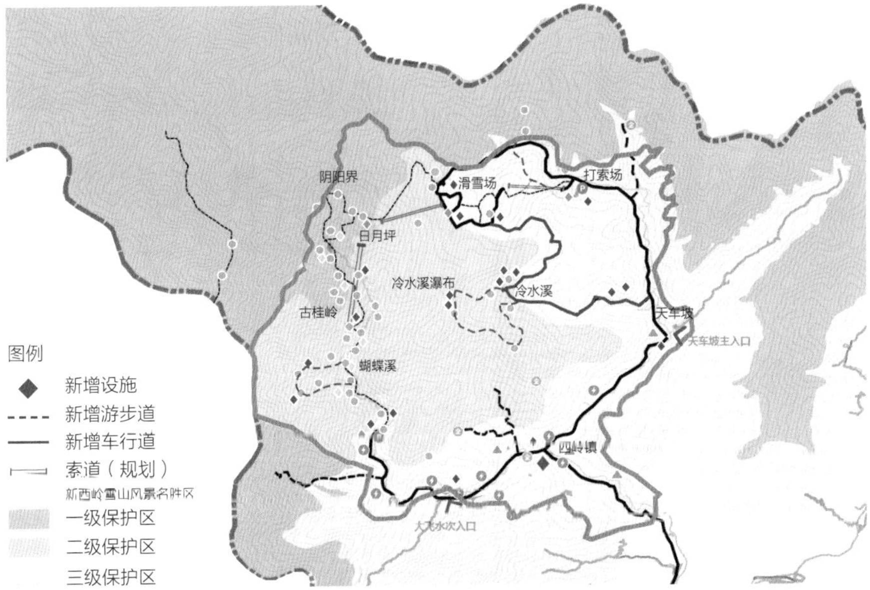

“最充分利用”方案示意图

重点区域规划 · 多情景分析
Key Area Planning · Scenarios Analysis

依据《风景名胜区总体规划环境影响评价的程序和指标体系》《风景区总体规划环评指标体系构建研究》两篇文章，将指标分为自然环境要素、社会经济要素两大类，依据西岭镇的实际情况，重点关注规划对于雪山、熊猫两大特色名片以及对入口社区的影响，并进行预测打分。

环境影响评价指标表

要素	一级指标	二级指标	三级指标	最严格保护	严格保护	现状	适度利用	最充分利用
自然环境	环境质量（0.25）	环境质量	大气环境质量	5	5	4	3	2
			水环境质量	5	5	4	3	2
			声环境质量	5	4	3	3	2
		污染物总量	尾气排放量	5	4	4	3	1
			污水排放量	4	4	4	4	3
	平均分			4.8	4.4	3.8	3.2	2
	生态系统（0.30）	生态系统自然程度	植被覆盖率	5	5	4	4	3
			非人类控制区域（距离道路 500m 的区域）面积及比例	5	5	5	5	3
		生物多样性	受影响的动植物种类数量及比例	5	4	2	2	1
			大熊猫栖息地受保护面积	5	4	2	2	1
			动植物栖息地面积变化量	5	4	3	2	1
	平均分			5	4.5	3.2	3	1.8
社会经济	视觉景观（0.15）	视觉景观本身	景点范围内人工设施（干扰因素）可见性	3	3	2	2	1
		雪山可见度	可视范围扩大或缩小	1	2	3	4	4
	平均分			2	2.5	2.5	3	2.5
	游客体验（0.15）	资源品质	文化资源状况	2	3	3	3	3
			上述自然环境要素状况	4	3	3	3	2
			视觉景观质量	2	3	3	4	4
		交通可达性	区域交通可达性	3	3	3	3	3
			内部交通可达性	1	2	3	4	5
		解说教育	导引设施	1	2	2	3	4
			解说教育活动多样性	2	3	2	3	4
		游客服务	服务设施数量	1	2	3	4	5
	平均分			2	2.625	2.75	3.375	3.75
	经济（0.15）	社区经济状态	周边社区人均收入	3	3	1	4	5
		社区社会状态	公共设施	3	3	1	4	4
			环境保护宣传教育引导	5	5	3	2	2
		管理机构经济收入	宾馆床位运营收入	1	2	3	4	4
			索道运营收入	0	2	3	3	4
			交通服务运营收入	0	2	3	3	4
			其他运营收入（如向导、餐饮等）	1	2	3	4	5
		管理机构经济支出	资源保护支出	2	3	3	4	4
			设施建设和维护支出	4	4	2	2	1
			社区协调支出	1	2	2	3	3
		平均分		2	2.8	2.4	3.3	3.6
总分				3.6	3.60875	3.0575	3.15125	2.5175
大熊猫适宜栖息地保护面积占比				67.8%	62.4%	61.4%	43.39%	较低

重点区域规划 · 多情景分析

Key Area Planning · Scenarios Analysis

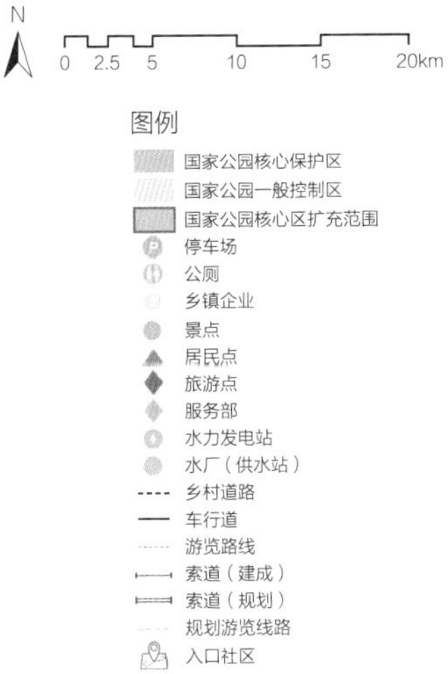

方案一 最严格保护

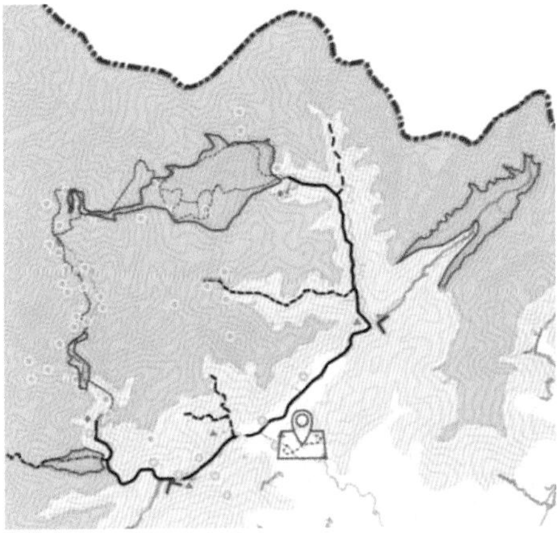

“最严格保护”方案规划图

方案二 严格保护

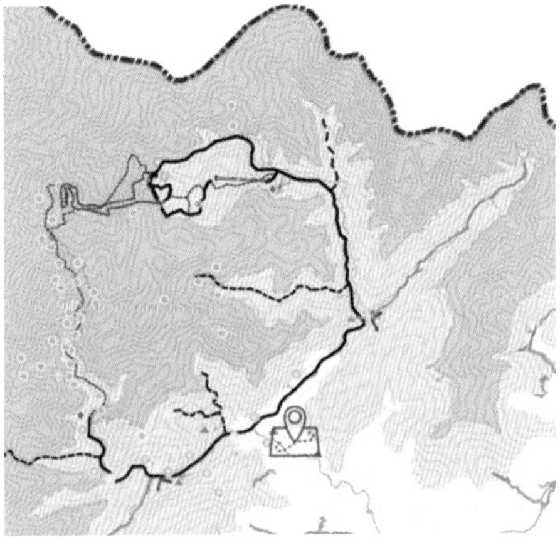

“严格保护”方案规划图

现状

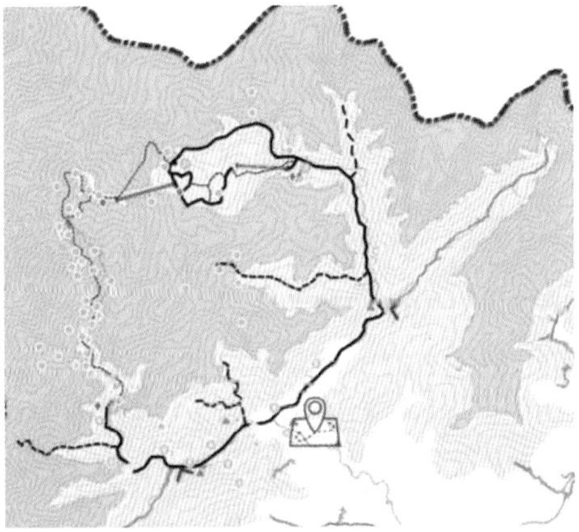

现状图

方案三 适度利用

新增服务部
新增停车场
国家公园核心区减少区域

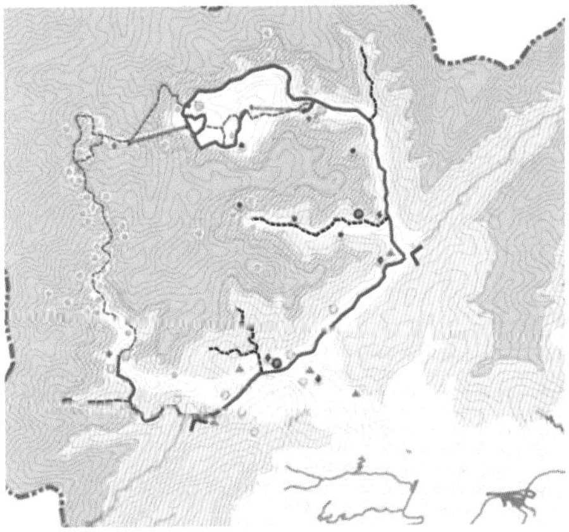

“适度利用”方案规划图

方案四 最充分利用

国家旅游度假区
新西岭雪山风景名胜区
一级保护区
二级保护区
三级保护区
旅游镇
旅游村
观景台
新建游步道
新建车行道

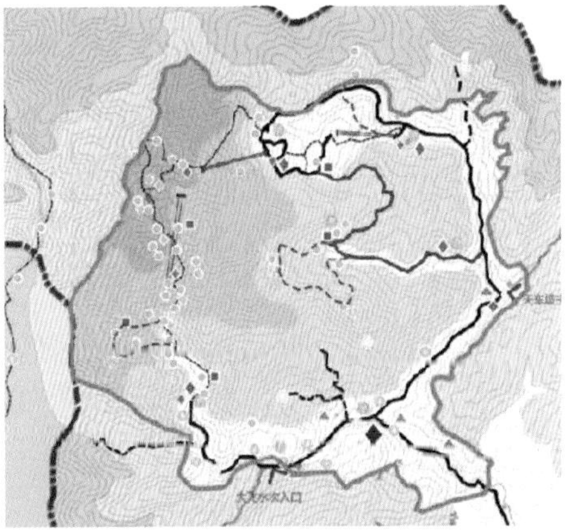

“最充分利用”方案规划图

重点区域规划 · 最终方案

Key Area Planning · Final Scheme

方案二 严格保护

重点区域规划总平面图及节点区位图

环境影响评价

"严格保护"方案环境影响评价指标表

	一级指标	二级指标	三级指标
自然环境	环境质量（0.25）	环境质量	大气环境质量明显改善
			水环境质量明显改善
			声环境质量明显改善
		污染物总量	尾气排放量减少
			污水排放量减少
	生态系统（0.30）	生态系统自然程度	植被覆盖面积增加 1.2hm^2
		生物多样性	大熊猫受干扰面积减少 1.15km^2（核心区面积增加 1.15km^2）
社会经济	视觉景观（0.15）	雪山可见度	可见雪山的可游览面积 1.15km^2
	游客体验（0.15）	交通可达性	拆除 15.86km 不允许游客进入
	经济（0.15）	管理机构经济收入	宾馆床位运营收入 78 435 000 元 / 年
			索道运营收入 418 057 200 元 / 年
			门票运营收入 169 462 800 元 / 年
		管理机构经济支出	社区协调支出 93 307 500 元 / 年
		社区经济收入	西岭镇居民人均收入增加 14 112 元 / 年

重点区域居民调控

Key Area Planning · Regulation of Residents

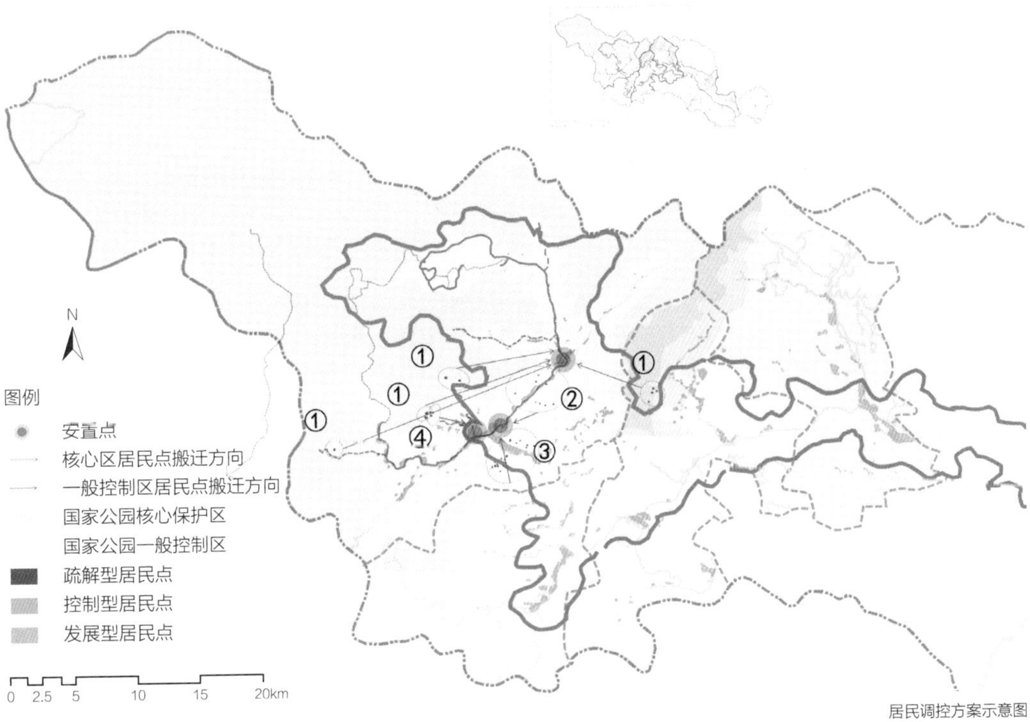

居民调控方案示意图

安置点概况

各镇安置点情况表

建设情况		西岭镇		花水湾镇	出江镇	鹤鸣镇	总数
已建成的集中安置点	地址	栗子坪小区、沙坪坝小区、云华小区		天宫小区、陈家河集中居民区、胡家湾安置小区、刘家河安置区	桂安置小区、上坝安置小区、田园安置小区、钱桥安置小区、马桥安置小区、下坝安置小区、中坝安置小区、梅鹤家园、六坪安置小区、薪茗河畔安置小区、九龙安置小区、斜源街区小区、大鹏安置小区	雾苑小区、裕民小区、同源小区	—
	数量（个）	3		3	13	3	22
规划建设的集中安置点	地址	雪山小镇	沙坪小区	伍田村安置点	—	—	—
	数量（个）	2		1			3
	总占地面积（亩）	120	135	58	—	—	313

原有搬迁计划

原搬迁计划表

国家公园范围	核心区		一般控制区		总数
搬迁计划	①核心区全部居民→西岭镇云华社区旁新建住房	7户 15人	②沙坪村居民→小飞水熊猫功夫谷	17户 56人	409户 1215人
			③花石村居民→雪山小镇	384户 1144人	

调控规划

搬迁调控计划表

国家公园范围		核心区		一般控制区		总数
调控规划	疏解型	①核心区全部居民→西岭镇云华社区旁新建住房	7户 15人	②沙坪村居民→沙坪小区	17户 56人	435户 1305人
				③花石村居民→沙坪小区	384户 1144人	
				④高店村居民→小飞水熊猫功夫谷	27户 90人	
	控制型	无		其他居民	966户 3228人	966户 3228人
户籍人口		7户 15人		1394户 4518人		1401户 4533人

节点 1 花石村
Key Area I Huashi Village

现状概述

花石村是**安西走廊终点站——西岭镇的第一个行政村，节点范围位于大熊猫国家公园范围外**。全村面积为 $20.8km^2$，辖区为 6 个村民小组，总人口为 1174 人，有农户 350 户。农民主要收入来源于外出务工、旅游养殖业、三木药材种植。主要产业以林业为主，依托西岭雪山滑雪场发展农家旅游业。

花石村是从成都进入大邑大熊猫国家公园的第一站，有重要的区位价值。村内有丰富的自然资源，但是没有得到充分利用，现状风貌形象状况不佳。同时缺乏自然教育相关规划，基础服务设施不足。旅游相关产业如农家乐、民宿发展势头旺盛，但缺乏系统规划，呈散点分布、分散经营的状态。

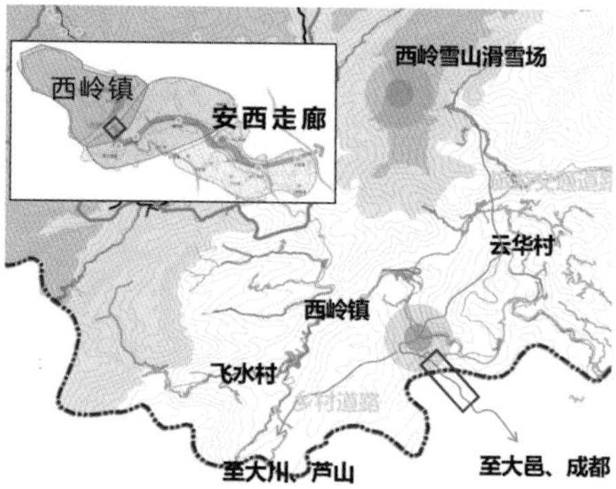

节点区位图

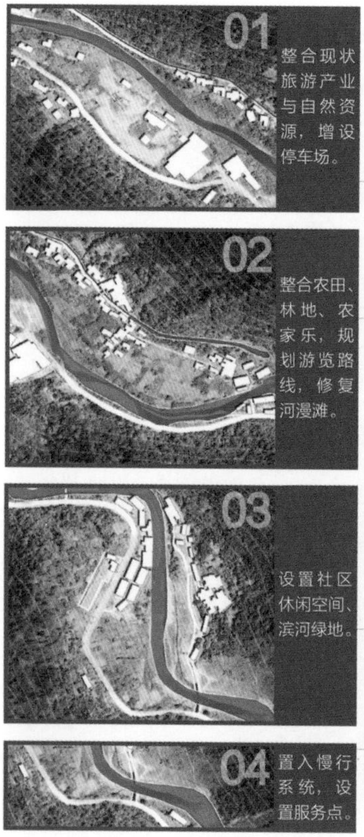

节点现状平面图

节点规划总平面图

规划定位

- 国家公园入口社区前序景观；
- 依托国家公园发展的农耕体验社区典范。

功能分区

- 农耕体验区：利用本地丰富的农田资源和已有的农家产业进行发展，提供农耕体验的机会。
- 山地农家体验区：利用山地资源，提供山地游憩、科普服务。
- 居民生活区：主要的政府部门、居民点及公共服务设施所在地，为当地居民生活服务。
- 田园观光区：为进入西岭镇的游客提供良好的观赏风景。

规划策略

节点面积约 5km^2。现状主要问题在于风貌形象及自然教育服务能力与区位重要性不匹配，同时已有旅游基础设施存在散点分布、分散经营的现象。对此提出规划策略：提升景观风貌，加强游憩服务基础设施建设以及系统规划，连点成面，振兴乡村经济。

在有条件建设区域增加商业服务设施，包括住宿点、停车场等，提升片区服务能力。对现有农田资源进行整合，置入基础设施，提供游憩、自然教育功能。社区附近的农田、林地可以提供游憩机会。置入慢行道，联系周边分散的旅游点。

建设用地总量原则上禁止扩张，耕地、林地禁止改为建设用地。增加商业服务设施以及旅游服务、自然教育、慢行系统、停车场等公益用地。

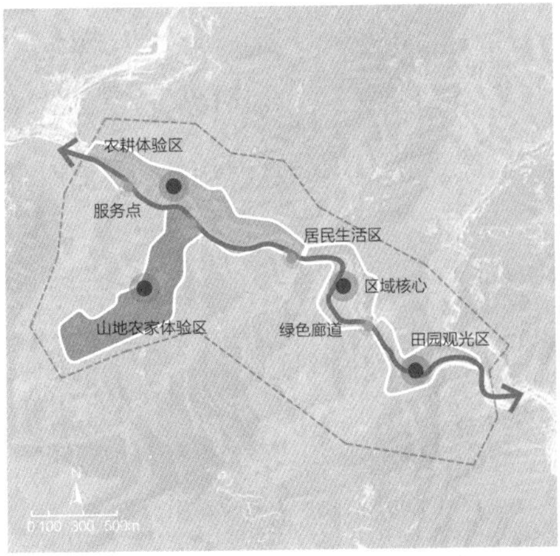

各分区处理策略示意图

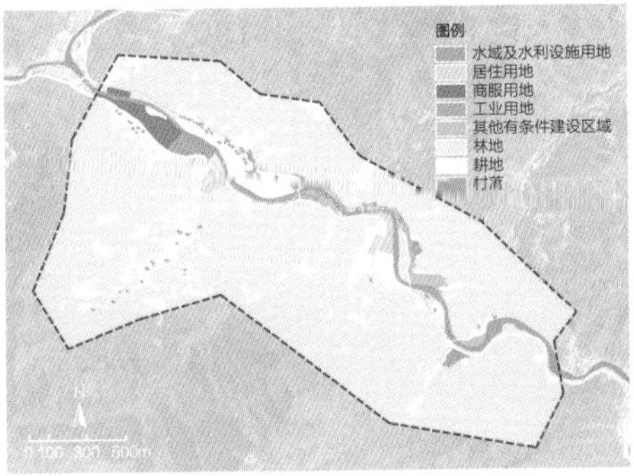

节点土地利用规划图

节点核心区域透视图

节点剖面图 A-A

节点 2 沙坪村
Key Area Ⅱ ShaPing Village

现状概述

节点为西岭镇沙坪社区，位于大熊猫国家公园一般控制区与周边区域的过渡地带，是西岭镇政府所在地，也是西岭雪山前山、后山旅游、观光、购物交易的重要地点。该区域整体人均可支配收入低，农民主要收入来源于外出务工、旅游、养殖业、药材种植。

西岭镇中心为大飞水与小河子水系交汇处，设有大熊猫国家公园导引牌，但现状未能起到标志性入口的作用；同时有杜甫雕像、众山街文化廊桥、泊鹭里水文化体验基地等景点分布，但目前整体吸引力不足；沿线零散分布较多居民点、农家乐、民宿酒店，但缺乏系统规划，呈现杂乱、散布问题。

整体而言，作为重要的核心镇区，西岭镇目前主要为“旅游过道”，服务功能整体未能匹配区域旅游发展。

总平面图

图例
1. 游客服务中心
2. 杜甫雕像
3. 西岭商业街
4. 西岭镇政府
5. 众山街文化廊桥
6. 大巴站点
7. 西岭公园
8. 西岭文化馆
9. 沙坪小区
10. 滨河绿地
11. 农家乐
12. 森林康养中心
13. 居民社区
14. 泊鹭里 · 水文化体验基地
15. 西岭小雪水厂
16. 大邑滴翠温泉山庄
17. 民宿
18. 三文鱼庄
19. 任家大院农家乐

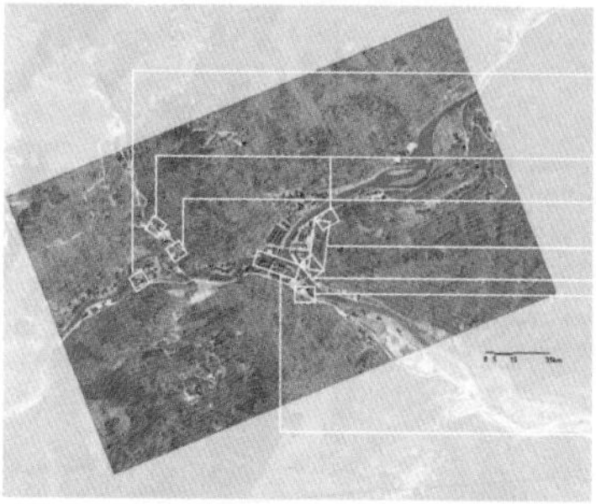

现状对比图

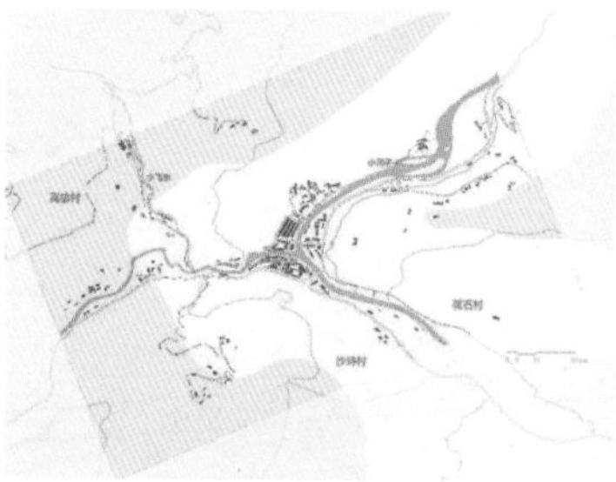

场地与国家公园一般控制区分析图

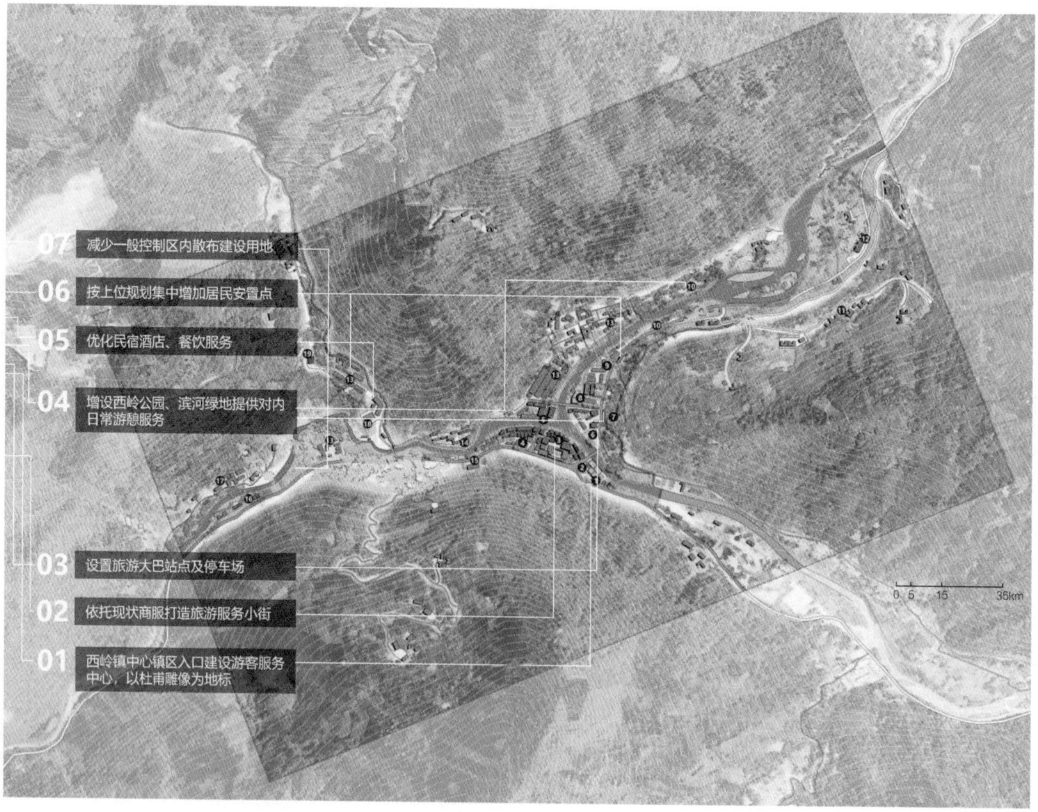
07 减少一般控制区内散布建设用地
06 按上位规划集中增加居民安置点
05 优化民宿酒店、餐饮服务
04 增设西岭公园、滨河绿地提供对内日常游憩服务
03 设置旅游大巴站点及停车场
02 依托现状商服打造旅游服务小街
01 西岭镇中心镇区入口建设游客服务中心，以杜甫雕像为地标
0 5 15 35km

西岭镇中心与周边地势剖面图

规划定位

- 西岭镇对内对外的综合游憩服务基地；
- 依托雪山和国家公园 IP 的特色门户小镇。

主要问题

- 核心镇区定位不鲜明，未能很好地承担门户形象。
- 游憩服务设施尚未形成体系，整体产业杂乱。
- 国家公园与外围区域衔接的重要边界，未能起到较好的科普、导引、宣传功能。

规划策略

- 建立以旅游服务接待、西岭特色展示为核心的综合游憩服务基地：设置西岭游客服务中心展示西岭镇门户形象。
- 系统完善对内对外的多样化生活服务设施：增加西岭游客服务中心、西岭文化展馆、公共绿地、旅游大巴站点、停车场等公益用地。
- 以旅游服务新业态、特色门户新场景带动居民生产生活方式转型：结合现状商业服务设施分布完善整体服务功能，依托酒店民宿、餐饮等提供就业岗位。

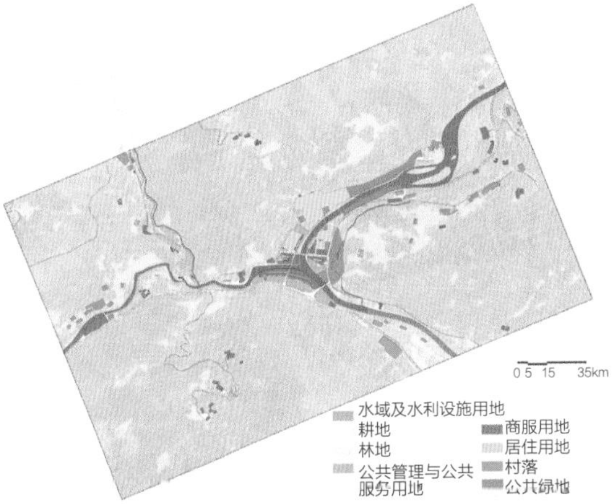

用地性质规划图

滨河游憩场景图

国家公园一般控制区景观风貌图

西岭镇游客服务中心场景图

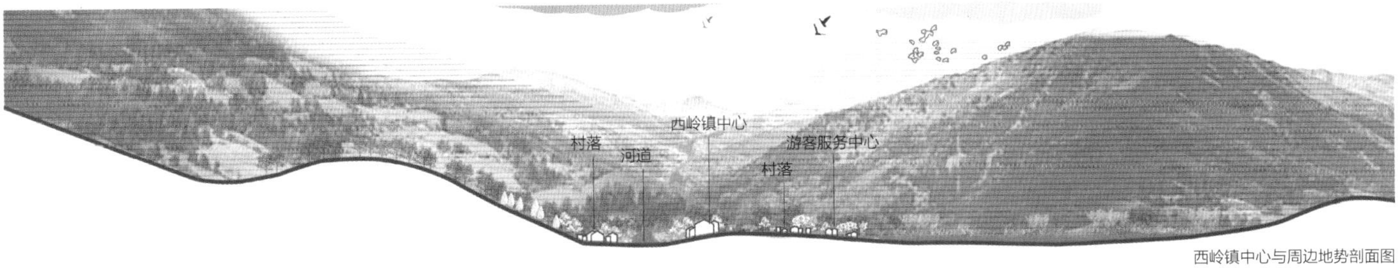

西岭镇中心与周边地势剖面图

节点 3 云华村

Key Area Ⅲ Yunhua Village

现状概述

云华村属于**原西岭雪山风景名胜区天车坡主入口**，**节点范围全部位于大熊猫国家公园一般控制区内**。西岭镇云华村总面积为 134km^2，西岭雪山位于其中。全村人口为 1188 人。该村主要经济产业为依托西岭雪山大力发展农家乐旅游产业。

在空间方面，云华村山水自然本底相对良好，现有较完整的传统村落，但风貌遭到较大的破坏，且东岸有大面积建成的别墅区，沿路分布的农家乐质量较低、风貌不一，无序经营；在文化方面，云华村近年一直致力于西岭山歌这一国家级非物质文化遗产的传承，但效果仍不显著。

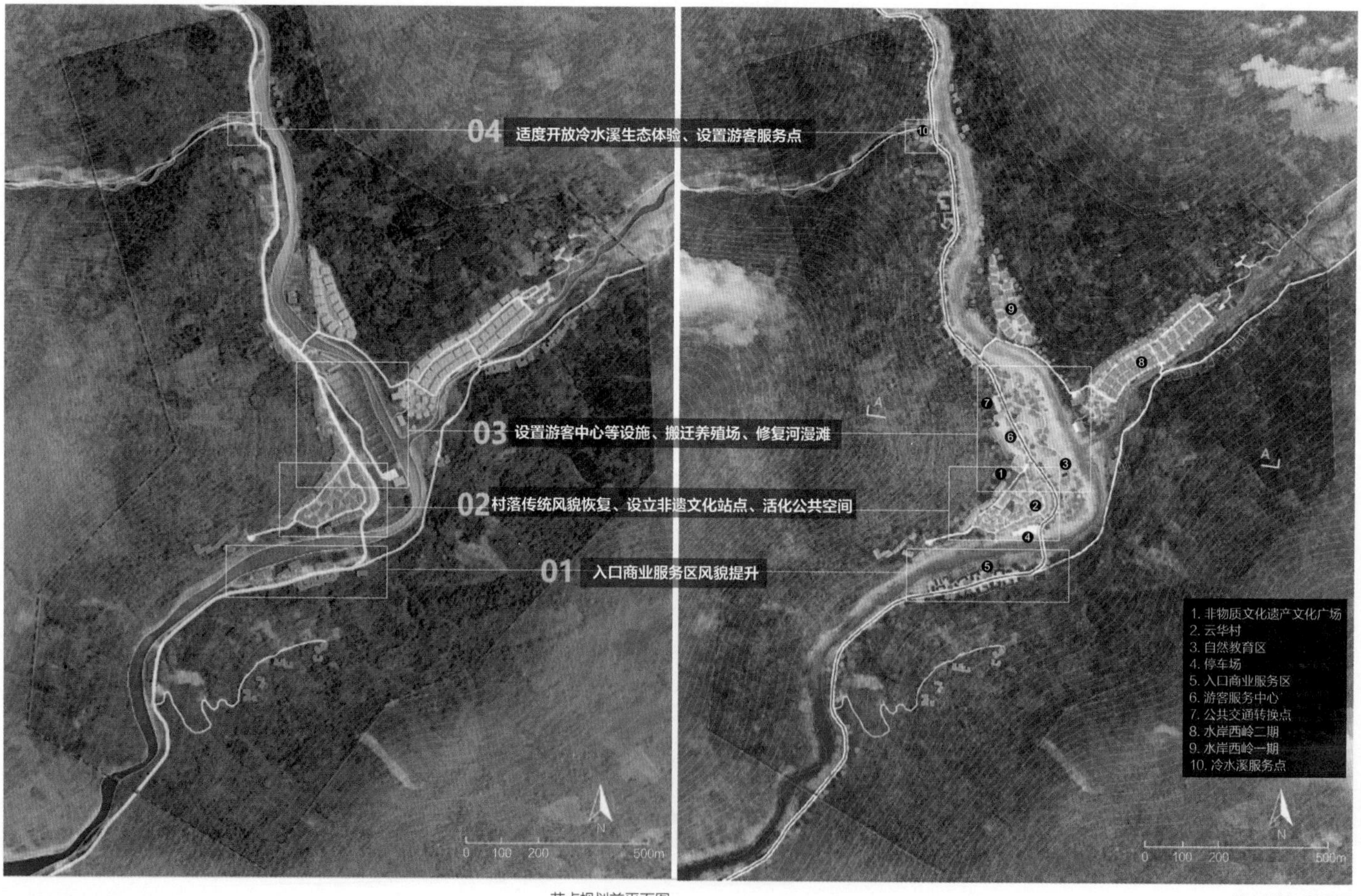

节点规划前平面图

节点规划后平面图

规划定位

- 西岭雪山的次一级入口游憩服务核；
- 保持原真性，提供环境教育服务。

主要问题

- 现状无序经营、游憩服务功能缺乏引导；
- 周边居民收入仍需提升、亟需就业转型；
- 社区文化特色不突出、风貌特色仍需强化。

规划策略

- 有序引导建设、升级入口游憩服务功能；
- 园地合作、以游憩与公益岗促进就业转型；
- 设立本土特色非物质文化遗产站点、优化传统风貌。

节点面积约 2.5km^2。规划后的土地利用仍以居住为主，针对一些近年新建的、风貌不协调的农家乐建筑应考虑拆除，在原址上增加游客中心、交通换乘点、停车场、安置房等，并将占地大、影响风貌的冷水鱼养殖场沿河下游搬迁至何家坝附近（国家公园范围外）。

限制： 未来建设用地总量原则上禁止扩张，居民点原则上除安置点外禁止新建；

增加： 增加游客中心及售票处、自然教育用地、交通换乘点、停车场等公益用地；

建议： 社区未来居民就业建议转向游憩及相关的民宿、餐饮、文创与保护等公益岗位。

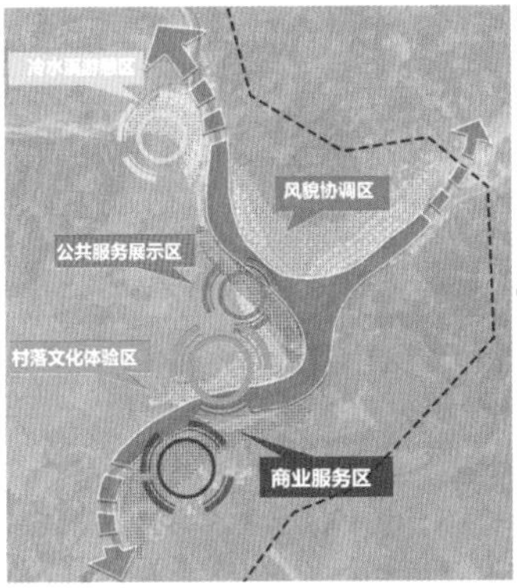

节点功能分区图

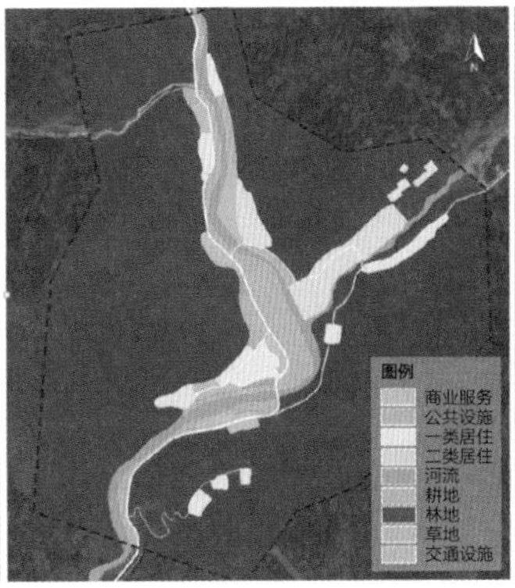

节点土地利用规划图

现状建筑处理及风貌控制图

节点效果图

节点剖面图 A-A

节点 4 飞水村

Key Area Ⅳ Feishui Village

现状概述

飞水村是西岭雪山前山景区（花石溪景区）入口区域，面积约 10 万亩，耕地面积约 800 亩，辖 14 个村民小组，总户数为 345 户，总人口为 1050 人，居民整体收入较低。

飞水村海拔 1200m，是国家林业和草原局公布的第二批国家森林乡村之一，生态条件较好，曾有大熊猫出没，绝大部分位于国家公园一般控制区范围内，雪山湖及大飞水为天然形成的水体，但 1966 年修建了大飞水电站。

前山景区景观资源优越，以峡谷溪瀑原始景观为主，同时也是大邑母亲河之一——邮江的发源地。但前后山景区割裂，登山难度大，较后山游客稀少。

飞水村具有较多川西传统民居，有农家乐 10 家，以中、低档居多，接待能力较弱；目前零散分布着一些停车场，数量较少。

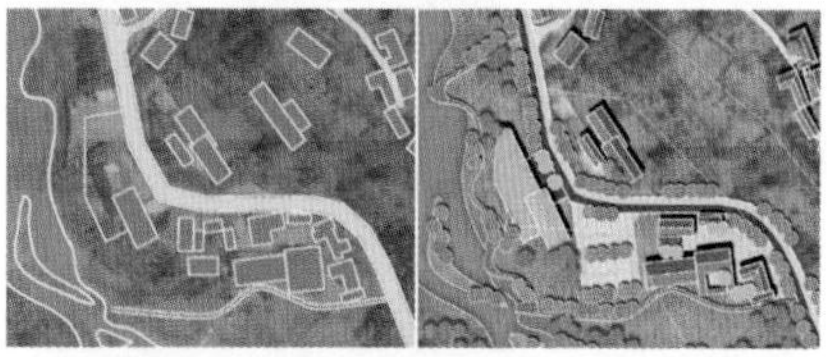

改造现有建筑为游客中心，增加停车场和电瓶车站。

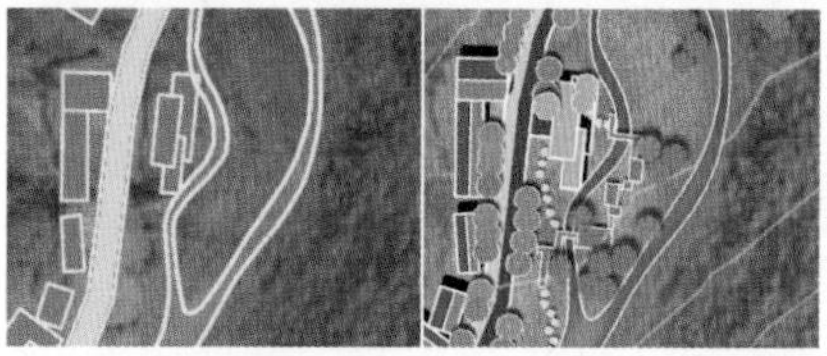

改造现有民居为自然教育中心，增设室外课堂。

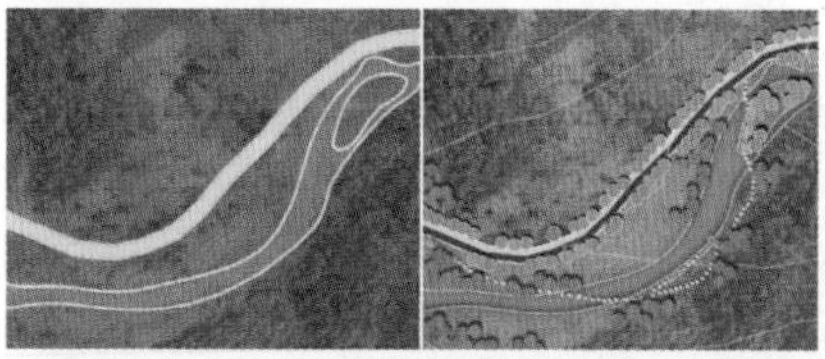

在雪山湖与自然教育中心之间增加溯溪路径。

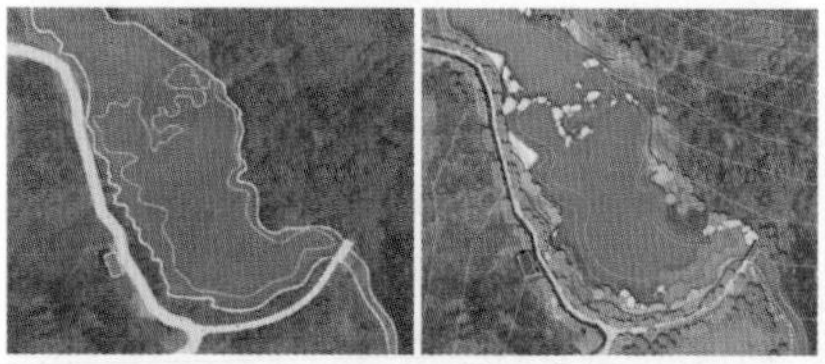

优化雪山湖驳岸，适当增加停驻点，开展自然教育。

节点规划前后对比分析图

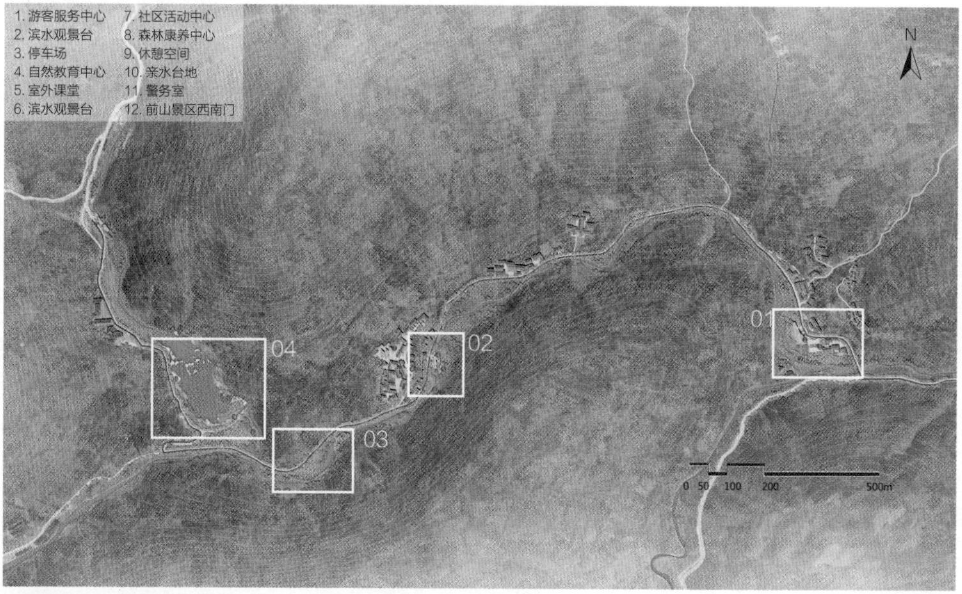

节点规划平面图

节点剖面图

规划定位

- 西岭雪山的次一级入口游憩服务核；
- 保持原真性，提供环境教育服务。

主要问题

国家公园生态保护需要与现状发展方式产生矛盾，并且前山景区发展定位不清，游憩特色不明显。

规划策略

为居民提供解说护林等就业岗位，改造民居提高接待水平；以生态保护为主，保持原始特色，发展生态体验和环境教育。

居民就业

讲解服务：对居民进行专业培训，提供向导和生态科普服务。

生态管护：按“户均一岗”安排公益岗位，从事保护、监测、治安等工作。

食宿接待：改造部分传统民居，提供农家乐等食宿接待服务。

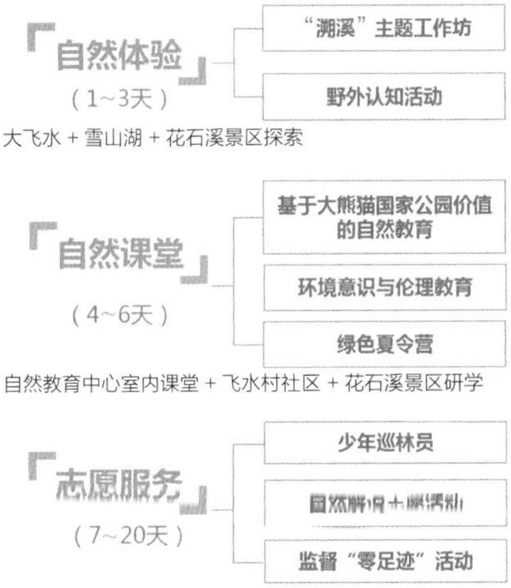

自然教育活动类型

节点面积约 0.7km^2。在尊重原有土地利用的基础上，疏解部分分布零散、风貌不协调的民居，利用现有建筑改造为游客中心、自然教育中心、社区活动中心等，增加交通换乘点、停车场等，并在自然教育中心与雪山湖之间增加溯溪路径，完善环境教育体验。

未来建设用地总量原则上禁止扩张，新增建筑在原有基础上改造；增加交通换乘、停车场等公益用地；为居民提供解说向导、巡林护林等公益岗位，并将现有民居改造为康养食宿建筑。

以大飞水为主要轴线，串联自东向西的五个体验核：游客服务核、教育体验核、康养疗愈核、栖水溯源核、入口展示核。

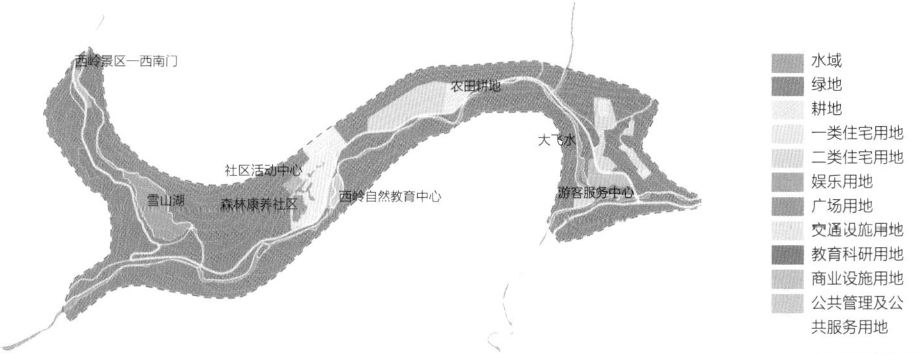

土地利用规划图

节点效果图

以暑假为主，探索“国家公园 + 志愿活动”青少年自然教育的模式。
以“游学型”自然体验、“研究型”自然课堂、“参与型”志愿服务三大类自然教育活动为主。

通过梳理成都的历史脉络并提取现状关键资源，发现成都历来以水兴城。然而，现有遗产保护体系并未对成都灌区及林盘农业文化遗产形成强有力的保护。因此，在全域战略当中，通过梳理现状自然与文化遗产资源，深入挖掘灌区农业文化遗产价值，并将资源进行统筹，实现全面的遗产复兴。

在片区规划中，制定以全球重要农业文化遗产地（GIAHS）遗产名录为标准的遗产保护与利用规划。总体结构为“两核、两带”，节点相互渗透，保护与利用协同；形成重点林盘保护区、核心林盘利用区等多种类型。沿成灌高速建立特色场镇发展带，沿沙西线建立特色农业和手工艺文化产业带，重点恢复核心林盘优秀格局，保护传统农耕模式、林盘生态功能，展示林盘农耕文化。

遗产复兴——都江堰核心灌区农业文化遗产规划实践

俄子鹤

王建鹏

林松栩

岳　超

规划研究路线
Plan Technical Route

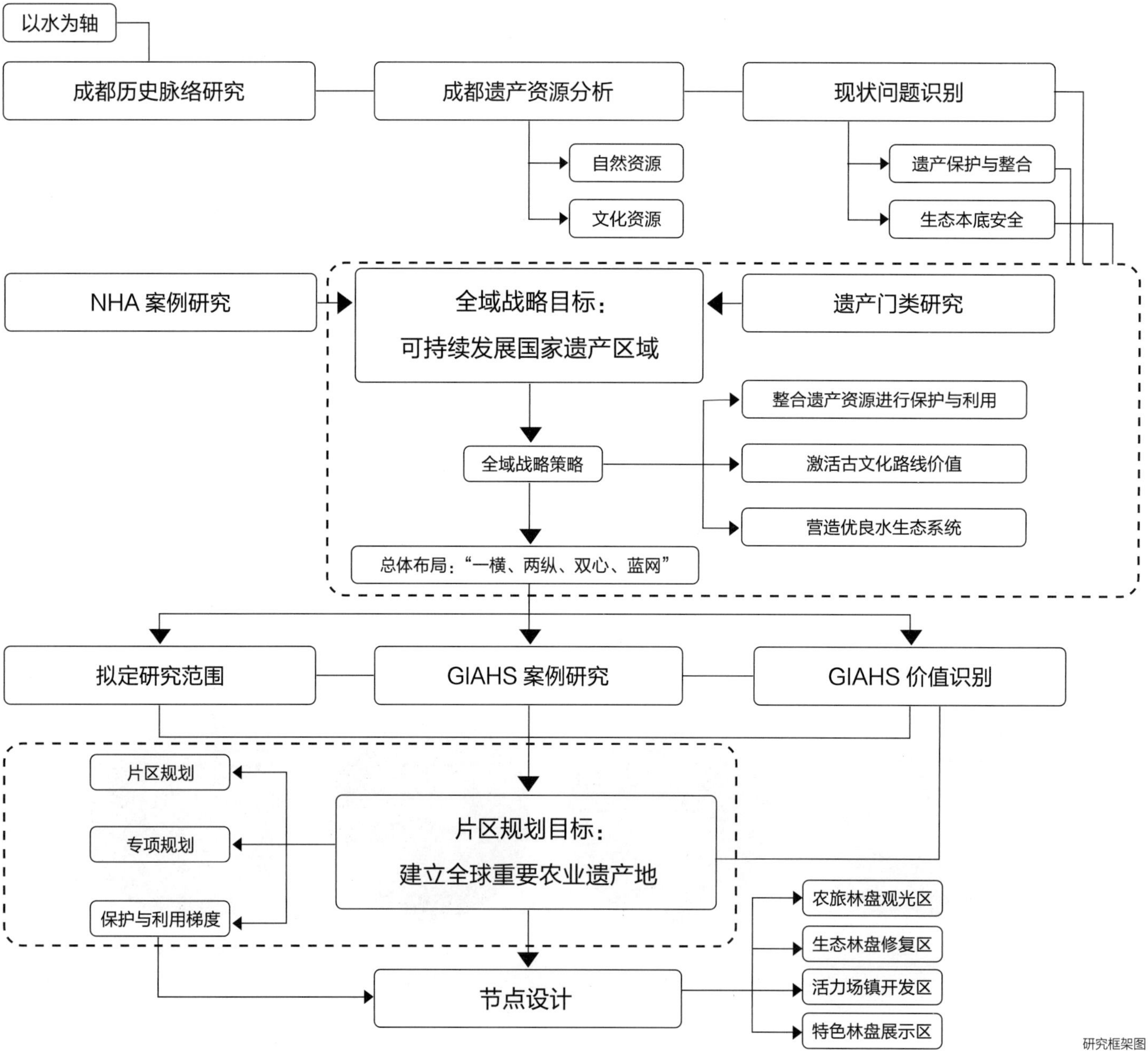

研究框架图

成都历史脉络

Historical Context of Chengdu

都江堰水利工程以及精华灌区的建设，彻底改变了成都平原水环境，水患明显减少，农业灌溉条件显著提高。

成都历史发展，水利文化贯穿始终，是成都极为重要的文化资源。

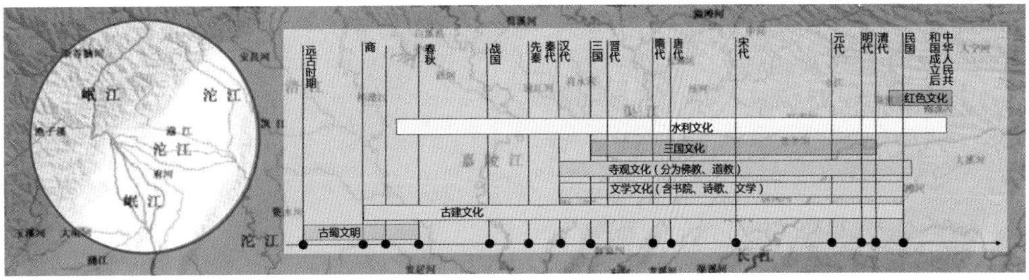

成都历史脉络分析图

成都水利文化资源——都江堰灌区

Chengdu Water Conservancy Cultural Resources

直灌区

直灌区包括人民渠一处灌区、东风渠灌区、外江灌区，也称都灌江堰平坝灌区，总有效灌溉面积为51.21万hm^2，占比70.5%。

直灌区水资源以岷江水源为主，自北向南分布到各灌区。直灌区位于成都灌区上游，而精华灌区位于直灌区顶部，精华灌区水质情况极大影响了下游灌区的水环境安全。

精华灌区

精华灌区位于都江堰市东侧，紧邻古代水利工程“都江堰”，是千年水利工程灌溉区的最上游，拥有丰富的用水资源，也是都江堰灌区最重要的水生态保护区。

川西林盘

川西林盘发源于古蜀文明时期，成型于漫长的移民时期，延续至今已有几千年的历史，是历史形成的集生产、生活于一体的复合型乡村人居与生态环境。

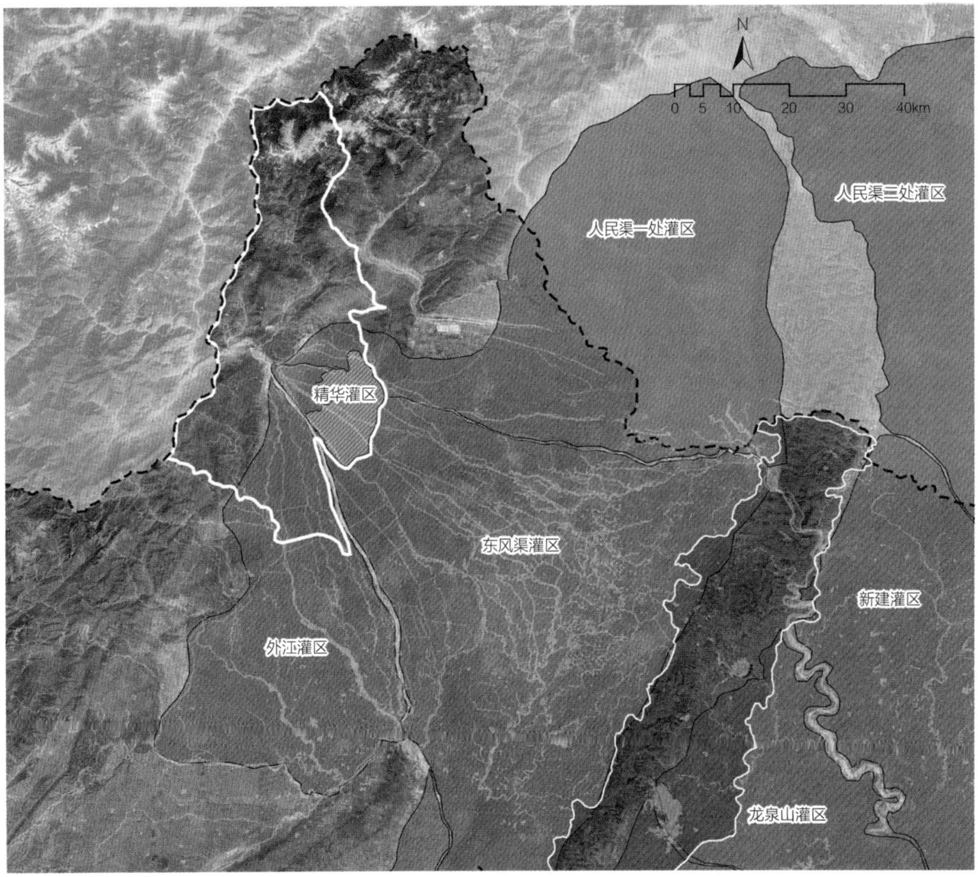

都江堰灌区分布图

参考资料：成都全域保护利用规划文态专项 .

成都水生态格局与遗产资源现状

Current Situation of Water Ecological Pattern

成都水生态格局

地表水污染现状：成都市地表水总体上呈现轻度污染到中度污染，并且与农业用地和工业用地呈正相关，主要污染河段为岷江水系，如府河、南河、沙河、江安河、杨柳河、白河以及沱江水系。

生物栖息地分析：龙门山以及山前地带属于极重要的生物栖息地保护地带，灌区水系也是重要的生境，污染和水系生境的重要性存在冲突。

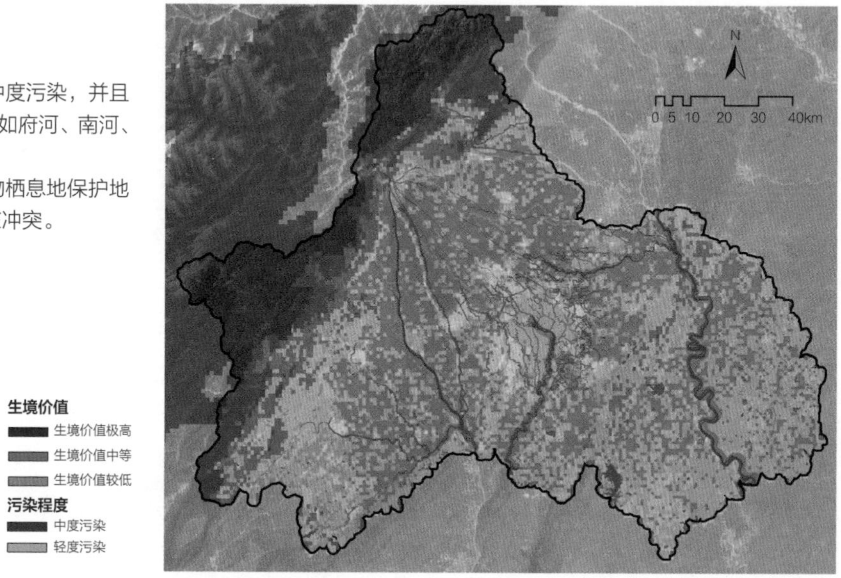

水生态格局现状分析图

遗产资源整体概况

重要自然及文化遗产集中分布于龙门山一侧，并且各类型保护地之间空间相互重叠，全域遗产保护与利用呈现单极化格局。其他地区缺少具有规模效应的遗产资源。

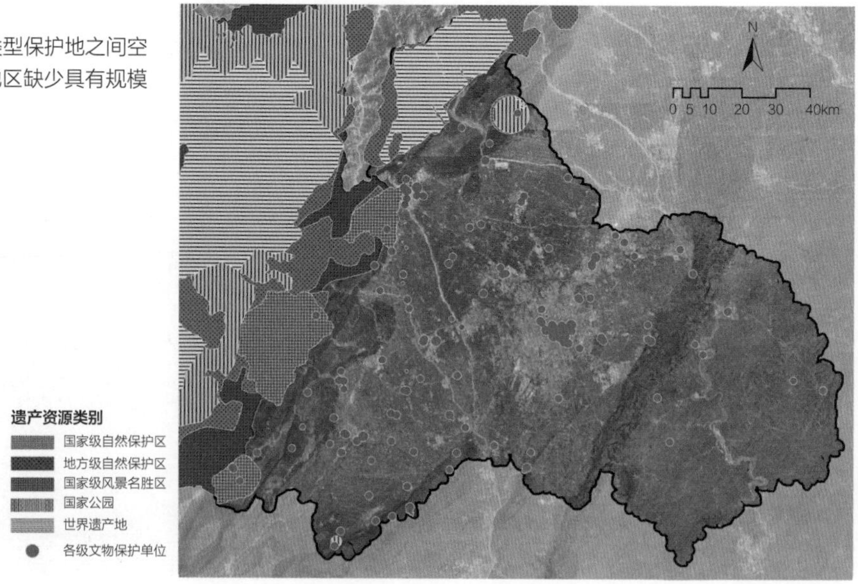

遗产资源现状分析图

成都遗产保护体系类别筛选
Research on International Heritage Protection

1. 世界遗产体系（World Heritage，简称WH）：成都拥有大熊猫栖息地世界自然遗产以及青城山－都江堰世界文化遗产。

2. 世界灌溉工程遗产体系（World Heritage Irrigation Structures，简称WHIS）：都江堰古代水利工程。

3. 全球重要农业文化遗产体系（Globally Important Agricultural Heritage Systems，简称GIAHS）：侧重农业遗产类型，强调独特的土地利用系统和农业景观，都江堰灌区是潜在可挖掘的对象。

4. 国家遗产区域（National Heritage Area，简称NHA）：将自然、文化遗产进行整合，并进行一定程度的社会经济发展。

成都遗产保护体系表

遗产保护类型	保护范围	保护价值
WH	《世界遗产名录》所定义的具有突出普遍价值的文化遗产、自然遗产、自然与文化双遗产、文化景观及非物质文化遗产	历史文化、艺术、科学、人类遗迹、生态多样性
WHIS	仅限于存在历史达到或超过100年的灌溉建筑物或设施：水坝、储水工程、堰等引水工程、渠道、水车、提水机具、农业排水构筑物、与农业水管理活动有关的遗址或结构	水利文化、工程技术、建筑构造
GIAHS	仅展现独特发展模式的土地利用系统和农业景观	农林渔传统文化、生态多样性、景观、当代发展
NHA	大尺度文化景观保护的一种较新的方法，遗产区域内展示地方以及国家自然和文化资产的区域	传统文化、区域资源整合、当代发展

国家遗产区域理论与案例研究
National Heritage Area

国家遗产区域的概念源于20世纪80年代。其建立是上下互动的过程，包括“自下而上”的可行性研究和“自上而下”的授权立法。

国家遗产区域分析表

遗产保护类型	国家公园	国家遗产区域
目标	以生态保护为主，在生态保护的前提下允许开展适度的游憩活动	提倡自然与文化资源的整体保护，在不影响保护自然资源的前提下提倡发展地方经济，实现区域全面振兴
管理实体	国家公园管理局	联邦授权委员会或非政府组织
保护管理模式	自上而下的垂直保护管理模式，开展与周边区域合作	自上而下的合作保护管理模式，强调各利益群体的合作

2003年11月，美国国会通过了阿拉伯山《国家遗产区域法案》，其保护对象包括以下自然保护地和文化遗产：

①戴维森—阿拉伯山自然保护区、帕诺拉山州立公园；②其他地方政府和州政府的公共绿地；③南河及其支流；④农场、庄园及其他古宅、古墓地；⑤内战冲突遗址、美洲原住民遗址、采石场、修道院；⑥阿拉伯山高中—工程医学与环境研究学院、企业、私人住宅。可以看出，国家遗产区域保护对象十分丰富，包含了广泛且有价值的自然与文化遗产资源，并且在保护管理模式上不同于国家公园，是保护与利用结合的综合管理方式。

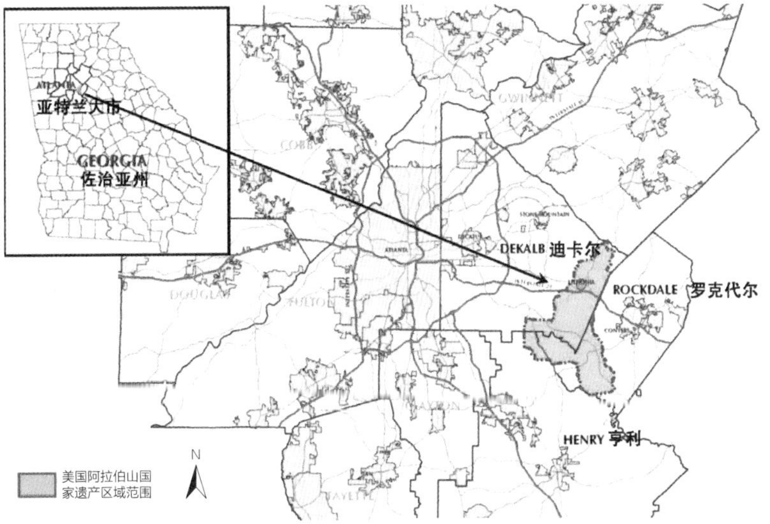

美国阿拉伯山国家遗产区区位图

资料来源：
[1] 孔繁恩，刘海龙．世界遗产视角下“水文化遗产”的保护历程及类型特征 [J]. 中国园林．2021(8): 92-96.
[2] 中国古迹遗址保护协会．实施世界遗产公约操作指南 [EB/OL].http://whc.unesco.org/.2017.
[3] 李云鹏．世界灌溉工程遗产及其保护意义 [J]. 中国水利，2020(5): 47-49, 53.
[4] 李明，王思明．农业文化遗产：保护什么与怎样保护 [J]. 中国农史，2012，31(2): 119-129.
[5] 廖凌云，杨锐．美国阿拉伯山国家遗产区域保护管理特点评述及启示 [J]. 风景园林，2017(7): 50-56.

战略规划目标
Strategic Planning Objectives

建立可持续发展的国家遗产区域（NHA）

国家遗产区域将已受保护的自然与文化遗产地与潜在全球重要农业文化遗产地进行整合，将区域转变为人与自然共存的大尺度文化景观。

遗产分布示意图

总体策略——整合遗产资源进行全面保护与利用
Overall Strategy

遗产资源示意图

支撑策略——激活古文化线路价值

Support Strategy

构建文化线路，支撑遗产区域的保护和利用。

文化线路场景图

支撑策略——营造优良的水环境、水生态系统

Support Strategy

依托现有山水格局，优化水生态网络体系，支撑遗产区的可持续保护和利用。

生态营造示意图

战略规划

Planning Goals Analysis

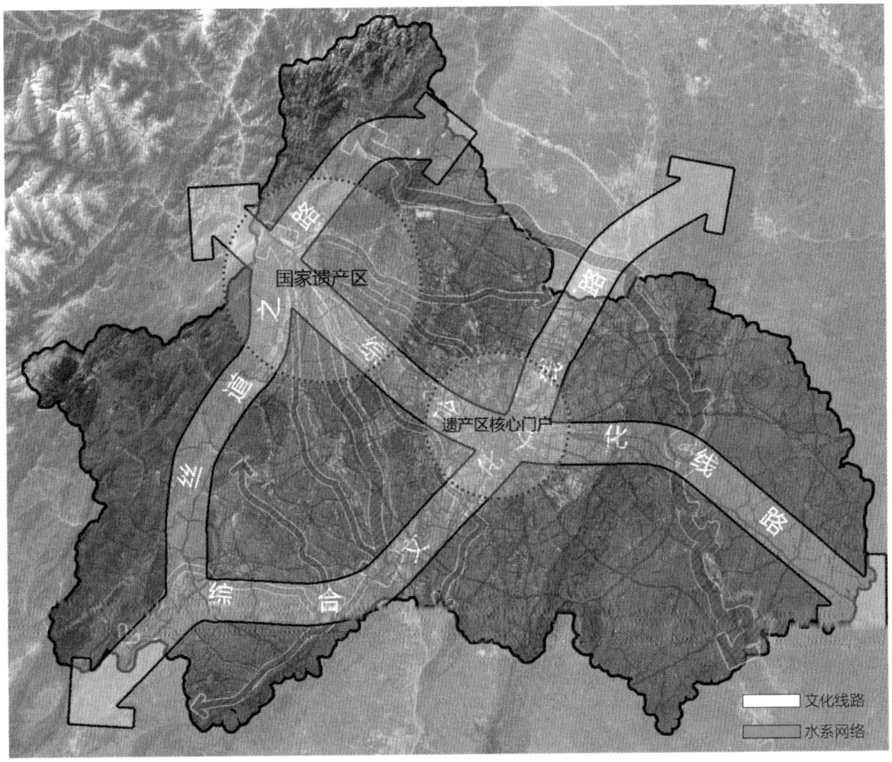

战略规划结构图

“一横、两纵、双心、蓝网”

“一横”： 东西贯穿文化遗产线；

“两纵”： 南北贯穿文化遗产线；

“双心”： 国家遗产区、遗产区核心门户；

“蓝网”： 水生态网络基底。

片区规划研究范围
Research Scope of District Planning

研究范围面积：1337km^2

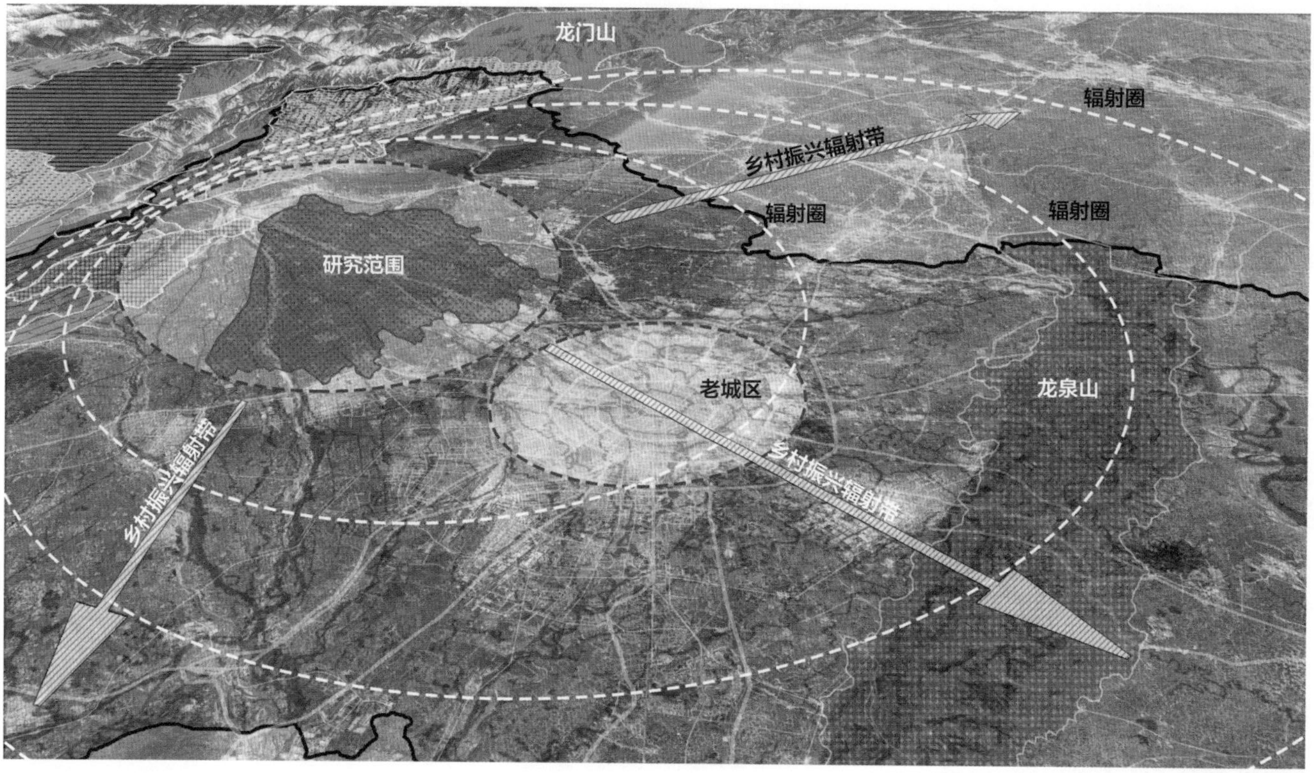

研究范围区位图

片区规划目标
District Planning Objectives

建立全球重要农业文化遗产地（GIAHS）

全球重要农业文化遗产地是农业与其所处环境长期协同进化和动态适应下所形成的独特土地利用系统和农业景观，通过识别研究区域内农业文化遗产要素，进行针对性保护和利用。

田中有林，林中有宅，流水环绕，自给自足，
都江堰水利工程润泽之下半自然、半人工湿地中形成的林盘聚落体系，是成都平原农耕智慧的集中体现。

全球重要农业遗产地（GIAHS）评价标准体系与相关案例研究

Evaluation Standard System and Case Study of Global Important Agricultural Heritage Sites

全球重要农业文化评价标准

生物多样性

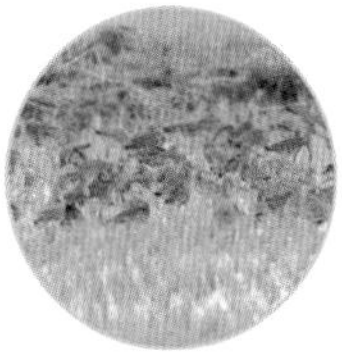

农业生物多样性被定义为直接或间接用于粮食和农业的动物、植物和微生物的多样性，包括作物、牲畜、林业和渔业。该系统应具有全球重要的生物多样性粮食和农业遗传资源（例如地方性、驯化、稀有、濒危农作物和动物物种）。

粮食和生计安全

系统必须促进当地社区的粮食或生计安全，包括各种各样的农业类型，如自给自足和半支配农业，地方社区之间进行供应和交流，有助于农村经济。

地方和传统知识系统

系统应保持当地宝贵的传统知识和做法、巧妙的适应技术和自然资源管理系统，包括支持农业、林业或渔业活动的生物、土地、水等方面的传统知识。

文化、价值体系和社会组织

文化认同感和地方感嵌入并属于特定的农业遗址，代表着必须保存的遗产。与资源管理和粮食生产有关的社会组织、价值体系和文化习俗可以确保自然资源的使用和获取的公平，促进可持续发展。

陆地及海洋景观特征

景观特征是历史长期存在，与产生它们的地方社会经济系统有很强的联系，是特定地区粮食生产、环境和文化一体化的结果，可能具有复杂的土地利用方式。

日本大崎可持续稻田农业的传统水管理系统案例研究

基本特征：“大崎耕土”被联合国粮农组织认定为世界农业遗产，这是日本第九处，也是日本东北地区的第一处日本农业遗产。“大崎耕土”稻田面积约 3 万 hm^2，横跨大崎市、美里、涌谷、加美、色麻 4 町，围着民居的“屋敷林”森林形成了 2 万多处独特的景观。房屋周围种植了“居久根”树木、从中世纪继承下来的水系统等，克服了冻灾、洪水、缺水而生产出优质的大米，并维持着稻田等生物多样性的农事方式且获得高度评价。为了确保粮食和在如此具有挑战性的环境条件下维持生计，该地区的农民积累了丰富的知识，并利用独创性来管理和协调水资源。经过不懈努力，以水稻生产为中心的水稻农业系统能够代代相传，被称为“大崎耕土”的肥沃土地。

覆盖面积：约 1524km^2（其中农业耕地面积 362km^2；森林面积：837km^2）。

生计的主要来源：农业、林业、工商业。

全球重要农业文化评价标准表

识别标准	关键要素	具体特征
物种多样性	经济作物与共生生物	鸟类、两栖类、昆虫
粮食和生计安全	多样化的种植维持生计	林业、木炭制作、蚕育种、养马和手工业
地方和传统知识系统	高效的灌溉系统与防洪措施	“深水管理”、防洪盆地
文化、价值观体系和社会组织	耕作实践演变出本土传统文化	祈祷庆祝等自然崇拜、温泉太极文化和饮食、垂钓休闲文化
陆地及海洋景观特征	独特的大地景观风貌	马赛克式的沟渠密布农田景观特征

参考资料：全球重要农业文化遗产官网：http://www.fao.org/giahs/zh/.

遗产资源价值识别

Planning Goals Analysis

研究范围内重要的农业文化遗产价值体系

林盘自古是川西平原独特的农耕生产生活形态。居住院落结合河流水系、耕地、林木，与周边自然环境有机结合。参考日本大崎稻田农业案例，梳理都江堰灌区具备全球重要农业文化遗产地中五项价值评价标准的具体要素，为研究区域的农业文化遗产保护对象提供了明确的方向。

参考资料：全球重要农业文化遗产官网：http://www.fao.org/giahs/zh/

重要农业文化遗产价值体系表

识别标准	识别要素	具体特征
物种多样性	经济作物与共生生物	植物：稻、麦、油料、瓜果蔬菜等作物；松、竹、柏、水杉等林木；桃、李、杏等果木；栀子、苍耳等药材 动物：鱼、虾、蟹、蛙等一般鱼类及两栖动物；大鲵、中华沙鳅等珍稀鱼类
粮食与生计安全	多样化种植维持生计	水旱轮作；旱作；小春作物轮作；增、间、套复种制度；稻田养鱼；家禽圈养
地方和传统知识系统	高效的灌溉系统与防洪措施	干、支、斗、农、毛五级灌溉渠道；干渠河道溢流设施
文化、价值体系和社会组织	耕作实践演变出本土传统文化	与节气相关的务农文化；与日常生活相关的起居文化；与信仰相关的祭祀文化；独特的林盘－场镇环状社会组织结构
陆地及海洋景观特征	独特的大地景观风貌	农田占地面积：林盘居住地占地面积：堰渠占地面积＝6：3：1

GIAHS 评价标准识别：生物多样性贡献；地方和传统知识系统

长期以来，林盘是生产林木、果蔬以及种植花草、饲养家禽的重要农业经营基地。林盘中拥有大量竹林、速生树种及少量珍稀树种；水系中拥有水杉、铜钱草、茨菇等水生植物以及常见鱼虾、两栖生物和大鲵、中华沙鳅等珍稀水生动物。以干、支、斗、农、毛为核心的自流多级灌溉系统则为春耕用水、夏秋防洪提供了古代智慧的水治理方案。生物多样性的贡献结合地方传统知识系统的传统耕作模式下，形成了以水稻种植系统为主的、多种农作物种植相结合的种植模式，同时结合成都平原的气候条件形成了历史悠久的水旱轮作制度，为当地粮食和生计安全作出巨大贡献。

林盘生物多样性示意图

GIAHS 评价标准识别：文化、价值体系、社会组织

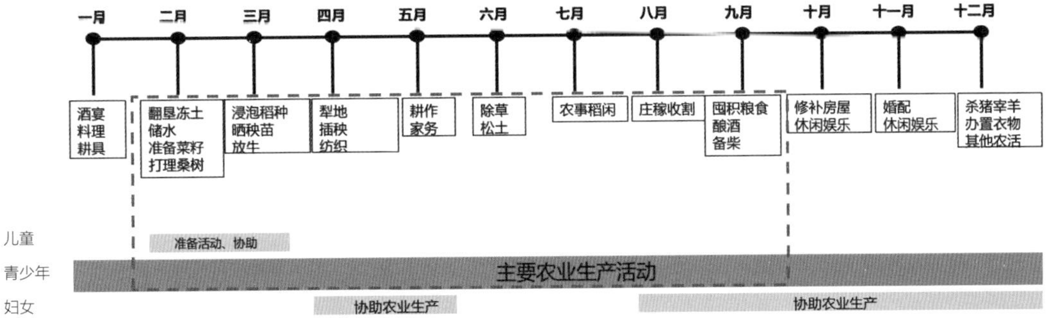

劳作活动随四季变化
日常活动随劳作变化

院落文化

邻里文化

灌渠文化

稻作文化

挖掘传统林盘聚落的文化价值体系和社会组织形态，以保护传统林盘的院落文化、邻里文化、灌渠文化和稻作文化为目标，以恢复传统一年中的农业生产模式、传统节庆和生活模式作为非物质农业文化遗产的保护目标。

GIAHS 评价标准识别：陆地及海洋景观特征

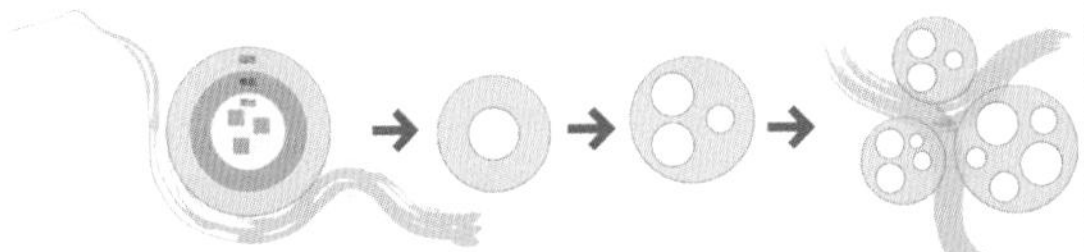

林盘单元

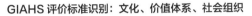

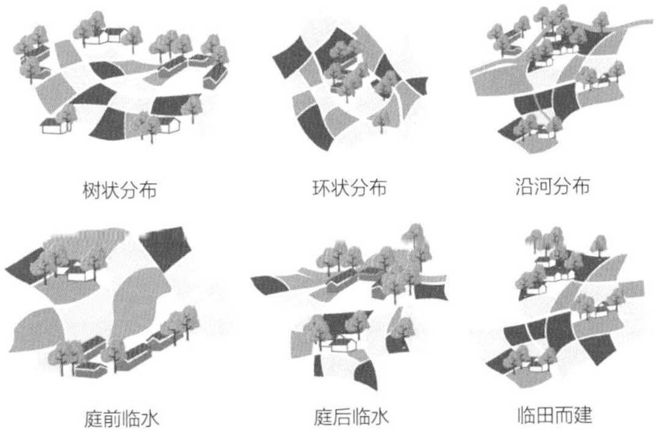

林盘恢复示意图

研究区域农业文化遗产保护与利用评价

Evaluation of the Protection and Utilization of Regional Agricultural Cultural Heritage

农业遗产地保护资源分布图

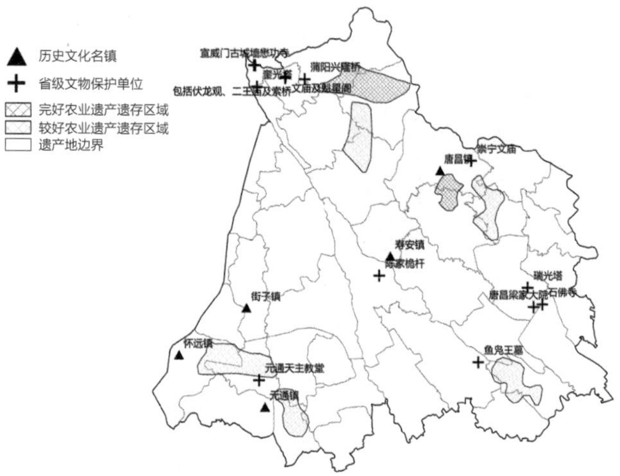

重点林盘保护梯度分析图

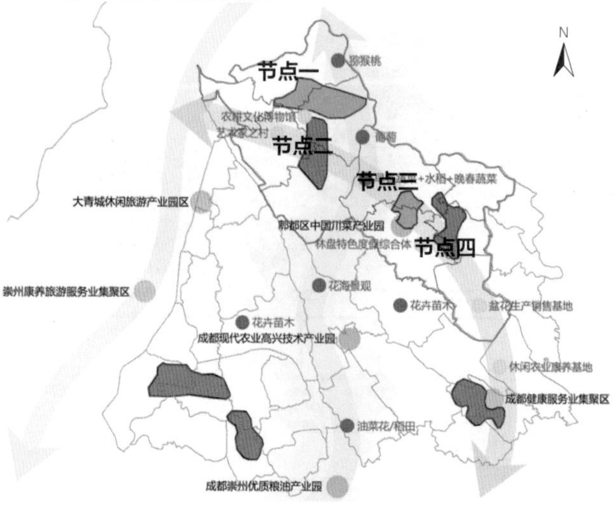

参考文献：
[1] 汪阳．都江堰核心灌区林盘文化景观遗产保护研究 [D]. 广州：华南理工大学，2019.

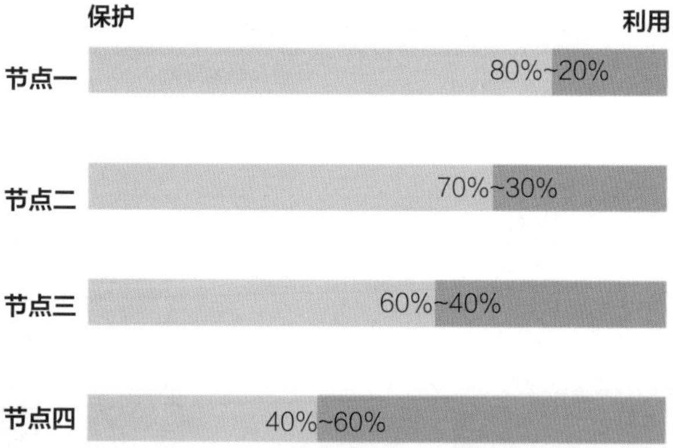

农业遗产保护利用价值评价图

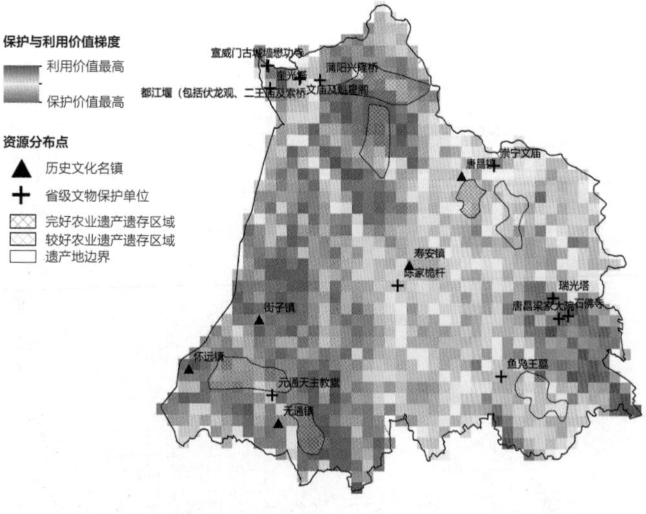

农业文化遗产保护与利用适宜性分析主要选择两大因素指标：自然地貌指标与社会发展指标。从上图可以看出研究范围南部较适合开发利用，范围北侧较偏向保护。

在研究范围内通过将重点林盘和历史文物资源空间叠加，分析得出重要遗产保护集中区域。再通过适宜性评价，得出适宜利用区域和严格保护区域，根据重点保护林盘的现状区分保护利用梯度。

保护和利用策略：

节点一——农旅林盘观光区（传统农业文化保护）；

节点二——生态林盘修复区（生物多样性保护）；

节点三——活力场镇开发区（场镇－林盘体系发展）；

节点四——特色林盘展示区（林盘形象化展示）。

片区总体规划图
Master Plan of the District

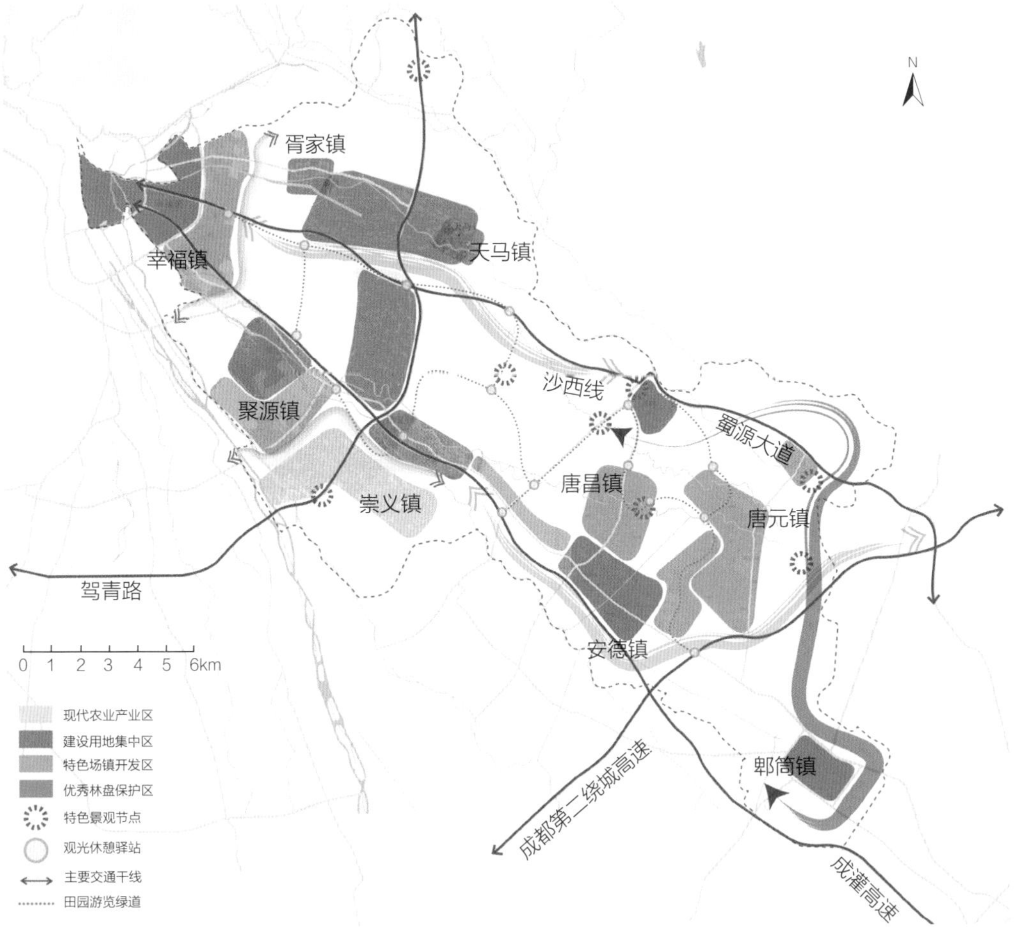

规划说明

总体结构为“两核、两带、五区”，相互渗透，保护与利用协同发展。“两核”为重点林盘保护核心、保护利用核心；“两带”为沿成灌高速形成特色城镇－场镇发展带，沿沙西线分布特色农业和手工艺文化产业带；“五区”为传统农耕文化体验区、现代农耕文化示范区、林盘风貌/川菜文化展示区、传统林盘工艺体验展示区、林盘文化门户区。重点恢复核心林盘优秀格局，保护传统农耕模式，林盘生态功能展示林盘农耕文化。

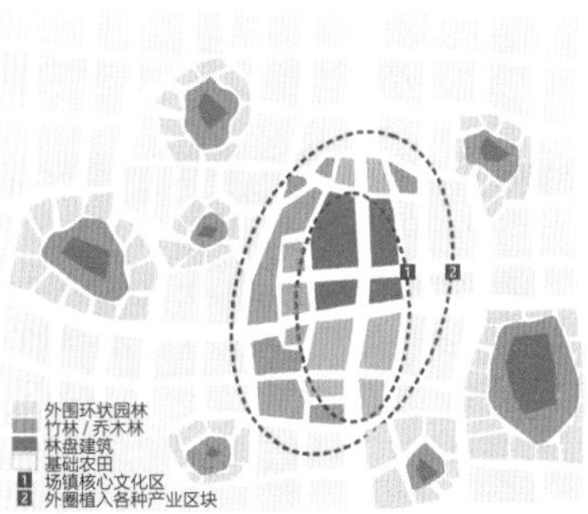

林盘保护模式图

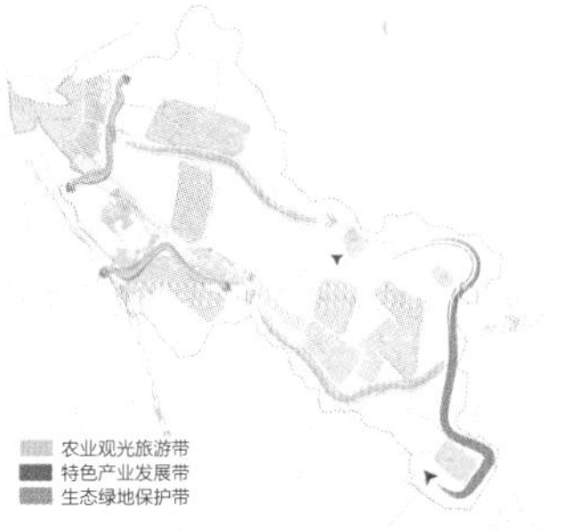

“五带”分布图

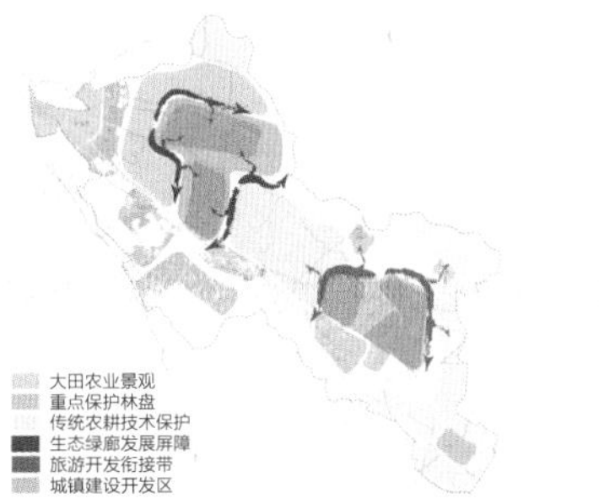

“渗透”策略示意图

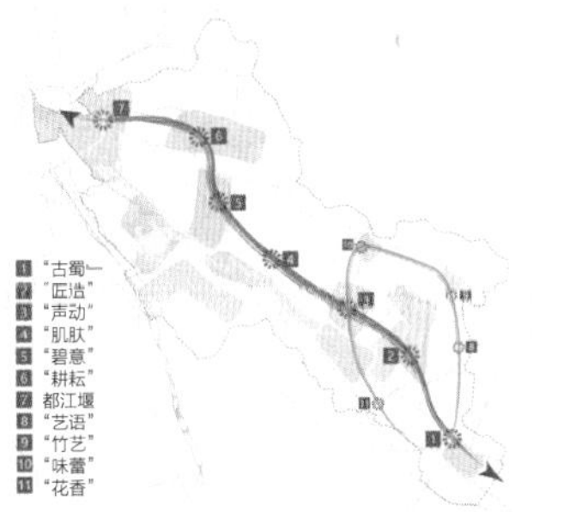

“链接”策略示意图

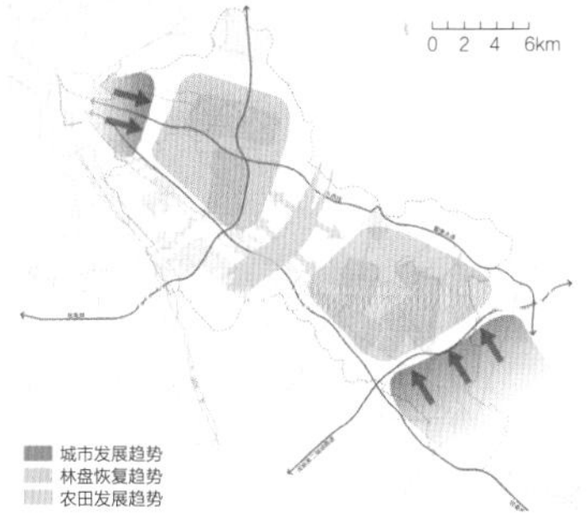

“田－城－林”结构示意图

片区专项规划

Special Area Planning

保护专项规划

保护具有重要农业文化遗产地价值的资源，挖掘特色非物质文化遗产，生态田园带控制城镇开发建设，恢复小型林盘数量，增加林地、水域与湿地面积。保护传统农耕和灌溉模式，减少现代农业污染，并结合低碳农业旅游增加收入。

游憩专项规划

规划四片重点林盘保护恢复区，保留传统农业生产方式，建立特色现代农业示范门户。以保护为前提开发农业文化旅游产业，通过串联不同主题游憩区块，全面展现川西林盘农业文化的生活、生产、生态过程和风貌。

交通专项规划

以林盘为主要保护对象和旅游观光核心，共布置 16 个绿道节点，串联不同类型林盘、场镇、农田景观，提倡低碳健康、生态环保的游览方式。

各场镇与城镇中心间建立大交通节点，沿线共有 4 个动车站、5 个客运站，连接两横两纵，贯穿全片区的主干道路。

产业专项规划

北段作为林盘保护区，南段作为林盘发展区，沿成灌高速公路发展现代农业、特色场镇商业；沿沙西线发展特色文化艺术和花果种植产业；依托中心圈层的自然风景旅游资源带动四周产业发展。环状圈层模式保护中心林盘景观风貌，特色商业集中于场镇。

保护与利用冲突分析图

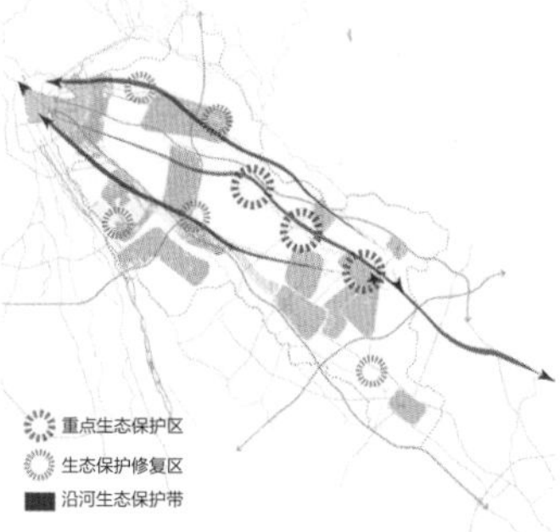

生态保护专项规划图

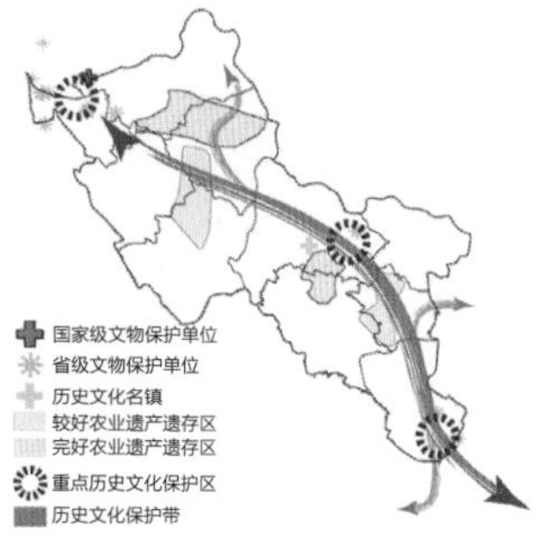

文化保护专项规划图

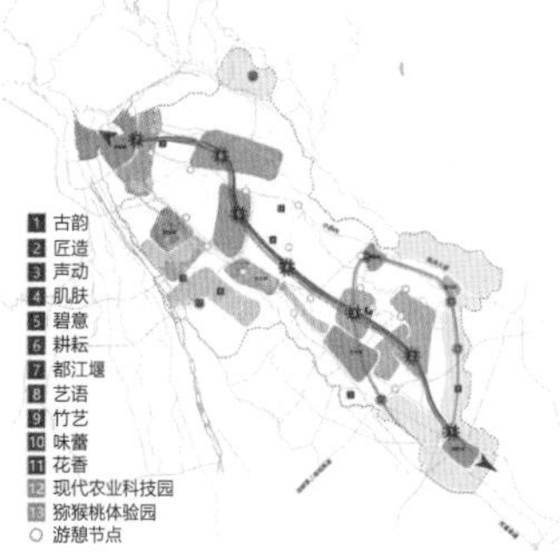

游憩专项规划图

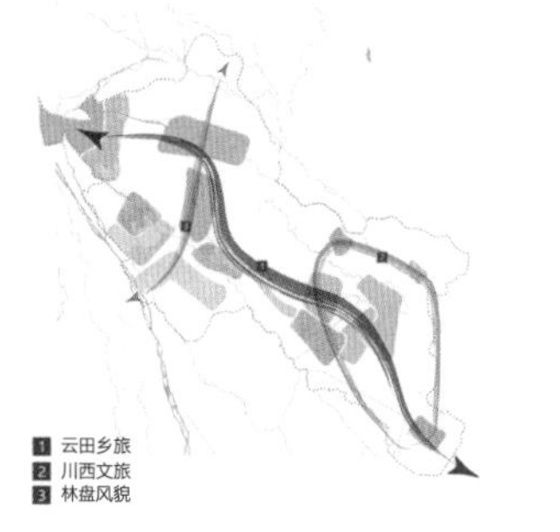

游憩动线规划图

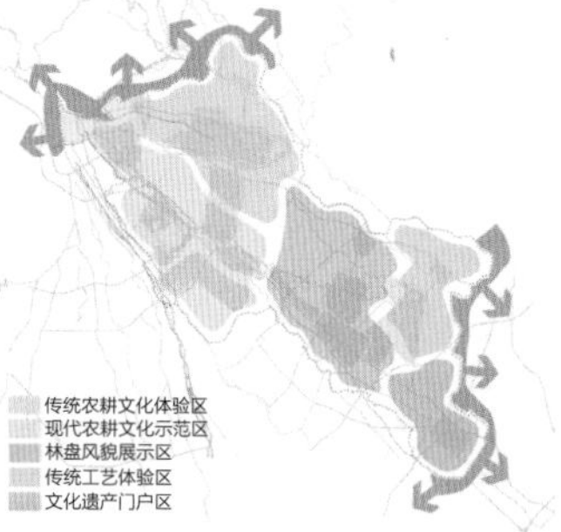

功能分区图

交通专项规划图

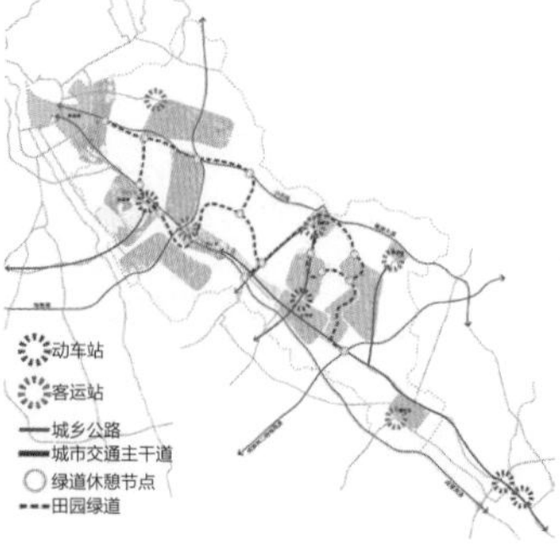

交通现状分析图

产业专项规划图

节点1 平乐村农业文化遗产节点——生态林盘

Key Area | Pingle Village Agricultural Cultural Heritage Node

节点概况

该节点位于平乐村，包括其周边农业景观区、西南至徐埝河、东北至柏条河，总面积约 6km^2。该节点是都江堰灌区农业文化遗产的核心组成部分，也是衔接成都西部生态屏障和城郊生态廊道的重要节点。

现状分析

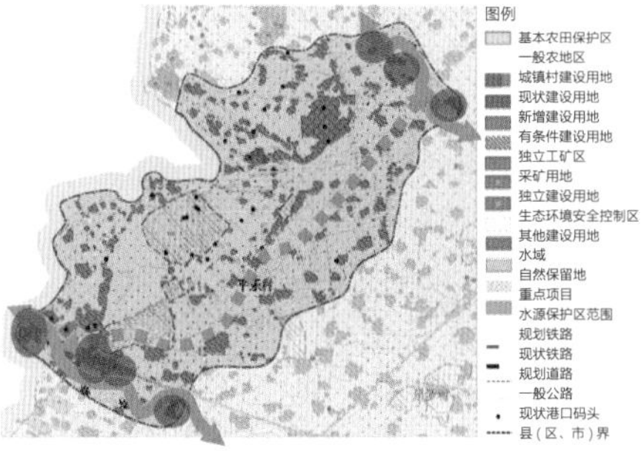

现状土地利用图

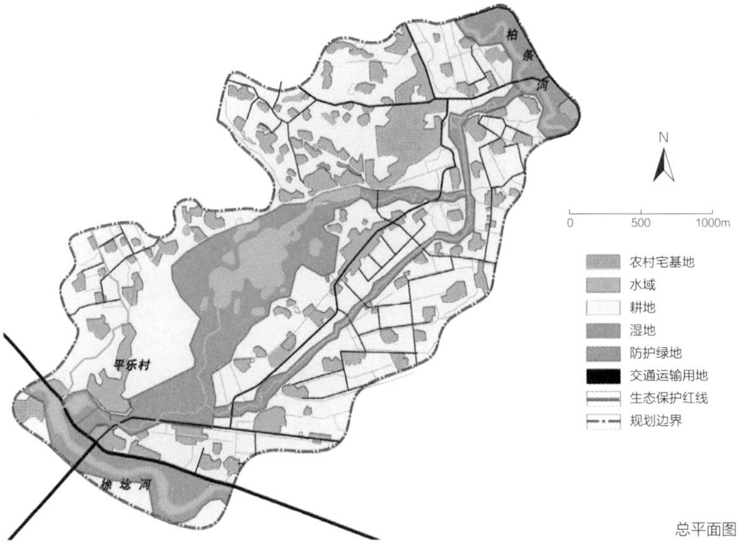

总平面图

特征分析

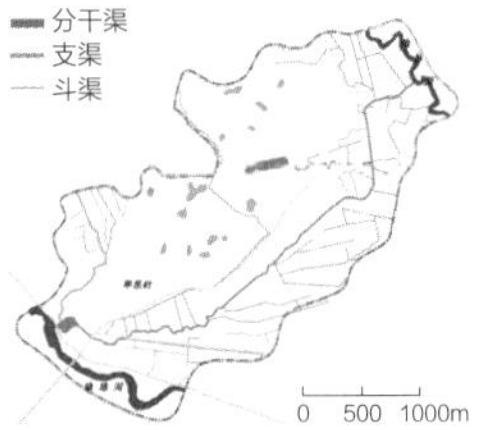

渠系生境分析图

林盘生境分析图

指示物种生境分析图

节点设计

林盘环境营造剖面图

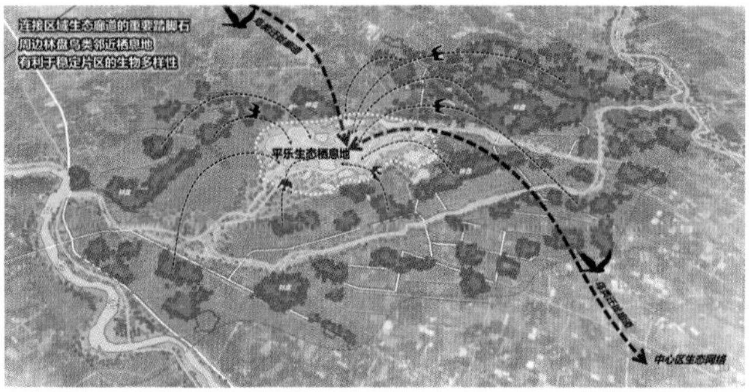

栖息地保护策略图

渠系生态保护策略图

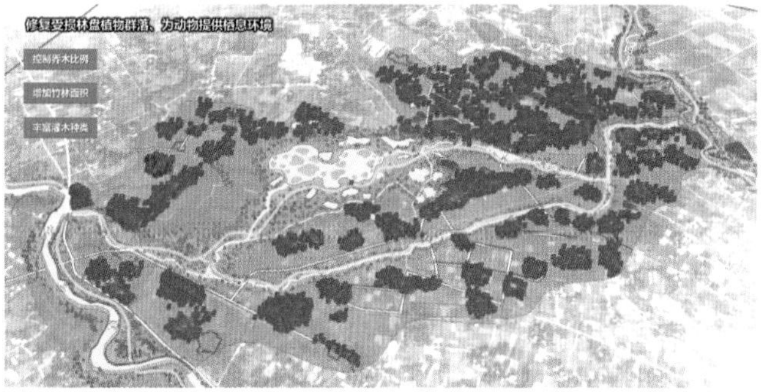

林盘保护策略图

节点 2 天马镇农业遗产节点——农旅林盘

Key Area Ⅱ Agricultural Heritage Node of Tianma Town

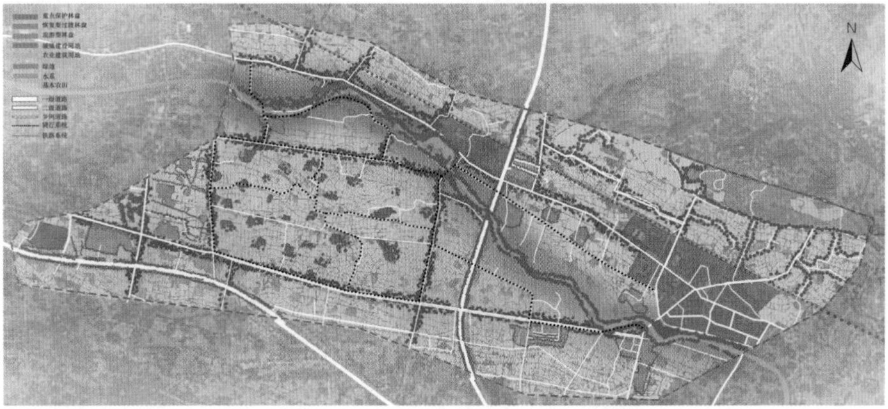

总平面图

节点概况

该节点位于精华灌区内，属于林盘遗产原真性与完整性较好的区域。根据片区分析以及详细规划，结合现场条件进行功能布置，将该节点作为传统农业文化遗产保护与展示区。

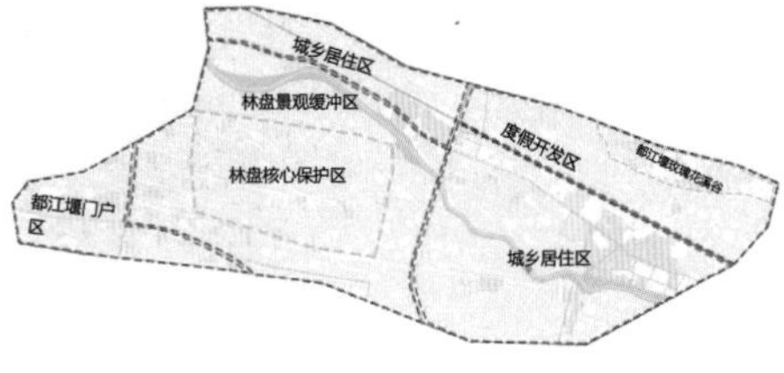

节点功能分区图

林盘具体设计

A. 筛选真实性与完整性良好、并符合 GIAHS 中五项重要标准的高价值林盘，建立保护区域。

传统农耕保护型林盘（全面保护）

B. 在保证林盘整体景观格局基本不变的前提下，依据周边服务功能进行过渡。

传统农耕修复型林盘（重点保护）

C. 依靠都江堰旅游资源形成林盘度假开发区。

旅游型林盘（恢复型保护）

D. 利用高新技术支撑现代绿色农业发展，恢复林盘生产的可持续性。

现代农业展示林盘（利用型保护）

林盘价值研判方法

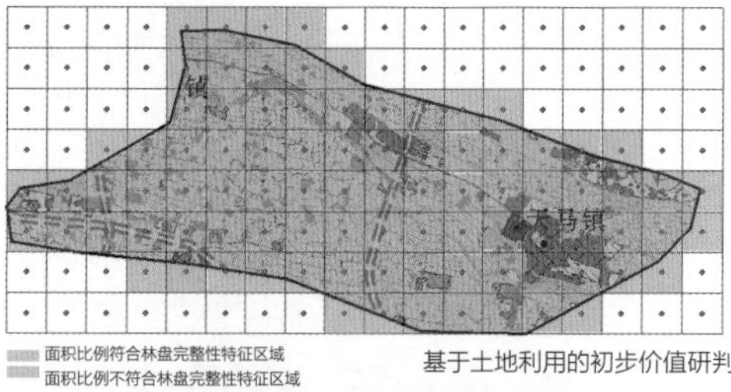

基于土地利用的初步价值研判

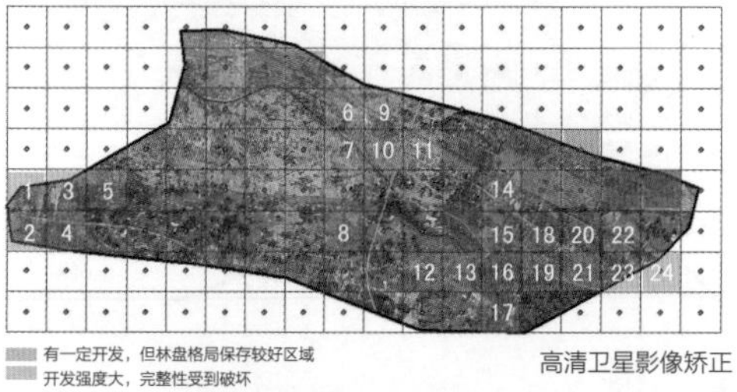

高清卫星影像矫正

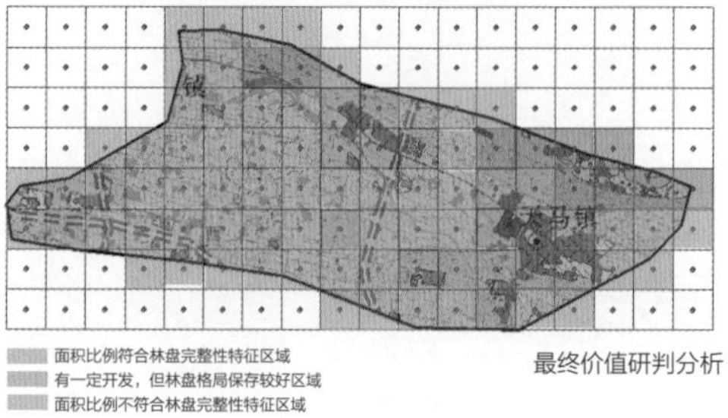

最终价值研判分析

节点 3 安德镇农业遗产节点——“林盘之声”

Key Area Ⅲ Agricultural Heritage Node of Ande Town

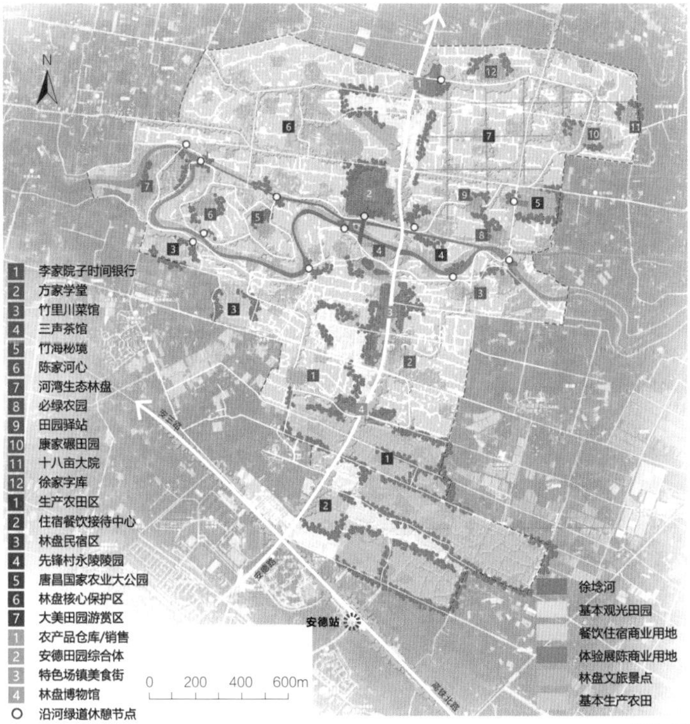

总平面图

节点概况

安德镇保存了资源、格局良好的林盘，在总体规划中处于保护利用结合的位置。依托现有乡村文旅业态，加入林盘特色，建设康旅和文旅示范区，以田园绿道串联，使安德镇成为以林盘文化为特色的度假镇。

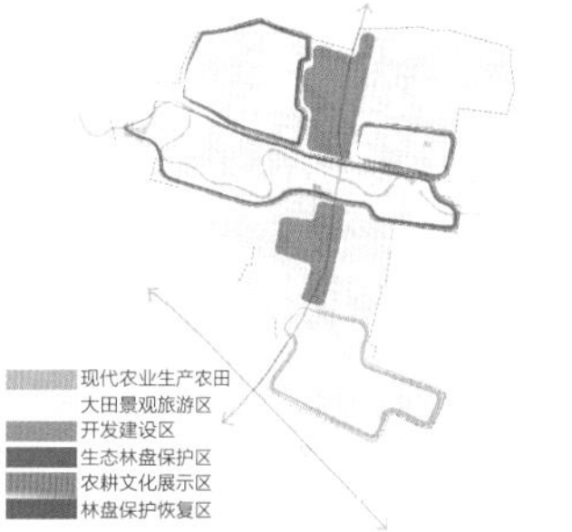

功能分区图

景观节点分析图

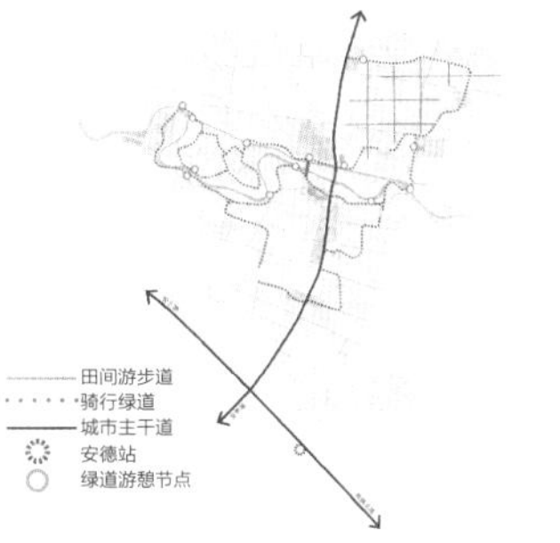

交通分析图

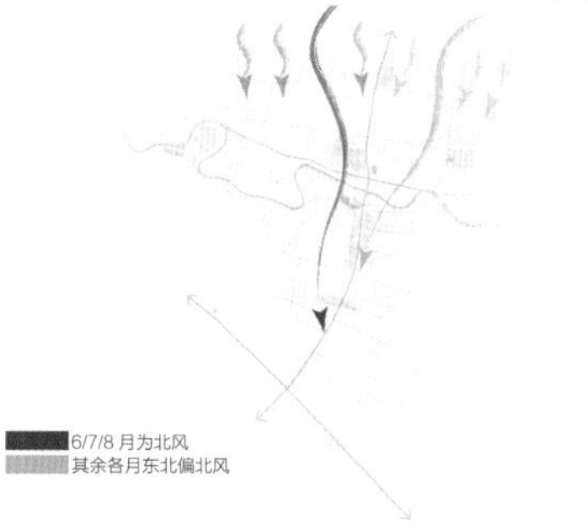

风环境分析图

林盘场景图

林盘声景营造

以林盘中的八种声音为指示，恢复传统林盘的生物多样性、景观风貌格局和传统文化习俗，将林盘中的声音作为文化产品和非物质文化宣传点，形成以林盘为中心的文化展示和体验系统。

节点 4 农业遗产节点——新民场镇

Key Area Ⅳ Agricultural Heritage Node of Xinminchang Town

节点概况

该节点位于郫都区新民场镇内，包含新民场镇及周边部分村庄，距成都市区 30min 车程，有较好的区位优势。地块内有较大面积的城市建设用地和新兴林地，整体林盘、农田保护形成较大的冲突。因此，在进行林盘保护时以“保护优先，兼顾利用”为原则，规划分区以“特色先行，一区一品”为原则，生态保护以“水源涵养，适度游赏”为原则，土地利用划分以“严格管控，城乡统筹”为原则。

新民场镇节点场景图

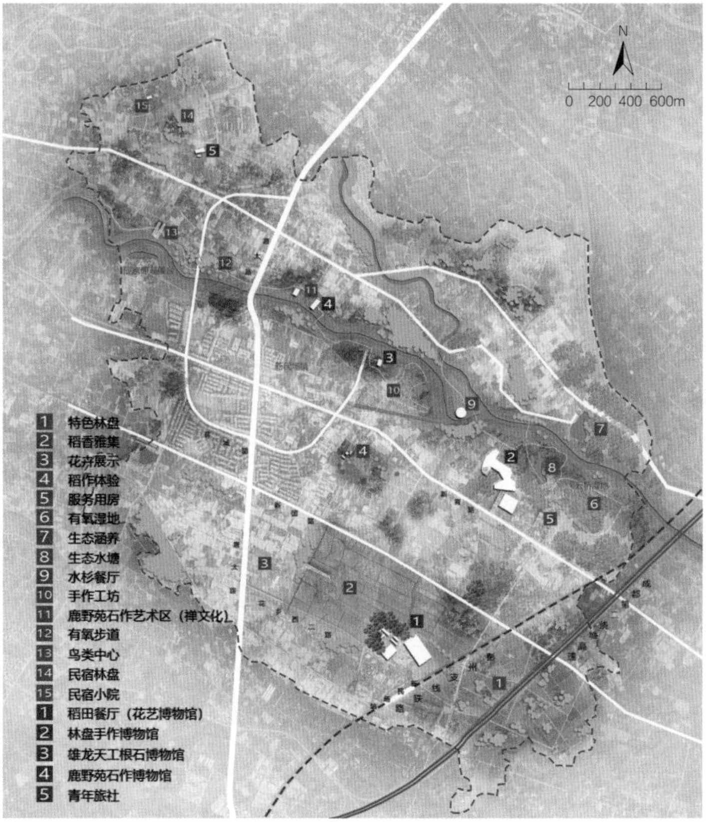

总平面图

保护优先，兼顾利用

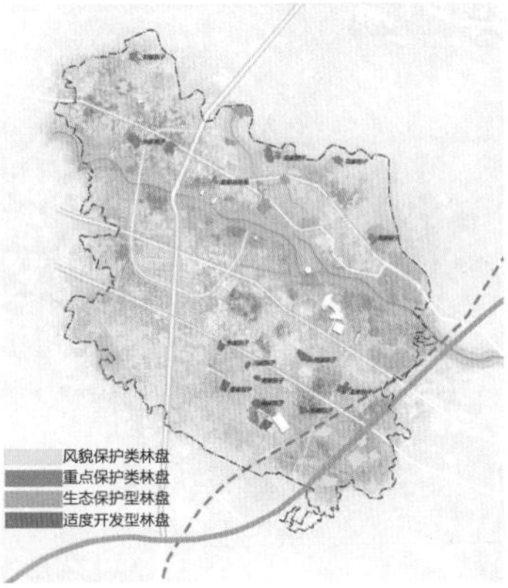

林盘保护分类

特色先行，一区一品

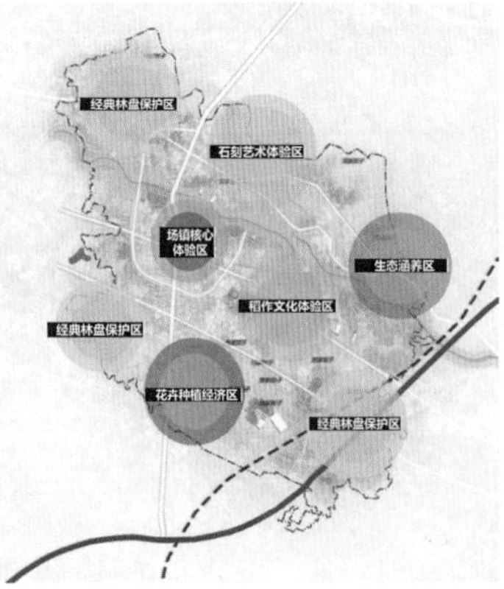

功能分区

水源涵养，适度游赏

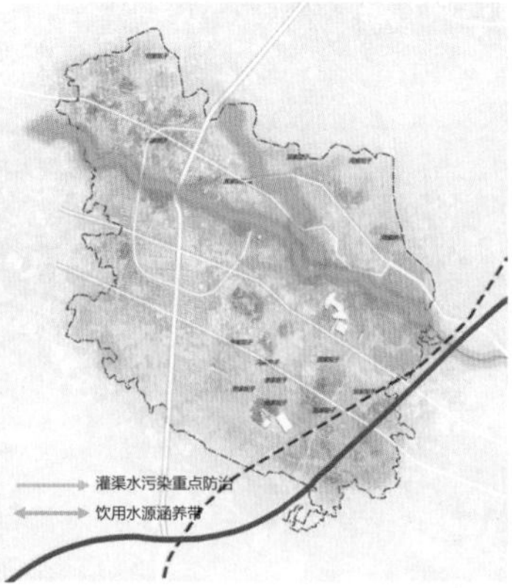

水源保护图

严格管控，城乡统筹

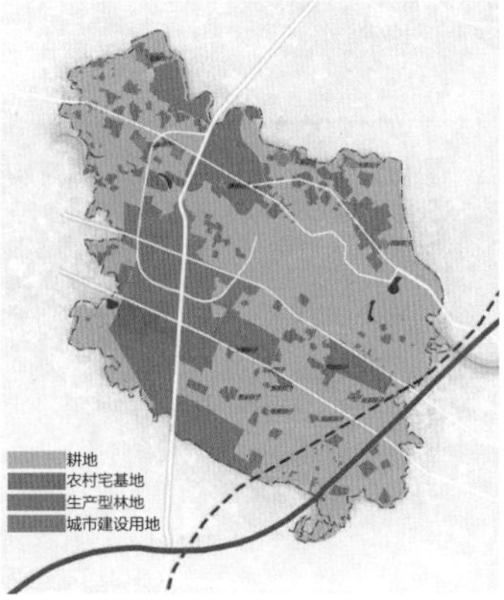

用地性质图

场地选址于成都市东进片区的北集核，是沱江出龙泉山进入东部片区的第一门户，拥有以淮州新城为中心山环水抱的地理格局，也是东部发展生态本底最好的地方。随着未来成都东进的不断加快，这里将会面临高强度开发与建设，因此以该地区生态本底的修复和保护为先，以融合周边的地形及自然景观、减少对生态环境的冲击为设计理念，构建以沱江为核心廊道、龙泉山为生态屏障的生态保护格局，结合成都“公园城市”理念，优先建立由城市到郊野的蓝绿网络和公园体系，来保护生态和文化的重要核心区域，为未来东进城市保护性发展的新模式作出探索。

水境之都——公园城市东进探索

胡昳伶

王　茜

黄靖雅

庞瑞瑞

成都为什么选择东进

Why did Chengdu Choose to Move East

人口疏解与城市结构调整的需要

东进是疏解中心区人口、构建宜居人口密度的重要举措

步骤 1：单中心发展导致空间资源分布极化

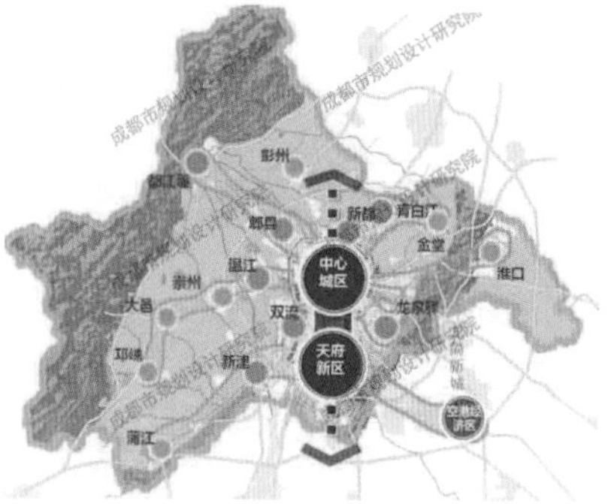

《成都市城市总体规划 (2011—2020 年)》

步骤 2：从单中心走向三中心

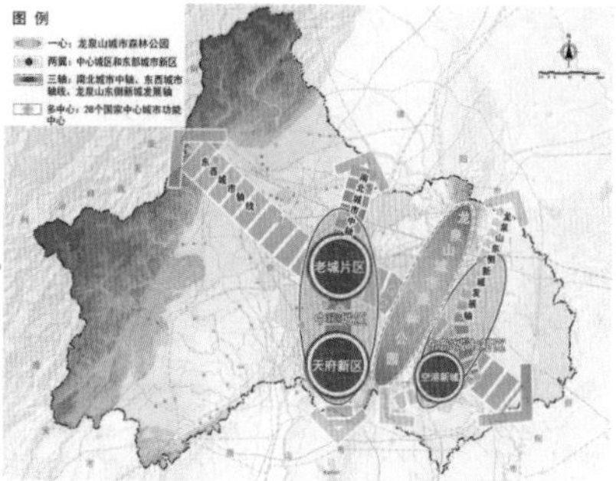

《成都市城市总体规划 (2016—2035 年)》

步骤 3：从三中心走向四中心

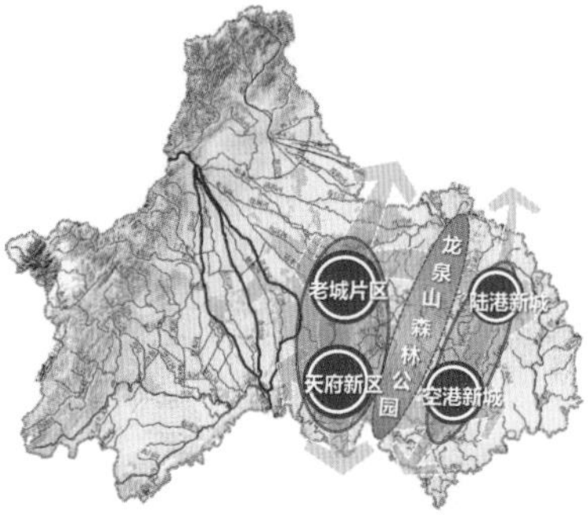

城市结构构想图

全域均衡发展的需要

三足鼎立：市域内未来三大经济合作组团

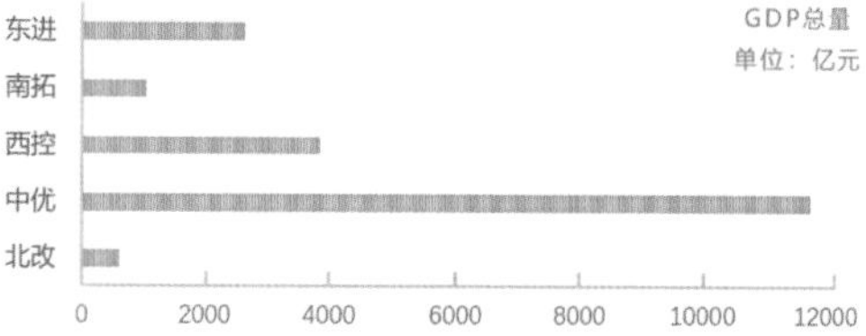

经济发展不平衡：北部、东部经济发展较弱

成都市各区县发展情况

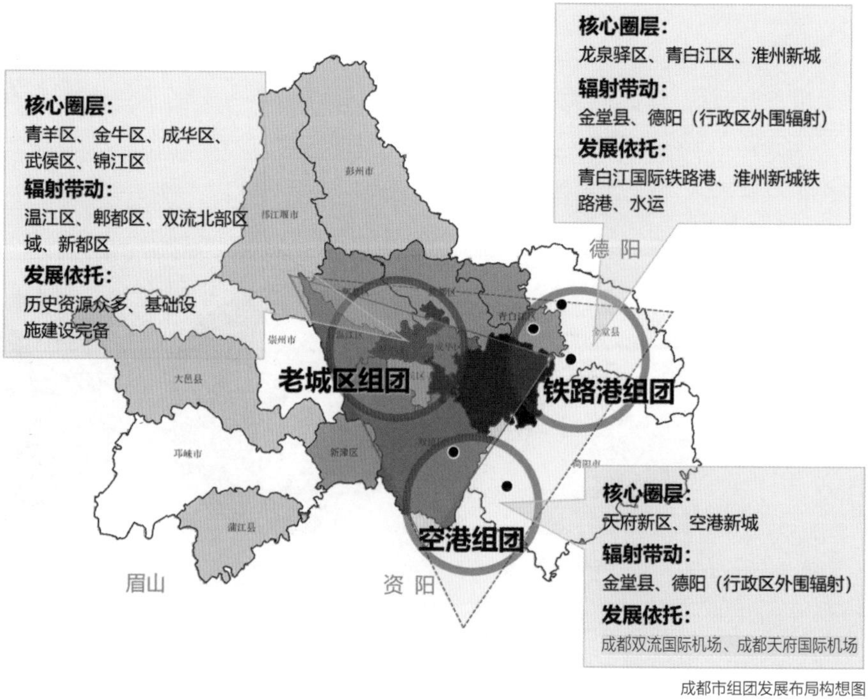

成都市组团发展布局构想图

未来经济发展的必然选择

铁路港组团：依托国际铁路港经济开发区战略

突出发展临港制造、先进材料、国际商贸物流等产业，通过补链、强链，建设临港产业生态圈，打造成渝地区双城经济圈高质量发展示范区。

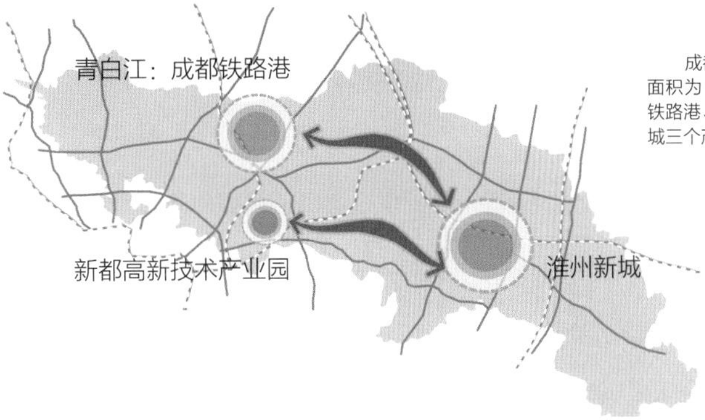

成都国际铁路港经济开发区规划面积为 12.24km²，包含青白江国际铁路港、青白江欧洲产业城和淮州新城三个产业功能区。

成都国际铁路港经济开发区规划图

铁路港组团：借力水运建设强化陆港物流体系

沱江属于重要水运航道，未来规划主要为 4~5 级航运航道，沿江重要港口为下游自贡港，未来沱江会连通其他水系共同构成以水运为特色的川南、川中、川北次级交通枢纽。

四川省拟打造“贯通南北、连接东西、通江达海”的西部综合交通枢纽和现代化的内河水运发展格局。

成都沱江水运发展格局规划图

全域均衡发展的需要

三向联动，东部拥有更多的发展机遇

南部天府新区的向南扩张受到行政管辖的限制，随着空港新城的发展，两城势必将联动发展，形成南部跨越龙泉山的东西向发展轴。

空港组团向西对接天府新区，向东连接简阳新城，依靠水运航线发展轴与北面的铁路港组团进行沟通。

全域格局：
东部新区并非一枝独秀，而是双头并进

以龙泉山城市森林公园为绿心，推动城乡形态从“两山夹一城”到“一山连两翼”的千年之变，形成“一心、两翼、三轴、四中心”的网络化市域空间结构。

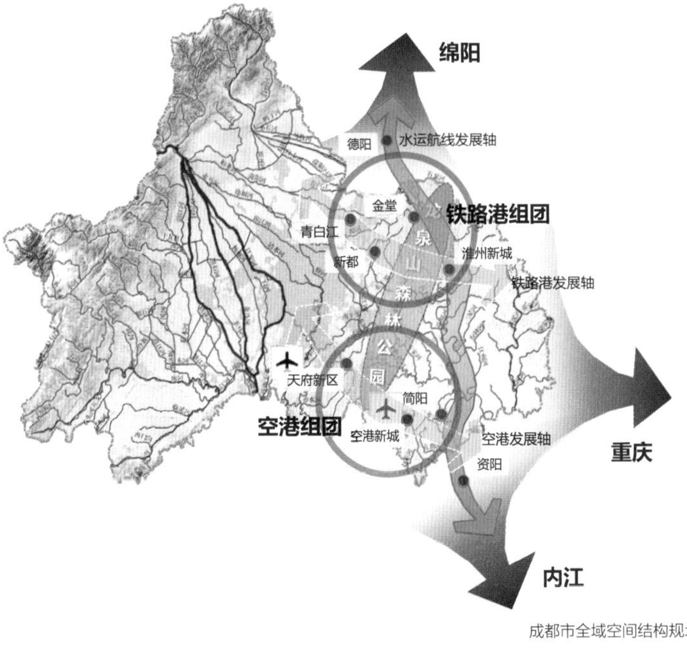

成都市全域空间结构规划图

片区概况
Area Basic Situation

规划范围

选区范围是沿沱江两侧 4km 为基准，以乡镇行政级别区划边界为参考范围，总面积约 278km^2，包含“城（淮口新城）- 郊（川西林盘）- 野（龙泉山）”3 个层级过渡带，共 4 个乡镇，分别是淮口镇、白果镇、五凤镇、宏缘乡。

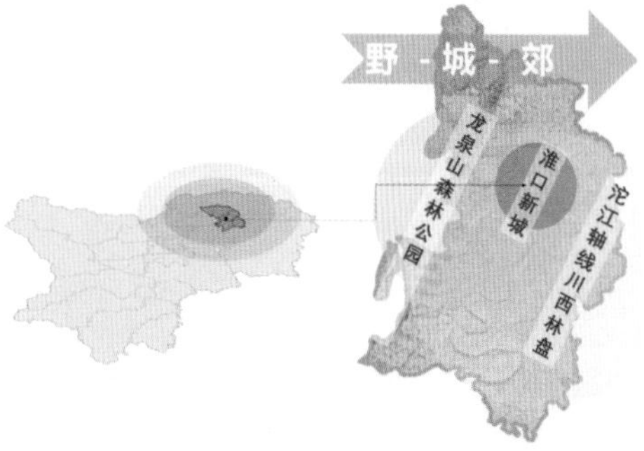

片区规划范围示意图

自然地理概况

片区地形以浅丘、低山、河流冲击坝为主，大部分为典型的丘陵地貌，地形较为起伏，无主导性坡向。基于 GIS 分析与现场踏勘，识别出规划区最具代表的 4 种空间形态特征：山、水、城、田，共同构成山水抱城的空间格局。

区域优势

片区是东部第二大交通枢纽，规划有 2 个铁路客运站、1 个铁路货运站以及 1 个通用机场，未来还将成为蓉欧铁路的一环。片区现状产业主要为节能环保、智能制造装备以及通用航空，未来还将依托交通优势，升级发展如现代制造、保税物流、商业金融、电子商务、航空材料等一系列高端制造产业，形成东部的陆港产业集群。

未来片区可利用北部门户优势发展旅游业，在“十四五”规划的政策扶持下，片区还可依托交通、门户、产业三大优势发展特色博览产业。

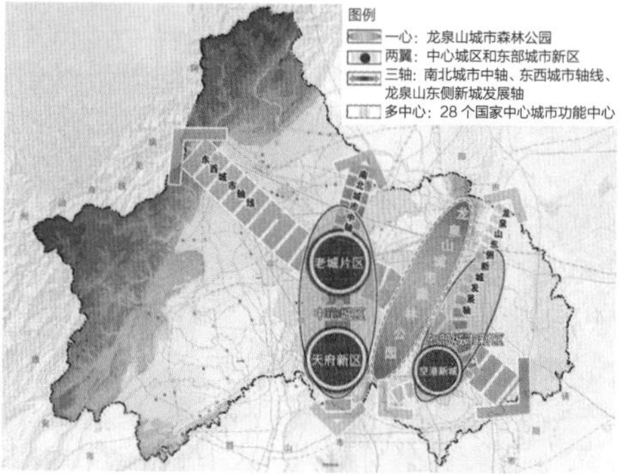

《龙泉山东侧沱江发展轴总体规划》

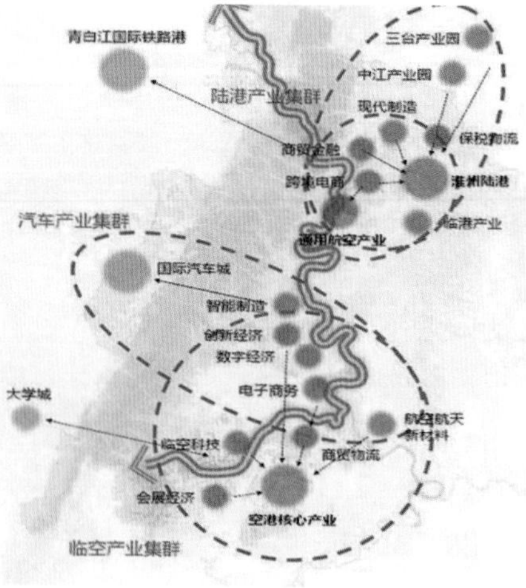

《龙泉山东侧沱江发展轴总体规划》

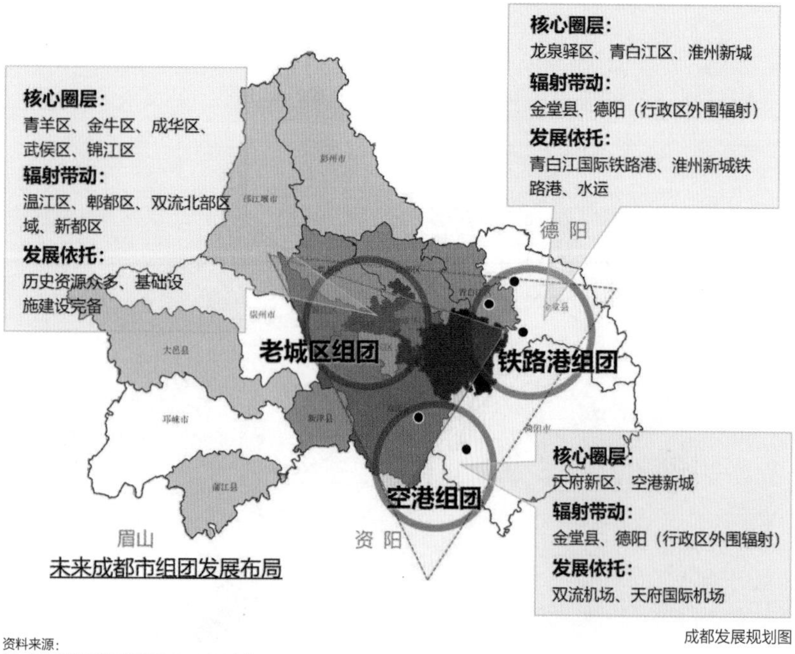

成都发展规划图

资料来源：
[1] 成都市城市总体规划（2016—2035 年）.
[2] 龙泉山东侧沱江发展轴总体规划 .

关键问题与规划目标

Key Issues and Planning Objectives

发展与保护

Development vs. Protection

01 水

沱江文化旅游线路开发与沱江生态保护的冲突

沱江水系是否能够通航？沱江沿线风景资源开发强度控制？

02 山

龙泉山风景区开发建设与龙泉山迁徙廊道保护的冲突

龙泉山与城市边界的控制？东西城市交通通廊与龙泉山生态廊道的冲突？

03 城

现状城市工业布局与未来博览产业城目标的冲突

淮州新城能否完成产业升级转型？

打造东部发展轴上的“生态+”建设示范城市

以龙泉山和沱江生态保护优先，围绕新城人本需求，构建高品质的**滨水生态社区**、舒适宜居的无边界公园社区以及配套完善的人才公寓，完善区域产业人才及周边居民生活配套及保障服务功能。

以古蜀文化为底，建设成都公共服务与文博会展中心

串联五凤溪古镇街坊、滨水运动公园、休闲餐饮、养生度假等文旅商业，构建**滨水生态活力带**，强化与沱江东岸农创片区互动融合，打造区域级**“住行食游购娱”**一站式休闲旅游体验。

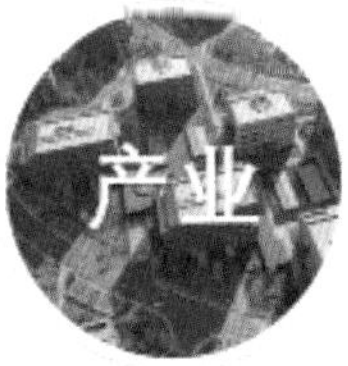

结合陆港产业集群发展旅游业，打造东部绿色产业第一城

重点发展**陆港产业集群**，推动智能制造、节能环保产业发展；设置滨水休闲、亲子空间、康体运动等多种功能，构建社区邻里中心、公共服务配套、生态游憩空间三大配套系统；融合布局地下综合管廊、给水排水等基础设施，构建完善城市商业及基础配套设施。

规划定位与总体战略

Planning Orientation and Overall Strategy

片区规划结构图

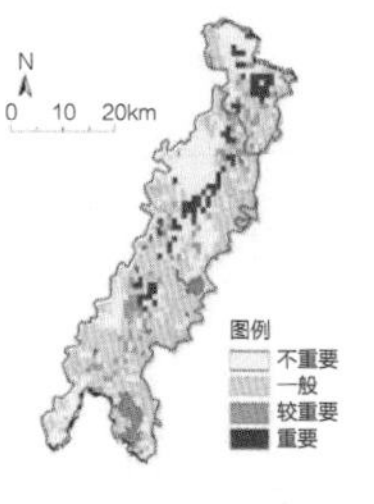

目标动物重要空间分布图

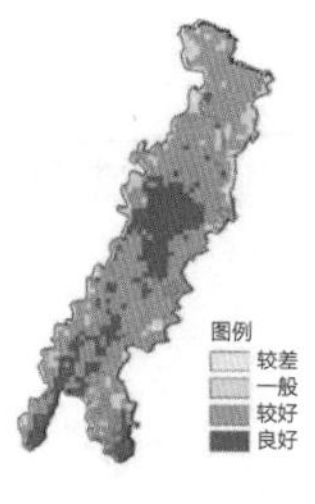

NDVI 分析图

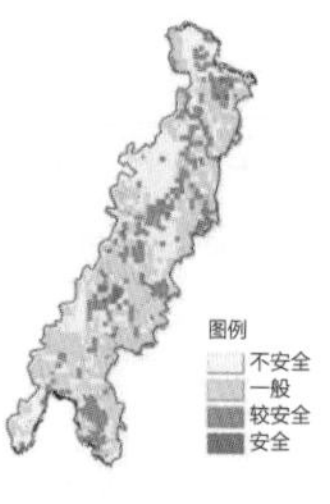

生物生态安全格局图

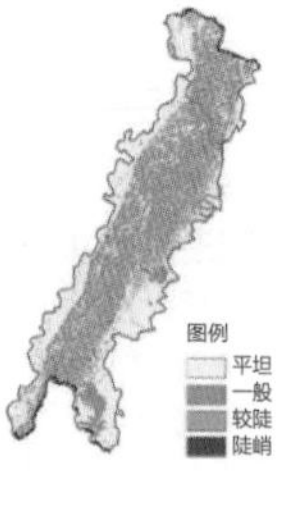

坡度分析图

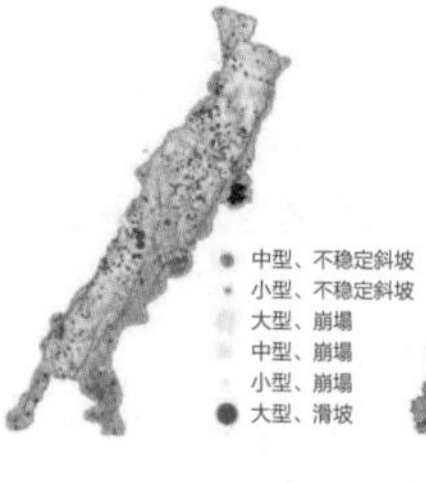

地质灾害分布图

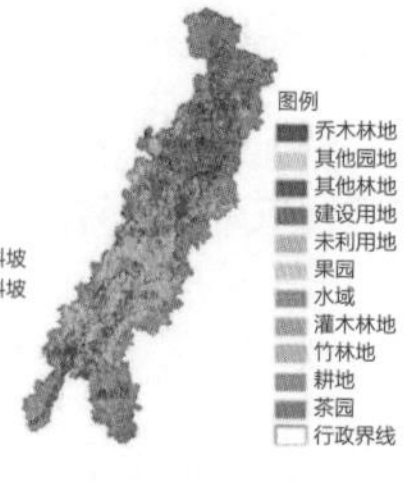

土地利用分布图

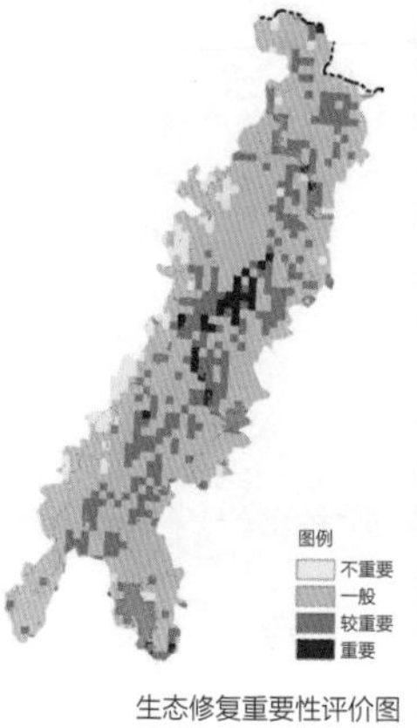

生态修复重要性评价图

根据龙泉山范围内目标物种的重要空间区域分布（权重 0.22）、NDVI 分析（权重 0.32）、生物生态安全格局分析（权重 0.24）、坡度分析（权重 0.03）、土地利用的敏感程度分析（权重 0.14）以及地质灾害高敏感区域分布（权重 0.05）的综合叠加，得到龙泉山范围内的生态修复重要性评价成果。

步骤 1：生态修复——龙泉山生态屏障
Ecological Restoration - Ecological Barrier of Longquan Mountain

关键问题识别

1. 廊道保护与开发控制

龙泉山是重要的候鸟迁徙廊道，目前龙泉山林地及缓冲带的乔木占比仅为 54%，山脊线林带破碎化严重，原始森林几乎消失殆尽。保护候鸟迁徙廊道，需要保护现有乔木林与果林，同时划定天然植被的保护边界。

2. 保护与利用冲突

以 2019 年为例，龙泉山区域土地利用状况主要以耕地为主，其次为果园，乔木林地占比最少。目前存在生态承载力薄弱区域与开发利用区域（如云顶石城、飞行服务基地、五凤溪古镇）冲突的问题。

3. 生态脆弱区植被修复

龙泉山目前原始植被破坏严重、林地斑块破碎化严重，区域范围内山体滑坡、崩塌等地质灾害频繁，因此需要修复生态脆弱区（地质灾害区）植被，并判断是否需要划定退耕还林区域。

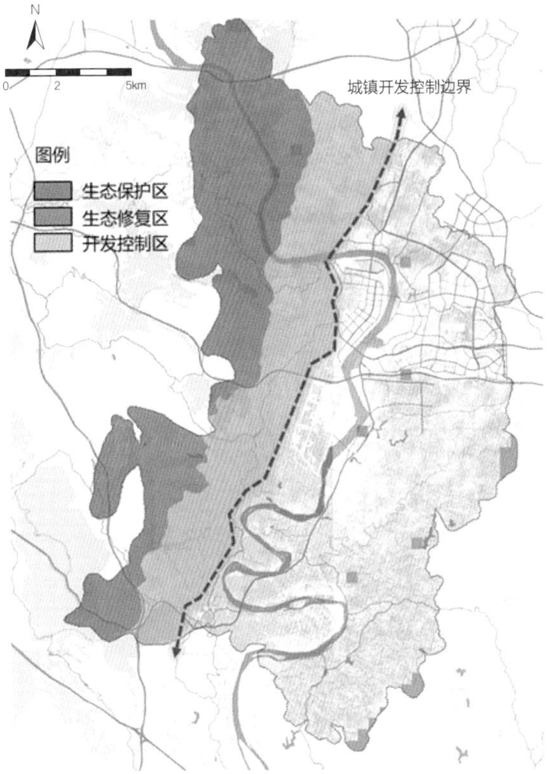

龙泉山生态屏障保护与修复区域分布图

开发控制边界

龙泉山是四川省鸟类迁徙的最主要路线，结合龙泉山生态修复重要性评价成果，可以得到龙泉山范围内的生态保护区与生态修复区的范围，再结合《淮州新城总体规划（2016—2035 年）》，划定城镇开发控制边界作为龙泉山生态屏障的开发控制线。

专项修复策略

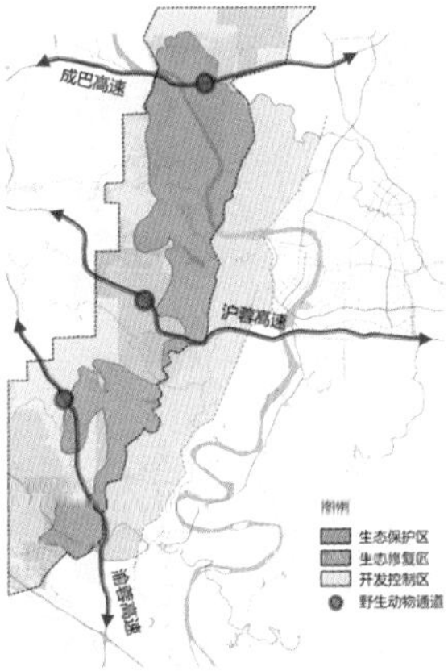

迁徙廊道与交通廊道分析图

迁徙廊道与交通廊道冲突

规划片区内的迁徙廊道一共被 3 条高速路隔断，分别是成巴高速、沪蓉高速与渝蓉高速。

为解决迁徙廊道被割裂的问题，可通过规划建设 3 条野生动物通道，保障野生动物运动路径的连续性。

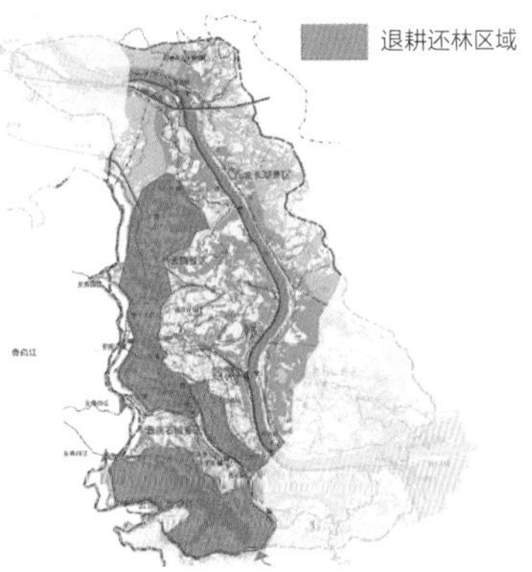

保护区与风景区分析图

保护区与风景区的冲突

从候鸟迁徙廊道保护与云顶山核心风景资源保护 2 条方面考虑，目前耕地对 2 条廊道侵蚀非常严重。

建议沿着山脊线（候鸟迁徙廊道核心区域）以及风景名胜区核心区边界线划定生态恢复区域，进行退耕还林。

资料来源：
[1] 成都都市圈国土空间规划 .
[2] 淮州新城总体规划（2016—2035 年）.
[3] 刘蕴瑜 . 基于 GIS 技术的龙泉山城市森林公园景观格局演变研究 [D]. 成都：成都理工大学，2019.

步骤 1：生态修复——沱江生态走廊

Ecological Restoration - Tuojiang Ecological Corridor

关键问题识别

1. 环境污染与水质恶化问题

沱江是四川省五大水系中污染最严重、水质恶化速率最明显的两大水系之一。成都境内为V类水质，原因主要包括地表径流、工业点源、城镇与农村生活污水以及农田径流污染。

2. 土地开发与沿岸洪涝灾害问题

沱江水资源与沿岸土地开发利用率为四川省最高，但中至下游地区沿岸洪涝灾害频发，现状防洪等级不能满足防御需求。

3. 自然岸线与生物多样性保护问题

沱江流域森林覆盖率仅为 6.1%，为四川各水系最低。流域生物多样性破坏严重，水生态系统退化，主要影响因素为水利工程建设、过度捕捞及水环境污染。

开发控制边界

基于沱江沿河两岸 500m 范围内的河岸线生态敏感性分析，结合洪泛区域控制、林地植被恢复、破碎河岸连接以及沿岸农田治理四方面因素，共同得到沱江生态保护区域。

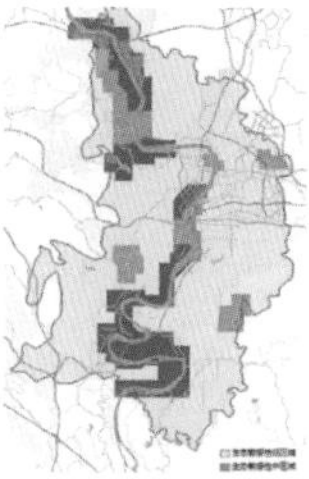

河岸生态敏感性分布图

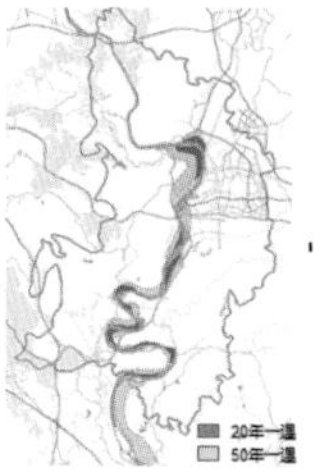

洪泛区域图

林地植被恢复区域图

自然河岸带分布图

沿岸农田治理区域图

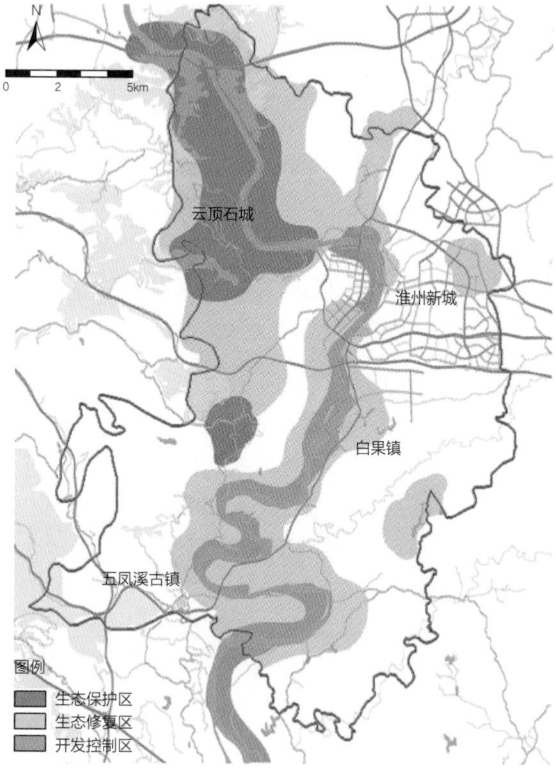

生态阻力分析图

专项修复策略

岸线修复规划图

退岸线，恢复原始自然河岸：

常水位线 150m 退线内进行河漫滩植被修复，禁止高密度开发。对城市建成区的直立式驳岸进行软化，恢复自然河岸状态。

鱼道修复规划图

建鱼道，恢复河道自然连通：

以宽体沙鳅（*Botia reevesae Chang*）为代表的长江中上游重要经济鱼类的保护需保障至少总长度 51km 的自然河道，因此需建设鱼道，打通鱼类生活繁衍通径，构建适于鱼类生存的流速环境。

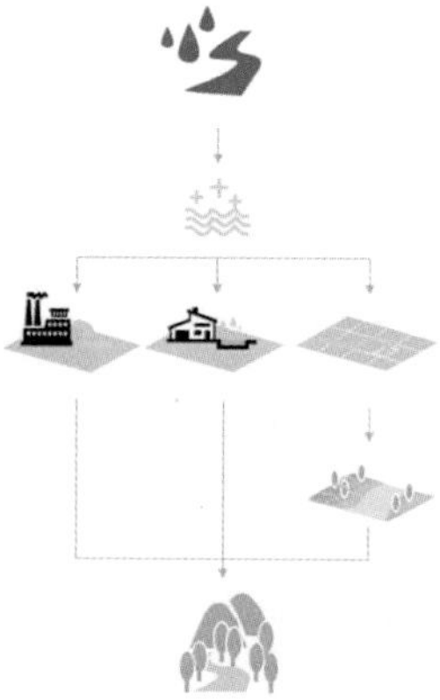

水污染治理模式图

水系污染治理：

针对沱江严重的水质污染问题，采取对工厂点源污染的限制排放、城镇与农村生活污水的统一管理以及对河道两岸 500m 范围内农田进行沟渠生态治理等措施，达到清水入河的治理目标。

资料来源：[1] 刘晓南，程炯，李铖．珠海市水岸线生态敏感性评价 [J]. 生态学杂志，2015，34（3）：860-869.
[2] 杜明，柳强，罗彬，等．岷、沱江流域水环境质量现状评价及分析 [J]. 四川环境，2016，35（5）：20-25.
[3] 吴江．四川的江河鱼类资源及保护和开发利用当议 [J]. 四川环境，1989，35（5）：20-25.
[4] 沱江流域水污染防治总体规划（2017—2020 年）.

步骤 1：生态修复——生态保护及开发控制区规划

Ecological Restoration - Planning of Ecological Protection and Development Control Area

根据龙泉山生态控制区和沱江生态控制区的范围，结合现状开发建设区域以及未来淮州新城的规划预留区域，综合得到片区重要的生态保护、生态修复以及开发控制区域。

1. 生态保护区

禁止林木砍伐，禁止水岸线围垦，禁止捕猎，禁止大规模建设活动。

2. 生态修复区

禁止对现有生长良好的植被进行破坏，对已破坏区域进行退耕还林，河道清淤疏浚，驳岸植被恢复等措施。

3. 开发控制区

禁止大规模的城市建设，保护现有耕地基础上合理进行必要的乡镇，居民点建设。

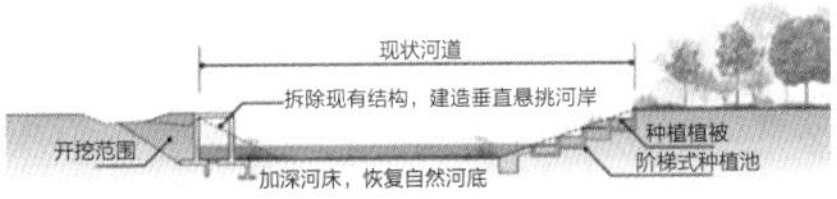

沱江生态修复典型断面 A

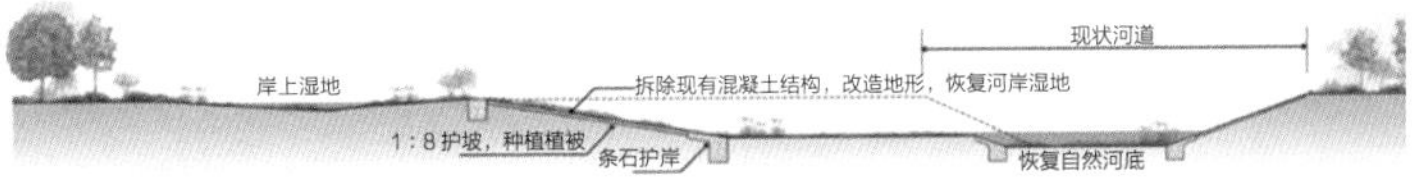

沱江生态修复典型断面 B

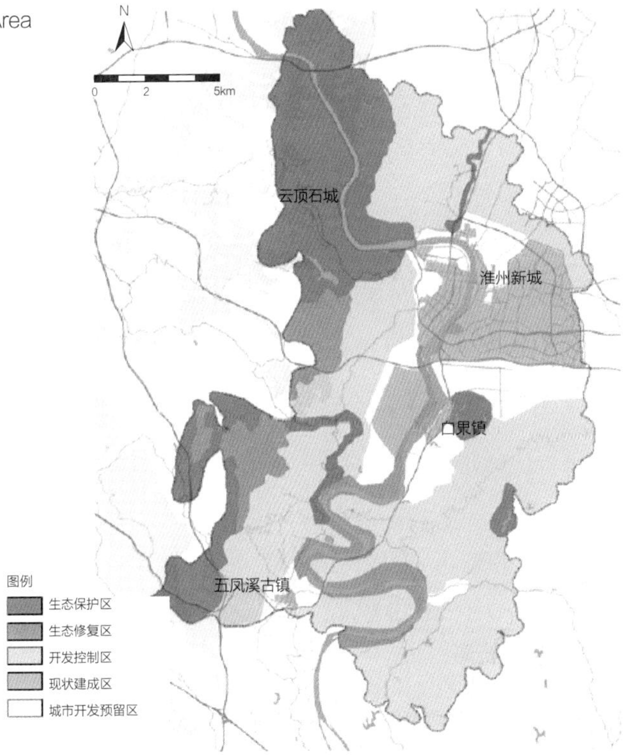

生态保护及开发控制区规划图

专项修复策略

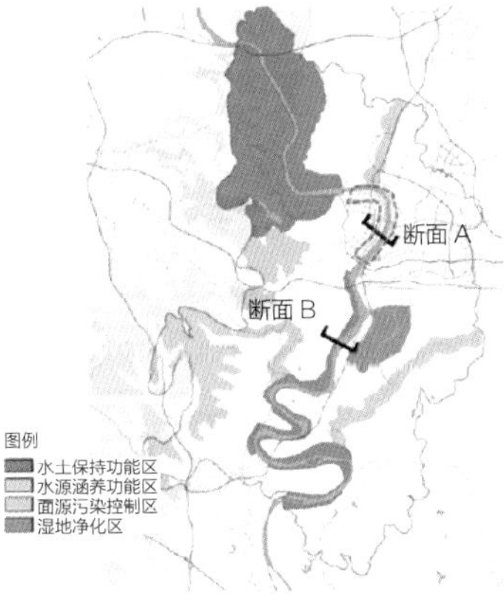

沱江流域生态修复格局规划图

规划沱江流域生态修复格局：

在划定生态保护及开发控制区的基础上，根据流域内不同区域存在的问题，划定不同功能分区，主要有水土保持区、水源涵养功能区以及面源污染控制区，有针对性地解决沱江流域不同的生态问题。

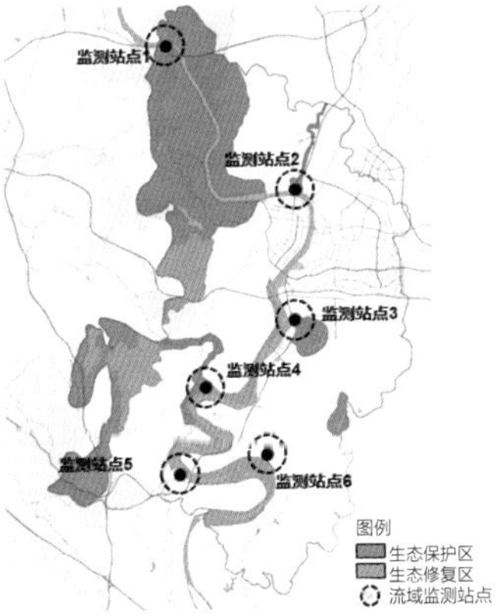

沱江流域监测系统规划图

建立规划区内沱江流域监测系统：

在片区范围内沿沱江流域设立检测站点，检测内容主要包括水质检测、生物监测、流量监测以及水位监测，实现沱江生态修复的可视化与修复工作评价体系。

步骤 2：生态筑城
Ecological City Building

现状区域生态基底分析

对片区内现状的水系与绿地的生态基底、山水视廊、空气流动及区域汇水进行了综合分析，结合该区域在不同尺度下的规划定位以及生态保护修复控制范围，综合得到该片区“一水一山屏，多园多绿廊”的蓝绿网络格局。

现状水系网络分析图

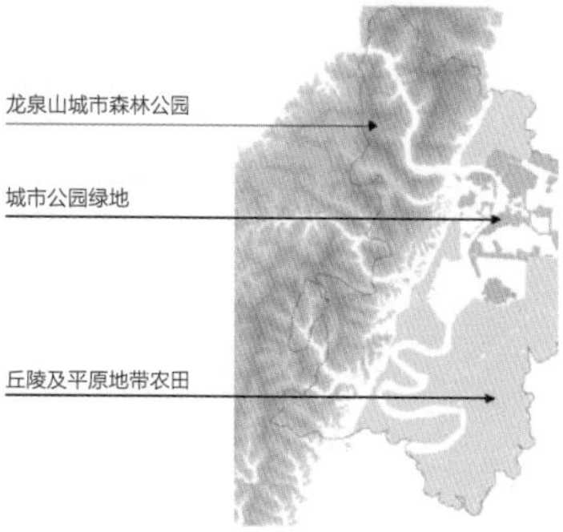

现状绿色空间分析图

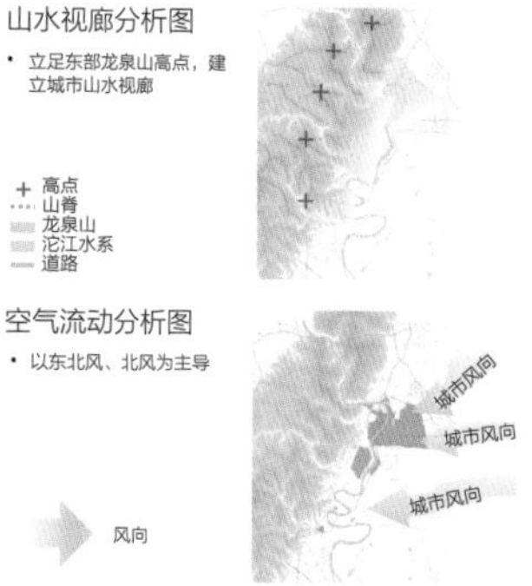

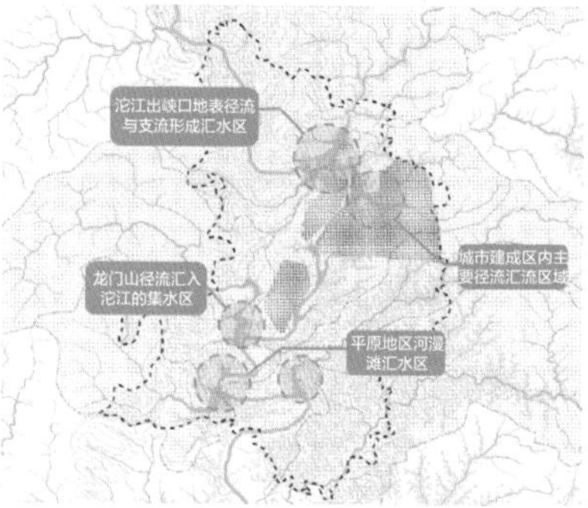

区域汇水分析图

生态筑城策略——蓝绿网络基底

生态修复 **生态筑城** 塑业引人

蓝绿网络格局

[一水一山屏，多园多绿廊]

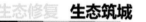

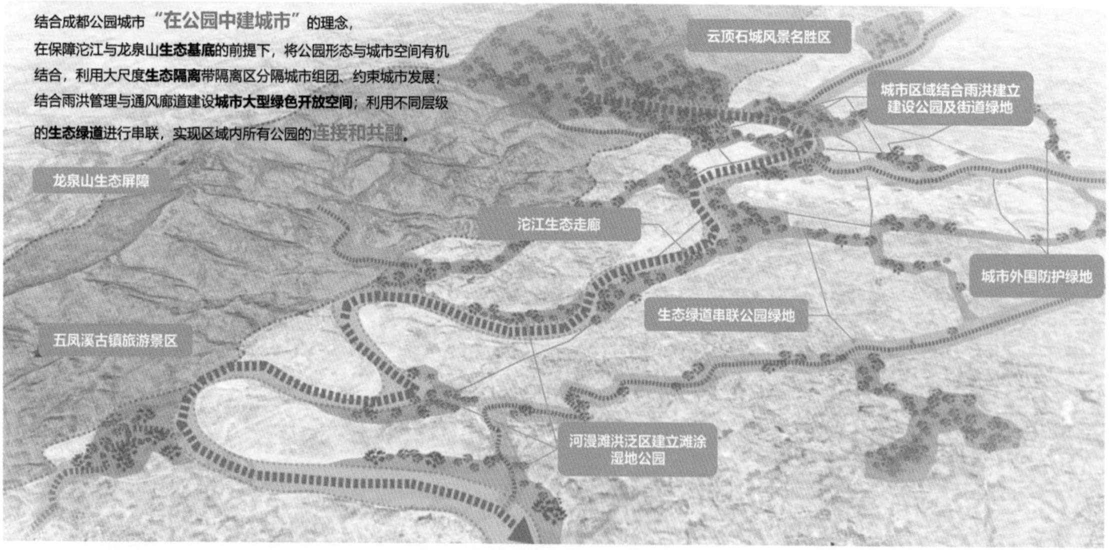

蓝绿网络基底图

资料来源：[1] 成都市公园城市绿地系统规划（2019—2035 年）.
[2] 成都市城市总体规划（2019—2035 年）.
[3] 成都市美丽宜居公园城市规划（2019—2035 年）.
[4] 东部城市新区风貌、色彩、天际线控制导则.
[5] 成都市淮州新城总体城市设计及重点地区城市设计（2017 年）.

生态筑城策略——公园城市系统

生态筑城的核心就是在保障地区生态基底的前提下，结合成都公园城市“在公园中建设城市”的理念，将公园形态与城市空间结合，利用生态廊道约束城市发展、结合雨洪与通风廊道建设城市绿色开放空间，并通过不同层级生态绿道串联，利用逐级的公园体系与绿道网络实现整体区域绿地的连接共融。

片区公园城市体系的建立也将对接成都全域绿道体系与生态网络体系规划之中，成为重要的组成部分。

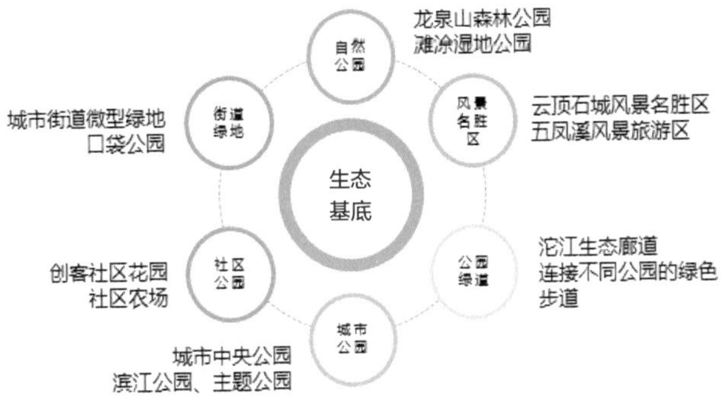

公园城市系统模式图

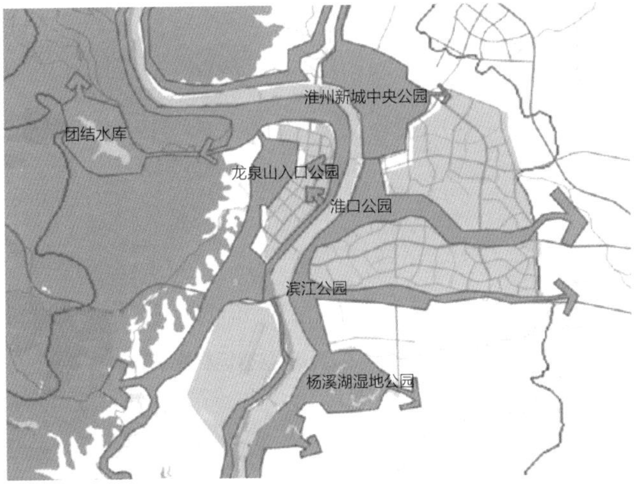

公园城市规划建设图

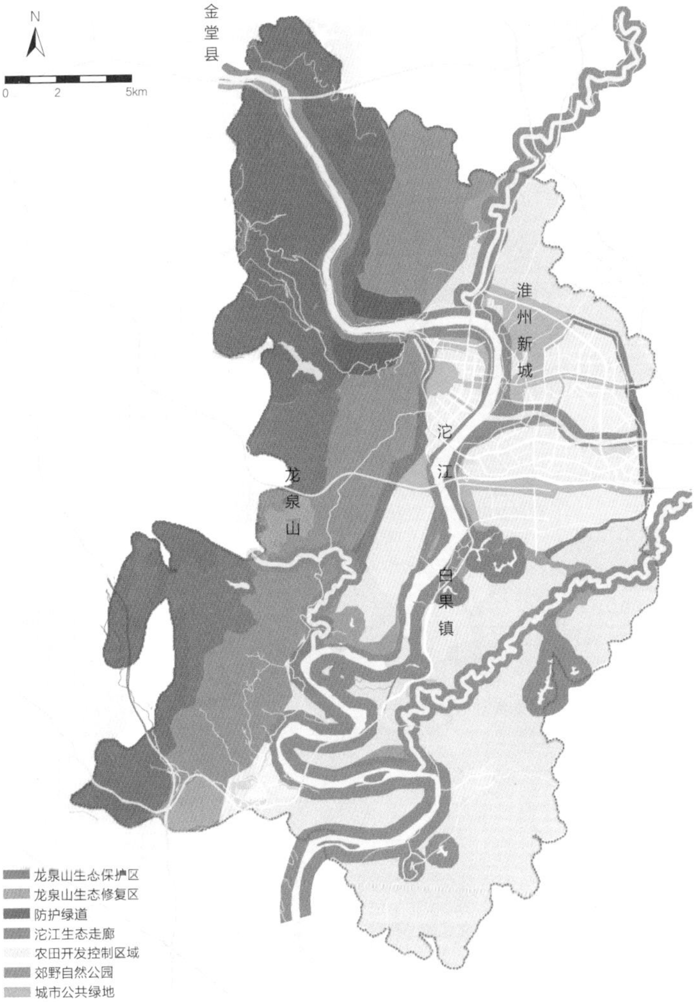

公园城市体系规划图

步骤 3：塑业引人

Plastic Industry is Attractive

产业开发适宜性评价

通过对自然文化资源点和全域开发控制等级的叠加，目前区域内适宜或可开发资源点位主要分布在马尿滩、淮州新城、白岩村和五凤古镇周边区域。

在此基础上从开发阶段评估、资源类型分类、资源重要性分级以及资源交通现状四个方面对现状可开发资源总体评价。

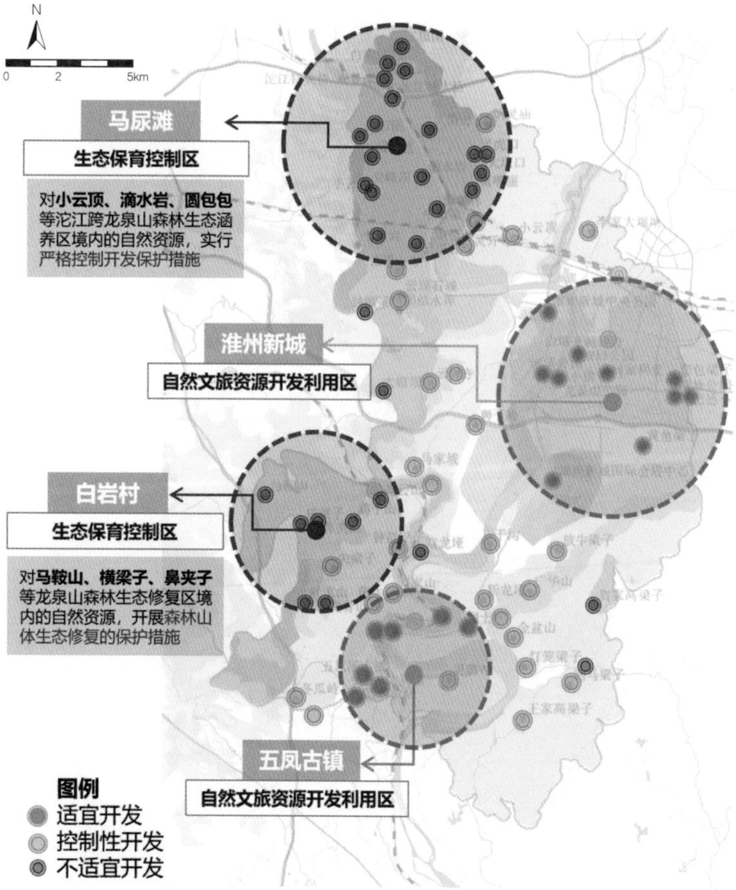

自然文化资源开发适宜性评价图

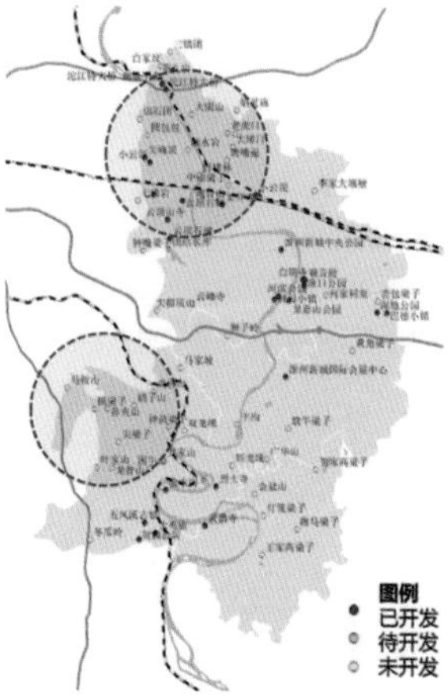

开发阶段评估图

资源类型分析图

资源保护缺失

龙泉山的白岩村及长江村，其自然文化资源和文化古迹缺乏有效的保护管理措施。

丰富种质资源待利用

片区内丰富的生物资源可作为上位规划中龙泉山“山地野生动植物园”，打造“种子银行”以及优质的种子资源库。

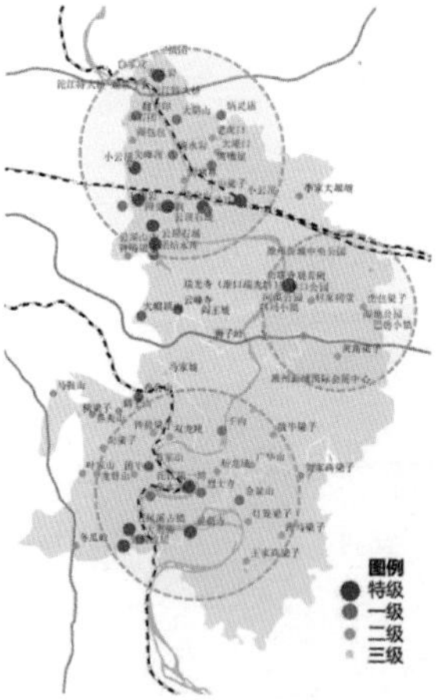

资源重要性分级图

交通资源现状图

风景遗产保护名录补充

散布在村镇郊野内的部分历史人文资源尚未纳入文物保护名录，重要级别的风景资源尚未划入风景名胜区边界内。

铁路客运功能不健全

金堂是成都唯一没有铁路客运站的县，淮口站属于四等客货运站。现状制约了陆路交通方式的旅游产业发展。

文旅组团规划

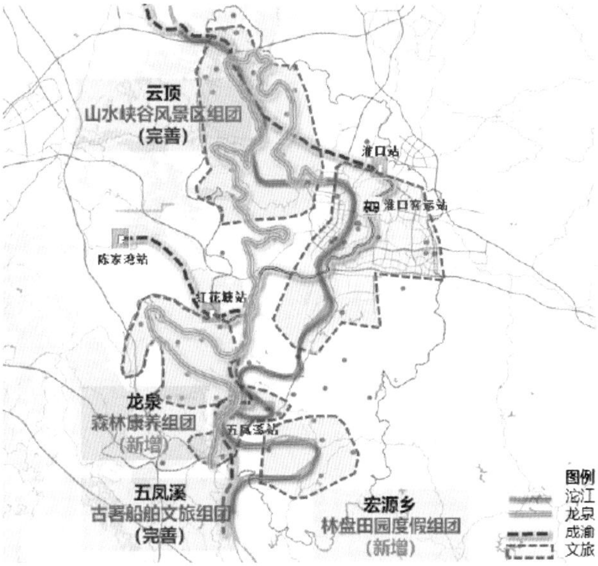

文旅组团规划图

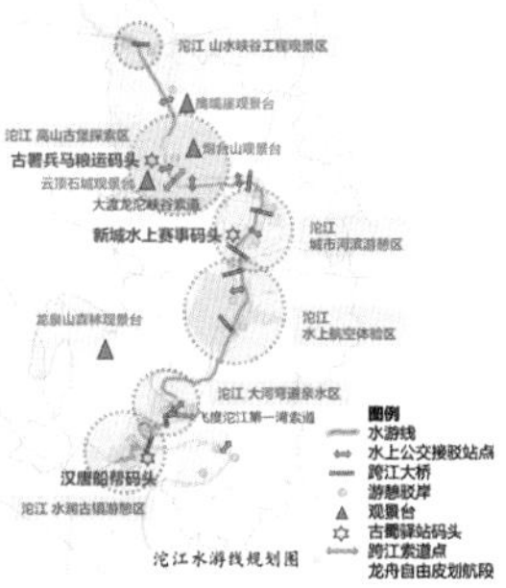

沱江水文化线规划图

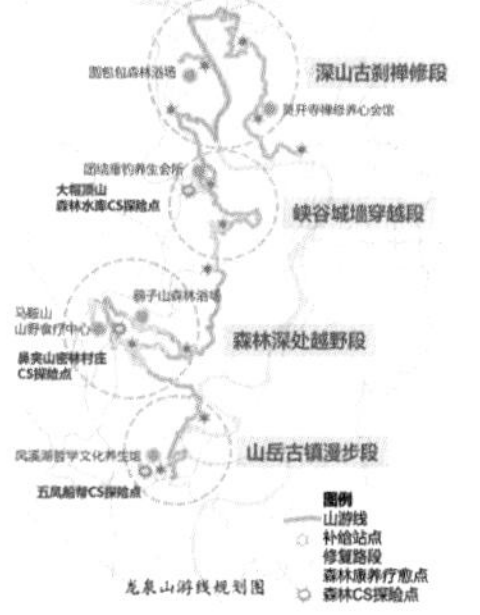

龙泉山康养线规划图

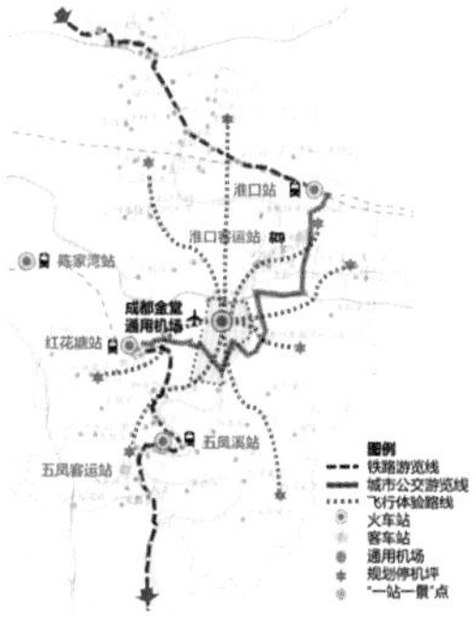

成渝水陆空联动文化线规划图

沱江水文化线

策划滨江游览、文化表演、水上运动和水上节事，以龙舟赛为媒，打造天府花园水城特色水上旅游，创建沱江绿道和沱江水上游线文旅名片。

龙泉山森林生态体育康养线

以马拉松赛事为媒介，打造五凤溪小镇特色山地旅游，依托金堂县“越野跑、龙舟赛、马拉松”三大体育赛事，探索文体旅融合道路。

成渝水陆空联动文化线

以熊猫新港为媒介，打造成渝水陆空联动文化线特色交通旅游，打造沱江－龙泉山熊猫空铁列车与成都（金堂）第二通用机场。

生态文化旅游产业规划

生态文化旅游产业规划图

文博会展场镇规划图

特色航空博览专线规划图

特色博览专线规划图

城市中心文博会展场镇

在现有规划基础上，新建航空科技展览馆、汽车科技展览馆、蓉欧文化展览馆，依托产业及文化资源，打造城市博物馆、展览馆集群，营造城市“文化氛围”。

唯一特色航空博览专线

依托通用机场打造航空博览专线，选择风景优美的地段建设两处郊野分会场，包括云顶国际会议中心和沱江第一湾国际会议中心，服务于高端国际会议。

多元化发展特色博览专线

依托生态修复经验打造牛态博览专线，服务于政府、高校，建立沱江、龙泉山治理交流平台。

土地利用规划
Land Use Planning

土地利用规划用地结构调整表

用地性质		规划前（km^2）	规划后（km^2）
建设用地	居住用地	4.20	7.32
	工业用地	27.00	27.00
	公共服务设施用地	0.42	1.21
	交通用地	0.67	0.98
	城市绿地	1.91	3.22
非建设用地	水域	17.80	22.20
	风景区用地	16.40	23.80
	林地	84.90	111.92
	耕地	23.10	23.90
	闲置地	70.16	31.94

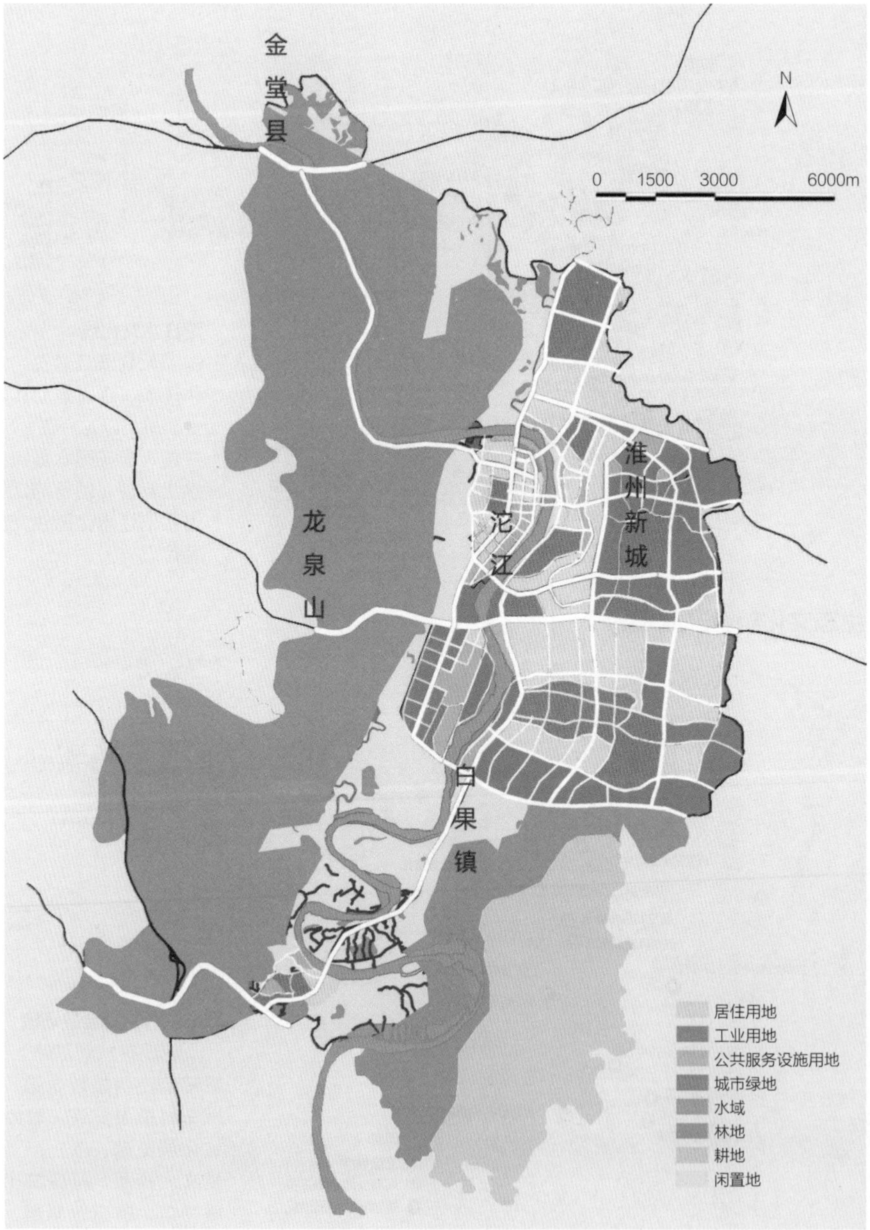

片区土地利用规划图

环境影响评价结果
Environmental Impact Assessment Results

环境影响评价汇总表

问题识别		目标	指标	现状	规划后	指标对比
生态效益	生态环境恶化	生态修复	森林面积 (km^2)	84.9	111.9	金堂县森林面积为 442km^2
			水域及湿地面积 (km^2)	17.8	22.2	成都湿地总面积为 210.67km^2
			森林覆盖率 (%)	30.5	40.2	公园城市绿地规划提出 2025 年大于等于 41.5%
	水污染严重	改善水质	生态岸线比例 (%)	67.94	98.50	简阳生态岸线比例为 80%
	河岸过度人工化	恢复自然岸线	河岸自然比率 (%)	25.43	54.28	—
社会效益	生境破碎化，游憩开放空间不足	提高生物多样性，提升大气环境质量	公园面积 (km^2)	1.57	2.63	—
			人均公园绿地 (m^2/ 人)	11.2	14.6	公园城市绿地规划提出 2025 年大于等于 14m^2/ 人
			公共服务设施用地面积 (km^2)	0.05	0.11	—
			人均公共服务设施面积 (m^2/ 人)	0.32	0.57	北京人均公共文化服务设施建筑面积为 0.45m^2
			居住用地 (km^2)	4.2	7.3	—
			公共空间可达性 (%)	65.4	80.1	—
	博览功能单一	增加博览设施	博览设施面积 (km^2)	0.92	3.73	—
			人均博览设施面积 (m^2/ 人)	6.57	20.72	—
经济效益	交通拥堵、不便	提高路网密度	路网密度 (km/km^2)	6.1	7.5	成都中心城区建成区路网密度为 8.02km/km^2
	未实现通航	实现局部通航	水运航线长度 (km)	2	12	—
	工业用地结构单一	优化工业用地布局	工业用地 (km^2)	27	27	—
			绿色工业占比 (%)	15	22	—
文化效益	旅游资源潜力大	挖掘旅游资源	风景区面积 (km^2)	16.359	23.807	—
	旅游服务设施匮乏	增加旅游设施	旅游服务设施数量 (个)	39	69	—
	游憩用地较少	扩大游憩用地	旅游游憩用地占比 (%)	13.2	17.8	—
	旅游交通不便	提升旅游便利度	旅游专线长度 (km)	23	31	—

评价指标体系

Evaluation Index System

指标体系及对应关键问题

指标体系

	关键问题识别	代表性指标
生态效益	• 对现状生态环境是进一步破坏还是有所改善？ • 是否有助于沱江水系的生态环境修复？ • 是否有助于保护地方生物多样性？	1 森林覆盖率； 2 水域面积； 3 河岸自然化率； 4 廊道连通性；
社会效益	• 市民是否拥有足够的公共空间？ • 社会提供的公共服务质量如何？ • 市民户外生活是否便利？	5 人均公园绿地； 6 人均公共服务设施面积； 7 公共空间可达性；
经济效益	• 城市基础设施发展是否完善？ • 城市沿江发展优势是否高效利用？ • 产业发展如何？是否实现了绿色发展？	8 路网长度； 9 水运航线长度； 10 工业用地面积； 11 绿色产业占比；
文化效益	• 博览城市文化形象塑造得如何？ • 城市文化对外吸引力是否提升？	12 人居博览设施面积； 13 旅游专线长度； 14 旅游游憩用地占比。

指标体系框架图

指标分析

Index Analysis

生态效益

现状水域林地分布图

规划水域林地分布图

现状生态岸线分布图

规划生态岸线分布图

生态岸线

指具有生态特征和功能的水域岸线，通过规划设计对原始自然岸线进行保护，并对已遭到人为破坏的岸线进行生态修复。

生态岸线比例

指生态岸线长度占规划范围内全部岸线总长度的比例。

河岸自然化率

指沿河两岸 500m 宽度范围内自然河岸和林地所占总面积的比例，主要反映河岸带两侧的生态情况。

社会效益

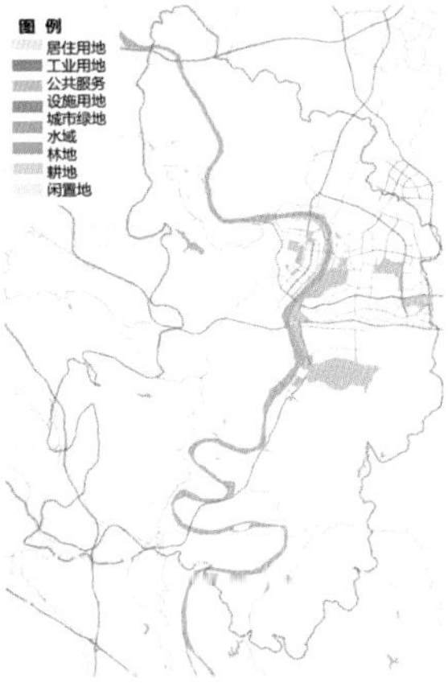

规划公共服务设施用地图

绿地系统规划图

现状居住用地分布图

规划居住用地分布图

人均公共绿地面积

指城市中每个居民平均占有公共绿地的面积，包括向公众开放的公园、小游园、街道广场绿地等，是反映城市居民生活环境和生活质量的重要指标。

公共空间可达性

指公共绿地及公共服务设施 300m 服务半径内（10min 生活圈）的居住用地面积占总居住用地面积的比值。

公共服务设施用地

与居住人口规模相对应配建的、为居民服务和使用的各类设施的用地，应包括建筑基底用地及其所属场院、绿地和配建停车场等，又称公建用地。

经济效益

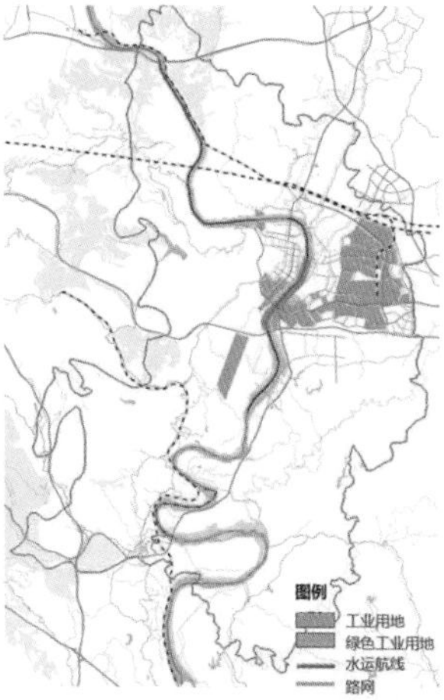

现状用地性质图

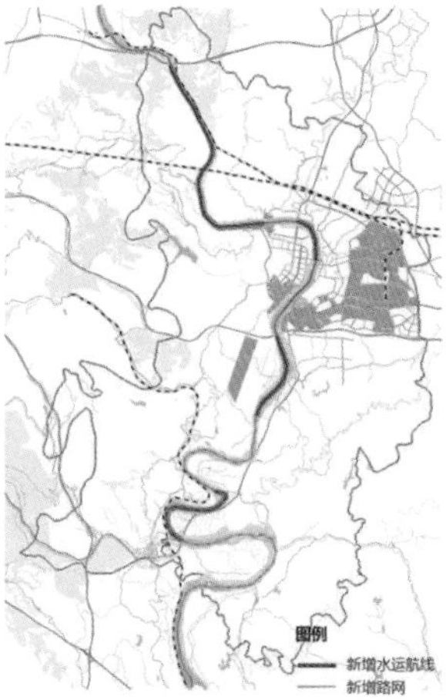

规划水运航线及路网图

绿色工业占比

绿色工业是指实现清洁生产、生产绿色产品的工业，通过自然化手段，将现有工业用地的绿化率提高、降低工业污染率，以提高淮州节能环保产业等绿色工业占比。

水运航线长度

分为“可利用”水路、“较难利用”水路和“已利用”水路。针对不同通航要求，新增开发水上游憩区或货运航线。同时控制开发强度。

指标说明

路网长度

增大主要道路路网宽度、修复、扩增热点区域路网。

文化博览设施

博览城市文化形象应从营造城市文化氛围，开拓博览线路等方面着手，博览设施建设是基础。

人均博览设施面积

指商业文化会展、图书馆、文化博物馆、特色文化展览馆、生态展览馆、产业展览馆以及会议中心等总面积与规划区内人口的比值。

城市公园

指为了满足城市居民的休闲需要，提供休息、游览、锻炼、交往，以及举办各种集体文化活动的场所，是城市生态系统、城市景观的重要组成部分。

风景区新增面积

指在把风景旅游资源进行“景区化”“一体化”策略下，拓展现有景区范围，提供“全域旅游”服务产品，利用景区所在地特定区域作为完整旅游目的地进行整体规划布局和发展模式。

新增旅游服务设施数量

指完善游憩风景区周边基础配套设施，增设码头、游客服务中心等联动措施，进行景区一体化营销推广。

新增旅游专线长度

依据“游憩游线全覆盖”的策略。打通景区之间公共交通路网，对旅游产品综合统筹管理。

文化效益

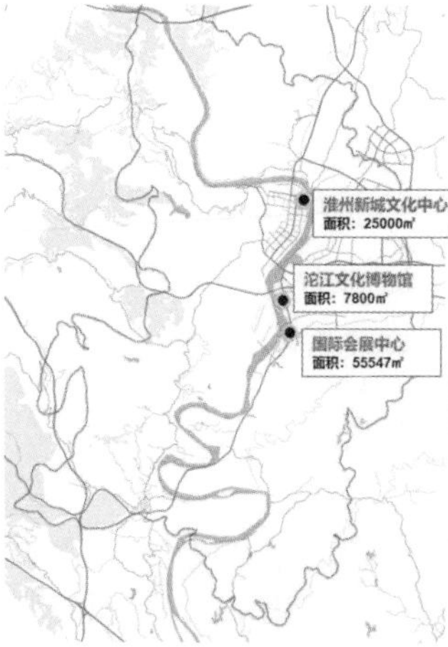

现状博览设施分布图

规划博览设施分布图

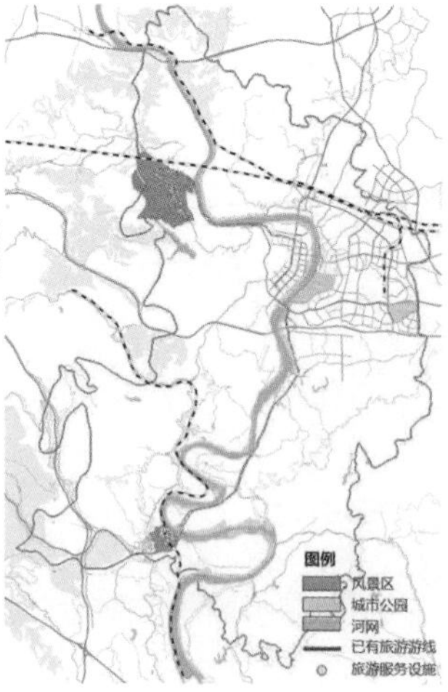

现状旅游资源分布图

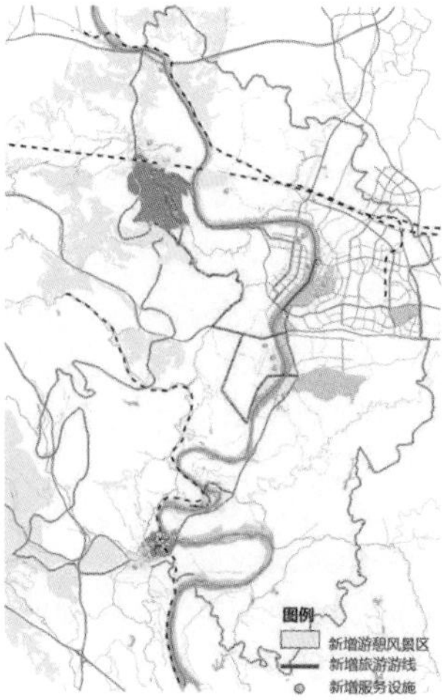

规划旅游资源分布图

片区节点选址
Node Location

节点 1 山水峡谷

- 地理位置：沱江穿山入城的第一道关卡。
- 自然格局：山水城市的衔接入口。
- 生态地位：片区内最重要的生态保护区域。
- 文旅价值：以云顶石城与团结水库为核心的山、水、文旅核心区。
- 关键词：衔接、保护、自然、文旅。

节点 2 城市水道

- 地理位置：淮州新城南部副中心。
- 自然格局：杨溪谷湿地公园生态拓展区。
- 产业价值：依托通用机场，着力发展新型通用航空产业。
- 愿景规划：打造产业生态创新区。

节点 3 水韵航空

- 航空博览产业的核心区；
- 城市向南发展的未来拓展区。

节点 4 水兴古镇

- 成都盆周山地古镇唯一样本；
- 古汉唐沱江上游重要水码头；
- 成都东进片区文旅热点景区；
- 打造成结合川西林盘的生态哲学小镇“新场景”推荐点。

山水峡谷段剖面图

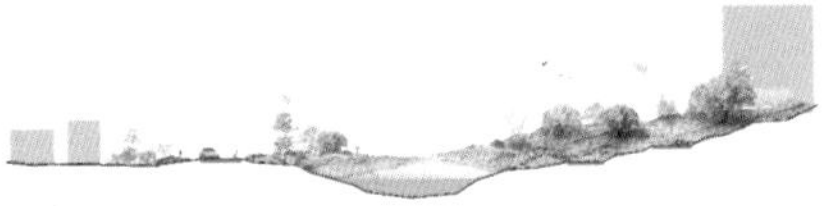
城市滨河段剖面图

航空博览段剖面图

历史古镇段剖面推测图

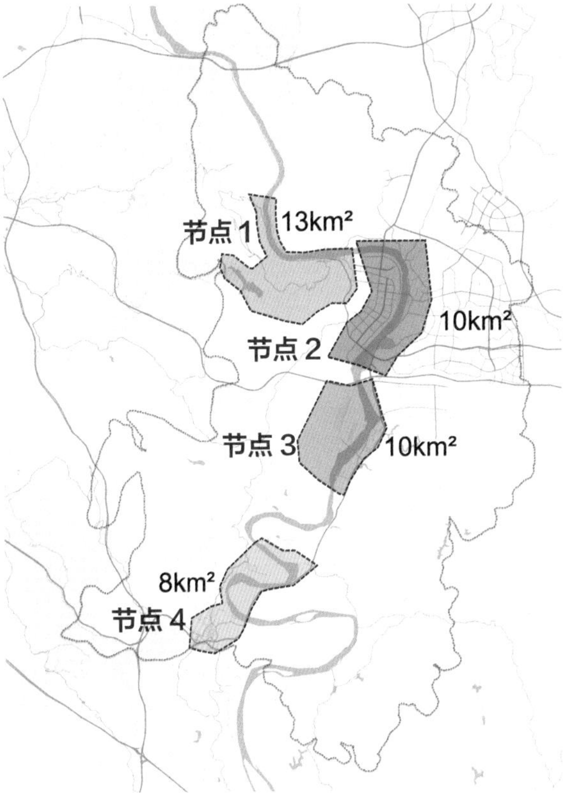

节点选址图

节点 1 山水峡谷

Key Area | Mountain and River Canyon Area

保护与利用问题总结

1. 耕地与航运开发对河岸的破坏

常水位线 150m 退线内存在部分建筑与农田，需恢复自然驳岸并进行植被修复，新规划的航运码头对水系两岸植被造成破坏；

20 年洪水位线内河流迎水坡禁止设置永久性建筑。

2. 鱼类洄游与孵卵廊道受阻

现状水坝没有设置专门的鱼道，阻碍鱼类漂流卵自然孵化，且影响河流通航。

3. 山体自然植被破坏严重

龙泉山保护与恢复范围及云顶石城风景名胜区范围内存在大量耕地与建筑，自然林地破碎化严重。

4. 城市侵占龙泉山生态空间

场地位于总体保护规划中生态保护、开发控制与现状建设用地过渡地带，有明显的过渡性。

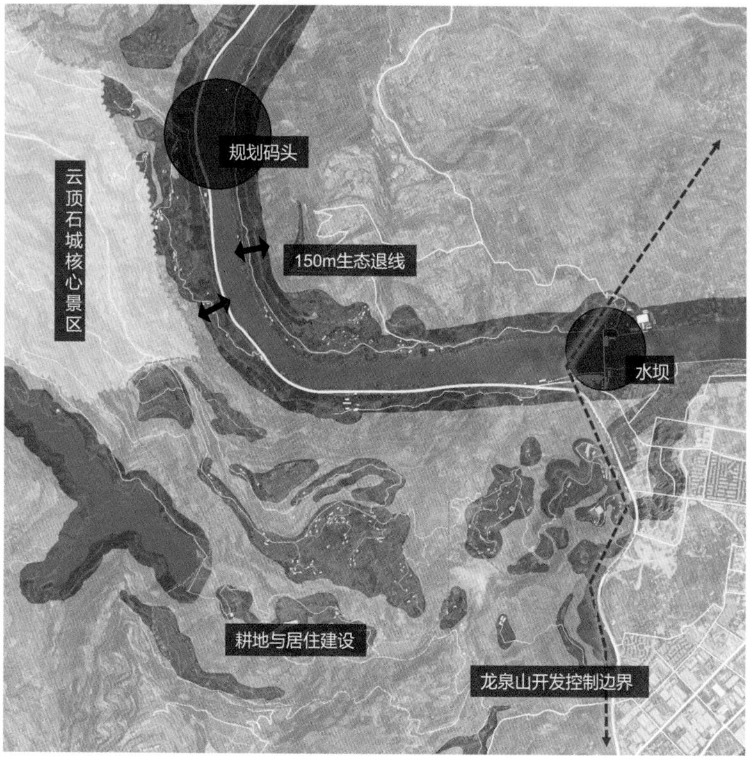

现状分析图

节点规划策略

策略一：修复

- 划定沿岸保护边界，修补完善破碎的自然水岸线；
- 退耕还林，修复龙泉山森林公园自然植被。

策略二：重构

- 拆除水坝，恢复河流自然连续性，重构鱼类生境；
- 重建沿山公共公园，控制城市蔓延；
- 低干扰建设，重建连接城市到森林的步道体系。

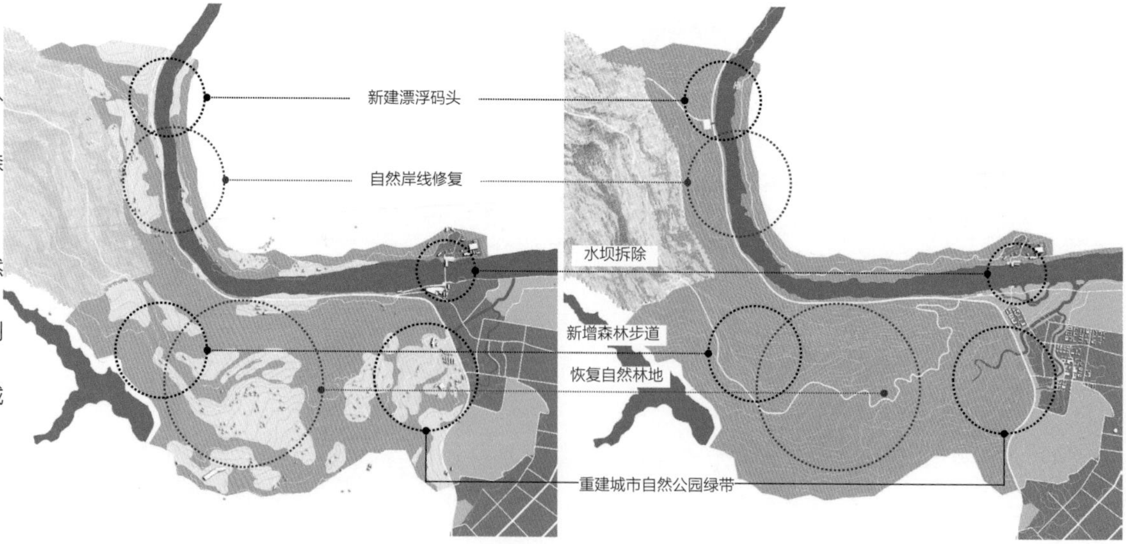

规划前示意图

规划后示意图

节点规划设计方案

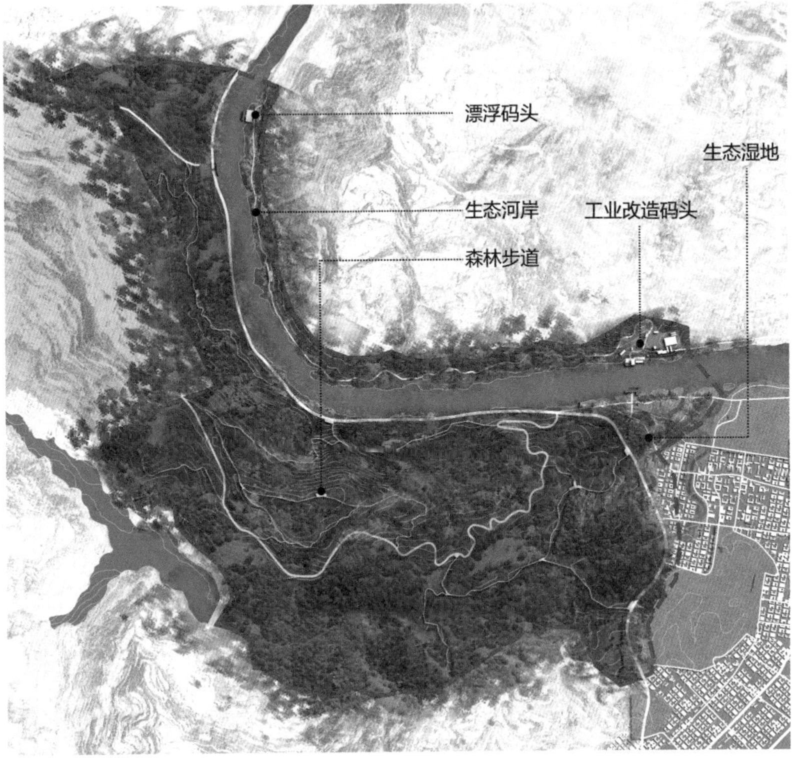

总平面图

效果图

节点 2 城市水道
Key Area Ⅱ Urban River Waterway

保护与利用问题总结

1. 优势因素

坐拥沱江第一湾，地处淮州新城的城市核心区，地理位置优越。

节点内建筑以现代风格为主，兼有老城区川西地域风格和部分欧式风格，呈现多元共融的整体建筑风貌。

2. 限制因素

老旧城区过度开发带来建筑品质差、拥堵、人居环境恶化等问题。

淮口老镇临江建筑距水岸 15~30m，严重占压沱江岸线空间，导致滨江开敞空间不足。

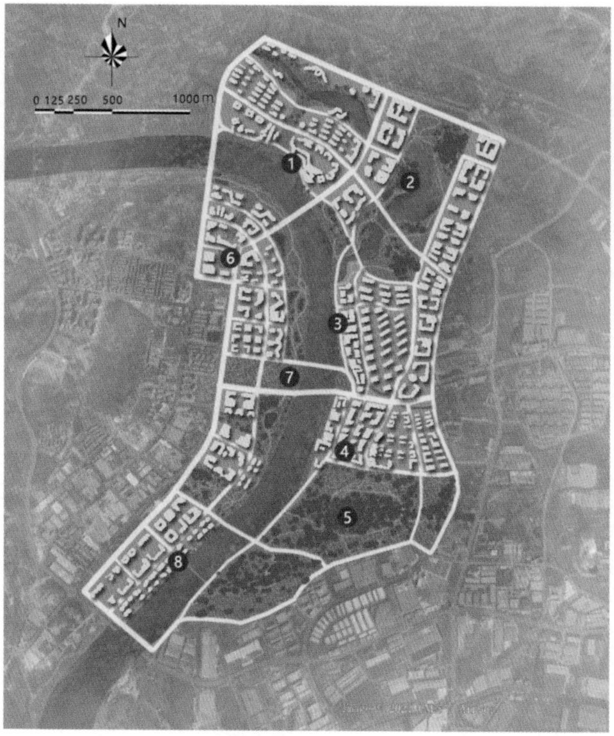

1. 第一湾滨江公园
2. 湿地山水园
3. 条形绿道公园
4. 蓉欧文化展览馆
5. 龙家山公园
6. 地标建筑——淮州中心
7. 绿廊公园
8. 科玛小镇欧式风情公园

总平面图

节点规划策略

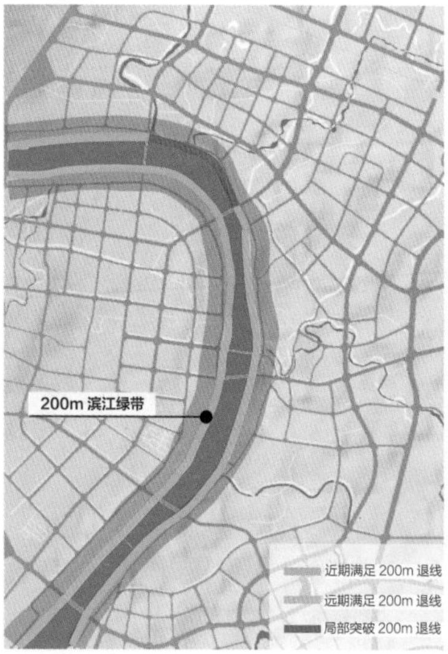

岸线修复图

策略：岸线修复，建筑退线

- 逐步腾退江东侧临江老镇区建筑，恢复生态岸线；
- 沿江两侧 200m 设置为滨江生态空间带，侧重布置条形博览公园和绿道，设置产业发展准入白名单，逐步拆除两侧沿江建筑；
- 沿江两侧 500m 作为核心管控带，侧重发展商业和公共服务业，设置产业准入黑名单。

退线规划表

退线条件梳理	地块类型	岸线长度（km）	占比（%）
近期满足 200m 退线	滨江公园	7.1	32.3
	一般新规划地块	9.9	45.0
远期满足 200m 退线	现状已建设地块	3.9	17.7
局部突破 200m 退线	体现滨水形象	1.1	5

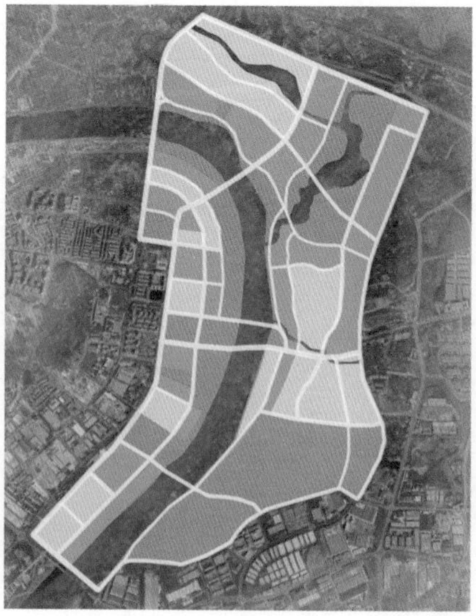

公共绿地
居住用地
商业用地

用地规划图

节点规划设计方案

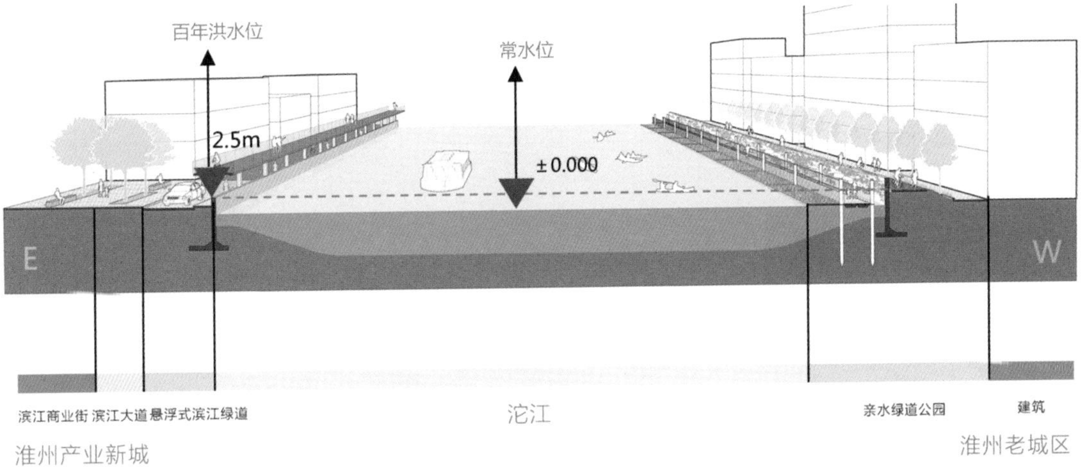

剖面图

节点 3 水韵航空

Key Area Ⅲ Water Aviation

保护与利用问题总结

1. 洪泛区内开发限制

滨河公园往往基于服务功能及自身管理运营的需要，在20~50年洪水位线之间，常会布置少量的建筑。出于安全考虑，可以通过对建筑底层架空及结构的特殊处理，增加其防洪的安全性，底层架空使得一层高度高于 50 年洪水水位 50cm 以上，20 年洪水线之内河流迎水坡面应禁止设置永久性建筑。

2. 鱼类洄游廊道受阻

- 现有水上飞机跑道影响鱼类洄游路线，建议修建专门的洄游辅线；
- 现状水坝没有设置专门的鱼道，且影响河流通航。

3. 河漫滩保护冲突

- 常水位线 150m 退线内进行河漫滩植被修复，禁止高密度开发。
- 常水位线 300m 退线内控制地表径流带来的面源污染。

4. 蓝绿网络破碎

- 现状湿地水塘系统与沱江之间缺乏有效连接；
- 现状湿地功能布局不合理，难以达到生态修复的作用。

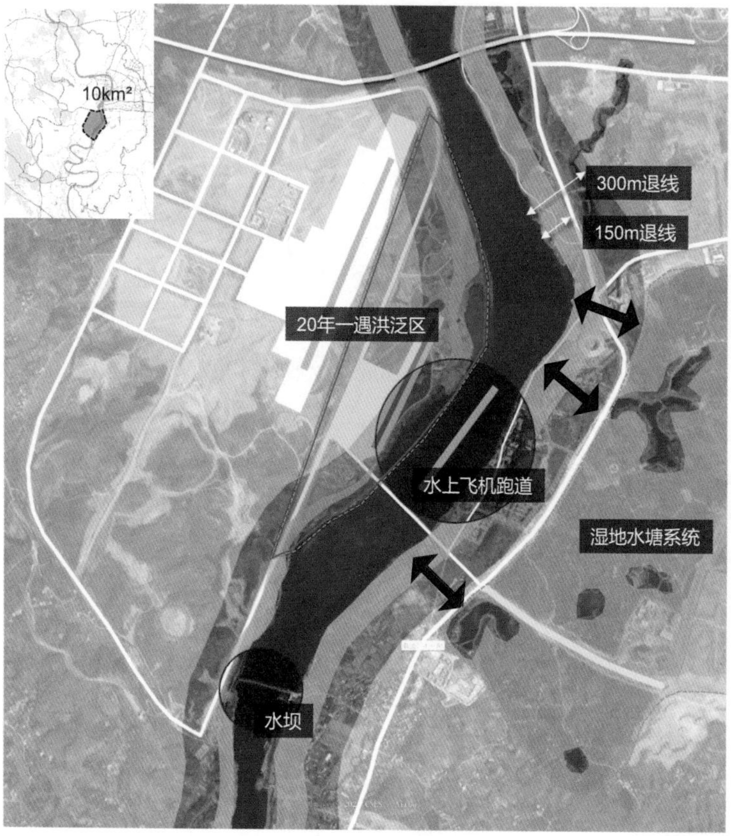

现状分析图

节点规划策略

策略一：织补

- 完善蓝绿网络，衔接河流两侧湿地和公园；
- 修复划定沿岸保护边界，修补完善破碎的自然岸线。

策略二：连接

- 连通河流水系与湿塘系统，打通水域支流；
- 拆掉水坝，方便水上通航，湿塘系统可作为新的鱼道。

规划前示意图

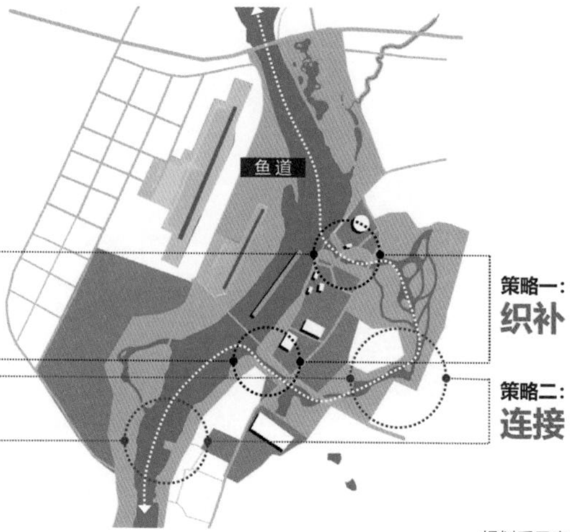

规划后示意图

节点规划设计方案

总平面图

1. 湿地公园
2. 清水塘
3. 通用机场
4. 飞行服务（旅游）机场
5. 游客服务中心
6. 航空科技展览馆
7. 航空小镇码头
8. 航空小镇
9. 滨江公园
10. 会展中心码头
11. 国际会展中心

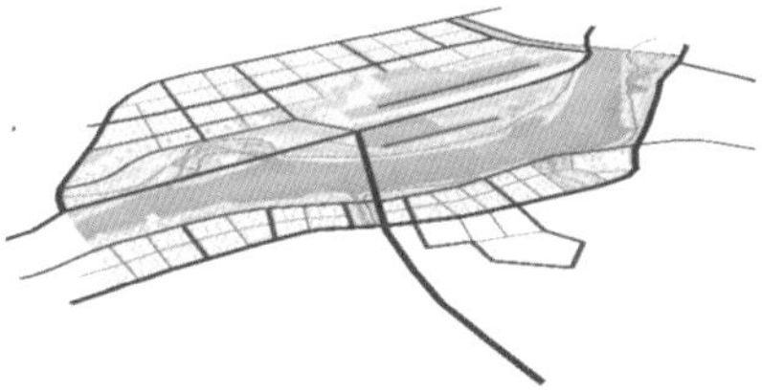

路网分析图

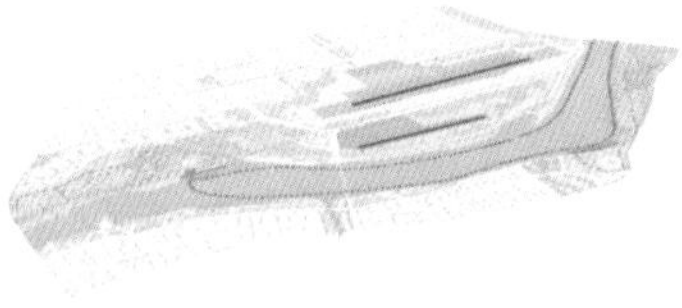

游憩专线分析图

土地利用图

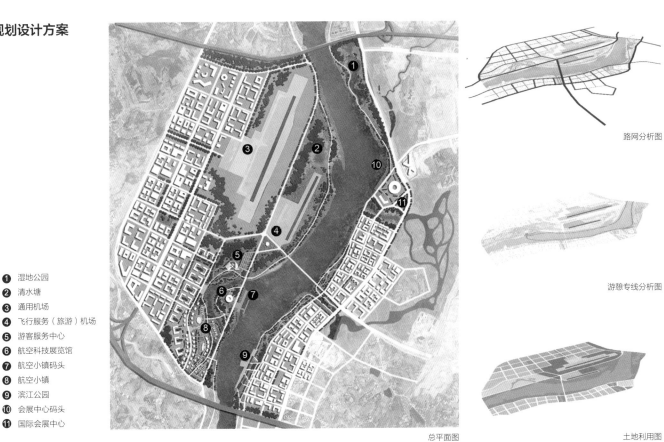

效果图

节点 4 水兴古镇

Key Area Ⅳ Ancient Shipping Town

保护与利用问题总结

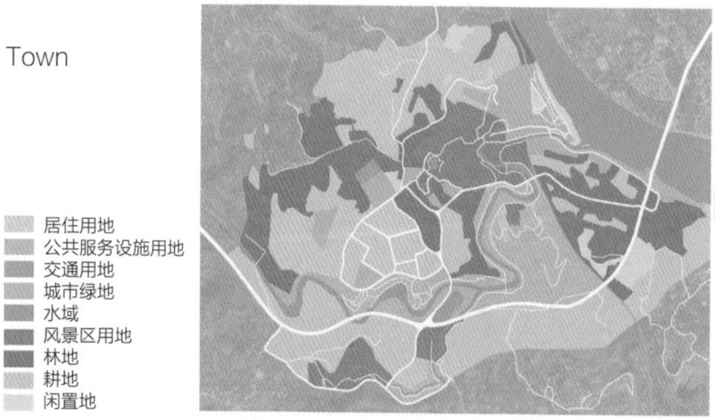

土地利用图

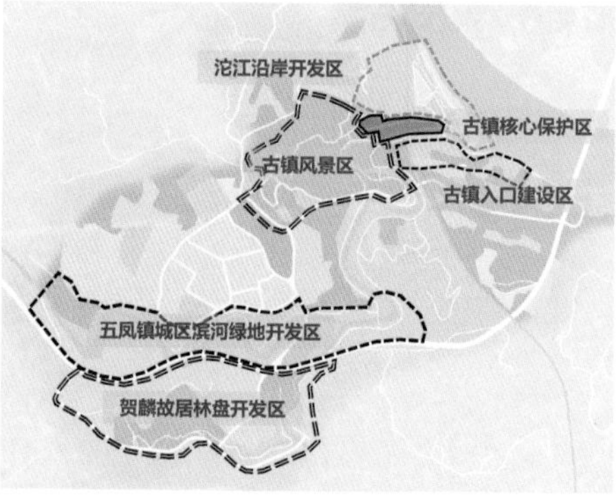

土地利用分析图

1. 地产开发威胁生态红线

五凤镇内沱江沿岸 20m 处存在已建成的滨江地产楼盘，建筑红线与生态保护红线冲突，人工建设构筑物侵占河漫滩。

2. 旅游产品质量待提高

五凤溪古镇旅游市场定位不明晰，缺乏对资源的深度挖掘，面临特色保护与同质开发之间的矛盾。

3. 公园绿道体系破碎

成都公园城市上位规划中的绿廊绿道系统尚未贯穿五凤镇，五凤镇城市快速路沿线绿地系统连通性低，质量不高。

4. 镇区灌溉水网断裂

黄水河上建设的水坝、堤坝驳岸、不透水硬质护坡等护岸工程导致生态阻隔，柳溪农田沿岸河流渠道化、直线化。

节点规划策略

策略一：景区化

- 以五凤镇公园绿道体系联动五凤溪古镇和贺麟故居两处重要文旅节点；
- 发展河道巡游旅游产品，复兴沱江汉唐船帮文化客家码头，打造沱江水镇。

策略二：织补链接

- 绿网修复：串联城市主干道和沿江公园绿地系统、绿道环抱古镇；
- 蓝网修复：修复河流地貌、形态，修复河流纵向连续性、侧向连通性；
- 集水策略：增加拦水坝和引水干渠，实施海绵城市雨水截流措施。

策略三：控线

- 沱江、黄水河及柳溪沿岸，未建成区的建筑红线退位；
- 建成区的人工硬质驳岸部分改造为生态自然驳岸。

"景区化 + 兴古镇 + 复林盘" 全域产业生态链发展模式

"文博 + 生态" 文旅产业发展格局

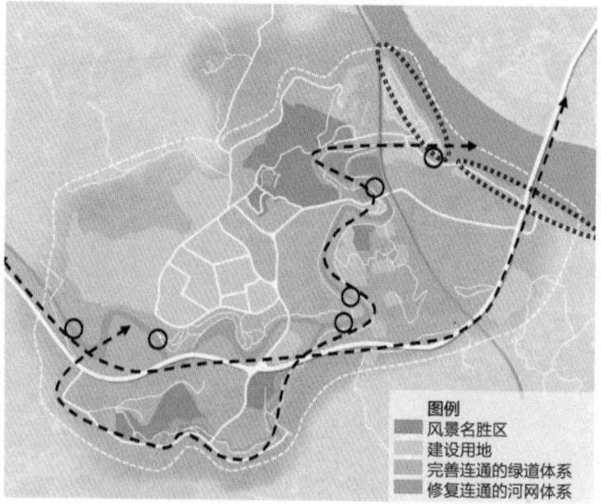

五凤镇蓝绿网络规划图

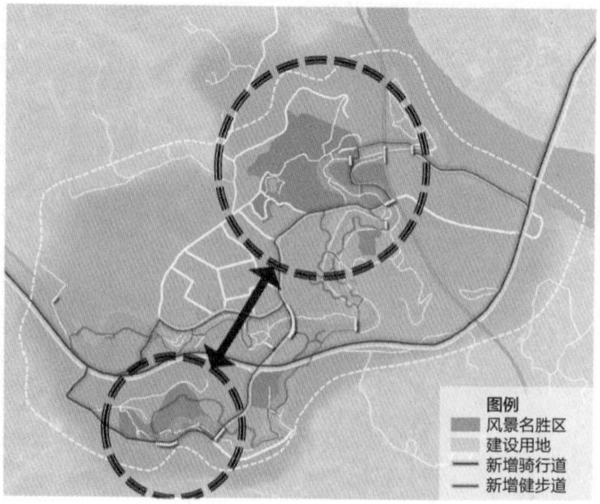

五凤镇景区一体化规划图

节点规划设计方案

1. 关圣宫
2. 南华宫
3. 观音堂
4. 福音堂
5. 玉福楼
6. 尚义桥
7. 半边街巷道
8. 运动广场
9. 移民广场
10. 贺麟书院
11. 花溪柳涧
12. 游客中心
13. 贺麟故居
14. 贺家寨
15. 贺家祠堂
16. 客家码头
17. 停机坪
18. 文哲书院
19. 凤溪湖哲学养生馆
20. 创展中心
21. 古蜀船帮航运码头
22. 马拉松补给站
23. 康体绿道
24. 成渝铁路花海

新增节点（16—24）

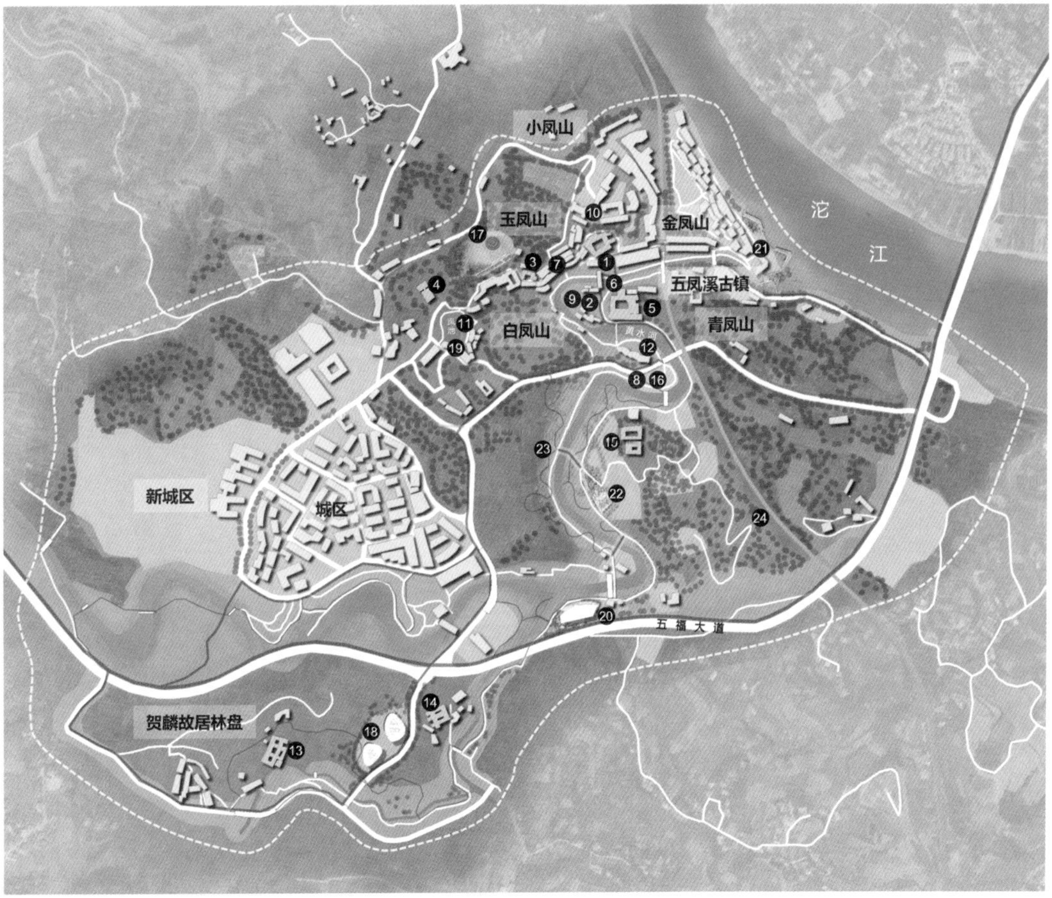

总平面图

重现沱江汉唐水码头繁华盛景效果意向

龙泉山已经成为连接成都中心城区与东部新城发展的重要纽带，同时也拥有丰富的生物多样性。规划希望恢复龙泉山的生境系统，提升生物种质资源水平，将自然保留并传承下去，因此提出了规划目标——体验荒野：龙泉山体验式城市荒野公园；并在生态、连通、发展三个问题形成应对策略："生态"强调对生态本底修复编织，并应用分级保护圈层结构；"连通"强调恢复自然廊道以及人与自然的廊道；"发展"强调自然、风景资源与绿色产业共同营建城市荒野。

体验荒野：龙泉山体验式城市荒野公园

安吉星

陈路遥

吴泽瑜

王争艳

走进荒野
Into the Wilderness

“荒野”近在咫尺
感知荒野——重塑龙泉山城市荒野之境

龙泉山城市荒野设计愿景

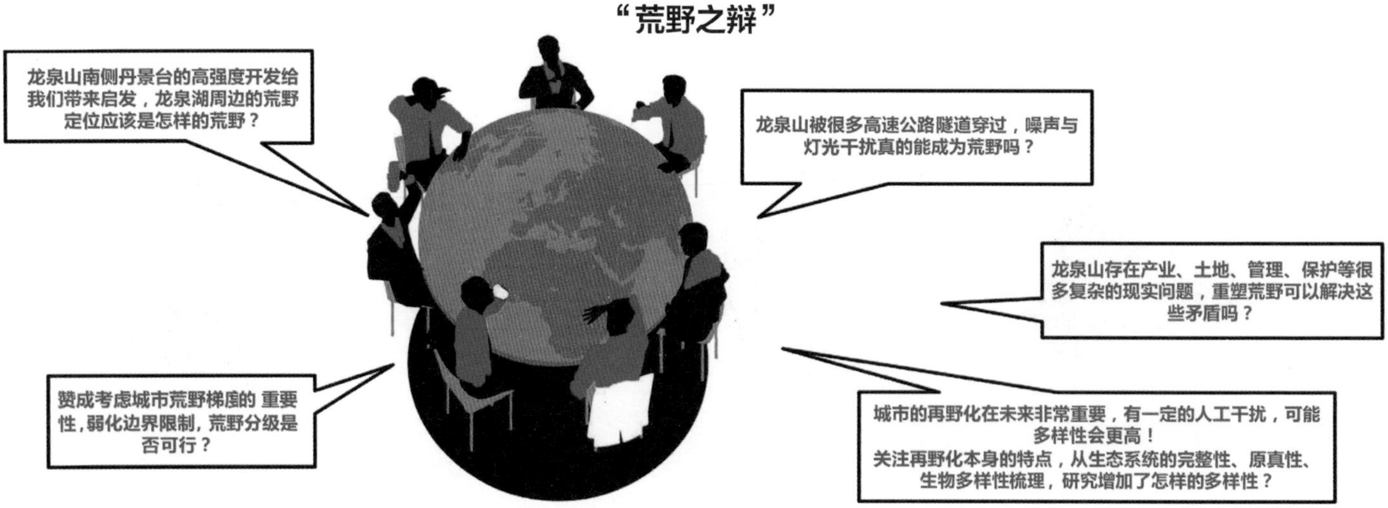
“荒野之辩”
龙泉山南侧丹景台的高强度开发给我们带来启发，龙泉湖周边的荒野定位应该是怎样的荒野？
龙泉山被很多高速公路隧道穿过，噪声与灯光干扰真的能成为荒野吗？
龙泉山存在产业、土地、管理、保护等很多复杂的现实问题，重塑荒野可以解决这些矛盾吗？
赞成考虑城市荒野梯度的重要性，弱化边界限制，荒野分级是否可行？
城市的再野化在未来非常重要，有一定的人工干扰，可能多样性会更高！
关注再野化本身的特点，从生态系统的完整性、原真性、生物多样性梳理，研究增加了怎样的多样性？

龙泉山“荒野之辩”

城市荒野定义
Definition of Urban Wilderness

荒野 Wilderness

- 能够在人为干预之外发生自然演替过程的区域；
- 大面积的、保留自然原貌或被轻微改变的区域，保存着自然的特征和影响力，没有永久或明显的人类聚居点，该区域通常被保护管理，以保存其自然状态。

城市荒野 Urban Wilderness

在城市中，由自然过程主导的城市荒野是一种最接近自然状态的、稳定的生态系统，具有低维护、低影响、可持续的特性。自然状态下的植物群落能够自发生长，相互竞争适应，从而形成适宜场地环境的群落形态和稳定、优越的生态系统。

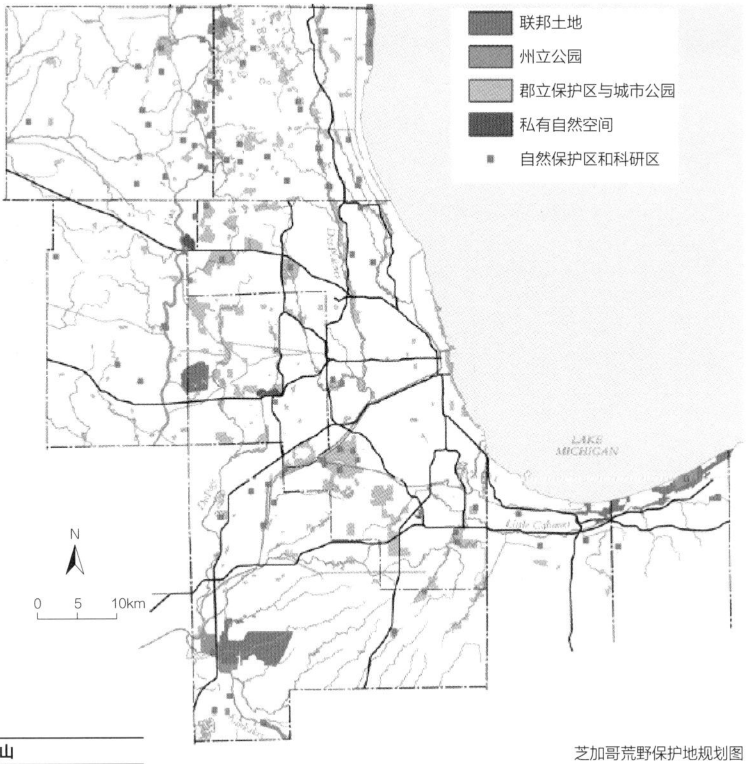

芝加哥荒野保护地规划图

荒野、城市荒野与项目场地特征对比表

	荒野	城市荒野	龙泉山
一致性	高效的自然过程、高质量的生态系统服务、有代表性的野生生物、卓越的自然美、遥远感或孤寂感等		有代表性的地质优势、丰富的生物多样性资源，重要的候鸟迁徙廊道，特色的自然资源
差异性	• 原真性极高； • 自然度极高； • 远离城市	• 原真性高； • 自然度高； • 城市内	• 原真性良好； • 自然度较差，再野化； • 多城绿心

“再野化”(Rewilding) 逐渐成为国际自然保护和生态修复的一种新理念和新途径。

项目场地再野化路径

	再野化	传统生态修复	龙泉山
一致性	自然恢复为主，人为加速演替进程，长期		
目标	自然保护 + 生态修复	绿地率、绿量	• 减少人工干预大的农业经济林业用地； • 自然保护 + 生态修复
策略	• 保护高价值荒野地； • 分层次识别不同性质荒野地； • 采取不同的规划途径； • 建立大尺度规划网络	识别不同的生态退化等级，采取不同结果取向的生态修复策略	• 保护高价值荒野地，分层次识别不同性质荒野地，采取不同的规划途径； • 识别不同的生态退化等级，采取不同结果取向的生态修复策略建立大尺度规划网络
功能	自然教育、生态体验	微量景观观光	自然教育、生态体验

对标案例——芝加哥荒野公园总体规划

区域特色

该州质量最高的自然栖息地富集区。

资源特色

包括伊利诺伊州近 200 种濒临灭绝物种。生态系统包括稀树草原、开放林地、森林、湿地，涵盖沼泽、莎草草地、渗水、泉水、河流和湖泊。

愿景

展现在过去的几千年里大自然是如何维持它的生态系统和人类是如何塑造它们的，也描述了利用土地的人们努力保护和环境生态恢复，来拯救它们和告诉感兴趣的人在哪里可以看到它们。体验和历史结合的认知，会阻止物种的灭绝，保护芝加哥自然荒野奇观。

走进城市荒野
Into the Urban Wilderness

美国
诺克斯维尔的城市荒野

诺克斯维尔的城市荒野是一个壮观的 1000 英亩户外探险区，您可以在那里远足、骑自行车、攀爬、划桨或只是在树林中漫步——一切都在市中心。超过 50 英里的小径和绿道将您连接到美丽的自然中心、原始湖泊、历史遗迹、引人注目的采石场、冒险乐园、五个城市公园和 500 英亩的野生动物区之中。在这个令人叹为观止目的地，可以尽情享受城市和荒野两方面的冒险。

美国
芝加哥荒野

以绿色愿景为主导设想一个充满活力的地区，促进所有人的健康、经济活力和福祉。为了保护环境，我们与不同的社会合作。专注于恢复健康的土地和水域的机会，创建广阔的绿色走廊，振兴棕地，并使所有人都能接触到大自然的奇观。目标是让来自各行各业的人们和所有栖息地融入整个地区的健康自然环境中。

英国
吉莱斯皮公园

海布里野生动物花园在很大程度上归功于当地的自然保护区吉莱斯皮公园，在带有拱形铁门的高砖墙后面，公园及其伊斯灵顿生态中心坐落在一个曾经是铁路侧线和斯蒂芬斯油墨厂的地方。工厂关闭后，通过当地人民的坚定努力，与议会合作，才使土地免于开发。这里有不同的栖息地——草原草甸、湿地、林地、树篱，每个栖息地都适合不同的野生动物。几乎从乡村消失的草地在这里尤为重要。

刚果
维龙加国家公园

该公园是非洲最古老、生物多样性最丰富的保护区，是 2,000 多种植物、706 种鸟类和 218 种哺乳动物的家园。它是世界上唯一一个拥有三种类人猿（包括黑猩猩、低地大猩猩和山地大猩猩）的公园，并且拥有比大陆上任何其他保护区都多的鸟类、爬行动物和哺乳动物。通过恢复这些种群，再野化旨在恢复公园并确保其生态系统健康。

厄瓜多尔
加拉帕戈斯

重新开放地球的进化摇篮，加拉帕戈斯群岛拥有壮观的海洋生物多样性，拥有2900 种已知的海洋动物、世界上数量最多的鲨鱼和世界上唯一的海鬣蜥。该群岛共有 146 种物种在 IUCN 濒危物种红色名录中。加拉帕戈斯物种的恢复行动将使岛上独特的动物有机会繁衍生息，为社区旅游创造条件，并有助于为该地区吸引新的投资。

俄罗斯
更新世公园

“再野化”荒野恢复了北极地区的高产放牧生态系统并缓解了气候变化，更新世公园是一项重大举措，包括试图恢复更新世晚期在北极占主导地位的猛犸草原生态系统，并且要求用高生产力的牧场取代目前缺乏生产力的北方生态系统，这些牧场具有高动物密度和高生物循环率。

瑞士
耶荷公园

青山绿水、具有荒野气息的耶荷公园(Irchel Park)位于瑞士苏黎世市区北部，向东濒临苏黎世山 森林，向西延伸跨过温特图尔公路到凯福山山脚。公 园占地面积为44hm^2，直接向市民展示城市中的“自然荒野”，重现荒野。各种自然元素在公园中自由发展，公园对景观的后期人工维护几乎不存在，让它发展成为真正意义上的“第一自然”。

成都，龙泉山

城市荒野：在城市中，由自然过程主导的荒野是一种最接近自然状态的、稳定的生态系统。

“再野化”： 逐渐成为国际自然保护和生态修复的一种新理念和新途径。

菲律宾
伊格利特-巴科山国家公园

该国家公园最具标志性的物种是极度濒危的Tamaraw，这是一种仅在民都洛岛发现的野生矮水牛。大约有500 只，约占世界种群数的 80%，生活在自然公园的边界内。“再野化”计划采用整体方法来管理公园，帮助 Tamaraw 和其他物种恢复和繁荣，同时承认土著人民的文化、需求和权利。

规划理念
Planning Principles

发现问题
东进发展进程与龙泉山核心生态空间之间存在的矛盾。

解决策略
1. 针对全域的自然与城市发展的矛盾核心，以生态规划先行的模式，划分不同的保护级别，防止城市的无序扩张；

2. 城市荒野地边界交错带，需要进行土地利用资源的整合与调整，推动城乡发展；

3. 中心城市与周边区域的连接，除了交通网络的连接，还应将山水自然资源引入城市发展。

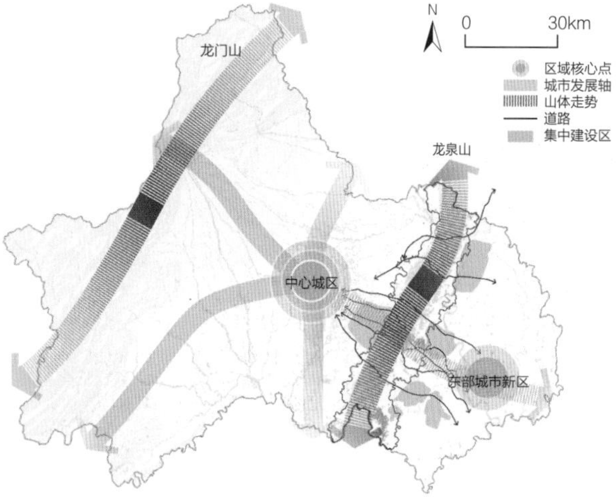

现状核心矛盾分析图

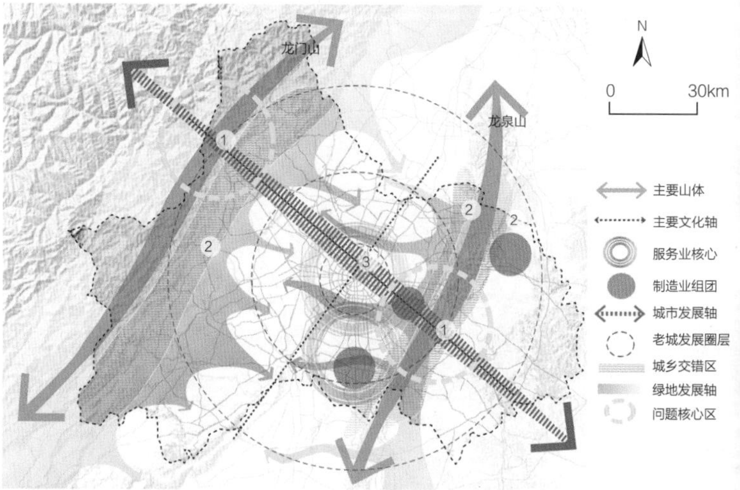

策略分析图

从人工到自然　从障碍到联通　从乏味到吸引

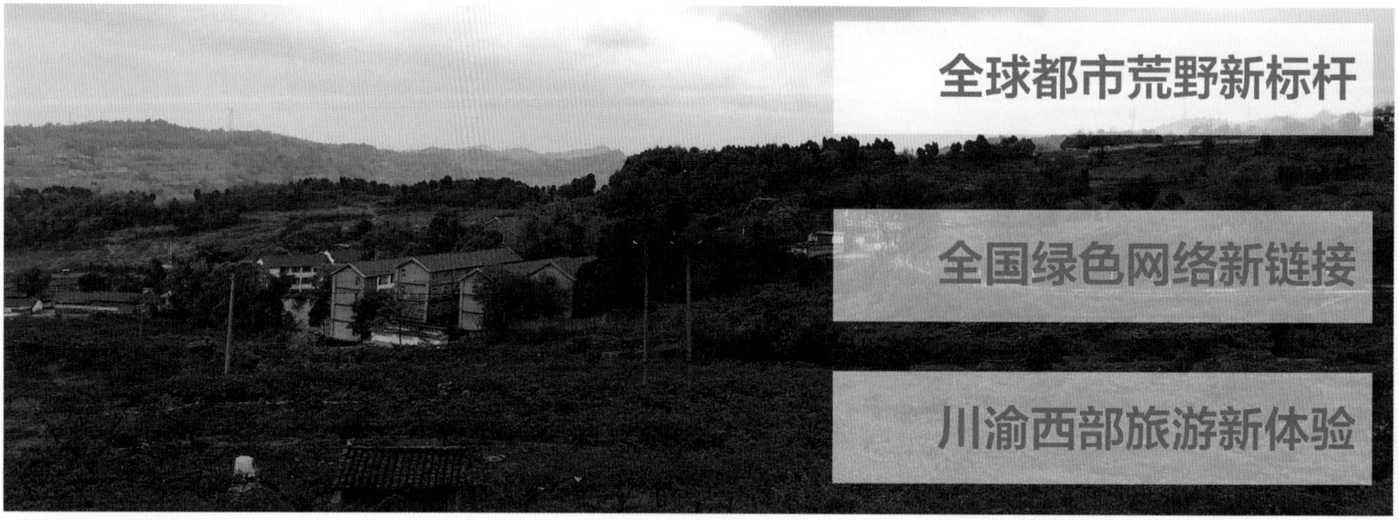

规划理念及规划定位图

研究框架
A Research Framework

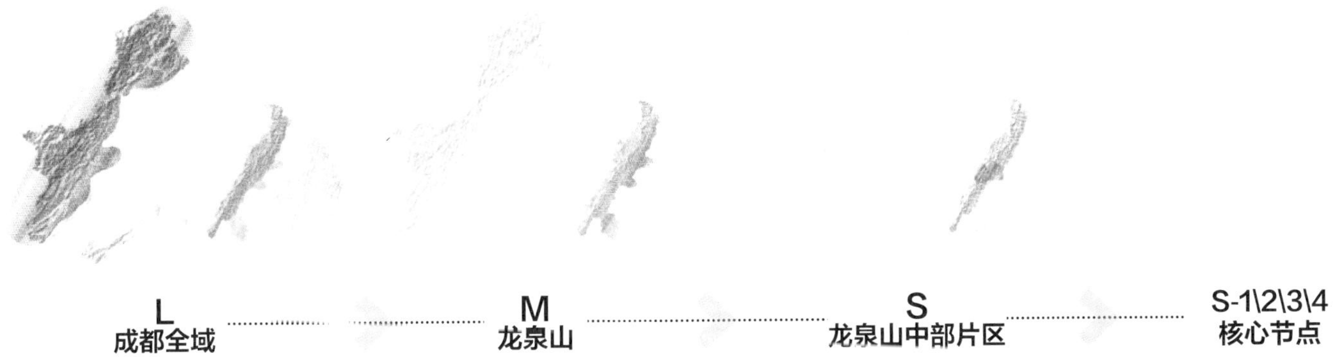

研究区位图

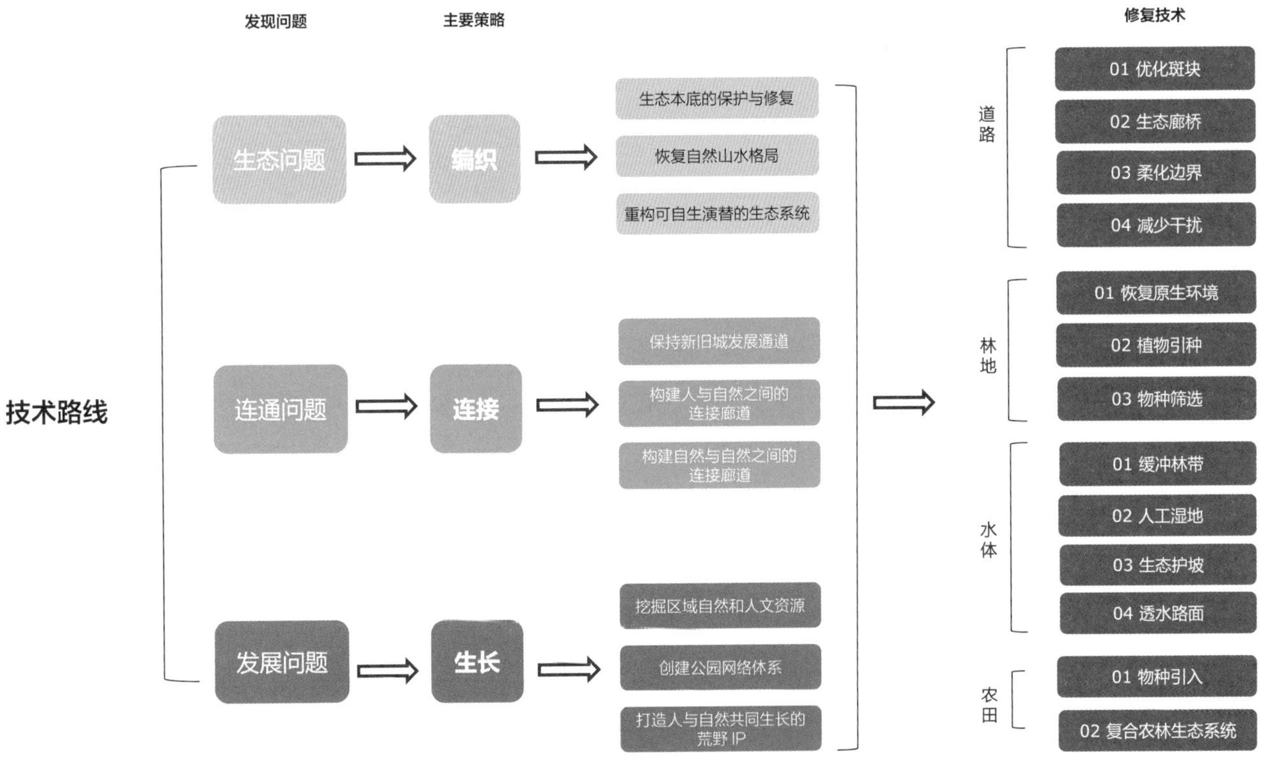

技术路线图

龙泉山城市荒野可行性研究
Urban Wilderness Analysis

通过景观格局分析，龙泉山营造城市荒野是可行的。

现状人工率较高，但是呈逐年下降的趋势，林地斑块率逐年上升，**龙泉山正在经历从人工到自然的过程。**

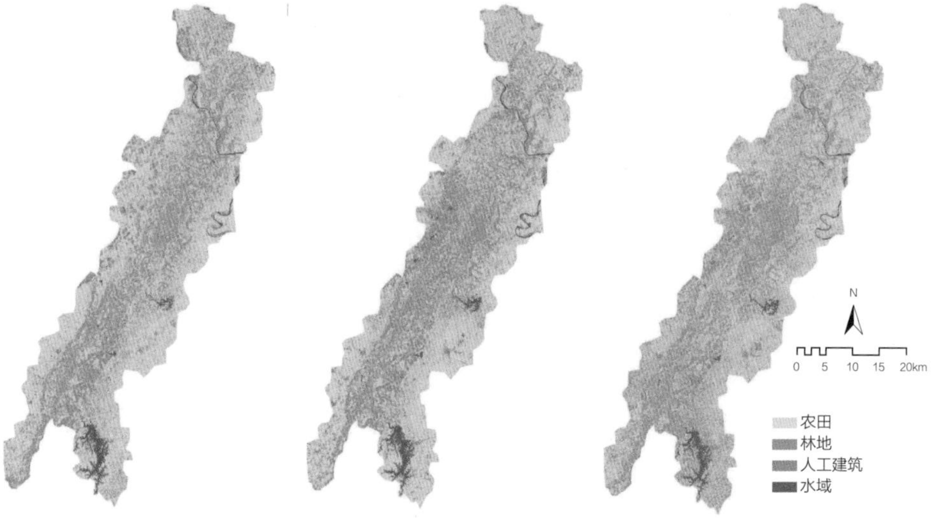

2008 年景观格局分析　　2013 年景观格局分析　　2018 年景观格局分析

资料来源：刘蕴瑜 . 基于 GIS 技术的龙泉山城市森林公园景观格局演变研究 [D]. 成都：成都理工大学，2019.

近期——以生态保护为公园网络体系。
远期——以自然教育为核心的城市荒野。

Marcov 模型分析

驱动因子：道路因子，选择 200m、500m、1500m 的多环缓冲区。

限制因子：坡度因子。

选择 2000 年、2010 年、2020 年的土地覆盖数据，迭代次数为 5。

基于转移矩阵，在自然增长情景下模拟东部片区 2020 年的土地覆盖变迁。

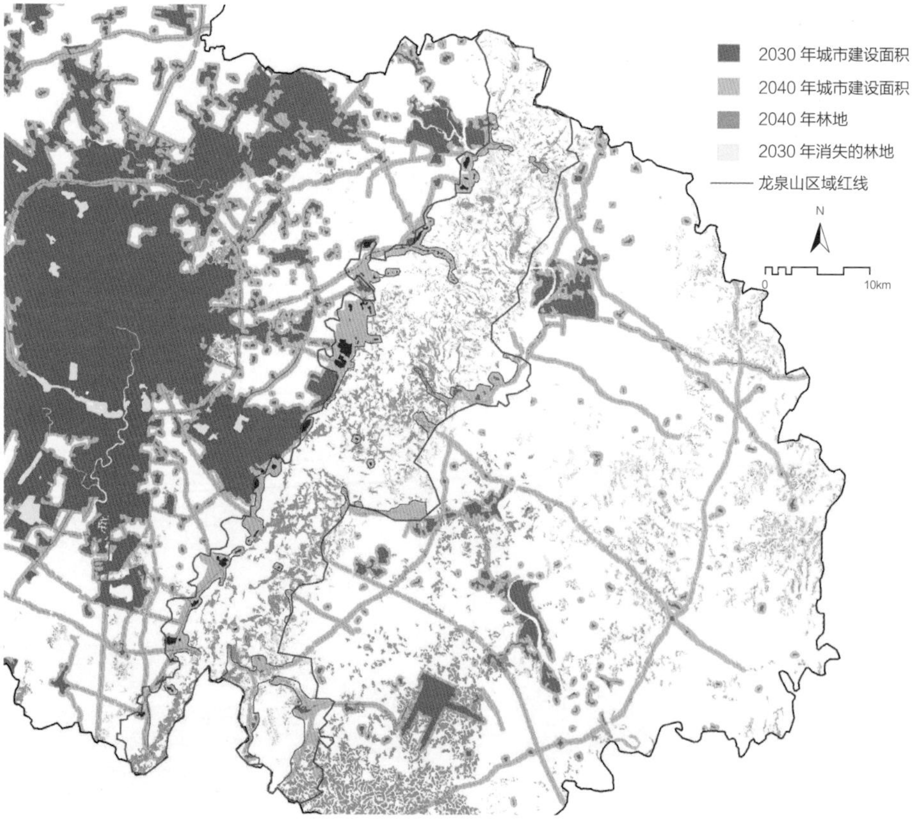

2030 年、2040 年城市扩张模拟图

问题与策略
Problem and Strategies

问题 1：生态问题

龙泉山拥有良好的自然及生物资源基底，现有的保护地体系未能涵盖自然资源富集的区域。

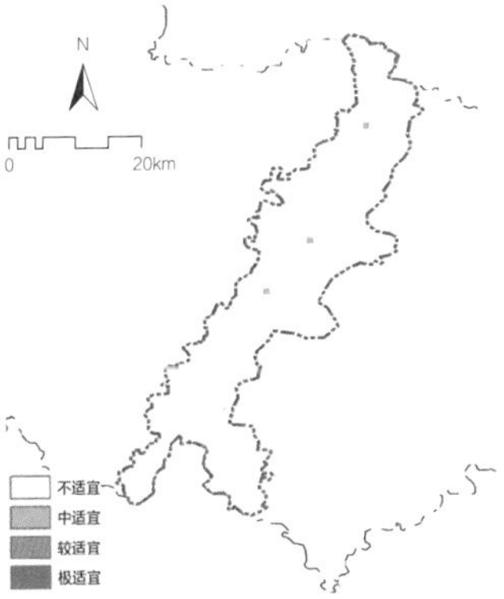

云豹潜在栖息地适宜性评价

青头潜鸭潜在栖息地适宜性评价

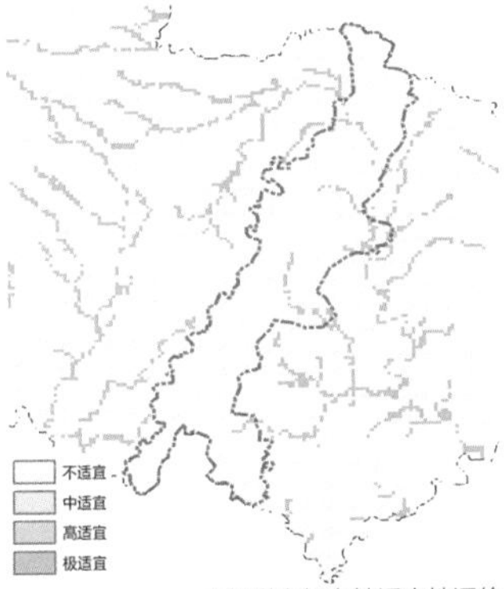

大鲵潜在栖息地适宜性评价

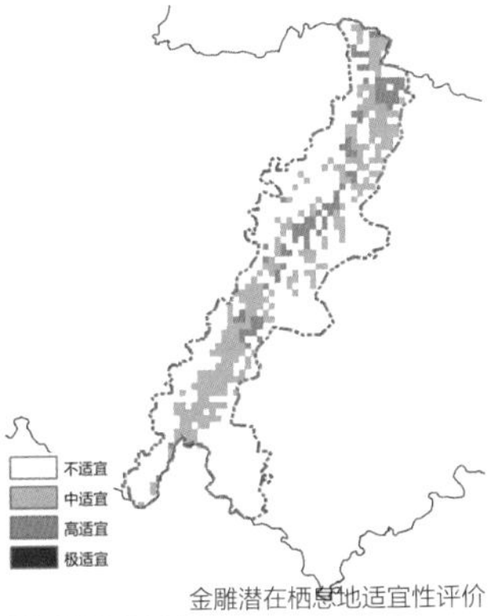

金雕潜在栖息地适宜性评价

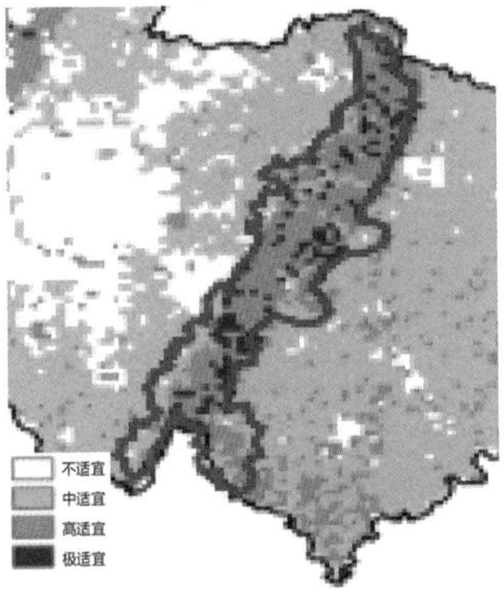

毛冠鹿潜在栖息地适宜性评价

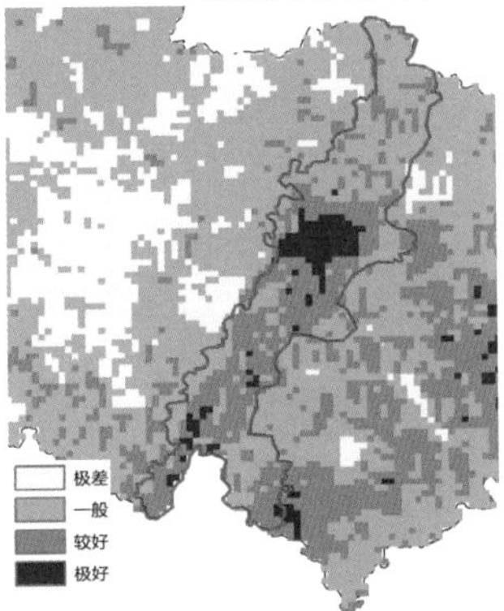

归一化植被指数

策略 1：编织

用地整合优化：选择大于 600hm^2 的区域作为核心保护源，分别以 3000m、5000m 作为缓冲，建立缓冲区及游憩区；依据资源价值进行取舍，依据资源类型进行归并。

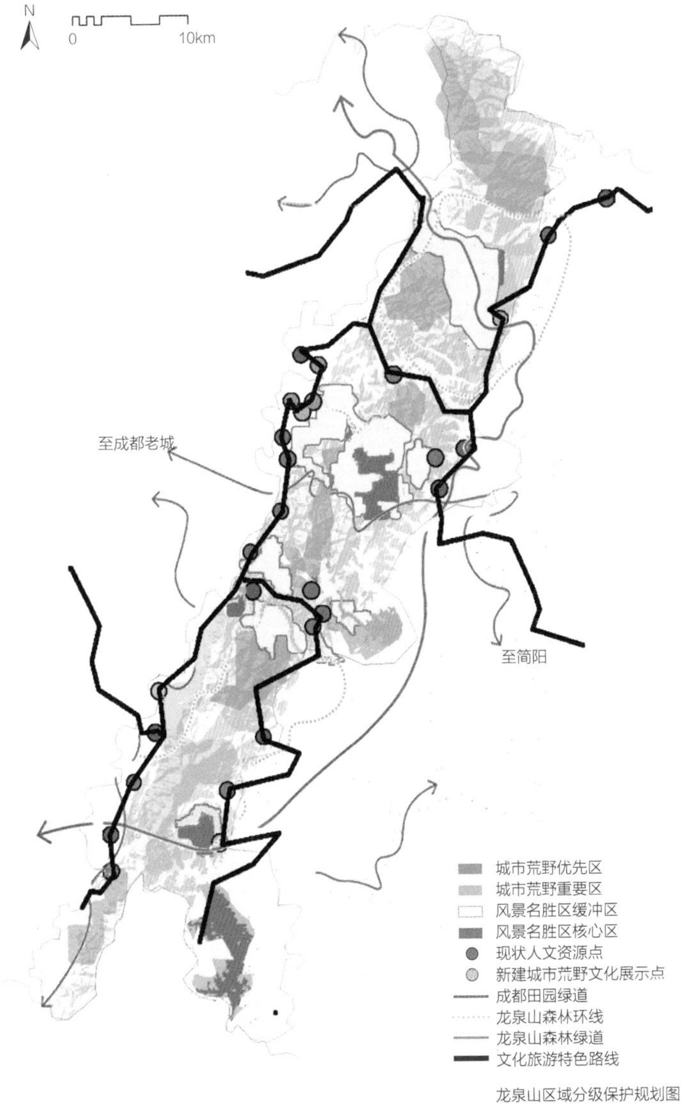

龙泉山区域分级保护规划图

问题与策略
Problem and Strategies

问题 2：连通问题

- 龙泉山廊道被多条道路阻断；
- 道路加剧了龙泉山生境的破碎化。

策略 2：连接

道路分级规划指标表

道路分级	应对对象	规划要求
一级段	金雕、青头潜鸭等候鸟、毛冠鹿、高山两栖类、天然林地	道路绿化带应该满足物种斑块连通性的要求，植物材料应该符合相应物种栖息地要求
二级段	天然林地、廊道类连接区域	道路绿化带要求介于一级和三级之间
三级段	一般性生态空间	一般性要求

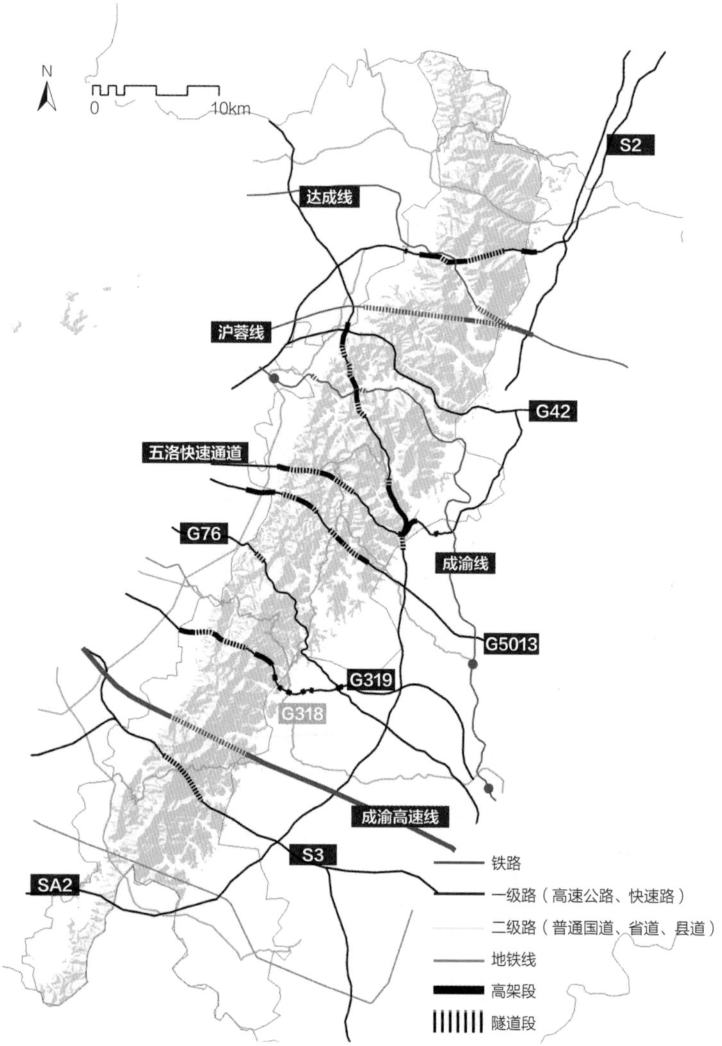

现状道路分布图

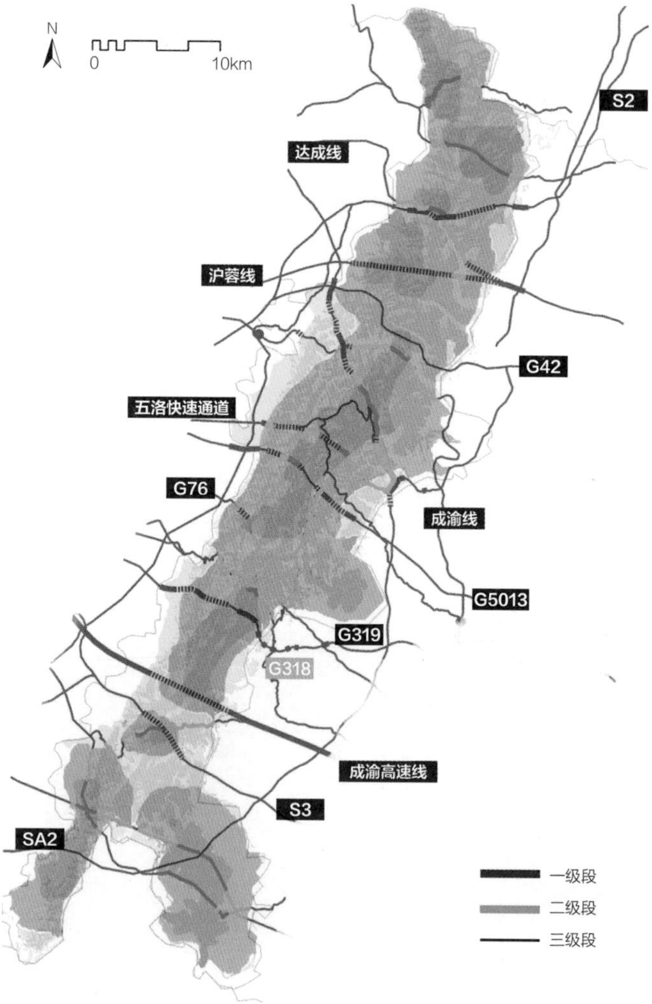

道路分级规划图

问题与策略
Problem and Strategies

问题 3：发展问题

- 龙泉山城市荒野核心的保护与利用存在冲突；
- 现状与规划目标之间存在矛盾冲突。

策略 3：生长

- 确定现状与规划目标间的核心矛盾空间；
- 打造人与自然相互适应、共同生长的良性发展空间。

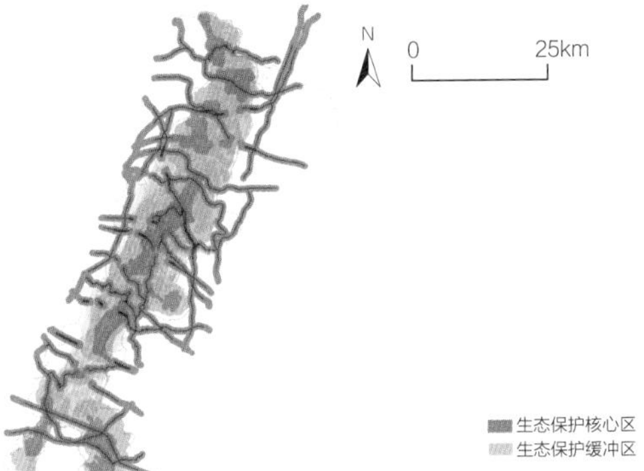

道路交通与核心斑块的矛盾

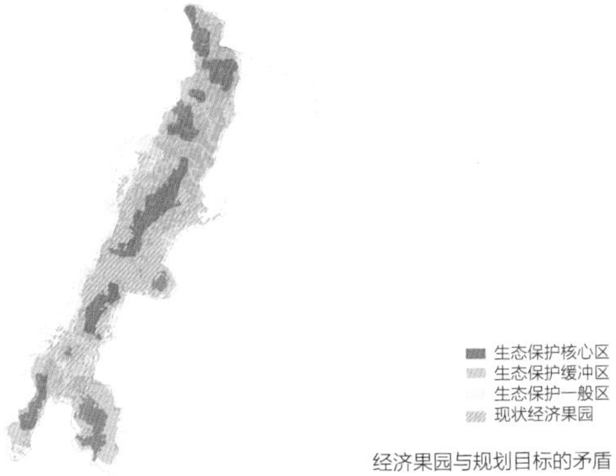

经济果园与规划目标的矛盾

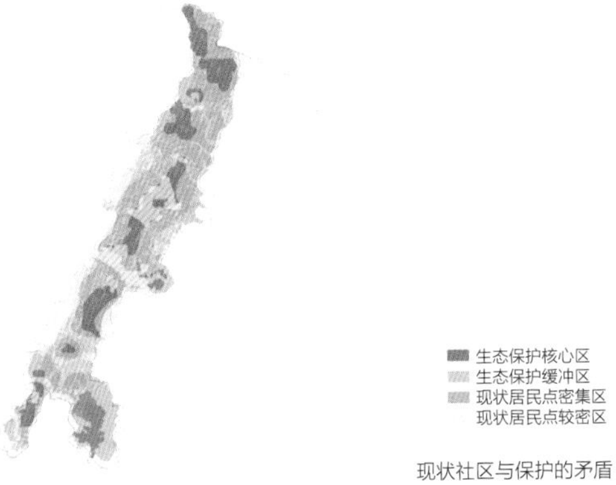

现状社区与保护的矛盾

保护与利用的冲突

片区选择与区位分析
Background Research

1. 保护与利用冲突最大区域

- 综合分析龙泉山城市荒野现状与规划目标之间的核心冲突区域；
- 龙泉山中部区域是保护与利用冲突最大的位置，也是达成规划目标问题最突出的位置。

2. 龙泉山区域内东进便捷之路的核心要塞

- 成都市在绿地打造上将遵循“一区两环、九廊七河、多园棋布”的总体政策；
- 龙泉湖片区位于龙泉山的中心，地理、交通位置优越，同时是环城绿带上的重要节点；
- 作为连接成都中心城区与简阳的重要绿廊，是成都市绿地系统中一颗瑰丽的明珠；
- 从生态保护到经济发展都具有重要意义，是东进便捷之路的核心要塞。

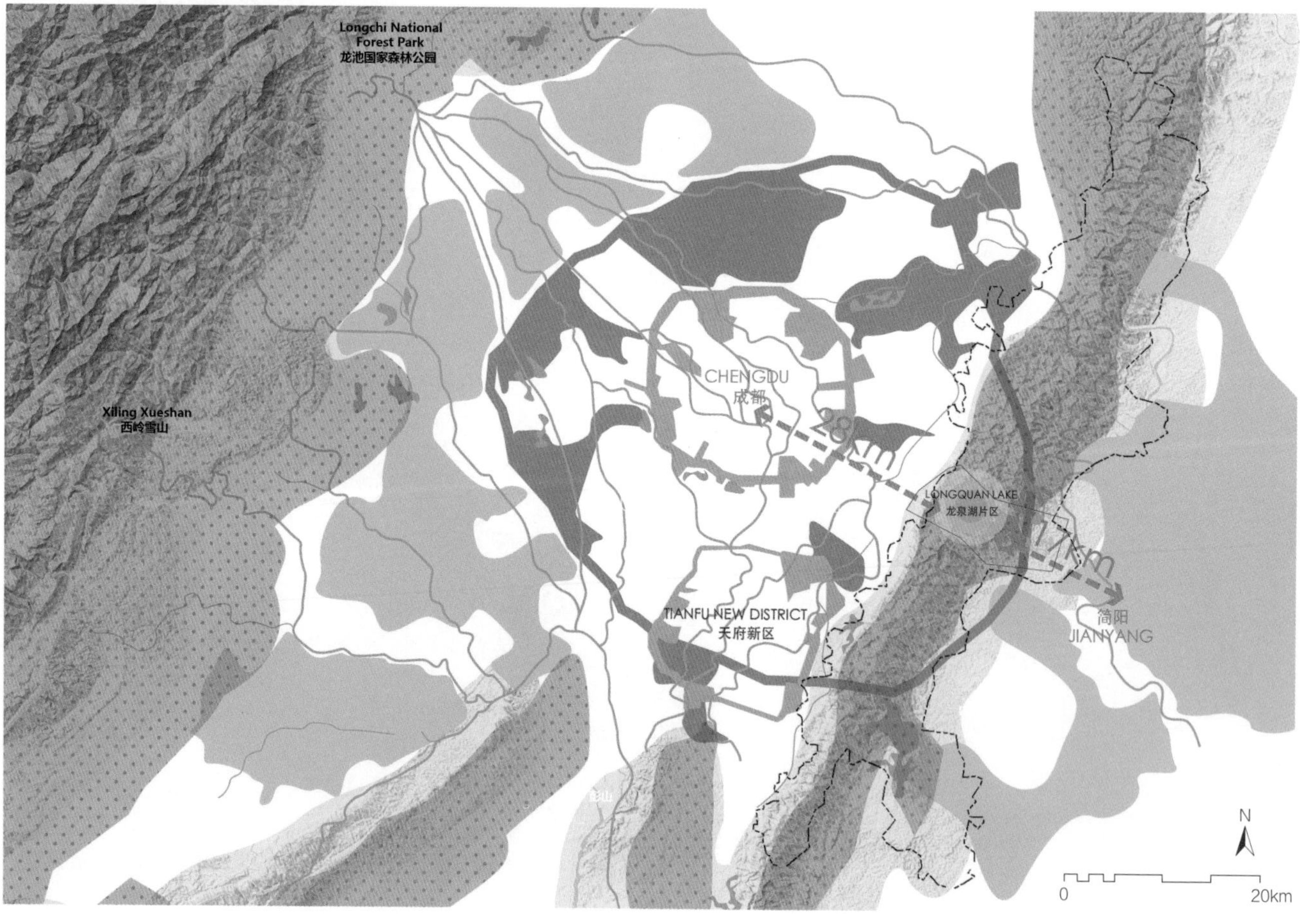

龙泉湖片区区位分析图

现状分析
Current Situation Analysis

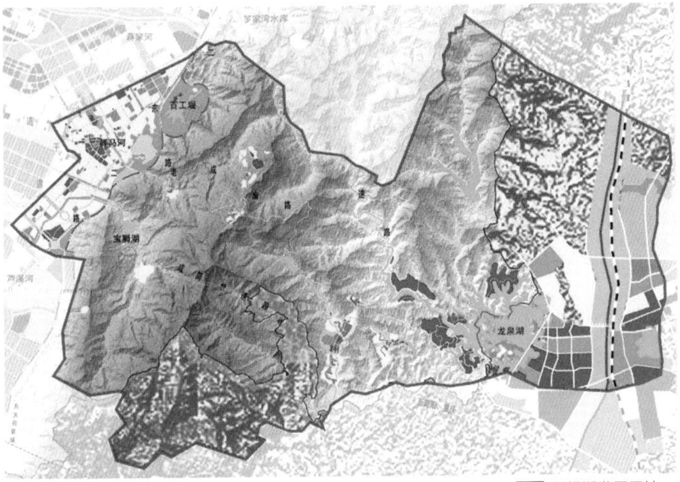

— 区界
居住用地
公共管理与公共服务设施用地
商业服务业设施用地
工业用地
道路与交通设施用地
公用设施用地
物流仓储用地
绿地与广场用地
生态用地
规划道路
河流水体
展望期发展用地
特殊用地
区域公用设施用地
创新研发用地

土地利用

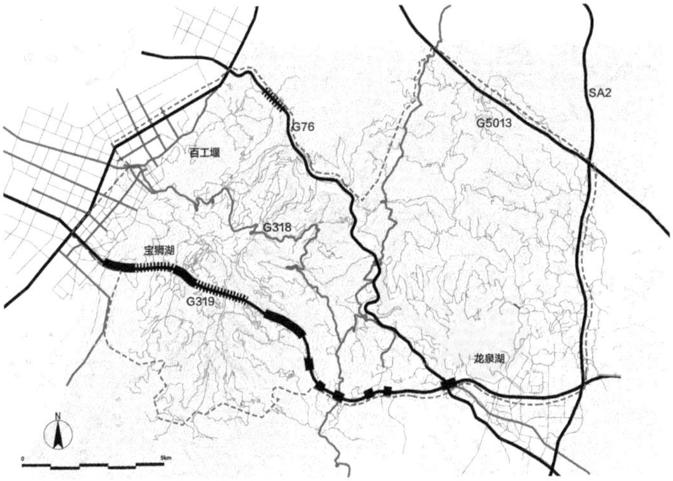

一级路（高速公路、快速路）
二级路（普通国道、省道、县道）
三级路（普通道路）
高架段
隧道段

道路分析

商业服务
农家乐
行政机构
基础设施
其他建筑

居民点分布

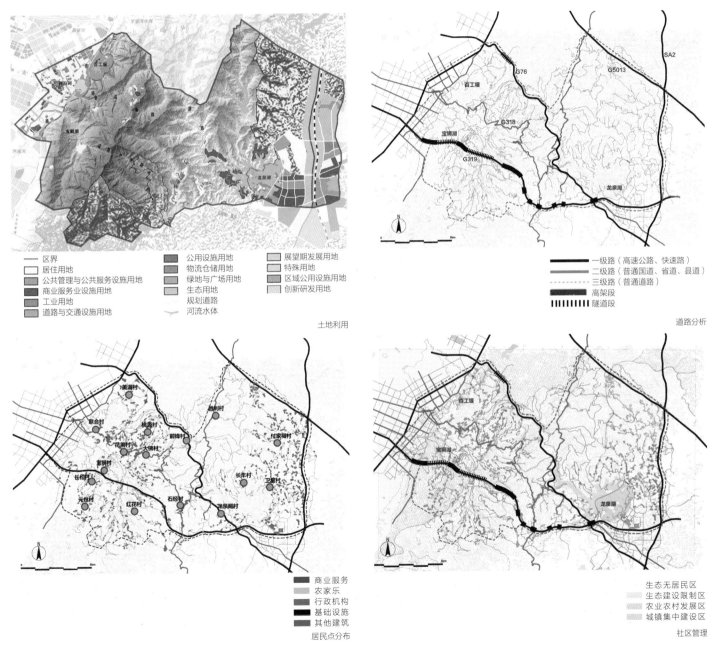

生态无居民区
生态建设限制区
农业农村发展区
城镇集中建设区

社区管理

自然现状——山

高敏感区主要集中在山体中段区域，在设计中需要着重保护。最优视线点在周家梁子，高程为 1050m。

植被主要分为天然林和经济林，其中天然林作为生态基础保障应避免人为破坏。山地有水土流失现象，需要增加植被覆盖率及植被多样性，维护良好生态链。

自然现状——湖

现状龙泉湖是成都市省级饮用水源保护地，岸线保持较好。

改善村镇面源污染给龙泉湖造成压力的现状。

自然现状——村

山体上的村镇无序发展破坏现有生态结构。主要经济来源于果林和农家乐。整体风貌差异较大，相关的配套服务设施缺乏。

村镇较为分散，对当地原有生态廊道有一定干扰。需整合村落，撤并生态敏感区域的散落户，生态核心区以生态保护为前提。

自然现状——田

村镇不断向山上发展而导致生态退化，山腰林地被农田侵占，农田的开发缺少政策引导，无序的圈地发展给龙泉山的生态造成压力。

化挑战为机遇，增加管理，保留农田景观肌理。

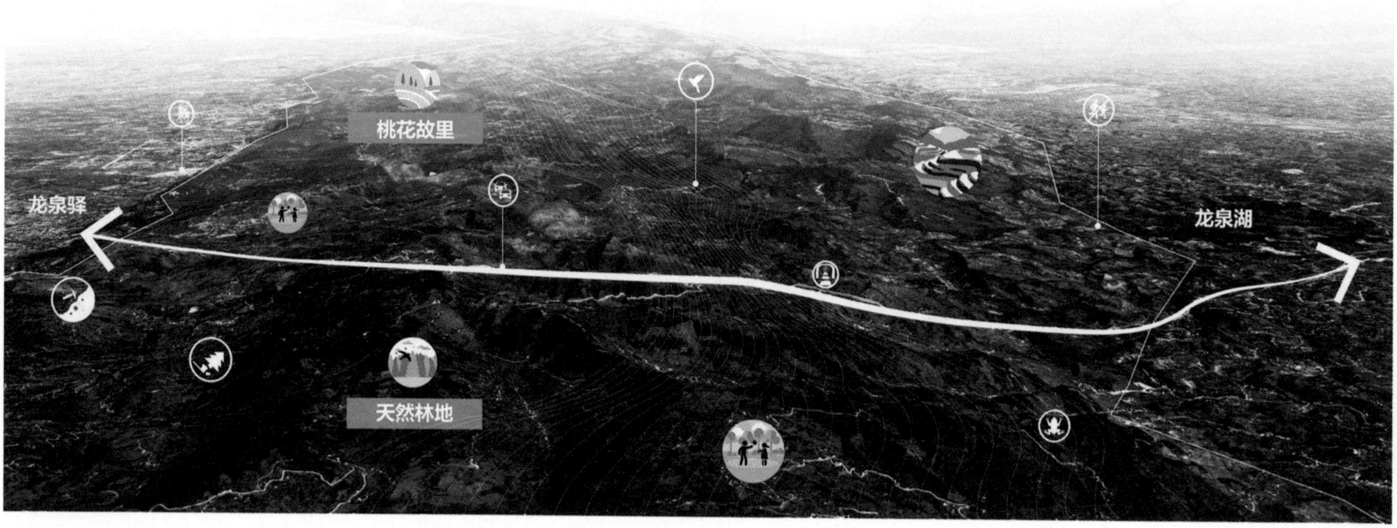

龙泉山自然现状分析图

规划愿景
Planning Vision

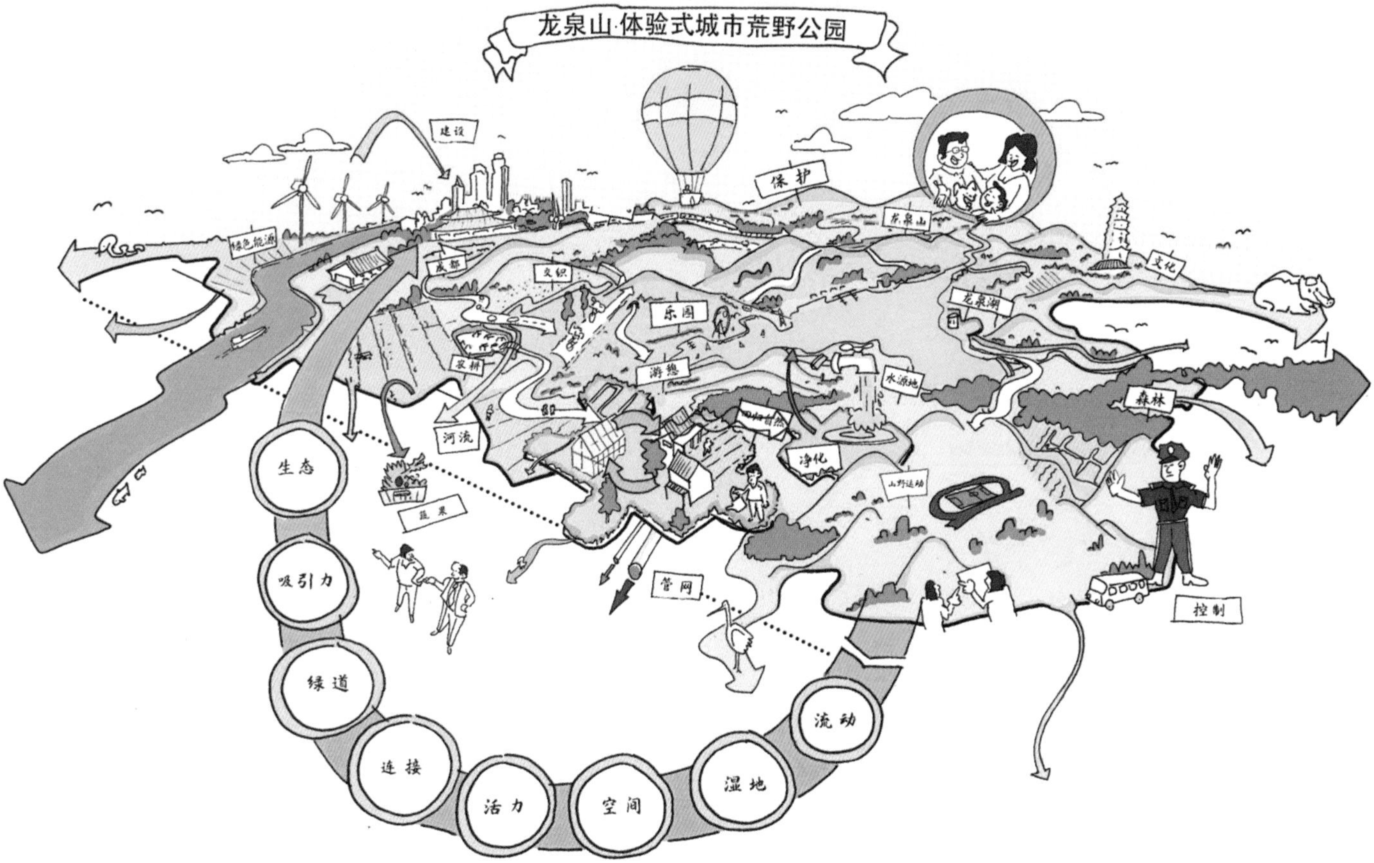

龙泉山 · 体验式城市荒野公园

建立一个特殊且管理完善的开放式公园绿地网络，
为不断增长的多元化社区提供机会，
让城市居民体验到自然教育、感受到自然风光。

龙泉山规划愿景图

策略 1：肌理 · 编织

Strategy 1：Texture · Weaving

城市荒野生境营建

- 优势物种选取：毛冠鹿、两栖类、雁鸭类候鸟；
- 生态本底修复；
- 营建优势物种适宜生境。

区域生物资源表

物种	植物	动物			
	柏木林	贝氏高原鳅	大鲵	青头潜鸭	毛冠鹿
类别	常绿乔木	鱼类	两栖类	鸟类	哺乳类
所属科属	柏科柏属	鳅科高原鳅属	隐鳃鲵科大鲵属	鸭科潜鸭属动物	鹿科毛冠属动物
分布	龙泉山天然林地	主要分布在四川盆地和盆地周围的山区各江段中	多分布在我国南部温凉湿润处	主要分布在山地森林与平原地带的小型湖泊、水塘和沼泽等，极为稀少	主要分布于我国浙江、福建、安徽、江西、广东、湖南、湖北、四川、云南等地
栖息地特征及类型	区域内极易被破坏极其敏感极不稳定的物种	26℃以下、海拔 550~800m 的山区开阔河流和山溪石滩浅水处中	常栖息在海拔 1000m 以下的溪河深潭内的岩洞、石穴中。适宜温带林、亚热带和热带潮湿的低地和山地；河流 / 小溪（包括瀑布）	最适宜的栖息地包括山地森林与平原地带的小型湖泊、水塘和沼泽等。距水源距离及海拔高度均有影响	栖息于高山或丘陵地带的常绿阔叶林、针阔混交林、灌丛、采伐迹地和河谷灌丛，常活动于海拔 1000~4000m 之间的山上
保护级别	区域内极重要	成都珍稀鱼类	国家Ⅱ级，极危	国家Ⅰ级，极危	国家Ⅱ级，易危
栖息地特异性	√	√	√	×	√
对同类物种代表性	√	√	√	√	√
详细生态学习性	√	√	√	√	√
环境变化敏感性	√	×	√	√	√

区域生态系统资源表

生态系统	特征		
	价值点	面积占比	破碎度
草地生态系统	固坡、栖息地、固碳、生物多样性	8%	极高
森林生态系统	观赏、栖息地、固碳、生物多样性	28%	高
农田生态系统	经济	30%	高
果园	亮点、产业基地	32%	低
湿地、水体生态系统	生物多样性、栖息地	12%	中

强化森林栖息地

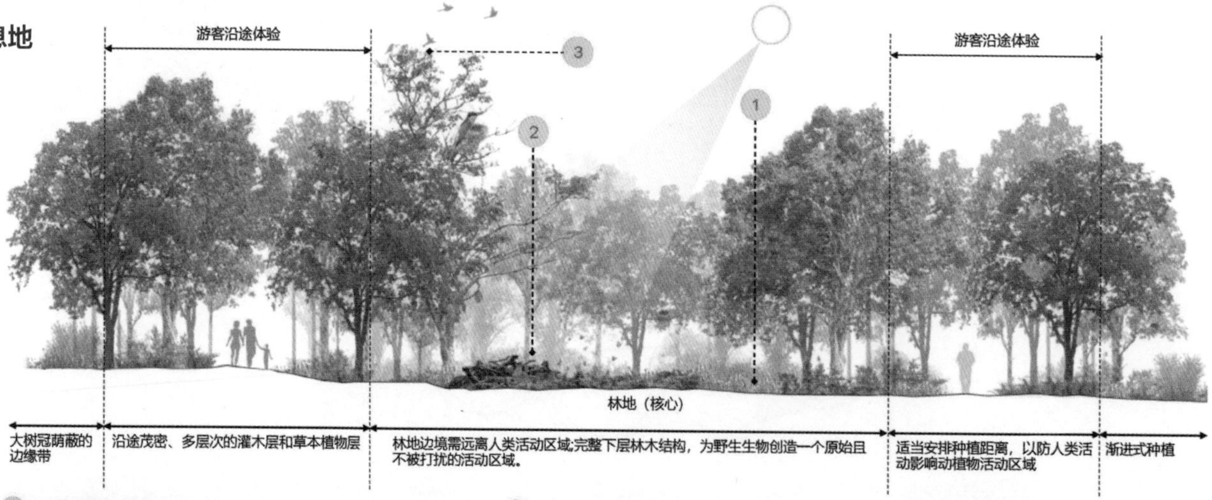
游客沿途体验
3
2
1
游客沿途体验
林地（核心）
大树冠荫蔽的边缘带
沿途茂密、多层次的灌木层和草本植物层
林地边境需远离人类活动区域;完整下层林木结构，为野生生物创造一个原始且不被打扰的活动区域。
适当安排种植距离，以防人类活动影响动植物活动区域
渐进式种植

① 不同地被植物(生境强化)

蕨类及落叶层　花卉及草本　草地

② 引入伐木堆和乱石堆

为小型动物和昆虫提供栖息地

③ 栖息树洞/鸟巢

森林栖息地强化方法

策略 2：廊道 · 连接

Strategy 2: Greenway · Connection

人与自然——低干扰绿道连接

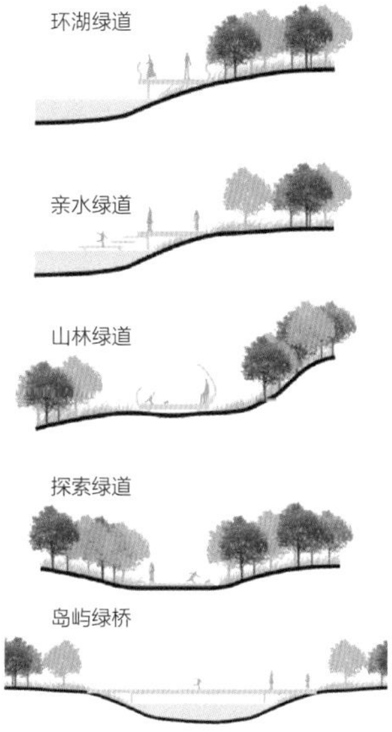

绿色交通系统剖面示意图

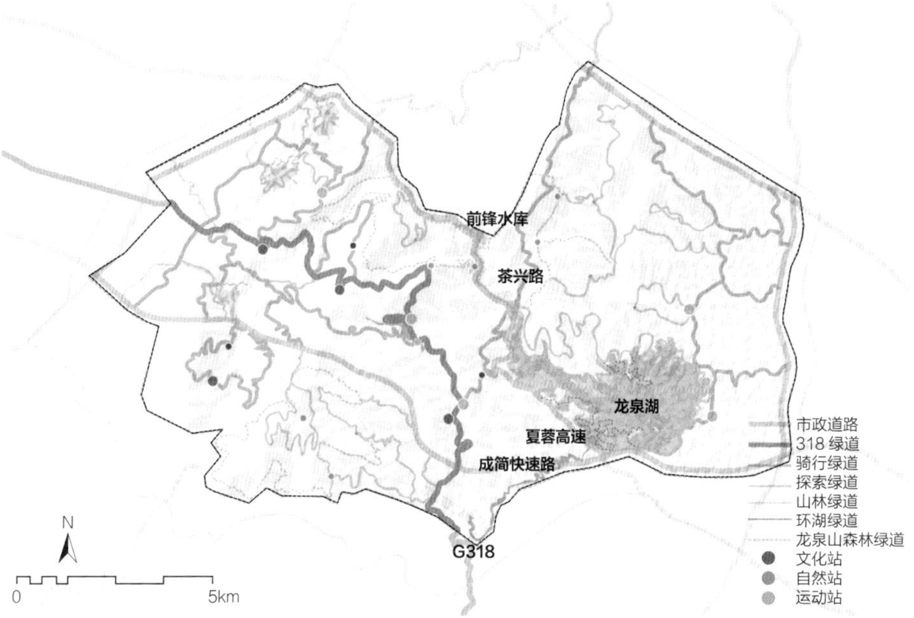

绿色交通系统规划图

自然与自然——生物廊道连接

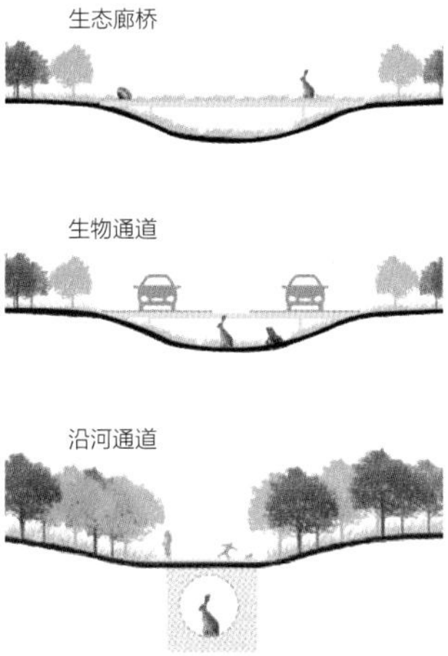

生物廊道剖面示意图

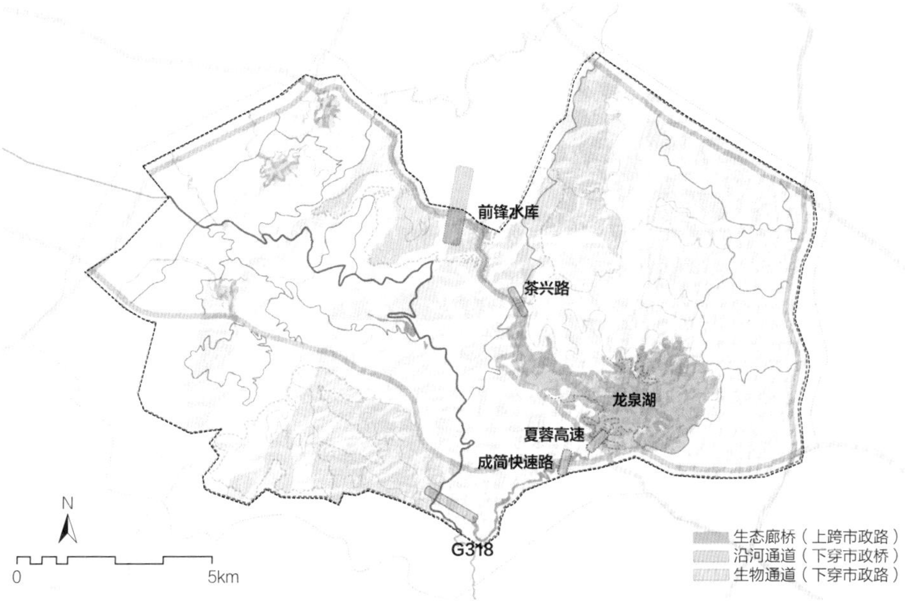

生物廊道规划图

策略 3：活力 · 生长

Strategy 3: Vitalization · Diversity

	观景平台类型	田园综合体类型	人文景点类型	旅拍基地类型	总结
优劣势	• 类型单一； • 忽略了生态的整体性。	• 发挥农业经济优势； • 以展示为主，开发较为粗放。	• 挖掘和保留了文化优势； • 风景旅游区之间体系不完善。	• 满足了都市人的“诗和远方”； • 类型单一，缺乏统筹管理。	**• 排他性不强； • 管理不足。**
	▲山	▲农业	▲文化	▲活力	
愿景	• 山野体验公园； • 科普体验基地； • 栖息地。	• 田园经济； • 农业展览交流示范。	• 文化体验公园； • 文化品牌。	• 龙泉山六大必游点； • 体验公园 + 游览点示范统筹运营模式。	**• 城市荒野品牌营建； • 分时运营管理。**

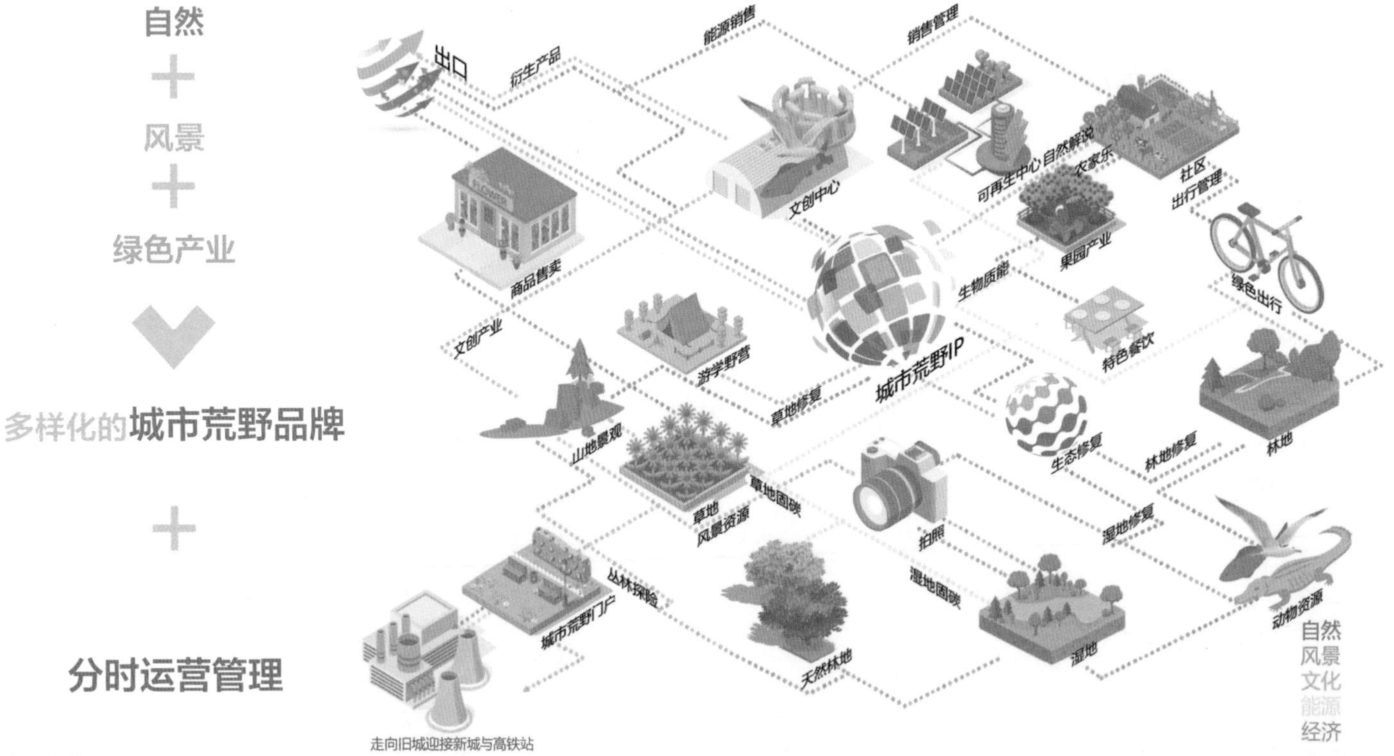

荒野品牌模块构成图

多野多节

- **春季：**丛林探险、固土体验、毛冠鹿节、荒野文化节；
- **夏季：**海绵体验、丛林赛跑、涵洞体验节；
- **秋季：**野鸭节、湿地文化节、叶脉书签节、野果采摘节、都市农业节；
- **冬季：**野鸭节、丛林探险节、动植物科普节。

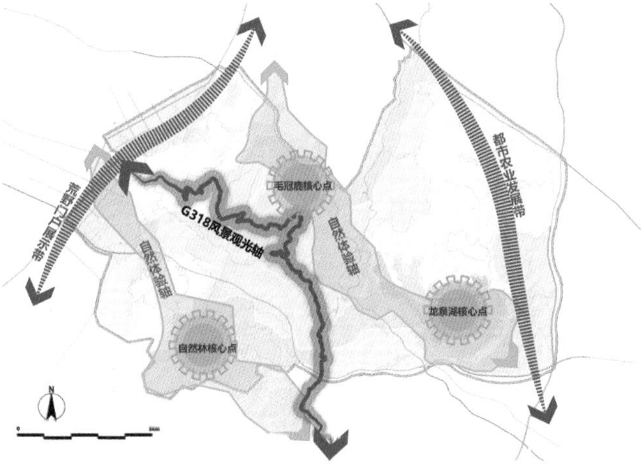

空间结构图

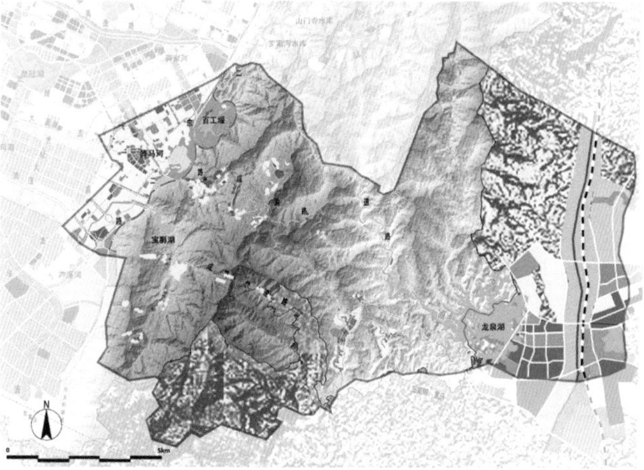

区界
居住用地
公共管理与公共服务设施用地
商业服务业设施用地
工业用地
道路与交通设施用地
公用设施用地
物流仓储用地
绿地与广场用地
生态用地
规划道路
河流水体
展望期发展用地
特殊用地
区域公用设施用地
创新研发用地

用地布局图

整体布局呈现“三轴、两带、三中心”

- **三轴：**国道 G318 风景观光轴、两边自然主题的体验轴。
- **两带：**包括都市农业发展带和荒野门户展示带两个部分。
- **三中心：**打造以毛冠鹿、自然林以及龙泉湖为主的核心点。

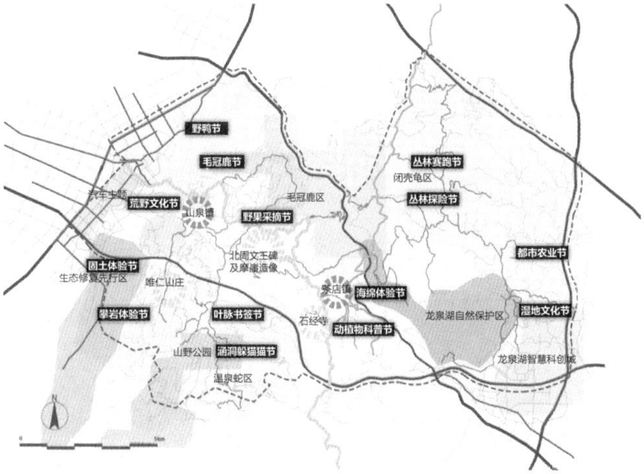

分时运营规划图

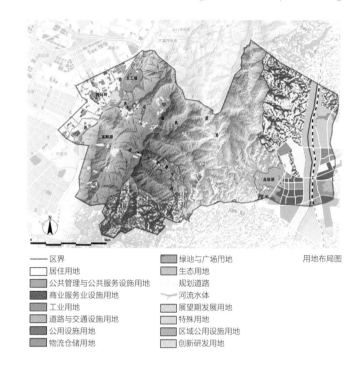

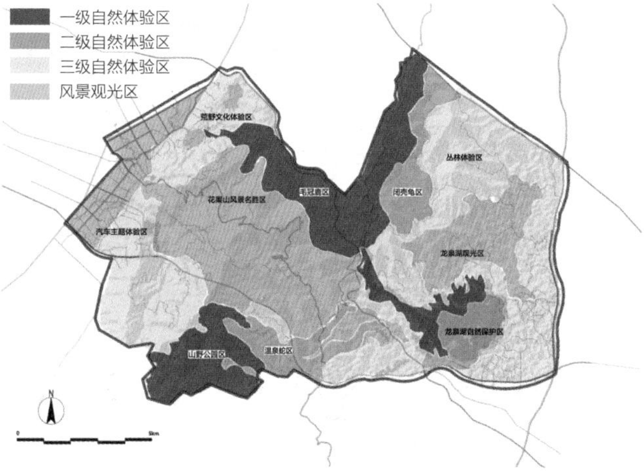

功能分区图

02 片区景观规划

Regional Landscape Planning

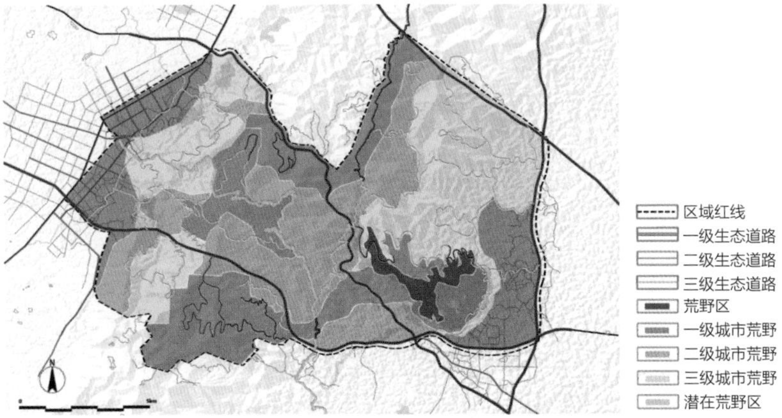

城市荒野分级规划图

交通规划图

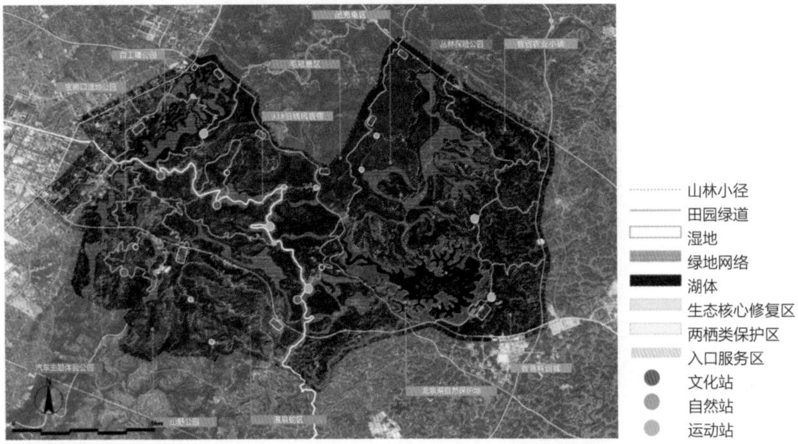

游赏线路规划图

城市荒野分级规划管理表

分类	栏目	要素	规划管理要求	活动类型
一级管理	荒野区	龙泉湖自然保护区核心区	农业用地：0； 道路密度：0.5%； 建筑密度：0； 游客容量：0	只能进行景观维护和植被恢复性工程；一般游客不得进入（科考等经过批准可限制性进入，但不得有损害生态环境的任何行为）
二级管理	一级城市荒野区	龙泉湖自然保护区缓冲区、生物多样性高区域	农业用地：0； 道路密度：30km/km^2； 建筑密度：6%； 游客容量：1500 人 /d	科学实验、科学考察、自然体验（自然教育、丛林探险、观鸟体验、人力船）
三级管理	二级城市荒野区	大部分为风景名胜区二级保护区	农业用地：除风景名胜区以外区域需低 20%； 道路密度：200km/km^2； 建筑密度：25%； 游客容量：8000 人 /d	自然体验、生态旅游、自然观光旅游
四级管理	三级城市荒野区	大部分为目标开发建设较少的区域	农业用地：低于 30%； 道路密度：220km/km^2； 建筑密度：28%； 游客容量：1.5 万人 /d	生态旅游、自然观光旅游、特色农产品体验
五级管理	潜在城市荒野区	主要为城市建设区域，临近龙泉山	农业用地：低于 38%； 道路密度：250km/km^2； 建筑密度：按照东进片区总体规划要求； 游客容量：不限	生态旅游、自然观光旅游、特色农产品体验、度假旅游

交通道路规划指标表

道路分类	宽度	材质	使用方式
特色风景线、山林景观线	6~8m	水泥、柏油	机动车 / 步行
田园绿道	4~6m	透水沥青、木栈道	自动车 / 步行
山林小径	2~4m	透水沥青、卵石铺地、料石、木栈道	自行车 / 步行
高速、快速路	20~40m	水泥、柏油	机动车

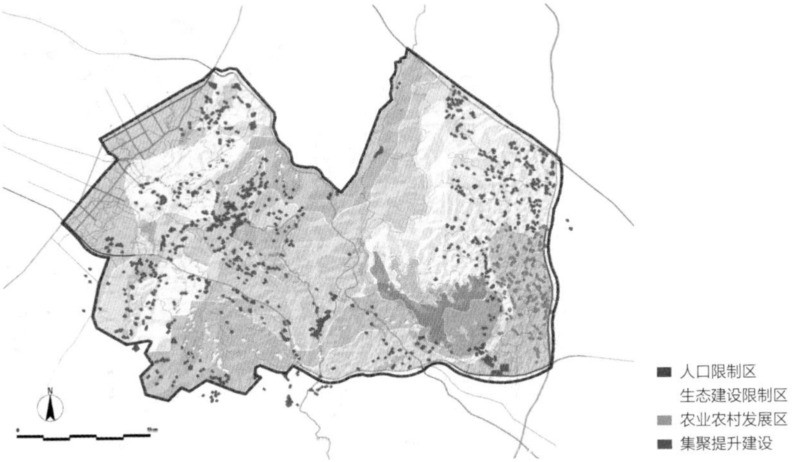

居民点规划图

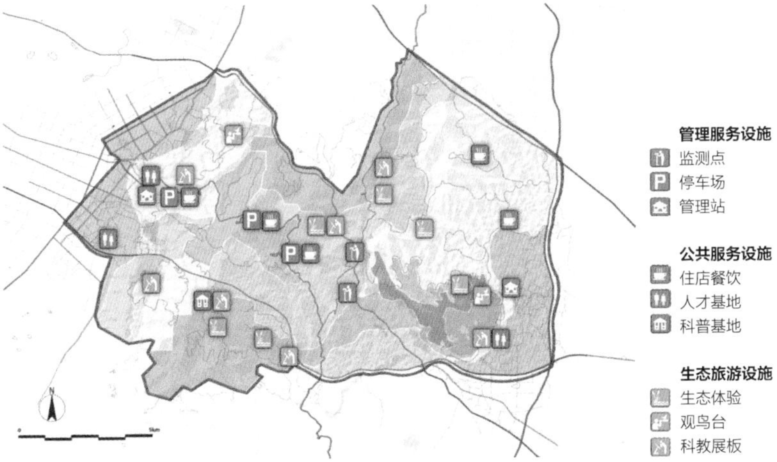

服务设施规划图

居民点规划指标表

规划类型	名称	面积规模（m^2）	规划要求
人口限制区	部分石盘镇	480	退居还湿
	部分周家乡	2000	退居还湿
	部分茶店镇	1800	退居还湿
	部分老君井乡	3000	退居还林
	部分柏合镇	1000	退居还林
	部分山泉镇	1000	退居还林
生态建设限制区	山泉镇大部	7000	风貌管控
	贾家镇大部	3000	风貌管控
农业农村发展区	万兴乡	1500	建设发展
	周家乡大部	7000	建设发展
集聚提升建设	同安街道	12000	建设发展
	龙泉街道		
	柏合镇大部		

设施建设指标控制表

设施类型		核心区	缓冲区	实验区
1. 道路交通	栈道	●	●	○
	土路	△	○	○
	石砌步道	×	○	○
	其他铺装	×	×	△
	机动车道、停车场	×	○	○
	索道等	×	×	×
2. 餐饮	饮食点	×	△	●
	野餐点	×	△	○
	一般餐厅	×	△	○
	中级餐厅	×	△	○
	高级餐厅	×	△	○
3. 住宿	野营点	○	△	○
	家庭客栈	×	×	○
	一般旅馆	×	×	△
	中档宾馆	×	×	△
	高级宾馆	×	×	○
4. 宣讲咨询	解说设施	●	○	○
	咨询中心	×	○	○
	博物馆	×	○	○
	展览馆	○	●	○
	自然教育	●	●	○
5. 购物	商摊	×	○	○
	小卖部	○	○	○
	商店	×	○	○
6. 卫生保健	卫生救护站	×	●	●
	医院	×	×	△
	疗养院	×	×	△
7. 管理设施	动植物保护设施	○	○	●
	游客监控设施	×	●	●
	环境监控设施	●	○	○
	行政管理设施	○	○	○
8. 游览设施	风雨亭	×	×	○
	休息椅凳	○	○	○
	景观小品	○	○	○
9. 基础设施	邮政设施	×	×	○
	电力设施	×	×	○
	电信设施	×	○	○
	给水设施	×	○	○
	排水设施	×	○	○
	环卫设施	×	○	○
	防火通道	○	○	○
	消防设施	○	○	○
10. 其他	科教、纪念类设施	×	●	●
	节庆、乡土类设施	×	○	○
	宗教设施	×	○	△
	水库	△	△	○

注：● 需要设置
○ 可以设置
△ 可保留不宜新设置
× 禁止设置
- 不适用

环境影响评价
Environmental Impact Assessment

环境影响评价指标表

分类	指标选择	指标分项	现状	规划后
生态环境	植被覆盖度	—	45%	75%
	生境质量	低质量占比	63.70%	8.20%
		中质量占比	26.00%	51.50%
		高质量占比	10.30%	40.30%
	城市荒野率	城市荒野面积 / 总面积	0.11/1.9=5.8%	1.6/1.9=84.2%
	绿化管理维护成本	园林树种单价 × 面积 乡土树种单价 × 面积	150 元 /m^2	80 元 /m^2
人类影响	人类足迹指数 (HFI)	道路密度、居民点密度、距离遥远度	0.13	0.27
社区社会经济	社区就业率	社区参与绿色能源产业、社区参与旅游服务、社区参与自然教育、社区参与生态巡护、社区参与文创产业服务	7.30%	86.00%
游憩	游憩机会	详见下表		

游憩机会谱 (ROS)

分类	指标选择		状态	荒野区	一级城市荒野区	二级城市荒野区	三级城市荒野区	潜在城市荒野区
游憩机会谱（ROS）	景观展示与特色程度	导视系统	现状	0.1	0.1	0.2	0.3	0.5
		警示系统						
		科普系统	规划后	0.1	0.2	0.3	0.5	0.6
		地方特色						
	环境保护程度	清洁维护	现状	0.1	0.2	0.2	0.2	0.3
		植物养护						
		休息设施	规划后	0.1	0.2	0.3	0.4	0.6
		环卫设施						
	自然程度	水体质量	现状	0.7	0.5	0.4	0.3	0.2
		生物多样性						
		植被情况	规划后	0.8	0.7	0.6	0.5	0.4
		空气质量						
	可使用程度	拥挤程度	现状	0.3	0.5	0.5	0.7	0.8
		可达性	规划后	0.2	0.2	0.3	0.5	0.8
	活动程度	娱乐设施	现状	0.1	0.1	0.3	0.4	0.5
		活动项目丰富度	规划后	0	0.2	0.4	0.5	0.6

节点规划索引

Node Planning Index

节点城市荒野分级图

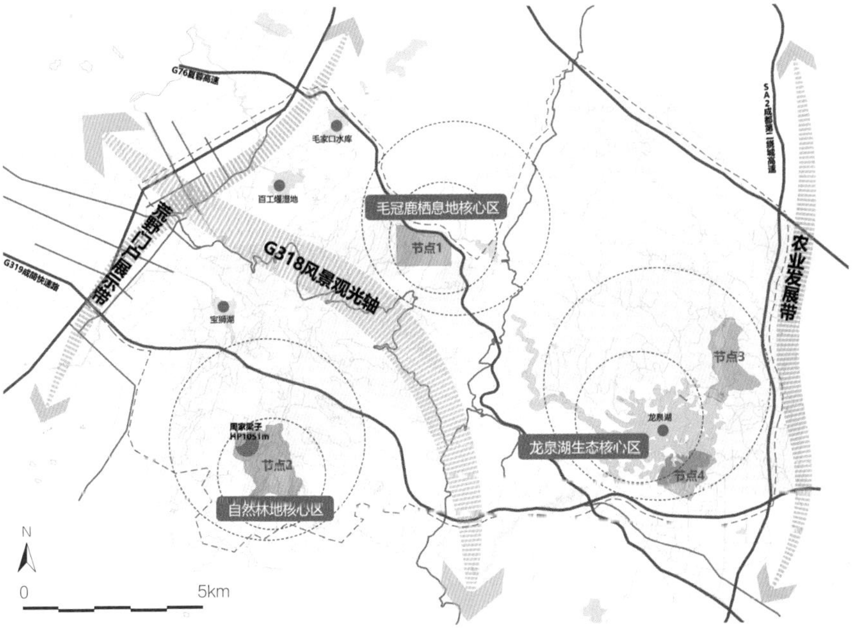

节点区位图

节点 1:

位于毛冠鹿栖息地核心区，主要为道路修复。

节点 2:

位于自然林地核心区，主要为林地修复。

节点 3:

位于龙泉湖生态核心区东南侧，主要为水体修复。

节点 4:

位于龙泉湖生态核心区东北，主要为农田修复。

节点 1 道路修复
Node No.2 Road Restoration

现状高速公路、主干道、村道、社区居民点使森林斑块及栖息地破碎化。

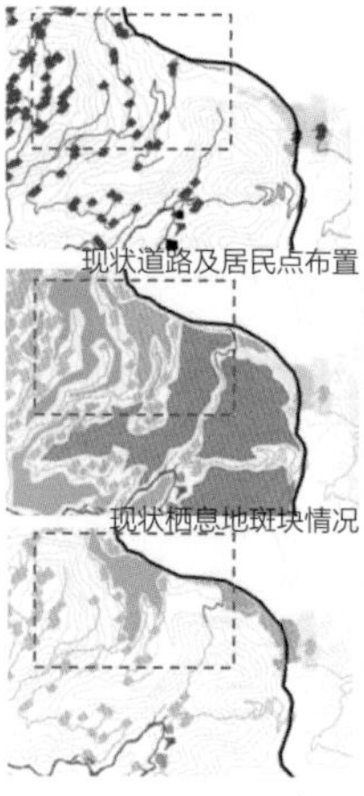

高度保护重要性斑块布置

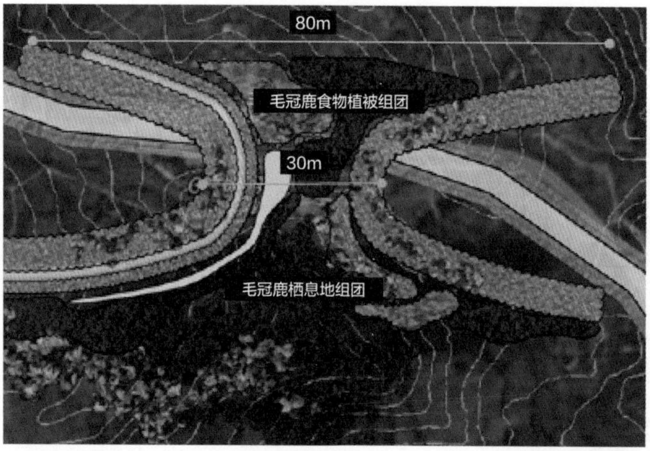

毛冠鹿野生动物廊道图

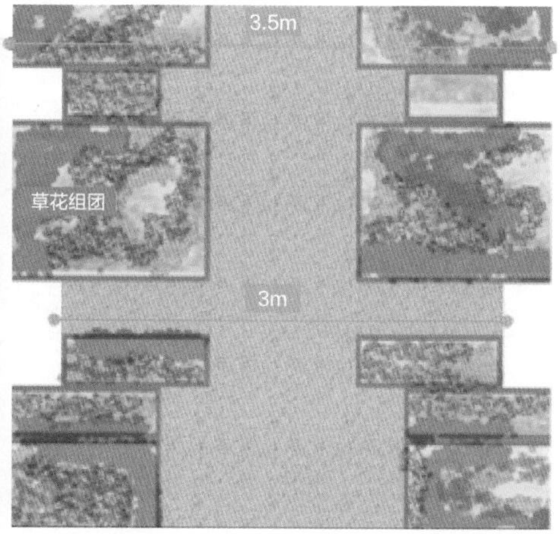

访客园路标准段图

场地位于一级城市荒野区内。

北至夏蓉高速，东至前锋水库，南侧临国道 G318 沪聂线，西至风景名胜区二级保护区边线。行政区仅包含龙泉驿区。

一级城市荒野区目标：道路密度小于 30km/km^2。

场地使用类型为科学实验、科学考察、自然体验项目。

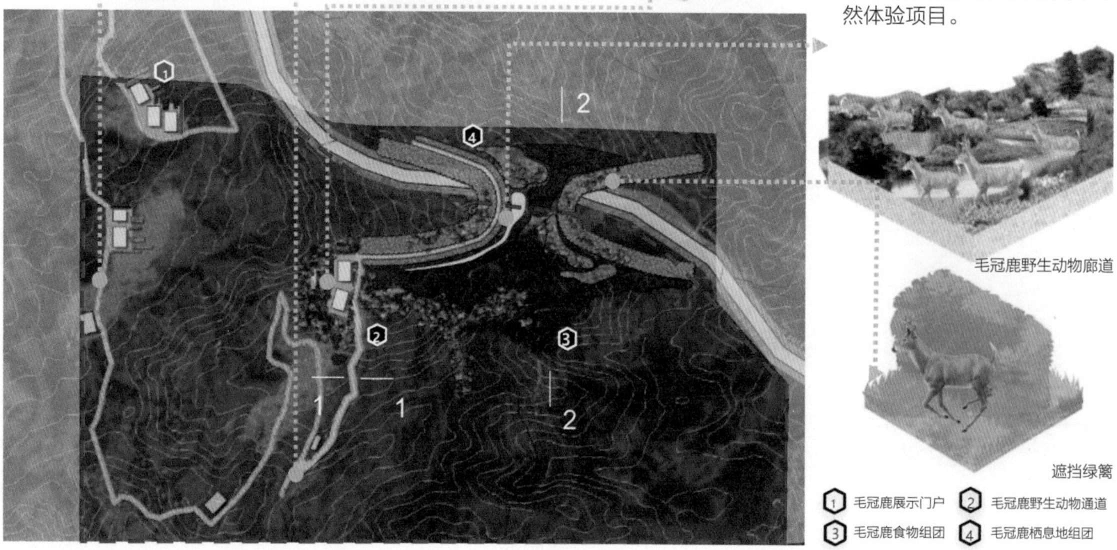

总平面图

节点主要解决道路对于毛冠鹿栖息地连通性破坏的问题，通过对参差边界的道路、野生动物廊桥、生态铺装材料、自然教育设施、雨水管理设施等绿色基础设施体系的构建，降低道路带来的影响。

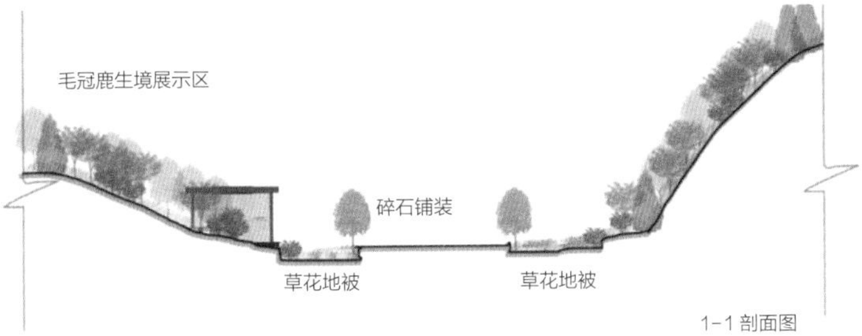

1-1 剖面图

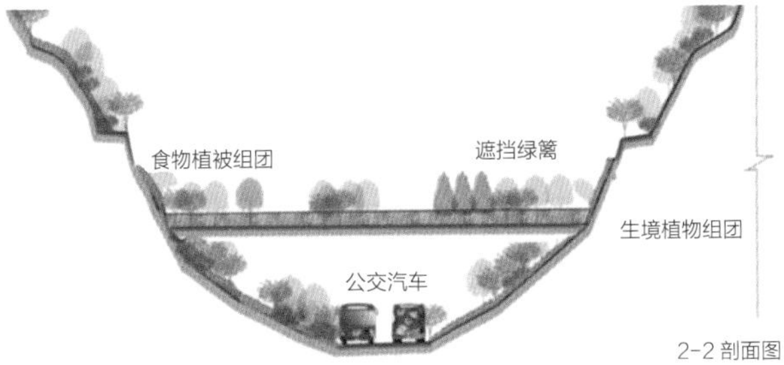

2-2 剖面图

毛冠鹿野生栖息地

毛冠鹿野生动物廊道

节点 2 林地修复
Node No.2 Woodland Restoration

场地位于一级城市荒野区内。

北至杨家坪，东部涵盖 024 乡道，南侧临近简阳樱桃沟，西侧包含最高峰周家梁子。行政区跨龙泉驿区与简阳市。面积约 3.2km^2。

场地地貌特点：以山地地貌为主。

一级城市荒野区目标：自然林地达到 70%。

场地使用类型：为科学实验、科学考察、自然体验项目。

生物多样性减少、原生植被几乎都被破坏、土地荒漠化、水土易流失是节点的主要问题。

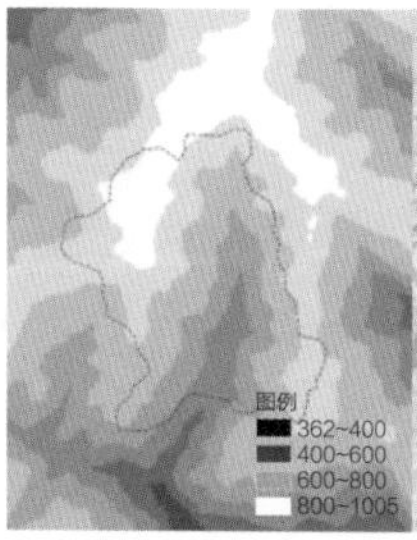

高程分析图

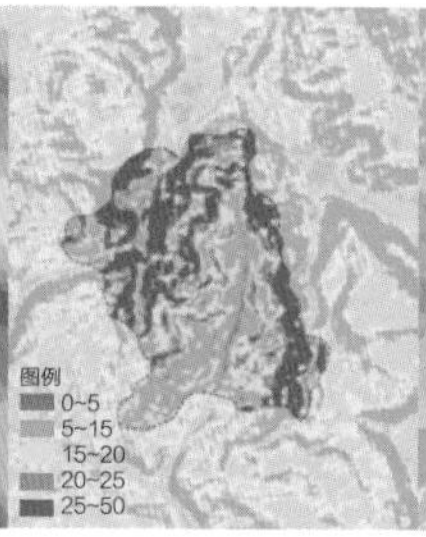

坡度分析图

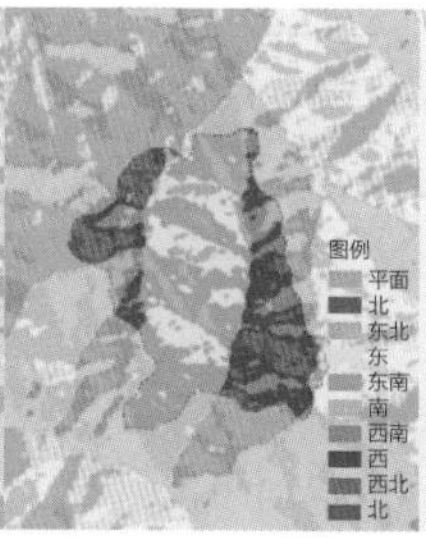

坡向分析图

水体分析图

整体海拔 600m 以上，属低山地貌。高海拔区域坡度较陡，山体坡向朝阳背阴区别明显，中部低谷易形成汇水区域。

现状交通及居民点分析图

现状植被分析图

根据山体走势，从东到西，分别设计了以针叶林、混交林、阔叶林为主的展示区域，以及多级步道组成林地修复展示区。

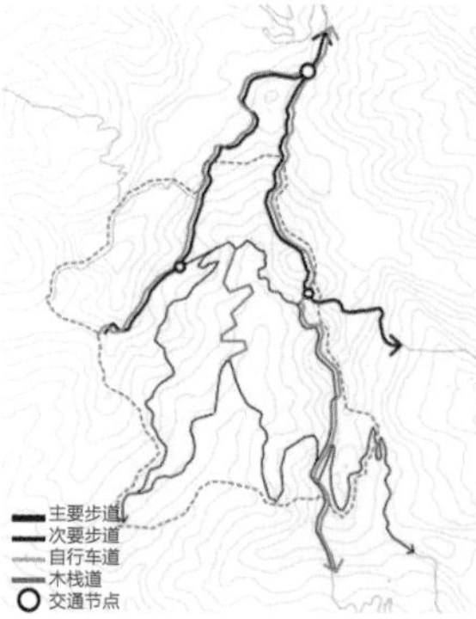

交通流线图

功能分区图

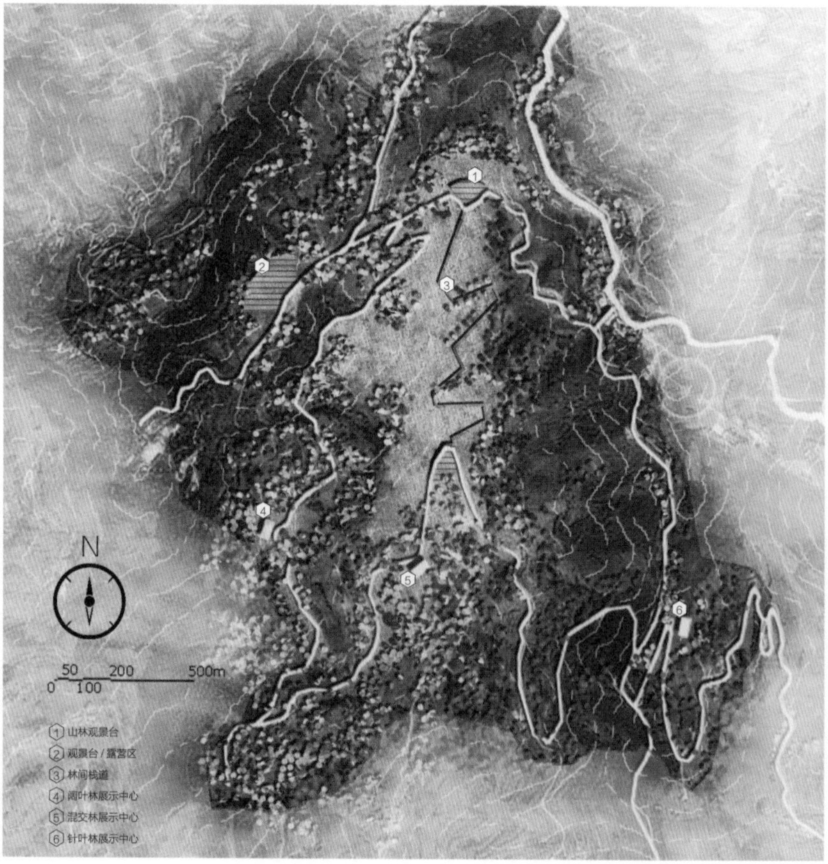

总平面图

以丛林探险、科学实验和自然体验为主的活动，在技术手段上，通过树种清理、恢复原生环境和植物引种等，构建可自生演替的群落。

林地修复设计效果图

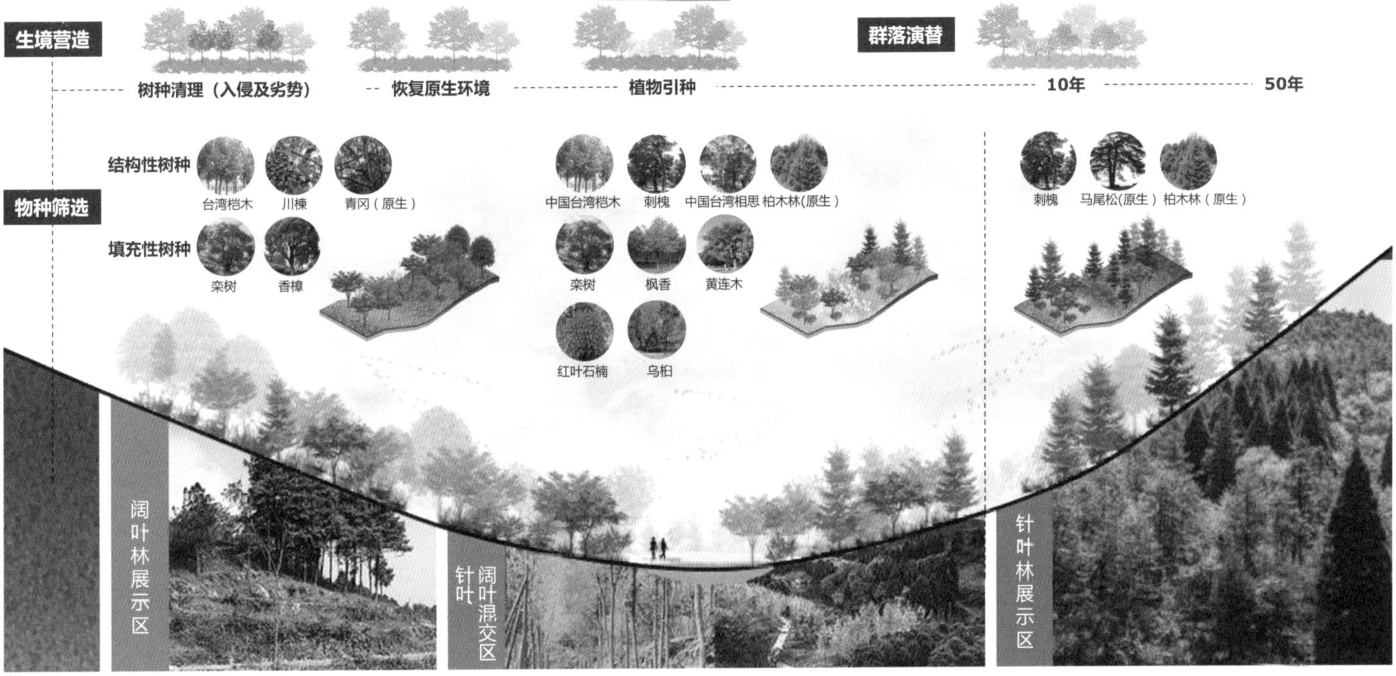

林地修复技术示意图

节点 3 水体修复

Node No.3 Water Restoration

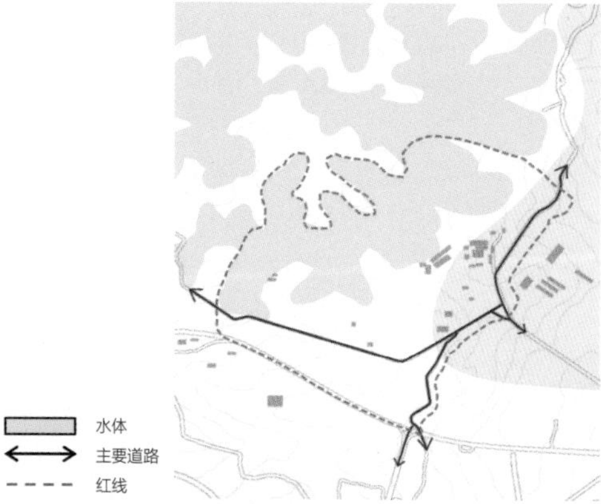

交通规划图

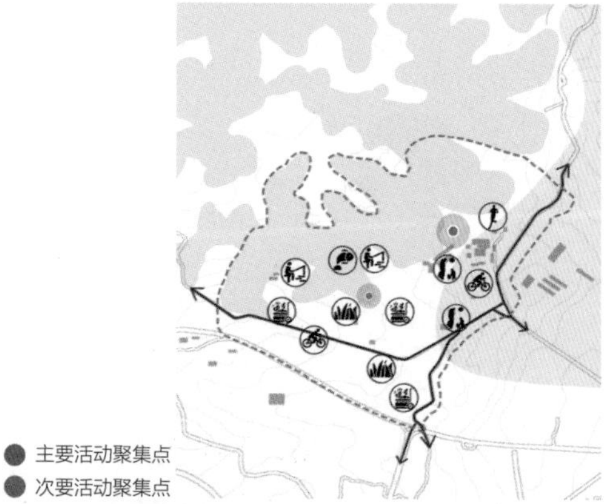

游憩活动规划图

龙泉湖作为省级自然保护区及水源地，保证水质的稳定是重中之重。其水体污染主要来自生活污水及农业污水，其中生活污水主要是人们日常生活的洗涤污水和粪尿污水，农业污水主要含氮、磷、钾等化肥，随雨水冲入湖中。

堤岸地表裸露，湖中岛屿植被单一，生态效益不佳。

硬质驳岸码头，违规人工建设，水体浑浊，景观风貌不佳。

生态修复为核心

开展低影响游憩活动

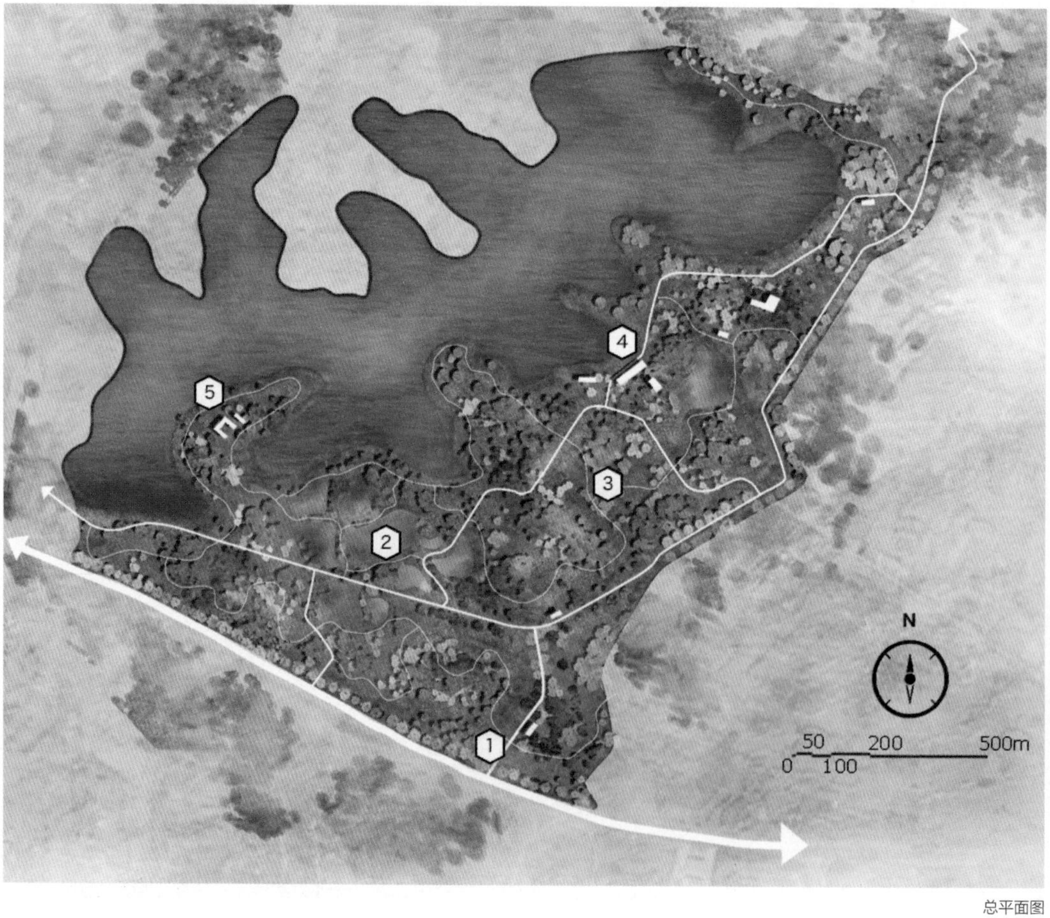

① 主入口
② 人工湿地
③ 缓冲林带
④ 管理用房
⑤ 观鸟点

总平面图

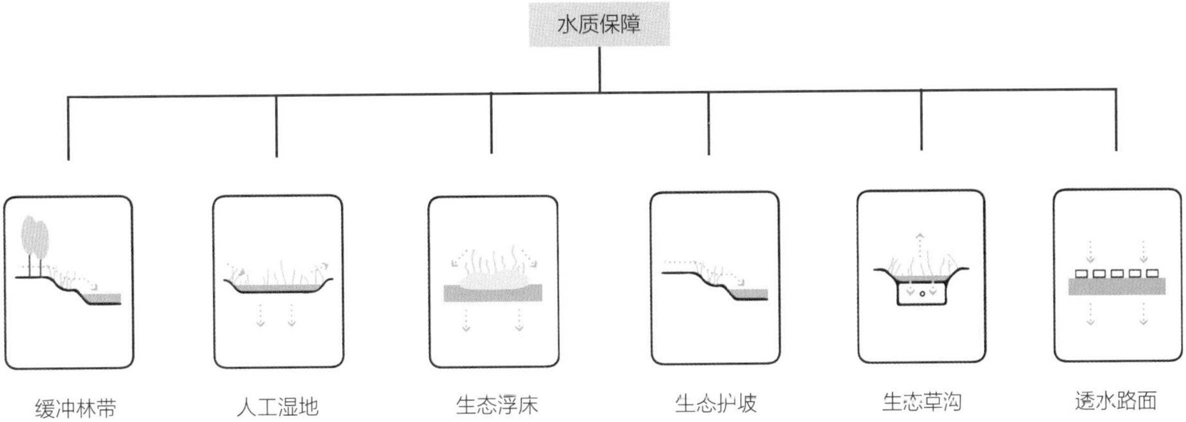

水质保障技术类型及水体修复剖面示意图

节点 4 农田修复

Node No.4 Farmland Restoration

场地位于三级荒野区内，南至金湖山庄北路，北至鲤鱼坳，西至桑园村，东至三官庙，位于山地风貌、丘陵风貌、河谷风貌的交错带上，以丘陵地貌为主。

目前场地使用类型为农家乐、村落、养殖、农业种植。

三级荒野区目标：农田占地面积需低于30%，再野化率为40%，根据三级城市荒野目标，目前现状农田占比为33%，需要对3%的农田进行再野化修复。

场地内现状坡地较陡的区域，土地较为贫瘠，存在大量荒地；坡度较缓的区域，大多数被开垦。基于场地的现状、粮食安全与社会记忆的需求，希望场地不仅是农业生物多样性的容器，也是一处生物文化的避难所。

设计分为入口再野化展示区、自然湿地体验区、生物文化再现区，保留了场地内的大部分农田景观和荒地，让人从体验里充分感知自然的野性。

可达性分析

景观类型分析

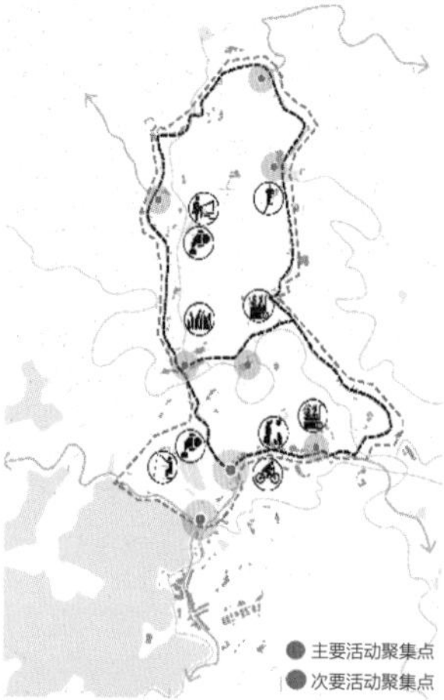

日常活动分析

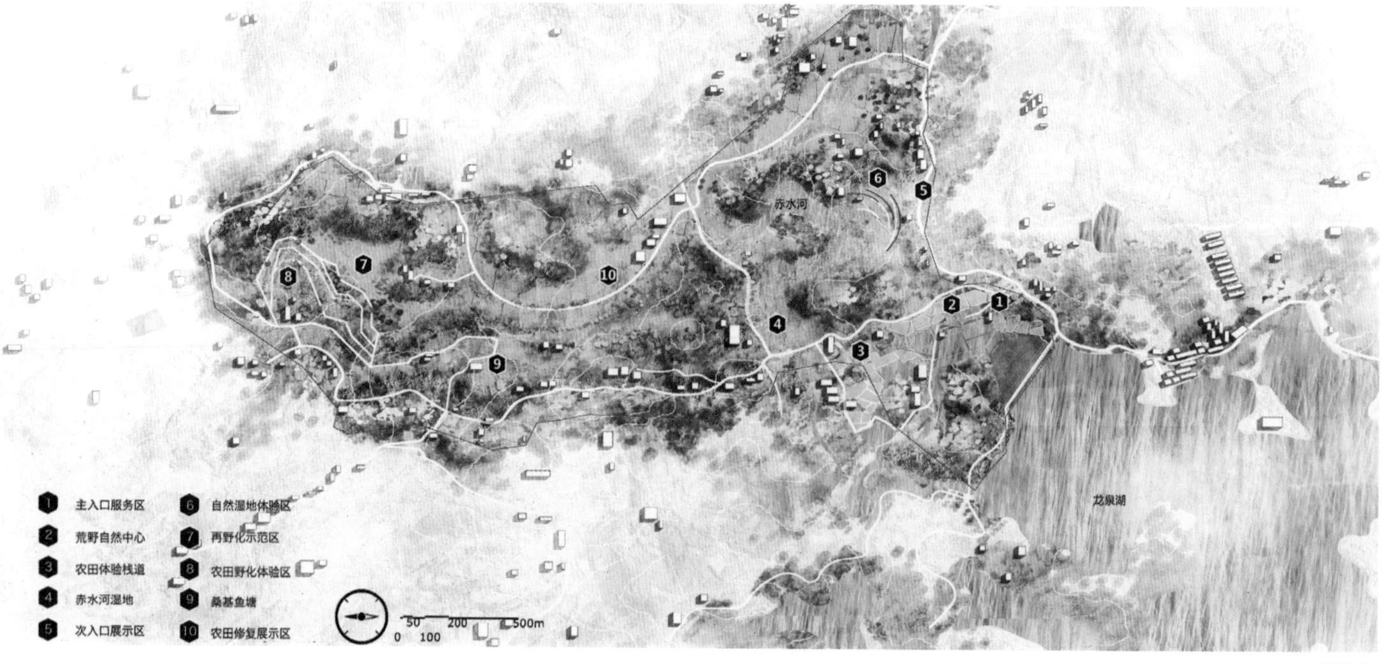

总平面图

生态体验

步道和木栈道，两侧各5m 控制区通过控制步道高度、植被密度并设立警示牌，限制游客活动范围

自行车道邻近河道一侧加设护栏，控制其对河岸的影响

机动车道两侧设置15~25m 控制区

山野体验向外辐射30~50m 宽的控制带

农田修复设计效果图

技术专项

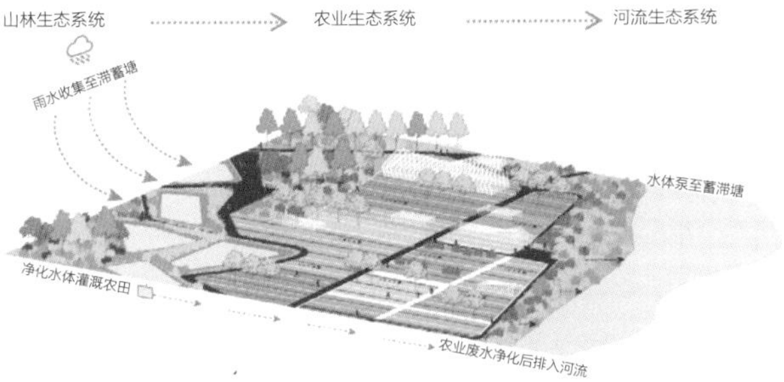

复合农林生态生产系统流程图

物理修复方法：主要采用排土、客土及深翻等方法。

植物修复：利用野生的、固氮能力很强的绿色豆科植物，如紫云英、苜蓿等，非豆科植物如黑麦草、菌丹草和浮萍等。

动物修复：土壤动物在农田生态系统的物质循环和能量流动中也发挥着重要的作用，蚯蚓是常见的大型土壤动物。

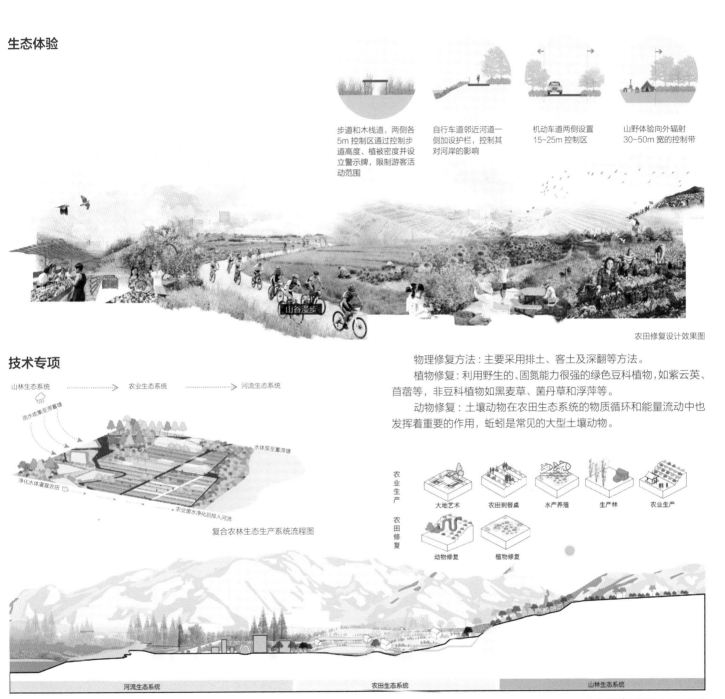

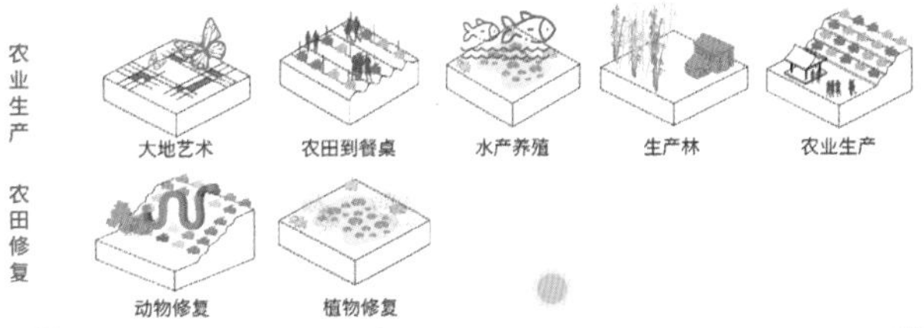

复合农林生态生产系统剖面示意图

后　记

本次课程教学题目实际源于一项实际课题——《公园城市与国家公园建设背景下成都“全域保护利用”战略研究》，结合了风景园林领域的两个前沿和热点方向——公园城市与国家公园，具有非常大的教学和研究价值。“公园城市”自提出起，一直在探索一种综合、新颖的绿色发展理念，形成了创新实施路径及不少成功案例，风景园林专业对此起着引领性作用。国家公园则是中国生态文明制度建设的重要内容，是自然保护地体系建设和生物多样性保护的核心工作，风景园林专业在其中作出了至关重要的贡献。这两者在成都的结合，意味着可以从广阔的研究空间与专业机遇进行教学研讨。

对于上述教学目标的实现也意味着不小的难度。为了教学组织上更高效、技术研究上更扎实，充分利用以往的研究基础就成为一个可行途径。因此课程前期邀请了系内乃至院内相关教师、博士生介绍了以往相关系列研究成果：从都江堰灌区历史研究，到公园城市发展及公共健康研究；从国家公园与自然保护地体系综合理论方法，到国土荒野制图、国土保护冲突热点与风险区域识别、国土河流干扰度评估与河流制图、自然保护区影响强度以及国土保护地连通性评估等前沿研究成果；并与景观规划导论、规划分析评价、规划环境影响分析等基础理论方法教学相结合，力图从历史视角与宏观格局聚焦探讨成都公园城市与国家公园的定位与路径，从国内外前沿进展研判成都全域保护利用的目标与问题。为此十分感谢袁琳、曹越、史舒琳老师与彭钦一、张益章、张书杰、王沛等博士生的授课，他（她）们的出色研究成果为本次教学的高起点、前沿性与扎实基础提供了支撑。

同时鉴于本次教学具有极强的在地实践性，3 名教师、1 名助教、24 名研究生经过前期准备，完成了历时 6 天的现场调研，足迹涉及成都市域全境，从西部龙门山到东部龙泉山，从乡村郊野到中心城区。为此，十分感谢成都市公园城市建设发展研究院陈明坤院长、成都市公园城市建设管理局相关领导专家的鼎力支持。同时也十分感谢国家林业和草原局国家公园监测评估中心王澍副主任、北京林业大学园林学院郑曦教授、全球环境研究所（GEI）项目经理彭奎博士、清华大学建筑学院景观学系李锋教授、清华大学城市规划系袁琳副教授、景观学系史舒琳助理教授参与课程期末汇报评图，专家们的精彩点评将本课程研究的许多思考引向深入。最后感谢本次课程助教博士生李傲雪同学，出色地完成了课程组织和协调工作。总体而言，本次课程尝试将具有前沿性与实践性的研究内容引入风景园林研究生规划设计教学，基于已有的完善课程框架，实现了课程广度与深度的提升，也激发出学生们的兴趣与创造力。